ARJ21新支线飞机技术系列

主编 郭博智 陈 勇

支线飞机设计流程
与关键技术管理

Design Flow and Key Technology Management
of Regional Aircraft

陈 勇 王 飞 黄二利 等 著

上海交通大学 出版社
SHANGHAI JIAO TONG UNIVERSITY PRESS

大飞机读者俱乐部

内容提要

本书以 ARJ21 飞机研制经验为基础，从 ARJ21 飞机的研制特点、研制流程出发，全面系统梳理了 ARJ21 项目各研制阶段各相关专业所做的工作，对研制过程中解决的部分关键技术进行了介绍，全书内容主要包括 ARJ21 飞机的研制特点、ARJ21 飞机的研制流程和技术工作、ARJ21 技术关键和解决路线。

图书在版编目（CIP）数据

支线飞机设计流程与关键技术管理/陈勇等著. —
上海：上海交通大学出版社，2017
大飞机出版工程
ISBN 978 - 7 - 313 - 18560 - 0

Ⅰ．①支…　Ⅱ．①陈…　Ⅲ．①飞机—设计　Ⅳ.
①V22

中国版本图书馆 CIP 数据核字（2017）第 307692 号

支线飞机设计流程与关键技术管理

著　　者：陈　勇　王　飞　黄二利 等	
出版发行：上海交通大学出版社	地　　址：上海市番禺路 951 号
邮政编码：200030	电　　话：021 - 64071208
出 版 人：谈　毅	
印　　制：上海万卷印刷股份有限公司	经　　销：全国新华书店
开　　本：710 mm×1000 mm　1/16	印　　张：28.25
字　　数：556 千字	
版　　次：2017 年 12 月第 1 版	印　　次：2017 年 12 月第 1 次印刷
书　　号：ISBN 978 - 7 - 313 - 18560 - 0/ V	
定　　价：248.00 元	

大飞机出版工程

丛 书 编 委 会

总主编

顾诵芬（中国航空工业集团公司科技委原副主任、中国科学院和中国工程院院士）

副总主编

贺东风（中国商用飞机有限责任公司董事长）

林忠钦（上海交通大学校长、中国工程院院士）

编委会（按姓氏笔画排序）

王礼恒（中国航天科技集团公司科技委主任、中国工程院院士）

王宗光（上海交通大学原党委书记、教授）

刘　洪（上海交通大学航空航天学院副院长、教授）

任　和（中国商飞上海飞机客户服务公司副总工程师、教授）

李　明（中国航空工业集团沈阳飞机设计研究所科技委委员、中国工程院院士）

吴光辉（中国商用飞机有限责任公司副总经理、总设计师、中国工程院院士）

汪　海（上海市航空材料与结构检测中心主任、研究员）

张卫红（西北工业大学副校长、教授）

张新国（中国航空工业集团副总经理、研究员）

陈　勇（中国商用飞机有限责任公司工程总师、ARJ21飞机总设计师、研究员）

陈迎春（中国商用飞机有限责任公司CR929飞机总设计师、研究员）

陈宗基（北京航空航天大学自动化科学与电气工程学院教授）

陈懋章（北京航空航天大学能源与动力工程学院教授、中国工程院院士）

金德琨（中国航空工业集团公司原科技委委员、研究员）

赵越让（中国商用飞机有限责任公司总经理、研究员）

姜丽萍（中国商用飞机有限责任公司制造总师、研究员）

曹春晓（中国航空工业集团北京航空材料研究院研究员、中国工程院院士）

敬忠良（上海交通大学航空航天学院常务副院长、教授）

傅　山（上海交通大学电子信息与电气工程学院研究员）

总　　序

国务院在 2007 年 2 月底批准了大型飞机研制重大科技专项正式立项,得到全国上下各方面的关注。"大型飞机"工程项目作为创新型国家的标志工程重新燃起我们国家和人民共同承载着"航空报国梦"的巨大热情。对于所有从事航空事业的工作者,这是历史赋予的使命和挑战。

1903 年 12 月 17 日,美国莱特兄弟制作的世界第一架有动力、可操纵、比重大于空气的载人飞行器试飞成功,标志着人类飞行的梦想变成了现实。飞机作为 20 世纪最重大的科技成果之一,是人类科技创新能力与工业化生产形式相结合的产物,也是现代科学技术的集大成者。军事和民生的需求促进了飞机迅速而不间断的发展和应用,体现了当代科学技术的最新成果;而航空领域的持续探索和不断创新,也为诸多学科的发展和相关技术的突破提供了强劲动力。航空工业已经成为知识密集、技术密集、高附加值、低消耗的产业。

从大型飞机工程项目开始论证到确定为《国家中长期科学和技术发展规划纲要》的十六个重大专项之一,直至立项通过,不仅使全国上下重视我国自主航空事业,而且使我们的人民、政府理解了我国航空事业半个多世纪发展的艰辛和成绩。大型飞机重大专项正式立项和启动标志着我国的民用航空进入新纪元。经过 50 多年的风雨历程,当今中国的航空工业已经步入了科学、理性的发展轨道。大型客机项目产业链长、辐射面宽、对国家综合实力带动性强,在国民经济发展和科学技术进步中发挥着重要作用,我国的航空工业迎来了新的发展机遇。

大型飞机的研制承载着中国几代航空人的梦想,在 2016 年造出与波音公司

B737 和空客公司 A320 改进型一样先进的"国产大飞机"已经成为每个航空人心中奋斗的目标。然而,大型飞机覆盖了机械、电子、材料、冶金、仪器仪表、化工等几乎所有工业门类,集成数学、空气动力学、材料学、人机工程学、自动控制学等多种学科,是一个复杂的科技创新系统。为了迎接新形势下理论、技术和工程等方面的严峻挑战,迫切需要引入、借鉴国外的优秀出版物和数据资料,总结、巩固我们的经验和成果,编著一套以"大飞机"为主题的丛书,借以推动服务"大飞机"作为推动服务整个航空科学的切入点,同时对于促进我国航空事业的发展和加快航空紧缺人才的培养,具有十分重要的现实意义和深远的历史意义。

2008 年 5 月,中国商用飞机有限公司成立之初,上海交通大学出版社就开始酝酿"大飞机出版工程",这是一项非常适合"大飞机"研制工作时宜的事业。新中国第一位飞机设计宗师——徐舜寿同志在领导我们研制中国第一架喷气式歼击教练机——歼教 1 时,亲自撰写了《飞机性能及算法》,及时编译了第一部《英汉航空工程名词字典》,翻译出版了《飞机构造学》《飞机强度学》,从理论上保证了我们的飞机研制工作。我本人作为航空事业发展 50 多年的见证人,欣然接受上海交通大学出版社的邀请担任该丛书的主编,希望为我国的"大飞机"研制发展出一份力。出版社同时也邀请了王礼恒院士、金德琨研究员、吴光辉总设计师、陈迎春副总设计师等航空领域专家撰写专著、精选书目,承担翻译、审校等工作,以确保这套"大飞机"丛书具有高品质和重大的社会价值,为我国的大飞机研制以及学科发展提供参考和智力支持。

编著这套丛书,一是总结整理 50 多年来航空科学技术的重要成果及宝贵经验;二是优化航空专业技术教材体系,为飞机设计技术人员的培养提供一套系统、全面的教科书,满足人才培养对教材的迫切需求;三是为大飞机研制提供有力的技术保障;四是将许多专家、教授、学者广博的学识见解和丰富的实践经验总结继承下来,旨在从系统性、完整性和实用性角度出发,把丰富的实践经验进一步理论化、科学化,形成具有我国特色的"大飞机"理论与实践相结合的知识体系。

"大飞机出版工程"丛书主要涵盖了总体气动、航空发动机、结构强度、航电、制造等专业方向,知识领域覆盖我国国产大飞机的关键技术。图书类别分为译著、专著、教材、工具书等几个模块;其内容既包括领域内专家们最先进的理论方法和技术成果,也包括来自飞机设计第一线的理论和实践成果。如:2009 年出版的荷兰原福克飞机公司总师撰写的 *Aerodynamic Design of Transport Aircraft*(《运输类飞机的空气动力设计》);由美国堪萨斯大学 2008 年出版的 *Aircraft Propulsion*(《飞机推进》)等国外最新科技的结晶;国内《民用飞机总体设计》等总体阐述之作和《涡量动力学》《民用飞机气动设计》等专业细分的著作;也有《民机设计 1 000 问》《英汉航空缩略语词典》等工具类图书。

　　该套图书得到国家出版基金资助,体现了国家对"大型飞机"项目以及"大飞机出版工程"这套丛书的高度重视。这套丛书承担着记载与弘扬科技成就、积累和传播科技知识的使命,凝结了国内外航空领域专业人士的智慧和成果,具有较强的系统性、完整性、实用性和技术前瞻性,既可作为实际工作指导用书,亦可作为相关专业人员的学习参考用书。期望这套丛书能够有益于航空领域里人才的培养,有益于航空工业的发展,有益于大飞机的成功研制。同时,希望能为大飞机工程吸引更多的读者来关心航空、支持航空和热爱航空,并投身于中国航空事业做出一点贡献。

2009 年 12 月 15 日

序

民用飞机产业是大国的战略性产业。民用客机作为一款高附加值的商品,是拉动国家经济发展的重要力量,是体现大国经济和科技实力的重要名片,在产业和科技上具有强大的带动作用。

自新中国成立以来,中国民机产业先后成功地研制了 Y-7 系列涡桨支线客机和 Y-12 系列涡桨小型客机等民用飞机。在民用喷气客机领域,曾经在 20 世纪 70 年代自行研制了运-10 飞机,国际合作论证了 MPC-75、AE-100 等民用客机,合作生产了 MD-80 和 MD-90 飞机。民机制造业转包生产国外民机部件,但始终没有成功研制一款投入商业运营的民用喷气客机。

支线航空发展迫在眉睫。2002 年 2 月,国务院决定专攻支线飞机,按照市场机制发展民机,并于 11 月 17 日启动 ARJ21 新支线飞机项目,意为"面向 21 世纪的先进涡扇支线飞机(Advanced Regional Jet for the 21st Century)"。从此,中国民机产业走上了市场机制下的自主创新之路。

ARJ21 作为我国民机历史上第一款按照国际通用适航标准全新研制的民用客机,承担着中国民机产业先行者和探路人的角色。跨越十五年的研制、取证和交付运营过程,经历的每一个研制阶段,解决的每一个设计、试验和试飞技术问题,都是一次全新的探索。经过十五年的摸索实践,ARJ21 按照民用飞机的市场定位打通了全新研制、适航取证、批量生产和客户服务的全业务流程,突破并积累了喷气客机全寿命的研发技术、适航技术和客户服务技术,建立了中国民机产业技术体系和产业链,为后续大型客机的研制打下了坚实的基础。

习近平总书记考察中国商飞公司时要求改变"造不如买、买不如租"的逻辑,坚持民机制造事业"不以难易论进退",在 ARJ21 取证后要求"继续弘扬航空报国精神,总结经验、迎难而上"。马凯副总理 2014 年 12 月 30 日考察 ARJ21 飞机时,指出,"要把 ARJ21 新支线飞机项目研制和审定经验作为一笔宝贵财富认真总结推广"。工信部副部长苏波指出:"要认真总结经验教训,做好积累,形成规范和手册,指导 C919 和后续大型民用飞机的发展。"

编著这套书,一是经验总结,总结整理 2002 年以来 ARJ21 飞机研制历程中设计、取证和交付各阶段开创性的重要成果及宝贵经验;二是技术传承,将民机研发技术专家、教授、学者广博的学识见解和丰富的实践经验总结继承下来,把丰富的实践经验进一步理论化、科学化,形成具有我国特色的民机理论与实践相结合的知识体系,为飞机设计技术人员提供参考和学习的材料;三是指导保障,为大飞机研制提供有力的技术保障。

丛书主要包括了项目研制历程、研制技术体系、研制关键技术、市场研究技术、适航技术、运行支持系统、关键系统研制和取证技术、试飞取证技术等分册的内容。本丛书结合了 ARJ21 的研制和发展,探讨了支线飞机市场技术要求、政府监管和适航条例、飞机总体、结构和系统关键技术、客户服务体系、研发工具和流程等方面的内容。由于民用飞机适航和运营要求是统一的标准,在技术上具有高度的相似性和相关性,因此 ARJ21 在飞机研发技术、适航验证和运营符合性等方面取得的经验,可以直接应用于后续的民用飞机研制。

ARJ21 新支线飞机的研制过程是对中国民机产业发展道路成功的探索,不仅开发出一个型号,而且成功地锤炼了研制队伍。参与本套丛书撰写的专家均是 ARJ21 研制团队的核心人员,在 ARJ21 新支线飞机的研制过程中积累了丰富且宝贵的实践经验和科研成果。丛书的撰写是对研制成果和实践经验的一次阶段性的梳理和提炼。

ARJ21 交付运营后,在飞机的持续适航、可靠性、使用维护和经济性等方面,继续经受着市场和客户的双重考验,并且与国际主流民用飞机开始同台竞技,因此需要针对运营中间发现的问题进行持续改进,最终把 ARJ21 飞机打造成为一款航空公司愿意用、飞行员愿意飞、旅客愿意坐的精品。

ARJ21 是"中国大飞机事业万里长征的第一步"，通过 ARJ21 的探索和积累，中国的民机产业会进入一条快车道，在不远的将来，中国民机将成为彰显中国实力的新名片。ARJ21 将继续肩负着的三大历史使命前行，一是作为中国民机产业的探路者，为中国民机产业探索全寿命、全业务和全产业的经验；二是建立和完善民机适航体系，包括初始适航、批产及证后管理、持续适航和运营支持体系等，通过中美适航当局审查，建立中美在 FAR/CCAR－25 部大型客机的适航双边，最终取得 FAA 适航证；三是打造一款具有国际竞争力的喷气支线客机，填补国内空白，实现技术成功、市场成功、商业成功。

这套丛书获得 2017 年度国家出版基金的支持，表明了国家对"ARJ21 新支线飞机"的高度重视。这套书作为上海交通大学出版社"大飞机出版工程"的一部分，希望该套图书的出版能够达到预期的编著目标。在此，我代表编委会衷心感谢直接或间接参与本系列图书撰写和审校工作的专家和学者，衷心感谢为此套丛书默默耕耘三年之久的上海交通大学出版社"大飞机出版工程"项目组，希望本系列图书能为我国在研型号和后续型号的研制提供智力支持和文献参考！

ARJ21 总设计师

2017 年 9 月

前　　言

2014年12月30日，在国家有关部委的关怀下，在中航工业等各参研单位和供应商的支持下，经过12年艰苦卓绝的研制和取证工作，ARJ21－700飞机通过了中国民用航空局的审查，并获得了民用航空局颁发的型号合格证。这标志着我国首款按照国际标准自主研制的喷气式支线客机通过了中国民航局适航审定，符合《中国民用航空规章》第25部《运输类飞机适航标准》(CCAR－25－R3)的要求，具备可接受安全水平，可以参与民用航空运输活动。同时，也向世界宣告我国拥有了第一款可以进入航线运营的喷气客机，具备了喷气式民用运输类飞机的研制能力和适航审定能力。

ARJ21是我国自行研制的具有自主知识产权的中、短航程新型支线飞机。ARJ21－700飞机标准航程型满客航程为2 225 km，延程型航程3 700 km，主要用于满足从大城市向周边中小城市辐射型航线的使用要求。飞机最大起飞重量为43 500 kg，最大使用高度为11 900 m，尾吊两台CF34－10A发动机，其混合级布局78座，全经济级布局90座。

回顾我国民用喷气客机的发展历程，从20世纪70年代我国自行研制运－10飞机，未完成取证；到70、80年代国际合作设计制造MD82飞机，后终止；按国际标准，全新研制的ARJ21－700新支线飞机是我国喷气客机发展历史上的第三次探索。

2000年，国务院决定集中力量研制支线飞机，原国防科工委宣布中国将研制具有自主知识产权的新型涡扇支线飞机。2002年，新支线飞机项目正式立项。经过12年的研制和适航取证工作，ARJ21－700飞机终于获得了型号合格证，并已交付客户，走向市场。截至月前，已交付成都航空公司5架ARJ21－700飞机，累计载客安全飞行2 300多小时，并得到广大乘客的一致好评。

在12年的研制过程中，ARJ21－700飞机经历了初步设计、详细设计、样机试制、试验试飞和适航取证等阶段，在研制阶段进行了减重、减阻、加长机身、改新机头、增加应急出口等重大设计攻关，在取证阶段攻克了82个设计和验证技术难关;完成了 300 项适航符合性验证试验;完成了 528 个验证试飞科目,安全飞行了 2 942 架次,5 258 小时;累计编制了 3 418 份符合性报告,并获得局方批准,398 个适用条款全部关闭,符合性报告总页数超过 30 万页,如果全部打印出来,厚度将达 30 m,约 10 层楼高。

　　12 年来,中国民机人进行了艰苦卓绝的探索,走完了民机设计的全流程,为使 ARJ21 - 700 飞机的研制经验可复制、可传承,为后续型号研制提供借鉴和参考,亟需将 ARJ21 - 700 飞机从立项论证到批产与产业化阶段所走过的道路进行总结和梳理,全面理清飞机研制各阶段所完成的工作及其之间的逻辑关系,逐步形成中国商飞自主的飞机研制流程,使飞机研制流程化、程序化、规范化,也为国内的民机研制单位提供参考和借鉴,提高我国民机研制的整体水平。

著　者

2017 年 9 月

目　　录

第 1 篇　ARJ21 飞机的研制特点

第2篇　新支线飞机研制流程

第3篇　ARJ21技术关键和解决路线

第 1 篇
ARJ21 飞机的研制特点

1 新支线飞机的研制特点

1.1 国际民航运输市场环境分析

（1）世界经济全球化、一体化发展，为世界航空运输业带来了持续发展的机遇。

随着世界经济全球化、一体化进程加快，各国经济联系日趋紧密，各种形式的全球和地区经济联合体不断出现，商业旅行活动增速持续加快，为世界航空运输业提供了更加有利的发展空间。预计在未来 20 年内，全世界的国内生产总值平均增长率可达到 2.7%，发展中国家的增速将高于发达国家，亚洲和南美洲的增长速度将高于世界其他地区，特别是中国自改革开放以来一直保持着经济高速增长。航空运输业作为公众商业和旅游出行的主要途径，其发展必然受到经济发展的刺激，据统计，航空运输业的增长速度高于经济增长速度，全球航空客运周转量将以年均增长 4.5%~5% 的速度高度发展。

（2）发展支线航空运输成为推动航空运输发展的新战略。

由于旅游和短途公务旅行的激增，特别是人们对适时直飞服务需求的增加，航空公司采取了相应的新战略。以支线飞机进行高密度航班直达飞行，开通新城市对之间不经停支线航线。在非高峰期时段和客流量少的航线以支线飞机替代干线飞机。1987—1997 年的 10 年时间里，北美在新增的客运量中，82% 来自新增城市间的航线和航班密度的加大，15% 来自加长航程，仅 2% 来自加大机型。

（3）限制支线航空运输市场发展的壁垒逐步清除。

21 世纪以来，欧美放宽了空中交通管制，以利于支线航空运输市场发展。美国有关限制干线飞机飞行员驾驶支线飞机的劳动合同条款已经开始松动；欧洲放松了对票价和成立新航空公司的管制，放开了边境政策以允许支线飞机飞短途国际航线，降低起降费和导航费以鼓励加大航班密度和开发新支线航线。这些措施使得 1998 年欧洲地区客运量猛增 9%。据美国联邦航空局统计，至 2011 年，美国支线客运量以 5.5% 的速度增长，涡扇支线飞机的年均增速高达 13%。

中国的支线航空运输市场还处于初级阶段，没有形成规模，目前主要以窄体干线飞机采用"甩辫子"的方式运输支线航线，航班频度低，经济效益差，制约了支线运输航线的发展。随着近年来支线机场的快速发展以及民航关于组建新航空公司的政策要求，支线航空运输市场必然进入高速发展期。

（4）支线飞机向"涡扇高速化"和"大型化"方向发展。

空中交通资源是有限的。在欧美繁忙的机场和航线上，占用机场和航线时间较长的低速涡桨支线飞机逐渐被涡扇支线飞机替代。1980—2000年的订货中，有54%是涡桨飞机；而1999—2000年的订货中只有9%是涡桨飞机。涡扇支线飞机成为支线航空运输的主角。最新投入市场的涡扇支线飞机都是70～90座级，大型化的趋势十分明显。

以加拿大庞巴迪公司CRJ系列飞机为代表的涡扇支线飞机迎合了国际市场的需求，为旅客提供了与干线航空客运相当的快捷和舒适，且平均座级以每年增加一座的速度向大型化发展，在空运市场上十分走俏，对国际航空客运业产生了很大影响。

1.2　项目立项时国内航空运输市场环境分析

（1）国内经济和贸易继续保持较快的增长。

2000年我国国民经济继续保持较快的增长，全年国内生产总值（GDP）为89 404亿元，比上年增长8%。目前，中国的GDP占全世界的3%，外贸出口占全世界的4%，航空客运周转量和货运周转量也都占全世界的4%。

预计今后20年，中国经济将继续保持中速偏高的发展趋势。根据对中国经济发展形势的分析和国家权威机构的预测，从2001—2020年的20年间，中国的国内生产总值的年均增长速度为6.9%，其中2001—2005年约为7.0%，2006—2010年约为7.3%，2011—2020年约为6.6%，见图1.1。

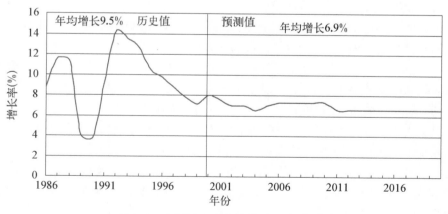

图 1.1　中国国内生产总值（GDP）增长率

（2）旅游业全面快速增长。

2000年我国旅游业全面增长，全年海外旅客入境人数为8 344.4万人次，旅游外汇收入162.24亿美元，分别比上年增长14.6%和15.1%。国内旅游市场方兴未艾，"假日旅游"成为国内旅游业的亮点。2000年全国国内旅游人数达7.44亿人次,旅游收入 3 176 亿元,分别比上年增长了 3.5％和 12.1％,旅游业已逐步成为中国经济发展新的增长点。

据国家统计局预测,2020 年全球旅游人口将达 16 亿,其中来华旅客为 1.37 亿,旅游产值占 GDP 的比重已经由 2000 年的 3.5％提高到 2010 年的 8％,2020 年可望达到 15％。

(3)国家实施西部大开发战略。

西部大开发的重点之一是改善当地地形复杂、环境恶劣的交通条件。航空运输业由于其独特的优势将随着西部经济的发展而大有作为,支线航空运输业的作用将尤为突出。根据我国西部民航运输的发展规划,2005 年西部地区形成了以成都、西安、昆明、乌鲁木齐 4 个区域性枢纽机场为中心,覆盖 9 个干线机场和 63 个支线机场的航空运输网,西部地区机场总数达到 76 个。2015 年,在西部形成了成都、西安两个国家级枢纽机场,连接昆明、兰州、乌鲁木齐、桂林、重庆 5 个区域性枢纽机场,支线机场达到 90 个左右,西部地区机场总数达到 100 个左右。

(4)国家加快支线机场建设。

"十五"期间,国家计划新建 40 多个支线机场,并对 20 多个现有支线机场进行改造。2005 年全国定期航班机场总数达到 161 个,其中专门用于支线飞机的支线机场 60 多个。支线机场数量的增加,为支线航空运输的发展创造了条件。"十五"以后,国家继续按照统筹规划、规模适宜、布局合理的原则建设机场。2015 年全国民用机场达到 260 个左右,形成等级结构、功能结构和区域结构比较合理的国家民用机场体系。

(5)中低空空域利用率进一步提高,有利于支线航线的发展。

"十五"期间中国空管系统建设继续实施航路改造。东部地区主要航路及终端管制区实现雷达管制。西部地区目前采用甚高频通信系统(VHF),实行程序管制,今后也将有进一步改进。空管系统建设将提高中低空空域利用率,以适应发展支线航空和通用航空的需要。

(6)航空公司加快企业重组步伐,有利于干支网络的建设发展。

航空公司通过联合、兼并等方式对现有存量资产和航线网络进行重组和优化配置,将使机队和航线网络的配置进一步完善。发展支线航空运输,形成合理的航线网络结构,已成为中国航空运输业的共识。

1.3　民用飞机的分类

民用飞机是指用于非军事目的的飞机,顾名思义,就是用来运载货物和旅客的飞机。民用飞机从商业用途上可以分为通用飞机和商业飞机,通用飞机有公务机、农林机、轻型飞机、巡逻机、运动飞机等。商业飞机又可以分为客运飞机和货运飞机,客运飞机有多种分类方法,按照运输航线特点,分为干线飞机和支线飞机。所谓干线客机是指在国际和国内城市枢纽之间运行的客机,支线客机是指在枢纽城市和大城市到二三线城市之间运行的客机,或者在二三线城市之间运行的客机。按照飞机载客能力,分为宽体客机(也称双通道客机)和窄体客机(也称单通道客机)。按照发动机形式,分为喷气客机和螺旋桨客机。

民用飞机的类型可以通过改装进行转化和衍生,客运飞机可以改装为公务机、巡逻机等通用飞机,客运飞机也可以改装为货运飞机等商业飞机,一般使用老龄客运飞机改装货运飞机。干线飞机和支线飞机角色可以相互转化,航空公司可以按照自身航线旅客规模来安排飞机,有很多单通道干线飞机执飞支线航线,也有支线客机执飞干线航线,这完全是基于商业运行的考虑。

喷气客机的定位,相对于主要执飞国内支线航线的螺旋桨客机而言,喷气客机作为更快捷、更舒适的运输工具,已经成为航空客运的主力机型,大型双通道宽体客机主要应用在远程跨洋航线和国内大型枢纽之间的干线航线,单通道干线客机和喷气支线客机广泛应用在国内干线和支线航线。喷气客机及其衍生的货运飞机已经成为航空客运和货运市场的主力机型。

本书结合 ARJ21 的研制和发展,探讨民用喷气客机研发技术。正是基于喷气飞机家族的宽体客机、单通道干线客机、喷气支线客机,在市场技术要求和政府监管条例下,在飞机总体、结构和系统关键技术、客户服务体系、研发工具和流程等方面,具有高度的相似性和相关性,当然由于细分目标市场不同,各类喷气客机也有其专有技术,或者同类技术的复杂程度不同。

结合 ARJ21 的发展历程,研究和探讨喷气客机的技术管理,对喷气客机的发展具有深远的意义。喷气飞机产业是大国的战略性产业,主要体现在两个方面。航空运输是全球各国互联互通的重要手段,自 1970 年以来,全球航空运输市场以 5% 的平均增速高速发展。其中中国是航空运输市场的年增速最快的市场,自 2000 年以来,年增速保持在 15.5%。民用客机本身作为一款高附加值的商品,是拉动国家经济发展的重要力量,在产业和科技上具有强烈的带动作用。据统计,民用飞机制造业带动效应为 14。在科技方面,民用客机研发作为一项庞大的系统,其相关技术几乎涉及所有自然科学学科和管理学科。喷气客机产业行业准入门槛高,能够研发喷气客机是体现大国经济和科技实力的名片。尽管人类自首次实现飞机飞行已经有超过 115 年的历史,但是截至目前只有少数几个国家能够研制喷气客机。研制喷气客机,发展和带动相关产业既是大国的国家战略,又是发展高科技产业,实现经济升级转型的重要手段之一。

1.4　喷气客机的技术特征

讨论喷气客机的技术特征的思路,首先应该明确喷气客机作为一个航空运输工具,其主要功能和要求的定义和分解。如何定义和分解喷气客机功能和需求的方法,这方面的标准和文献很多,可以参照 SAE ARP4754A《民用飞机及系统开发指南》以及相关的解读文献,包括关于民用飞机系统工程的相关文献。本书不以详述这部分内容为目的,这里只是以此为工具阐明喷气客机的主要技术特征和范围。喷气客机主要是从其提供的功能,运行的环境和要求,政府行业准入要求,产品认证和运输要求,运营企业要求,运输旅客和货物等要求,客户服务要求,数据管理要求,工具和设施的要求等顶层的功能和需求。确定了顶层功能定义和需求后,进行下一步的分解,成为下层级的需求,以此形成飞机研制的从顶层到各层级的设计文件,定义喷气飞机产品本身的总体、结构、系统的技术要求。飞机运营和客户服务要求,包括飞行机组培训、飞机运营支持、飞机航线维护维修和定检、航材备件管理等要求。飞机的批生产要求,包括生产技术规范、生产图纸和文件、生产设施要求等。

通过上述关于喷气顶层客机功能和要求的定义,以及向下层级的分解,可以看出喷气客机两个方面的技术特征:

(1)一个方面是与国家政策、运营环境、航空公司、机场、旅客、喷气客机运营全寿命周期等有关的要求。

(2)一个方面是贯彻上述和喷气客机有关的要求,把这些要求向下分解到对喷气飞机本体、批产、客户服务有关的技术要求,这部分要求是对喷气客机如何进行产品实现的要求。

这里强调这两方面功能和要求的两个特点:

(1)一个特点是全寿命周期,所谓全寿命周期是基于喷气客机的特点,也就是初始型号的研发周期,动辄要 10 年左右,喷气客机本身也是一个要运营数十年的商品,一款喷气客机平台也要根据市场顶层功能和要求的变化不断进行优化改进。

(2)一个特点是技术要求动态性,这个是由喷气客机的研制周期长、全寿命周期长、飞机研制流程遵循 SAE ARP4754A 功能分解和确认验证的流程这 3 个因素造成的。

一是,前两个方面原因产生的技术要求的动态性主要是由国家相关政策、航空运输市场、客户需求的变化,造成的顶层功能和需求变化引起的。

二是,第三个方面原因产生的技术要求的动态性主要由喷气客机研发过程中,按照双 V 流程分解、确认和验证下层次功能需求时,上层级和下层级功能和需求的矛盾,或者说不能实现和满足性能指标,而对部分层级的技术要求进行优化和调整引起的,这个调整也是基于系统工程的运筹学理念进行权衡研究提出的。

三是,关于这三个方面引起技术要求的动态性特点的案例,在后面的章节都会有所体现。

技术要求的全寿命周期和动态特性,是喷气客机研发全过程中技术管理人员面临的最重大的挑战之一,在进行技术方案决策和技术关键处理过程中,要具有非凡的远见和智慧,充分地应用系统工程的管理理念。

喷气客机技术特征第一个方面:顶层功能和要求方面。

本书从市场特征、政策法规、航线运营、航空公司、机场、旅客要求等和喷气客机运营全寿命周期有关的要求,分析其中的一些技术特征。

1) 市场特征

(1) 中国航空运输市场相对世界航空市场而言,前景广阔,潜力巨大。中国作为幅员辽阔、地理环境复杂、人口众多的大国,航空客货远运输市场需求巨大,主要体现在以下方面,国际旅客增长迅猛,以 2014 年数据为例,全球国际旅客 11.33 亿人次,中国出境国际旅客 1.072 7 亿人次,入境外国国际旅客 0.556 2 亿人次。国内大中城市之间,航空运输和高铁形成加权互补,特别是依靠铁路和公路出行不便的二三线城市,航空运输可以作为出行主要方式之一。按照 2015 年数据,民航旅客运输在国家交通体系占比达到 1/4,航空运输的战略地位不断提升。中国航空运输市场已经成为全球增长最快的市场。

(2) 中国航空运输市场不仅仅是中国本地化市场,也是世界的市场。同样,欧美航空运输市场也是中国民航运输业和喷气客机制造产业的潜在市场。对于喷气客机制造业来说,目前的市场态势不是双向的,而是单向的。欧美制造商的喷气客机流向全世界的航空运输市场,中国制造商的喷气客机还处于起步阶段,暂时只能销往亚洲和非洲市场。

(3) 民用航空运输市场是一个细分的市场,从航线上可以划分为国际越洋航线、国内干线和支线等,执飞机型分为宽体客机、单通道干线客机、支线客机。但是,这种细分市场规则是经常被打破的,表现出以下几种业态:一是,宽体客机被用来执飞国内大型枢纽之间的国内航线;二是,单通道客机被用来执飞国内大型城市和二三线城市之间的支线航线;三是,大型喷气支线客机被用来执飞国内大型城市之间的干线航线。上述的业态,并不代表航空运输市场的规律被打破。恰恰很生动地说明,航空运输市场的发展进一步细分,体现其特殊性和复杂性。具体分析其原因为:① 城市人口稠密,商业旅客多,航线距离 2 000 km 左右,机场航班饱和,确实需要宽体客机提高单机运力;② 由于二三线城市经济发达程度,还不足以形成规模旅客,以支撑支线航班频度;③ 在一些 1 000 km 航段的一线城市之间,旅客规模由于其他运输方式的分流,大型喷气支线客机确实可以找到干线航线。

(4) 未来 20 年甚至更远的未来,对远程宽体客机、单通道干线客机、喷气支线客机都有巨大需求,喷气客机市场规模巨大。但是,能够享受这块大蛋糕的只能有少数几家先行者,还有几个新入门者想要分享。全球喷气客机制造产业,已经经历了较长的发展历程,具有以下特点:① 行业技术门槛高,双通道宽体客机和单通道干线客机全球仅由两家具有悠久历史的飞机制造商把持,喷气支线客机也由两家飞机制造商把持,其他制造商如果想要进入这个市场,必将面临技术成功和商业成功的双重压力,需要巨大的前期投入;② 领先者对市场高度把持,主要体现在不断推动提高行业技术标准,甚至推动上升为政府法规,来提高新来者的入门和追赶成本;③ 领先者经过数十年的市场耕耘,已经形成主导市场风格的包括产品和服务的主流技术特征,航空公司已经深深习惯,甚至从文化层面认可。以驾驶舱设计风格为例,已经形成两种主流的操纵体制,第三种驾驶舱设计必然会增加航空公司的培训成本,飞机制造商在产品设计初期只能选择站队,或者花费大量成本才能最终形成自己的风格;④ 领先者不断研发新技术、新材料和新系统,对新来者保持技术领先,比如碳纤维材料飞机结构部件,已经带动喷气客机主结构全产业链的换代升级,成为新一代喷气客机的一道技术门槛,其他的先进技术包括,更加节油和低排放的喷气发动机技术,智能化和场景化的客舱系统,多电系统部分替代液压、气源等。

2) 喷气客机政策法规

喷气客机作为一款涉及大众运输安全的高技术产品,受到各国政府法律和规章的严密监管,这些政策的监管范围主要包括航空运输管理、机场设施、航空运输企业、飞机制造商和维修机构等。这里主要讨论与喷气客机运营和研发有关的政策法规。

(1) 民用航空运输政策法规,包括喷气客机运营和研发的政策法规,世界各国只要有民航运输市场,就都有自己国家颁布的民航政策法规。以中国为例进行阐述。

a. 最顶层法规是国家颁布的《中华人民共和国民用航空法》《中华人民共和国民用航空器适航管理条例》。

b. 其次是民航局颁布的民航规章,与喷气客机运营和喷气客机审定的政策法规主要有:

喷气客机运营规章,CCAR - 91 部《一般运行和飞行规则》,CCAR - 135 部《小型航空器商业运输运营人运行合格审定规则》,CCAR - 121 部《大型飞机公共航空运输承运人运行合格审定规则》,CCAR - 61 部至 CCAR - 69 部关于从业人员的规则,CCAR - 93 部《中国民用航空空中交通管理规则》,CCAR - 147 部《民用航空器维修培训机构合格审定规定》等。

航空器合格审定政策法规,管理类规章主要有 CCAR - 21 部《民用航空产品和零部件合格审定规定》、技术要求类规章主要有 CCAR - 25 部《运输类飞机适航标准》、CCAR - 33 部《航空发动机适航规定》、CCAR - 34 部《涡轮发动机飞机燃油排泄和排气排出物规定》、CCAR - 36 部《航空器和型号和适航合格审定噪声规定》。

c. 出口喷气客机到其他国家如何批准。由于民航规章具有主权性,研发喷气客机除了要遵循所在国的民航规章,还要遵循拟出口国家的民航规章。

如果出口国和进口国具有签署生效适航双边协议,可以经过进口国的认可审查取得进口国的适航证。例如目前中国和加拿大已经签署了航空产品适航双边协议,中国与美国签署了有限适航双边协议。

如果进口国和出口国没有适航双边协议,或者在已有协议中没有关于拟出口飞机的内容,那么还有两种方式,一种是由进口国通过出口国对拟出口飞机开展影子审查,如果可以通过达成补充双边协议和进口国的适航批准;另一种是直接向进口国申请,并且在进口国设立研发机构和生产机构,这种方式只是作为探讨。

（2）由于其历史发展成因，民航法规从技术层面来讲，是无国界的国际标准。换句话说，各国适航规章就其文本来说是技术等效的，严格按照适航规章设计和验证，并取得所在国适航证，从技术上讲，也可以同样取得其他进口国适航证。但是，正是由于适航规章的无国界国际标准属性，也形成了多种原因造成的不对等。

a. 追踪世界航空运输的历史，起源于美欧等老牌发达国家，最初适航规章属于海洋法系，随着不断出现的航空运输安全事故，不断发展和完善成为今天完善系统的规章要求，并且还在不断地进行修订，以修正案的形式颁布。美国联邦航空管理局（FAA）在世界上颁布了第一部适航规章，FAA 是目前世界上最强大的适航当局，FAA 适航规章也是世界各国参照制定本国规章的对象。

b. 各国民航规章的技术要求一致性是有需求的。由于民用航空运输市场是一个国际化的市场，喷气客机在世界各国的天空飞行，需要喷气客机商业运输和产品研发的政策法规的技术要求也都是一致的。实际上，世界各国适航当局都在为航空运输的安全性的提高提供政策法规的支持。

c. 各国适航规章虽然在技术上是一致的，但是目前还没有达到完全对等，也就是说没有达到完全的双边互认。这主要有两方面原因，一是对于民航规章体系而言，除了适航条例，还有大量的咨询通报等支持材料，是关于如何解释和满足规章要求，如何验证规章符合性的指南性文件，这部分技术内容是按照适航规章进行研发和验证的真正技术关键所在，也是基于前期大量的研发试验数据、验证试验数据和运营数据积累和总结出来的。这部分存在着差距；二是研发体系和适航体系的技术水平与国际先进的民用飞机制造商和适航当局存在差距。

所以，目前世界各国达成的双边协议，有完全对等的双边协议，也有不对等的双边协议。

3）标准规范

喷气客机研发和运营相关的标准体系，包括国际标准、国家标准、行业协会标准、公司标准、型号标准规范等。

（1）尽量选用国际标准、国家标准和行业标准。在选用国家标准时，还要适度考虑所研发飞机的海外目标销售市场适用的标准，如度量衡、颜色等反映文化习俗的标准。

（2）尽量选用具有技术先进性的国际行业标准，如 SAE 系列标准和手册、DO系列标准和规范等，用于专业性规范的制定和系统的研发。

（3）世界上先进的喷气飞机制造商都有系统的企业标准和手册，覆盖喷气客机研制、批产、客服的全寿命流程，这些标准和手册是基于型号的研制经验，并且经过后续研制项目的应用验证，并不断补充完善的新技术。这些企业标准和手册，可以直接为工程师提供新项目设计的某个专业和系统的技术要求，也可以提供经过验证的分析计算方法，或者提供一个部件的设计方案。

（4）型号标准规范体系，包括喷气客机项目技术要求和定义类、项目技术管理类两大类。

项目技术要求和定义类标准规范体系是自上而下的体系,包括顶层喷气客机市场要求和目标、总体技术要求;第二层级飞机级和系统级安全性分析、材料标准体系、结构和系统技术要求,强度设计要求,客户服务和运营技术要求,工艺规范和制造总要求;第三层,分系统和部件级技术要求。这里强调的是各层级的标准规范,要按照需求链条进行确认和验证。

项目技术管理类标准规范比较重要的有图样和文件管理制度、构型管理标准。图样和文件管理制度是项目最基本的管理标准。适合项目的构型管理紧密相关的标准,对项目全寿命的技术管理效率和成本有重大影响。项目构型管理标准,是最重要的管理标准,且是唯一的管理标准,必须在项目立项初期经过仔细的论证。一个好的构型管理标准应该能够实现三个目标:① 要能够达到可以准确描述飞机构型和变更;② 要能够按程序高效控制构型变更;③ 要能够适应设计、批产、运营全寿命的构型控制要求。

4) 运营环境要求

飞机的航线运营环境,主要包括飞机从准备、加油、上客、装货、启动、滑行、滑跑、起飞、爬升、巡航、进场、着陆、下客、卸货的整个过程中的工作环境要求。

这个环境要求包括自然环境要求、机场地面支援环境、机场空管和航路空管要求、通信和导航要求等。

a. 自然环境方面。喷气客机要适应拟运营航线的地面和空中飞行环境要求,温度、湿度、高度、沙尘、腐蚀、季候风、气流扰动、雷暴天气、结冰气象、火山灰、越海飞行等。

对于温度环境,要考虑机场高温环境和高寒环境运营要求,如高温环境的飞机地面准备和上客期间的空调系统性能。高寒环境,飞机外场过夜后,冷浸透情况下,飞机各系统的启动能力要求。还有飞机在高温高原机场的起降能力要求。

对于高度环境,要考虑飞机起降机场高度、飞机爬升越障要求、航路障碍物、巡航高度要求。例如,飞机的高原机场起降要求,要结合高温考虑。如果机场起降航路上有障碍物,还要考虑越障要求。如果航路上有高山,要考虑飞机航路最低安全高度,高原航线飘降越障要求,如飞机从成都飞往拉萨,需要计算在单发停车情况下的最佳飘降航迹分析,要保持静升限高于航路上的障碍物至少 1 000 ft[①]。还要考虑航路上的季候风和扰动气流对飞机性能的影响。

航路气象条件,要考虑季候风对巡航性能和航程的影响,要考虑航路阵风对飞机稳定性要求对飞机抗颠簸特性和主动阵风减缓的要求,考虑雷暴天气对飞机气象探测能力和电磁兼容性的要求,要考虑航路结冰气象对飞机除防冰能力的要求、对飞机结冰情况下的性能和操稳的要求。

---

① ft 为英制长度单位英尺,1 ft＝304.8 mm。

航路地形地貌,要考虑航路山丘等障碍物对飞机航路安全高度的要求、对单发飘降的要求,要考虑航路跨海飞行时对飞机的双发延程飞行性能(ETOPS)的要求。

b. 机场支援环境方面。喷气客机主要是要适应各类机场的地面支援条件要求,适应各类机场的运行要求,适应机场支援设备的接口要求。

机场地面支援条件的要求,要考虑飞机牵引设备的接口要求。要考虑地面电源和气源接口的要求,包含地面电源和电源车、地面气源和气源车。要考虑机场客梯设施的要求,包括登机梯和客梯车接口要求。要考虑加油车的接口要求、液压车的接口要求。要考虑客舱厨卫清洁要求,包含餐食车辆接口、客舱清洁设备接口、加水车和废水车的接口要求。要考虑货舱装卸和运输设备的接口要求等。

机场运行方面的要求,在飞机准备阶段,要考虑飞机过站时间的要求,包含上下客货、加油加水、打扫卫生、上餐食等。要考虑刹车系统派遣温度,以及刹车片降温要求。还要考虑平均故障维修时间要求。

飞机起飞和着陆阶段,要考虑飞机和滑行道、跑道的兼容性。要考虑机场对飞机噪声的要求,要考虑起落航线、爬升和进近的特殊要求,如有些机场出于噪声要求,要求飞机制定特殊起飞爬升程序。有些枢纽机场进出港航班密度大,以及一些地形条件复杂的机场,要求飞机具备执行精密进近的能力。

c. 精密航行技术要求和通信、导航技术要求,由于航空运输市场的迅猛发展,航班数量和频度的增加,机场和航路的航班密度越来越大,对航空运输的安全性和效率提出了越来越高的要求。由此驱动,不断催生出新的精密航行要求。对于航空进出港的要求,由于航空枢纽机场航班进出港密度大,对飞机离港程序有区域导航(area navigation, RNAV)离场程序要求。有些二三线机场环境条件复杂,地面导航和引导系统建设成本大,越来越要求基于卫星定位技术的 RNAV 进场程序。

由于航路航班密度越来越繁忙,对航班燃油效率提高的需求,对现有的航路空管和导航要求,基于现有的航路点到航路点的空管导航方式,提出了 RNAV 导航方式的要求。对于通信、导航技术的要求,卫星技术的通信和导航技术的要求、卫星通信技术的要求,卫星语音通信和数据链可以弥补由于复杂气象条件和地形地貌要求全时段、全空域的不间断语音和数据链,避免无线电通信信号干扰。

实时监控技术要求,由于卫星通信技术的应用,目前基于甚高频数据链技术的飞机通信寻址和报告系统(aircraft/airborne communication addressing and reporting system, ACARS)和广播式自动相关监视(automatic dependent surveillance-broadcast, ADS-B)已经逐步成为运营飞机的基本配置,自动向空中和地面发送飞机位置和飞行状态信息,供空中交通管制监控飞机状态。

飞机状态监控要求,主要目的是通过监控飞机的状态数据,对飞机趋势进行预测,监控飞机的安全状态。主要用于飞机日常维护、飞行检查、性能监控和飞行品质监控。对飞机提出快速数据存储器(quick access recorder, QAR)的要求,可搜集、存储、地面下载飞机状态数据,随着移动通信技术在民用客机的应用,又提出了无线 QAR 技术,可以在飞机进近阶段,利用移动通信链路,下传飞机状态信息,以便于航空公司快速准备维护维修方案。

5) 航空公司要求

喷气客机作为航空运输工具,由航空公司作为承运人,承担客货运输任务,满足旅客出行要求,为航空公司创造收益。航空公司运营一种新型号的喷气客机的全寿命周期,是从飞机采购或租赁、作业人员培训、接机、空机验证和批准、载客运行、航线维修、飞机定检维修、飞机构型升级和改装直至飞机出售或者报废的全过程。

本节从航空公司采购或者租赁和运营的一种型号的喷气客机的目标和业务流程角度,分析航空公司对一款喷气客机的要求。

(1) 航线要求。

航空公司引入某型民用客机的目的是实现安全载客和经营利润,盈利的商业模型带基于对目标航线市场分析。当然,决定航线能否盈利的因素很多,除了飞机本身的因素,还有旅客和货物市场规模、政府政策、经营策略、航空公司间合作等,本节主要讨论对飞机的技术要求,以作为研发的技术需求。这类要求可以综述为安全性、舒适性、经济性、适应性、环保性和系列化。

a. 飞机安全运营是一切的基础,民用客机的安全性通过其适航性的要求来保证,就是严格按照适航条款设计和验证,按照批准的型号合格证(type certificate,TC)制造,在全寿命周期内,通过持续适航体系保持适航性。这就是从飞机角度保证安全运营的技术要求。

b. 飞机舒适性是面向民用客机的最终用户旅客,主要是指客舱的舒适性,包括从登机到飞机落地的全过程,和飞机本身有关的舒适性有:① 登机方式,靠登机桥登机下机,还是远机位登机下机;② 客舱宽敞程度,包括客舱高度和走道宽度;③ 乘坐舒适性,包括座椅的乘坐舒适性、座椅间距、每排座椅数量;④ 旅客行李,可以自带登机行李的尺寸;⑤ 客舱娱乐系统和无线上网等。和飞机飞行有关的舒适性有:飞机的乘坐品质,飞机抗颠簸特性,飞机客舱内噪声水平等。

c. 飞机的经济性是指飞机运行的盈利能力,是由飞机的本身运营成本、盈利能力和航空公司的商业模型设计所决定的。飞机本身运营成本包括飞机采购成本,飞机的维修成本和平均修理时间,飞机油耗,飞机飞行小时折旧费用,起降费用等。飞机的盈利能力主要还是和飞机商载航程有关,同等类型的飞机,能够提供更大的商载航程盈利能力是强的,航空公司一般会要求采用更多客座的客舱布局。

d. 飞机航线适应性和机场适应性决定了飞机可以执飞的航线和目的地,但是每一种民用客机都有其特定的设计点,以最好地满足特定客户的要求,在设计点外的其他航线,即使通过改装适应航线和机场的要求,其竞争力也是下降的。航线可以划分为远程干线,国内干线和国内支线。机场主要可以按照标高和温度划分为平原机场和高温高原机场。此外,部分航线和机场还有特殊的航行和起降要求,也对飞机构型提出了要求,如高原航线和机场,需考虑单发飘降性能、备降性能和供氧能力。

(2)运行要求。

航空公司运行要求是指航空公司运行一款飞机的业务流程方面的要求,包括机组运行操作、飞机维修、飞机改装升级等。

a. 机组运行操作要求。

机组运行操作要求主要是指飞机飞行活动中,与飞行机组飞行和操作有关的,对飞机的要求。飞行员飞行操纵方面,包括驾驶舱人机界面、飞行性能、机械系统、航电系统等功能要求、培训要求、手册要求。空乘客舱操作方面,包括客舱设备操作、舱门操作、飞机应急撤离等。

(a)飞行员飞行操纵方面。

首先是对驾驶舱人机界面的要求,在满足适航条款要求的基础上,要求驾驶舱按照统一的理念进行设计,包括面板和开关布局和操作、显示画面和字符、照明和导光板风格。随着驾驶舱越来越智能化和综合化,要求飞机具有综合化显示、智能化探测、预测和告警、场景化的操作和自动飞行能力。

要求飞机能够为飞行员提供的飞行性能是基于自动飞行的,飞行管理系统是高度耦合的,基于各种航路气象条件的飞行性能,可以供飞行员提供多种航路选择。飞行员对飞机性能的查阅,除了查阅手册,可以通过机上电子飞行包(electronic flight bag, EFB)查阅,电子飞行包可以和飞行管理系统实现信息交换,以实现飞行员可以快速查阅飞机性能,并且可以快速选择航路,制定飞行计划。

为了保证飞机驾驶舱和系统满足运行规章的要求和航空公司运行的要求,要求成立型号专门的飞行标准委员会,由局方和航空公司飞行员组成,在飞机研制的整个过程中,从驾驶舱方案的确定、飞机验证试飞和模拟机试验,到飞行员型别等级测试等业务过程中,不断对驾驶舱操纵进行评估,提出整改意见,并明确 ARJ21-700 飞机的驾驶员型别等级和训练、检查、经历规范,对中国商飞公司相应运行和持续适航文件控制体系进行评审。

(b)空乘客舱操纵方面。

首先是舱门操作,舱门既要实现其密封性功能,又要保证在需要的时候可以顺畅打开。要求登机门、服务门和应急门能够在所有情况下,都能够顺畅地关闭和打开,并且不能够出现开门用力过大,密封条磨损、门结构磕碰等问题。客舱残压的影响是影响开门的外部因素、舱门的开关形式、密封性设计、舱门机构刚度是影响舱门实现其客舱密封功能、旅客进出通道两大功能的关键。还要提出的是,在舱门设计中,还要考虑避免由于门外部缝隙、舱门密封条漏气等引起的啸叫。客舱设备的操作,要保证在相应环境下的可达性,如广播和内化设备,要能够保证空乘在坐姿情况下,操作方便。特别是应急设备的操作,既要操作方便,又要有防止误碰的保护措施,如滑梯预位装置、消防设备等。客舱标识要清晰,易于分辨,便于空乘观察。

b. 维护修理要求。

民用客机维护修理，从业务环境可划分为航线维护修理和定检维护修理两种方式。顾名思义，航线维护修理主要是保障飞机航线运营需要，在外场环境下，对飞机进行航前行后检查、日常维护等工作。定检维护修理，主要是指飞机 A 检、C 检、D 检和意外损伤修理。A 检主要是目视检查飞机外部、内部和驾驶舱，目视检查客舱显露项目并加上系统的例行保养，测试电子应急系统，并包括日常维护检查。C 检主要是为了保持飞机持续适航性，需要打开飞机口盖、地板等，对飞机做深层次的检查，包括操作检查、功能检查及润滑和防腐工作。D 检又叫大修和翻修，是指对飞机结构和系统进行的全面检查，包括更换部分结构和系统部件，飞机定检维护修理是在修理机构的维修车间进行。这里重点要讨论的是，民用客的维修环境对飞机研发的技术要求，而不是如何进行民用客机的维修。

（a）飞机的可靠性和维修性要求，是一架民用客机维护和维修的基础。飞机的可靠性要求，基于飞机可靠性的维修任务分析，决定了为了恢复飞机的可靠性，需要的维修项目、维修周期和维修方式，通过最经济最有效的维修，实现对飞机可靠性进行最有效的控制。飞机维修性要求，直接影响一架飞机的维护修理工作的效率，飞机设备的总体布局布置，以及开敞性、可达性、可拆卸是关键要求。在总体布置方面，需要重点强调的是全机电缆和管线的布置要求，电缆和管路的设计和布置既要满足系统结构要求和安全性要求，又要从电缆布置、线束走向、分叉、插头位置考虑便于识别、检查和维修的要求。对于管路布置，除了要考虑布置和走向，还要考虑管路的分段要便于维修更换。对于可拆卸性的要求，尽量避免需要先拆卸其他系统才能维修和更换本设备。

（b）外场可更换部件要求，由于在航线上出现设备故障，或者隔离故障，需要更换设备上的某个零部件，为了实现航线飞机快速维修、派遣的需求，更是出于维修经济性的考虑，要求在不需要复杂工具和校准测试的情况下，尽可能地细分外场可更换部件。系统外场更换件的定义在项目设计初期就需要定义，包括和供应商在系统规范中定义。

（c）维修工具、维修工艺和维修材料要求，尽量使用和航空公司机队通用的工具，包括可以通过接口转接的工具，尽量减少航线维修工具的种类，必要时研发专用的工具。航线维修工艺不同于生产工艺，需要考虑航线的施工条件、检查测试手段。关于航线维修材料的要求，主要是指航线使用的工艺性材料和辅助性材料，特别是全寿命的，用量不大的，要考虑材料的通用性。

（d）维修技术出版物要求，维修技术出版物是由民用客机主制造商编制的，经过民航当局批准的，航空公司维护修理飞机的依据。其中，最重要的是飞机图解零件手册（aircraft illustrated parts catalog，AIPC），它是描述运营飞机构型的文件，包括零件图号和件号等信息，是飞机维护修理的基础，这本目录一定要保证和飞机构型的一致性。

《飞机维修手册》(Aircraft Maintenance Manual，AMM)是供飞机零件日常勤务、维护、检查、排故、更换、修理、校准等程序使用的，供航线日常维护使用，这本手册的程序要求很强的操作性，包括工序、工具、操作步骤、排故思路、检查要求，必须经过实际外场运营的验证。

《飞机结构修理手册》(Structural Repair Manual，SRM)是对飞机运营过程中发生的结构损伤进行修理的法定文件，其中关键技术要求包括飞机结构允许损伤的标准、飞机结构修理方案的制定、分析和验证、标准施工方法的制定、修理工艺程序、飞机结构完整性要求，结构修理手册是飞机维修技术出版物中技术难度要求较大的手册。

《故障隔离手册》(Fault Isolation Manual，FIM)是判断和排除飞机故障的重要技术文件，给出了识别和分析故障必要的技术数据和相关资料，提供了一种报告和纠正飞机系统故障的构成方法，并提供了相应的故障隔离程序，主要用于支持航线的故障分析，目的是用最有效(时间短，成本低)的方式找到故障原因，并采取必要的措施排除故障，使得系统恢复正常状态，以使飞机能够快速恢复运行。

c. 飞机改装和升级要求。

飞机在全寿命运营过程中，因为持续适航的要求、航空公司的功能要求，解决飞机存在问题的设计优化等，需要对飞机进行改装和升级。发出相关的技术文件，要求对飞机的构型状态进行检查、改装和升级。技术文件的形式分为适航指令(airworthiness directive，AD)和服务通报(service bulletin，SB)。

适航指令(AD)是民航当局在飞机颁发型号合格证(TC)之后，根据在运营飞机时发现的技术问题，判定可能存在于型号设计中的不安全状态，制定了强制性的检查要求、改正措施和使用限制，是航空公司必须执行的要求。

服务通报(SB)是飞机出现技术问题，或者飞机需要进行功能升级，飞机制造商通知航空公司，需要采取的技术措施，包括航材、计划等。服务通报不是强制性的技术文件，航空公司可以根据运营计划安排贯彻时间。

6) 环保性要求

环保性要求主要是指对发动机排放要求和外场噪声要求。发动机排放主要包括氮氧化物(NO_x)、未燃碳氢(UHC)、一氧化碳(CO)和固态颗粒状烟雾。国际民航组织的航空环境保护委员会(Committee on Aviation Enviromental Protection，CAEP)提出了 CAEP 排放标准，中国民用航空局(Civil Aviation Administration of China，CAAC)有《涡轮发动机飞机燃油排泄和排气排出物规定》(CCAR‑34 部)，等同于美国联邦航空管理局的 FAR‑34 部。

7) 外场噪声要求

外场噪声指的是飞机飞越机场区域的飞机外部噪声，国际民航组织提出了《国际民用航空公约》附件 16 要求规定了第 2、3、4 章飞机的噪声水平，从 2017 年开始，在第 4 章的基础上，进一步降低 7 dB。中国航局颁发的《航空器型号和适航合格审定噪声规定》(CCAR-36部)。一些民航机场,还制定了消声飞行程序的要求,规定如起飞转弯、起飞快速爬高、多级进近,已经不允许噪声超标飞机起降,或者用更严苛的标准规定惩罚性起降费用。

8) 系列化发展的要求

一种新研民用客机,研发需要十几年时间,从研发、投入航线到退出市场,一般都要几十年时间。从一代平台应用和提高市场占有份额的角度,一般都要走系列化发展的道路。系列化发展的思路主要有提高商载航程,加长机身或者缩小排距,以增加座位和航程。缩短机身减少客座,适应特殊机场和短程航线需求,提升飞机性能的改进改型,改装公务机和特种飞机的市场需求,老龄客运飞机改为货机。

1.5 ARJ21飞机项目的复杂性

民用飞机研制是一个复杂高端的系统工程,研发费用投入高、技术难度大、回收期和利润产出周期时间长。一架民用飞机从市场调研、确定市场定位、决定立项研制,到最终投入市场运营、系列化发展、改进改型、实现其最终的商业成功,是一个漫长的过程。在民用飞机从市场需求论证、立项研制,到取证交付、运营、系列化发展的全寿命周期内,一款民用飞机要经历技术成功、市场成功到商业成功的几个关键环节,才能取得最后的成功。以某型窄体客机为例,20世纪60年代后期投入市场,经过了三次大的升级改进,目前仍是窄体干线客机的主力机型。

ARJ21是自我国20世纪70年代研制运-10喷气客机之后,研制的第二款喷气客机,是我国民机历史上第一款从一开始就按照国际适航条例和中国适航条例全新研制的喷气支线客机。ARJ21作为中国民机历史上又一款具有里程碑意义的民用客机,它作为一个先行者和探路人,打通了按照民用运输市场需求和适航规章要求,全新研制、适航取证、批量生产、市场运营的全业务流程,系统地突破和积累了喷气客机全寿命的关键技术和技术管理方法,为大型客机的研制,建立中国自主研发体系的、满足国际和国内市场要求的民用客机产业链奠定了技术基础。

新中国成立后,中国民用客机的发展历程曲折又复杂,先后经历了模仿研制、自行研制、联合研制、合作生产和转包生产多种探索道路,在民用客机的发展道路上,可谓是历尽挫折、屡败屡战。

自主研制之路上曾研制过Y-7涡桨客机和运-10喷气客机。1966年4月,Y-7涡桨客机正式立项研制;1968年3月,完成设计投入试制;1970年12月25日首飞;1982年7月,国家产品定型委员会正式批准Y-7飞机设计定型;1984年,正式向中国民航局交付;1986年5月1日正式编入航班,投入客运。Y-7飞机的研制建立了一型50座级的涡桨飞机平台,填补了国产涡桨客机的空白,建立了民机研制体系,培养了一支民机设计队伍。尽管Y-7飞机并没有按照适航要求设计和取证,但是在后来的几十年过程中,在Y-7这个平台上,依靠Y-7的研制体系,经过30多年的持续不断的集成新技术,不断创新,发展出了新舟60、新舟600,并正在发展新舟 700 飞机。

在 Y-7 研制的同时期,20 世纪 70 年代,中国启动了运-10 飞机的研制,运-10 是中国首款自行研制、自行制造的大型喷气客机。在运-10 飞机研制的时期,波音公司已经成功研制和交付了波音 B707、波音 B727 和波音 B737。运-10 飞机于 1972 年完成飞机总体设计方案,1975 年 6 月完成详细设计,1980 年 9 月 26 日首飞。1986 年,研制计划彻底终止。在当时中国的科技和工业基础比较薄弱的情况下,能够研制出运-10 飞机,尽管没有完成取证和交付,也是一件非常了不起的集成创新成就,中国从喷气客机方面的一穷二白,一步迈向大飞机的俱乐部。运-10 的最大航程可达 7 000 km,巡航速度为 850~900 km/h,最大载客为 120 名,最大起飞重量为 110 t。采用机翼下吊装 4 台国产涡扇-8 发动机的布局。运-10 飞机是波音 B707 飞机同类型飞机。

在运-10 项目终止以后,也曾经有过多次的改进设想,如改装 CFM56 涡扇发动机、降低燃油消耗率、提高经济性、降低噪声水平。如加长机身,全经济级飞机客座数大于 200 座,进一步提高经济性;如改为双发中短程民用干线客机,但都没有进展。波音公司在波音 B707 的基础上,研制了适合中短程航线的机身尾吊 3 发动机的波音 B727,又应用波音 B707 机头和波音 B727 机身,研制了波音 B737 飞机。在 20 世纪 80 年代,为波音 B737-300 飞机换装了 CFM56 涡扇发动机。

从 Y-7 和运-10 的案例我们可以得出以下启示:由于技术基础和产业基础薄弱,中国民用客机集成创新不可能一蹴而就,中国民用飞机产业的发展必须经过长期的、持续不断的技术创新。一个民用飞机型号就是一个技术创新平台、一个技术创新体系,可以凝聚几代技术创新队伍。一个民用飞机项目的持续发展和创新,可以带动一个产业的持续发展,更可以为后续民机项目的发展储备技术和人才。中国民用喷气客机的研制开了一个好头,没有能够走下去,运-10 飞机终止研制,后续没有发展,失去了这个平台,技术体系和技术队伍自然无法持续发展下去,中国喷气客机产业进入停滞状态。

在 20 世纪 80、90 年代,中国航空工业又先后开始了国际联合研制和国际合作生产的道路,和欧洲联合研制的 MPC75、AE100 等民用客机在项目论证阶段就没有进行下去。和美国联合生产的 MD82、MD90 飞机由于波音公司收购 MD 公司而中断。和国际民机主制造商的国际合作道路,屡受挫折,我们可以得到以下启示:① 民用客机研制具有很高的技术门槛,没有一个国家和公司,真正愿意把自己的核心技术转让给别人使用,即使是有偿的,所以他们往往提出让人难以接受的苛刻条件,以获取比自己亲自干更大的利润,但是就这样也不会倾其所有教会徒弟;② 研发民用客机必须依靠自主创新,自己攻克技术难关,牢牢地掌握知识产权,依靠自己逐步地积累民用客机技术体系,依靠国际合作研制是得不到核心技术的,靠技术转让也买不来真正的核心技术;③ 合作总装和合作生产可以让中方学习了解西方民用航空制造业的生产技术和管理经验,包括适航管理和质量管理经验,为中国大型商用飞机研制打下了制造基础;④ 通过合作总装和合作生产,中国可以学习到西方的先进经验,但是并不能形成自主知识产权,必须通过在此基础上的自主创新才能真正形成核心技术。

2002 年,国务院批准 ARJ21 - 700 飞机项目立项,由原中国航空工业第一集团公司组织研制。2008 年 5 月,国家组建中国商飞公司,作为大型客机项目的实施主体,同时也统筹干线喷气飞机和支线喷气飞机发展。ARJ21 - 700 型支线客机是按照国内国际支线运输市场要求,按照中国民航适航标准,全新研制的具有国际同类飞机先进水平的国产第一款具有自主知识产权的喷气支线客机。ARJ21 - 700 飞机的研制承载着为中国民机产业探路的历史使命。2008 年 11 月 28 日,ARJ21 - 700 成功首飞;2014 年 12 月 30 日,中国民用航空局(CAAC)在北京向中国商飞公司颁发 ARJ21 - 700 飞机型号合格证;2015 年 11 月 29 日,交付给首家用户;2016 年 6 月 28 日,完成首次载客运行。通过 ARJ21 - 700 项目,中国民机产业走完了从研发、取证、批产、交付、运营到客户服务的全过程,建立了主制造商和供应商集成创新体系,包括设计研发、适航取证、批生产、航线运营、客户服务、项目管理等体系。这标志着我国首款按照国际标准自主研制的喷气支线客机通过中国民航局适航审定,具备可接受安全水平。向世界宣告我国拥有了第一款喷气客机进入航线运营。ARJ21 - 700 飞机的研制、取证、交付运营是我国民机产业的又一重大里程碑。通过 ARJ21 - 700 飞机的研制,攻克了飞机市场要求、飞机系统集成技术、先进气动布局等一大批关键试飞技术,建立了民用飞机新技术、新材料、新工艺标准体系。按照国际惯例探索和建立了民用飞机研制的主制造商和供应商管理模式,建立了市场、适航、研发、批产和客户服务体系。初步探索了一条"自主研制、国际合作、国际标准"的民机技术路线,初步建立了"以中国商飞为核心,联合中航工业,辐射全国,面向全球"的民机产业体系,初步构建了"以中国商飞为主体,市场为导向,产学研相结合"的民机技术创新体系,锻炼培养了一大批信念坚定、甘于奉献、勇于攻关、敢打硬仗、拥有国际视野的民机人才队伍,培育了"长期奋斗、长期攻关、长期吃苦、长期奉献"的大飞机创业精神,为 C919 大型客机项目顺利推进开辟了道路,创造了有利条件。通过 ARJ21 - 700 飞机的研制,国家也建立了适航审定体系,形成了符合国际标准的适航审查程序、机制和体系,具备了喷气式民用运输类飞机适航审查能力,成为保障我国民用航空工业持续发展的重要国家能力。

1.6 ARJ21 的主制造商、适航监管和供应商体系

ARJ21 项目是我国首个按照国际通用的民用飞机研制模式,采用主制造商-供应商模式和市场化机制运作的项目。主制造商重点加强飞机研发、总装集成、供应商管理、市场营销、客户服务和适航取证能力建设,项目设立行政指挥和设计师两总系统,构建了设计、制造、试验、试飞、市场、适航、客户服务体系。ARJ21 项目技

术管理在项目研制和取证阶段,采用两总领导下的各中心业务负责制,设计研发中心负责设计、试验、适航取证。制造中心负责制造分工和总装集成。客服中心负责客户的培训、飞行运行、维修工程、航材等业务。市场中心负责飞机市场研究,市场目标和要求的确定,客户推介技术支持。适航中心负责适航标准研究,适航审定基础,项目适航审查活动组织,条款关闭技术管理,持续适航技术管理等。在 ARJ21 项目证后运营阶段,项目技术管理采取 IPT 团队和职能管理相结合的方式,顺畅运营优化设计和精品工程优化设计,采取多职能集成产品团队(DBMOT)形式,以为实现并行产品定义(CPD)和协同设计制造服务,来自工程设计、系统工程、制造、维修、运行、试验试飞的技术专家组成了一个跨职能项目团队,共同负责交付一个定义的产品或流程。DBMOT 的核心是团队负责具体的交付物,DBMOT 主力是工程设计人员。

ARJ21 的前期设计工作在国内首次整合了大飞机的设计力量,上海飞机设计研究所和西安飞机研究所,成立了第一飞机设计研究院[后成立中国商飞分离为上海飞机设计研究院(简称上飞院)和第一飞机设计研究院]。上海飞机设计研究所负责全机总体设计,全机结构和系统综合,承担技术抓总责任。

在制造方面,ARJ21 项目首次在国内采用主制造商负责总装集成,各结构部件采取分段分包制造的方式,上海飞机制造有限公司负责总装、设备安装、管线安装和平尾升降舵制造,中航工业成都飞机工业(集团)有限公司负责机头制造,中航工业西安飞机工业(集团)有限责任公司负责前机身、中机身、中后机身和机翼制造,中航工业沈阳飞机工业(集团)有限公司负责后机身、垂尾、方向舵制造。在制造技术方面,成立了总工程师系统协调各厂之间的技术分工界面,建立了项目工艺规范体系,项目总工程师作为总师系统成员领导制造系统的技术工作。为了适应批生产要求,成立了联络工程体系和器材评审委员会(maintenance review broad, MRB),负责代表设计系统处理生产过程中的超差、代料问题、并组织解决涉及可制造性的设计问题。

在国内首次建立了专业的客户服务中心,全面负责 ARJ21 的客户服务工作,全新建立了飞行训练、航材支援、维修工程、地面设备、技术出版物、飞行运行支持等专业,聘请了航空公司的资深飞行员、飞行教员、乘务教员、维修专家、签派专家等技术管家,充实客户服务技术体系。与局方、航空公司、维修机构开展合作,开展人员资质的培训。初步建立了满足适航规章要求的客户支援体系。

中国民航局围绕 ARJ21 - 700 飞机适航审查,成立了专业的审定机构,建立了专门的局方试飞员队伍和审查队伍,形成了符合国际标准的适航审查程序、机制和体系,掌握了飞机国际标准,具备了喷气式民用运输类飞机适航审查能力,成为保障我国航空工业持续发展的重要国家能力。中国商飞建立了两级适航管理部门、适航工程中心,由公司管理部门和研发、总装制造和客服服务的两级适航管理系统,全面组织 ARJ21 项目的适航取证工作。在适航技术管理方面建立了适航规章数据库，及时跟踪研究 FAA 和欧洲航空安全局（European Aviation Safety Agency，EASA）最小规章修订情况和最新颁发的咨询通告（advisory circular，AC），并聘请了有经验的 FAA 专家，为设计和符合性验证提供指导。编制了专项合格审定计划（project specific certification plan，PSCP）和各系统/专业审定计划（certification plan，CP），通过 PSCP 确定了和局方的工作程序，通过各系统/专业 CP 确定了各系统/专业的审定基础、符合性方法、具体验证工作和符合性报告，依据型号合格审定程序（AP21-03），完成了 CP 规划的各类符合性验证工作。确定了符合性验证试验和试飞开展流程，编制了符合性验证试验和试飞管理规定。通过研究，确定了进入局方验证试飞阶段型号检查核准书（type inspection approval，TIA）的路线图和工作要求，明确了进入 TIA 前以及签发 TIA 后需完成的工作。建立了条款责任体系，在公司层面成立了条款关闭指挥部、总师系统以适航副总师归口，专业副总师（大专业联络人）牵头、层层落实分解 398 个条款的技术责任，针对每一条款编制一份条款符合性综述报告，以检查条款验证工作的完整性和充分性，为条款关闭提供依据。开发了适航取证过程管理系统（条款关闭管理模块、资料管理模块），全面翔实记录了设计和符合性验证证据材料。接受了 FAA 的审查并基本完成了一阶段 FAA 确定的审查项目，FAA 在一定程度上起到了第三方监督的作用，使得适航验证过程走得更加严谨和严格。

ARJ21 项目供应商管理的组织模式，按照项目所处的不同阶段，采取不同的管理模式，从最初的职能化管理模式，到探索项目经理模式，最后配合公司项目管理改革，全面融入公司各级 IPT 团队，并在此过程中充分发挥采购与供应商管理系统的主动性和积极性，最终形成独特的供应链管理模式。公司成立伊始，最早的职能化管理模式是：总部和三大中心分别设立了采购与供应商管理部门，作为开展项目研制过程中，牵头开展供应商协调、组织，以及合同管理的职能部门。同时，设计、制造、客服、质量、适航等各业务条线，按照各职能划分，各自开展与本业务有关的工作。成立供应商项目管理团队，随着项目研制工作的逐渐深入，单纯的职能式管理模式由于横向间协调的缺陷，逐渐无法适应管理需要。从 2011 年开始，国际合作部组织成立供应商项目管理团队，通过团队解决内部协调问题，进而加速与供应商的沟通、协调乃至决策，成为一种新的模式。在项目管理团队模式下，由项目经理牵头，设计研发中心委派工程经理、质量系统委派质量经理、适航系统委派适航经理、总装制造中心委派采购经理和制造经理、客户服务中心委派客服经理进入团队工作，共同开展协调和管理工作。

2 ARJ21 飞机研制、批产和客户服务流程

对于飞机主制造商而言,主要有三大业务,就是飞机研制、批产和客户服务,它们贯穿于飞机全生命周期。其中,飞机研制又包括飞机初始研制和取证、飞机运营、保持持续适航优化、飞机改进改型。

民用飞机有两个层面的技术要求,是上下衔接的关系,第一个层面是飞机顶层功能要求,也是飞机运营环境的要求,这个环境是个广义的环境。第一个层面的要求分解成为第二个层面的要求。第二个层面是飞机级要求,按照 SAE ARP4754A 的建议,飞机级的需求可以继续向下细分。本章讨论的是喷气客机的全寿命周期内,飞机级和系统级功能和业务的技术要求,这些要求不是飞机具体的技术方案、技术指标、详细设计方案、制造方案、客户服务方案等,而是从方法论的角度出发,阐述飞机在全寿命周期内,各阶段飞机研制、批产和客户服务工作的技术要求。

2.1 飞机研制和初始适航的技术流程

飞机研制和初始适航阶段,可以细分为初始论证阶段、初步设计、详细设计、样机试制、设计验证和系统综合、首飞、研发试飞、适航验证试验和试飞、适航批准和取证。

2.1.1 初始论证阶段

主要任务是进行市场调研和分析,确定拟研发飞机的市场定位,确定《飞机市场要求与目标》,并据此制定《飞机可行性报告》。

《飞机市场要求与目标》应明确飞机的细分目标运输市场、飞机的经营目标、飞机的技术特点、飞机的基本性能数据、飞机基本布局和特征参数、飞机的取证策略、飞机的系列化发展规划等内容。这份文件的制定是在对运输市场现状和发展、飞机运营环境、国家政策法规、市场同类机型研究,以及对目标航空公司的需求走访等基础上提出来的。这份文件贯穿于项目全寿命周期内的各个阶段,要根据市场和项目的现状,要不断地审视目标要求是否需要调整,现有项目是否满足目标要求。

《飞机可行性报告》应明确飞机面向市场环境研究、目标市场研究、现有机型研

究、现有技术基础研究、飞机技术要求、飞机总体技术方案、飞机研制途径、飞机技术关键和解决措施、试验验证设施、经费进度估算等内容。飞机技术要求要满足《飞机市场要求与目标》的要求，为满足技术要求选择技术方案和关键技术的解决方案，要具有足够的技术成熟度，否则技术风险会带来项目进度和经费风险。这个阶段一般还要确定首家用户，才能立项启动。

2.1.2　初步设计阶段和详细设计阶段

初步设计阶段的主要任务是根据项目论证阶段的技术文件，提出飞机总体技术要求、飞机级需求定义（FHA）、飞机总体技术方案、飞机通用技术条件、飞机安全性分析、可靠性和维修性分析、飞机试制总方案等顶层设计文件。还有飞机技术管理类文件、图样文件管理制度、飞机构型管理规定、三维设计管理规定、材料选用论证等。依据上述顶层文件，分解为系统级技术要求、系统需求定义、系统方案、系统安全性分析（system safety analysis，SSA）。初步设计阶段，项目承制方作为申请人，应制定适航取证适用审定基础，符合性方法表，全机和系统验证计划，向所在国局方提出取证申请，局方受理成立型号合格审定委员会（type certification board，TCB）和型号合格审定组（type certificate team，TCT），与供应商制定适航审定支持计划。初步设计阶段，主制造商依据系统需求定义和技术方案，向全球潜在供应商发出招标要求（IFA），应标供应商回复标书建议（IFP），主制造商和供应商开展系统联合定义（joint definition phase，JDP），确定系统技术规范、软硬件需求定义和接口控制文件等。

详细设计阶段的主要任务是全机总体布局，全机数字协调样机或者实物样机，可用于全机气动力分析和载荷计算的研发风洞试验、全机结构数模设计和强度评估、系统软件需求定义、系统原理样机设计、制造和系统模拟仿真。适航方面提出了适航符合性分析报告、验证试验方案、验证试飞要求，审查方召开首次 TCB 会议。系统供应商要完成系统软硬件需求定义，实验室仿真试验，对系统需求进行确认。这一轮设计工作，要通过分析、计算和实验室试验，对各系统到飞机级的需求进行自下而上的确认，决定详细初步设计是否可以转入详细设计阶段。详细初步设计的结果构成了取证构型的功能和需求基线，这个层面基线相对冻结，基线变更要纳入构型管理设计更改流程控制、评估技术、经费、进度影响，并且向受影响方支付费用。

详细设计阶段的主要任务是进行详细设计计算的校核风洞试验和数据集、性能操稳详细计算、全机校核载荷计算、结构详细设计发图和强度校核、全机有限元建模分析、系统软硬件详细设计、工艺规范和工装设计、试验设施设计和建设、系统综合试验大纲编制、验证试验试飞大纲编制。详细设计的结果经过评审转入试制阶段，详细设计要满足总体性能设计要求和飞机级的需求，系统详细设计满足系统级需求，包括功能、性能和接口等方面的需求。一般情况下，在详细设计阶段，由于飞机市场竞争性要求和现有技术水平的矛盾,会出现关键性能不达标的情况,增加了开工决策的复杂性,还会带来优化设计的风险。

在满足市场要求方面,详细设计转入试制阶段前,必须再次审视市场要求和目标,确定目标市场是否已经发生变化,包括客货运市场和目标市场运营飞机的变化。必须全面自下而上地确认系统级、飞机级的需求符合性,确认目标市场要求和目标的符合性。在适航取证方面,必须逐个条款确认和分析详细设计对于条款的符合性,确认条款符合性方法和验证计划,确认所有验证试验大纲和验证试飞大纲。

2.1.3 样机试制阶段和首飞阶段

主要任务是两条主线,一条主线是飞机和系统的试验件制造,首飞机和试验机制造,另一条主线是飞机级和系统级综合试验和首飞准备。

试验机和试验件制造,试验机一般制造 6~8 架飞机,包括一架全机静力试验机、一架疲劳试验机、4~6 架试飞试验机。结构和系统试验件制造包括大部件静力试验件,比较典型的有翼身组合体试验,这已经成为大部件静力试验的标配,包括材料性能试验件、复合材料积木式试验件。系统试验件有供应商系统级综合试验和飞机级系统综合试验的试验件。首飞机还要求改装机上应急撤离系统,为飞行员在应急情况下提供离机跳伞通道。

首飞前综合试验包括飞机级和系统级综合试验,分为实验室试验和机上试验两大类。飞机级和系统级综合试验的目的是验证系统的功能、性能和接口,对系统需求进行验证,是系统综合设计工作的重要部分。系统级综合试验在供应商的系统试验台上进行,验证单个系统的功能和性能。飞机级综合试验的主要目的是验证全机各系统在真实设备和接口情况下、在各种飞行场景下、在系统功能正常和故障情况下,全机各系统的功能、逻辑和接口。

首飞前结构强度试验包括首飞前应该完成全机限制载荷试验。全机限制载荷试验的目的,除了保证首飞飞行剖面的安全,更重要的目的是验证全机有限元分析模型,以保证极限载荷工况下,强度校核的准确性,保证极限载荷工况试验的成功。材料试验,特别是复合材料结构的采用,由于复合材料结构是由纤维丝编制而成,或者预浸料铺层,进罐加温加压固化而成,工艺特性对结构性能影响很大,必须采取积木式的验证程序,从材料、元件、组件、部件层面验证强度性能。

首飞前机上试验,首先进行的是系统装机后的功能检查试验(on aircraft test procedure, OATP),这类试验属于生产性试验,每个系统都有专门的试验程序,每次系统的升级更换都要进行 OATP 试验。完成 OATP 试验后,开始逐步地进行机上系统综合试验,从全机通电、飞机加油、APU 开车、发动机开车,然后是全机共振试验、全机电磁兼容试验,全机电磁兼容试验包括定性和定量检查试验、全机高能电磁场防护、全机雷电间接效应试验。然后飞机可以进入滑行和首飞技术准备阶段。

样机试制和首飞阶段的适航工作,试验件、试验机制造符合性检查,包括系统供应商试验件,特别是系统供应商复杂系统软硬件的审查,包括主制造商自行开发的复杂系统软硬件,要遵循相关 DO - 178B 和 DO - 254,制定专门的开发测试流程和适航符合性验证程序,从安全等级划分、需求定义分解、文档和代码、测试等方面严格规定了开发和验证流程。首飞前适航验证试验的审查,其中部分试验本身就是适航验证试验。其中,系统综合试验既是研发试验性质,也是实验室验证试验(MOC4);其中结构强度试验、OATP 试验属于实验室验证试验;机上电磁兼容试验属于实验室验证试验。试验大纲要经过局方批准,试验台架需进行制造符合性检查,试验过程局方需进行目击,并向局方提交试验报告。首飞机特许飞行证的审查和颁发,国籍登记证和无线电执照的颁发,飞机主制造商要向局方提交,飞机设计适航符合性分析报告,飞机构型状态评估报告,首飞前试验情况,首飞任务书,系统供应商要提供系统首飞安全声明。

2.1.4　飞机研发试飞、局方验证试飞和适航取证阶段

取得适航证是飞机投入市场运营的前提,适航取证顾名思义就是证明所研发飞机的构型满足适用适航条款的要求,这样投入航线的飞机是安全的。

飞机研发试飞阶段的工作不但重要而且工作量巨大,飞机研发试飞的目的就是标定和校准飞机的系统,如空速系统、迎角系统、飞机失速保护系统。验证和优化飞机的控制律,如飞行控制系统(简称飞控系统)控制律、飞行导引系统控制律、失速保护系统控制律等。验证飞机的性能和功能,如飞机性能和操稳、各个系统的功能试飞。研发试飞会暴露出大量的问题,特别是地面实验室无法真实模拟飞机的飞行环境、系统和系统之间的接口的动态匹配性问题等。需要进行设计更改,特别是系统软硬件更改,要重新走构型更改、需求定义、开发测试、验证和批准装机的流程,费时费力,成本巨大。充分的实验室动态综合验证,还有使用飞行数据和 0 号飞机产生飞行数据,验证飞机、系统功能的方式,也可以大大减少研发试飞的工作量,提前在地面发现需要设计更改的问题。

通过充分的研发试飞,把飞机的取证构型调整到可以冻结,最好是试飞飞机的构型也贯彻了影响验证试飞的设计更改保证取证构型和试飞机构型的一致性,这一点非常重要,需要花费时间进入局方验证试飞阶段的标志性事件是局方飞行员和申请人(主制造商)的飞行员一起上飞机,开展验证试飞活动。实际上,飞机的验证试飞(条款验证试飞)在飞机研发阶段,甚至首飞阶段就开始了,这时局方试飞员并没有上飞机,但是只要这时候的试飞构型与申请人声明的和取证构型是一致的、局方制造代表做了制造符合性检查这两个条件。试飞大纲是经过局方批准的,局方工程代表目击了试飞。

所有的适航符合性验证试飞可以分为申请人表明符合性试飞和局方验证试

飞。局方验证试飞又可以分为局方飞行员登机试飞和局方工程代表目击试飞。试飞科目按照风险度，可以划分为低风险、中风险和高风险试飞科目，对于低风险和高风险科目，可以开展并行试飞，也就是合并申请人表明符合性验证试飞和局方验证试飞。对于必须单独进行局方验证试飞的科目，局方是在对申请人的表明符合性试飞结果进行审查后，挑选一些试验点进行局方验证试飞。

在适航符合性验证试飞过程中，因为不满足条款、性能、功能的要求，经常要进行飞机设计构型的更改。按道理这些设计更改应该在地面试验和研发试飞过程中进行，发现问题并完成设计更改，并且在试飞机上贯彻。在申请人表明符合性试飞的时候，有少量不满足条款要求的设计更改。在进入 TIA 阶段应该冻结所有的取证构型，并且通过前期的分析试验试飞表明条款的符合性。如果在 TIA 阶段不幸发生了设计更改，就需要评估设计更改对条款符合性验证的影响，如果有影响，需要在试验机上贯彻，并且补充进行表明符合性试飞和局方验证试飞，并升版试飞大纲和 TIA。

试飞过程中构型和文件管理。试飞机构型管理中，试飞机构型与验证试飞科目相关的设计构型一致是基本的要求。在试飞要求和试飞大纲中要定义验证的设计构型，每个试飞科目都要有科目构型评估报告，对试飞机构型能否代表验证构型进行评估，特别是针对试飞机构型的差异性对验证科目的影响进行评估。上述报告要经过工程代表的审查。验证试飞前要按照构型评估报告，对试飞机进行制造符合性检查，并提交制造符合性声明。试飞机日常维护和修理活动要按照《运行手册》《飞机和系统维护手册》编制的工作卡进行并记录。机组操作要按照《机组操作手册》和快速检查单等文件编制的程序进行。验证试飞活动的开展要严格按照试飞大纲编制的试飞任务单进行。

适航审查活动。在局方验证试飞之前，也就是局方飞行员登机验证试飞之前，局方召开中间型号合格审定委员会（TCB）中间会议，会议要求全机极限载荷试验、颤振试飞、空速校准试飞等科目必须完成。局方试飞员和审查代表，按照确定的 TIA 阶段的验证试飞科目开展试飞活动。适航取证的前提条件是关闭审定基础中所有的适用条款。所有条款不是一起关闭的，当一个条款的符合性方法表的 MOC1～MOC9 项目完成，报告获得局方批准，申请人还需编制拟关闭条款符合性综述报告。当所有条款都关闭了，审查组召开 TC 前最后一次审查组会议，讨论 TC 审查报告，并提交给型号合格审定委员会（TCB），TC 前最后一次 TCB 会议审查提交的 TC 审查报告，然后提请民航局颁发适航证件。

2.1.5　飞机批产、交付、运营和持续适航

飞机取得适航证后，还得取得生产许可证（PC），才能批量生产和交付。运营支持的技术工作从飞机立项论证阶段就开始了，贯穿于研制的各个阶段，包括航空器评审、飞行训练、技术出版物、维修工程、航材备件、航线支持等。持续适航的技术

工作是指飞机取得 TC 以后,在飞机投入航线运营过程中,飞机要持续地保持适航性,以保证运营安全。

2.2 批产和交付

PC 审查由局方成立 PC 审查委员会和 PC 审查组,审查依据是 CCAR - 21 部的相关要求,对申请人的质量体系、构型管理体系、工程和制造体系、产品验收体系和持续适航体系进行审查,通过审查确认申请人已经建立了有效的质量控制系统,从工程设计发图、构型管理、原材料采购、供应商控制、生产管理、生产质量控制、飞机出场测试等业务都严格按照程序执行,能够持续稳定、可重复、高质量地生产出符合型号合格证(TC)的飞机。

飞机预投产是指在 TC 审查阶段,为了满足飞机交付客户的进度要求,申请人先期投入部分架次的飞机,申请人和局方达成预投产框架协议的基础上,局方对预投产飞机进行制造符合性审查。预投产飞机的技术难度在于适航取证阶段,飞机的验证工作没有结束,飞机设计构型没有达到最终状态,验证试验和试飞的反复还会造成设计更改,因此造成预投产飞机和取证构型的差异,这个必须进行评估,如果评估结果存在预投产飞机构型无法代表批准的取证构型的情况,有两种解决方案,或者贯彻设计更改,或者把差异也纳入取证构型,进行补充验证。

批产飞机出厂交付前还必须具有局方颁发的单机适航证(AC),才能交付给客户,AC 证是局方对出厂飞机制造符合性的批准,表明飞机符合型号合格证(TC),处于安全可用状态。AC 检查除了飞机生产过程中的制造符合性检查,还包括出厂前生产试飞。

客户监造和接机。在客户飞机制造过程中,客户监造代表依据 CCAR - 21 部,制定监造程序和检查项目,对重大超差进行处理,重大问题向局方报告。在飞机交付阶段,客户接机小组按照接机大纲进行全机检查,接机飞行员进行登机试飞检查。超差项目要进行评估,影响后续运营的项目要制定特殊程序和限制,纳入飞行类和维修类手册。

2.3 运营支持

航空器评审是和飞机取证同等重要的工作,取得型号合格证(TC)标志着飞机具备了安全性。航空器评审对于保证飞行安全和取得商业成功都具有重要意义,是飞机交付航空公司、投入航线的前提条件。航空器评审工作由民航局飞行标准司组织成立的航空器评审组(aircraft evaluation group, AEG)负责,在航空器型号审定过程中,负责以下运行有关的工作项目:飞机和系统的运行符合性审查,飞行机组的型别等级和训练要求评审,最低主设备清单评审(master minimum equipment list, MMEL),初始维修要求评审和持续适航文件评审。AEG 还负责确定飞行机组资格要求、签派和放行要求。AEG 下设三个委员会分工协作:① 飞行标准委员会(field service bulletin，FSB)负责型别等级和训练要求、观察员座椅评审，评审结果是飞行标准委员会报告，包括型别等级定义(对于新飞机一般规定以型号命名的新的型别等级)、主通用要求(进场类别和着陆、复飞构型)、主差异要求(相关飞机型号之间的差异适用于飞行员资格审查的内容)、运营人差异要求(运营人机队差异情况)、训练要求、检查要求；② 飞行运行评审委员会(flight operation estimation board，FOEB)负责主最低设备清单(MMEL)、运行符合性清单评审，申请人对照 CCAR－91 部、CCAR－121 部的运行要求对飞机运行符合性进行构型设计和评估；③ 维修评审委员会(MRB)负责初始维修要求(maintenance review board report，MRBR)，持续适航文件(instructions for continued airworthiness，ICA)的评审。在 AEG 评审过程中，FSB 对驾驶舱设计软硬件和人为因素也进行评估，并提出设计改进建议。FSB 在设计早期介入飞机驾驶舱的评估具有重要意义，主制造商可以在需求定义和方案阶段，及早地发现人为因素问题和调整方案，大大降低后续设计更改的技术风险。同样，维修评审委员会(MRB)及其下设的工业指导委员会(industry steering committee，ISC)在进行计划维修任务分析审查过程中，也会对飞机的维修性进行评估，并提出改进建议。所以，AEG 审查工作，应该在项目研制初期，最好是设计和详细初步设计阶段就应该开始。

主制造商开办的主要任务是培训航空公司飞行员，按照《民用航空器驾驶员和地面教员合格审定规则》(CCAR－61 部)获得和保持型别等级。飞行训练中心本身必须通过《飞行训练中心合格审定规则》(CCAR－142 部)审查，获得民航批准的飞行训练中心合格证和 142 部运行规范批准，才具有训练资质。

飞行训练模拟机是用于飞行员针对特定机型飞行训练的模拟机，飞行模拟机座舱设备完全真实，并以飞机飞行试验数据驱动机载设备软件模型和动基座，为飞行员提供全包线的动态飞行感受和视景，飞行模拟机分为 A、B、C、D 四个等级。飞行训练用模拟机应该经过局方鉴定，颁发等级合格证。国际民用航空组织(International Civil Aviation Organization，ICAO)专门制定了《飞行模拟机鉴定标准手册》(ICAO 9625)，中国民航颁布了《飞行模拟设备的鉴定和使用规则》(CCAR－60 部)。飞行模拟机的主观测试要求、运行包线内的性能、操稳检查、操纵检查、驾驶舱构型、操纵器件检查、模拟系统检查、客观数据检查专门为模拟机提取的飞行试飞数据，用以保证飞行训练模拟机上的数据真实有效。

飞机的维修工作分为计划维修任务和非计划维修任务，计划维修任务又可以分为适航性限制维修任务和主制造商建议维修任务两部分。其中适航性限制部分主要分为结构适航性限制项目，审定维修要求和时寿件等的维修任务，由 TC 审查组批准。

主制造商建议维修任务，由 AEG 下属的 MRB 负责评审，并以维修评审委员会报告(MRBR)的形式予以批准。国际上成立了专门的维修制造小组(maintenance steering group，MSG)研究主制造商计划维修要求的分析方法和工具，先后提出了基于预防性维修为主要方式的 MSG-1、MSG-2 和以可靠性为主要维修方式的 MSG-3 方案,成为美国航空运输协会(Air Transport Association of America, ATA)的正式规范。国际维修政策审查委员会(International MRB Policy Board, IMRBPB)将 MSG-3 分析方法作为各民航当局审查主制造商建议计划维修任务的统一分析工具。

主制造商在编制计划维修任务时,要成立由航空公司用户、主制造商、供应商维修专家组成的工业指导委员会(industry steering committee, ISC)和维修工作组(working group, WG)共同参与维修任务的分析。计划维修任务要求的分析和批准,确定重要结构项目(structure significant item, SSI)、重点分析对象清单,包括重要维修项目(maintenance significant item, MSI)、闪电和高频腐蚀防护项目(LHSI)、区域等,按照《政策/程序手册》(Policy/Procedure Handbook, PPH)完成 MSG-3 分析文件,提交 WG 和 ISC 讨论和批准。依据批准的 MSG-3 分析,确定主制造商建议维修任务要求,提交 MRB 批准。在飞机交付运营后,通过建立机队使用数据的收集,分析的可靠性管理体系,对计划维修任务进行持续优化。主制造商应制定政策/程序手册,指导和规范计划维修任务的分析,定义各类计划维修任务分析的方法和流程。

新飞机的航线支持。主制造商运行支持体系构建,包括全球快响中心、客户代表、飞行支持、工程支持、维修支持、手册支持等技术团队。对于新投入航线运营的飞机,由于飞机本身刚开始经受航线考验,技术问题暴露的比较多,航空公司对飞机也有一个成熟运营过程,主制造商对首家用户都投入很强的现场技术团队,加快技术问题处理,保障飞机可利用率。建立沟通协调机制,飞机技术委员会(FTC)会议由局方飞行员、客户飞行员、制造商飞行员共同研究运营过程中出现的飞行类技术问题,审议风险评估结论,临时措施和永久措施。维修技术委员会(MTC)会议上,局方维修专家、客户维修专家、制造商维修专家共同研究飞机维修技术问题,审查补充的修理方案,提出飞机维修性改进建议。现场机务对接会议和飞行对接会议,进行运营技术问题的交底反馈。快响答复单答复客户紧急提出的各类问题。飞机航线故障技术问题采用风险评估报告进行问题原因分析,提出快速处理临时措施,长期优化方案。飞机维修和手册完善这个阶段,由于维修手册的不完善,会有大量维修程序实施的问题和维修程序的缺失,需要细化和补充维修程序,主要是《飞机维修手册》(Aircraft Maintenance Manual, AMM)和《飞机结构修理手册》(Structural Repair Manual, SRM)。航材备件,对于新飞机而言,有两方面的技术挑战,一方面是飞机、航材备件、手册的构型一致性问题,另一方面是由外场可更换单元(line replaceable unit, LRU)不够细化的问题。构型一致性问题是由于 TC 后飞机设计构型随着运营问题的暴露会存在构型完善期,需要花大量的精力,不断地升级手册和航材备件。更深层次的原因是构型管理制度问题也会带来航材备件和手册的管理烦琐,而 LRU 细化是飞机快速维修和降低维修成本必须的要求,LRU

细化的条件是：首先将结构和系统设计成外场可分解和更换,其次保证系统故障隔离和检测校准能力,最后提供外场维修技能和工具保证。任何一个新投入航线运营的飞机,都要经历一个集中暴露问题的过程,主要是飞行操作类技术问题和维修操作类问题,必须要经历一个持续改进期,从设计构型上优化,经过 3 年左右的时间,达到顺畅运营的状态。

2.4　持续适航

持续适航是相对于初始适航而言的。初始适航是指在研发和取证阶段,通过按照适航规章要求设计飞机,按照取证设计构型制造飞机,并通过分析、验证试验和验证试飞表明条款的符合性,通过局方 TC 审查组审查后获得初始适航证。持续适航是指飞机在 TC 后,在飞机批产、交付、运营的全寿命过程中,保持飞机持续的适航性,这里面有三个方面的责任,适航当局对主制造商的持续适航体系进行审查,对飞机全寿命运营过程中的飞机适航性进行评估,对报告的持续适航事件进行审查,对风险评估和措施进行审查,对持续适航文件修订进行评估。主制造商负责搜集飞机设计、制造和运营过程中的技术问题,并进行风险评估,提出机队纠正措施,提出设计和制造的改进措施。航空公司和维修机构,作为运营和维修主体,承担按照持续适航文件,运行飞机、开展飞机维修活动、贯彻适航指令、保持飞机适航性的职责。

主制造商的持续适航体系中的持续适航组织机构,顶层持续适航委员会、持续适航技术委员会、持续适航办公室。下设设计、制造、客户服务业务的分持续适航委员会。《持续适航手册》是主制造商持续适航体系运行的指导文件,规定了体系内各组织运行的职责。持续适航委员会负责公司持续适航政策的制定,体系运行程序管理。持续适航技术委员会负责持续适航事件的技术管理,负责讨论和决策持续适航事件的初始风险评估报告,决定事件的风险等级和机队临时措施,对黄色和红色事件决定是否要开展事件调查,负责讨论和决定详细风险评估报告,决定优化设计措施。设计、制造和客服分持续适航委员会,负责各自专业领域的持续适航事件搜集、初始风险评估、详细风险评估,事件调查一般由持续适航办公室组织各方面专家开展。

持续适航技术工作。持续适航事件报告应及时报告飞机在运营和维修过程中发现的故障,在批生产过程发现的制造缺陷,在分析、试验和试飞过程中发现的故障。首先判定其对机队的可能影响,这个机队影响包括所有交付运营飞机和试飞、试验飞机,对机队的影响按持续适航事件报送。对持续适航事件的初始风险评估依据飞机和系统安全性分析文件,给出危害等级分析,然后按照机队总飞行时间计算事件发生概率,在风险矩阵中查找事件颜色,绿色表明对安全性无影响或影响轻微,不用采取措施;黄色表明对安全性有影响,必须采取措施,但是允许有一定的暴露时间;红色表明对安全性有重大影响,并且高发,必须立即采取措施,直至机队停飞。对于原因不清晰的事件,必须组织事件调查组,彻底查明原因,并针对性地制订纠正措施。随着事件调查的深入,在初步风险评估报告的基础上,编制详细风险评估报告。上述主制造商的持续适航技术工作,要向局方持续适航审查组报告,并经过局方评审。

持续适航措施的落实。初始风险评估报告提出的检查和维修类的措施、后续优化设计的纠正措施,要向航空公司发出相关的服务通报(SB)、服务信函(service letter,SL),有重大影响的局方要发出适航指令(AD),要求强制执行。

2.5　飞机证后优化设计和改进改型

飞机证后优化设计和改进改型包括 TC 构型的证后管理、TC 构型的更改管理,证后飞机的改进需求,飞机的系列化发展和改进改型。

2.5.1　TC 构型的证后管理

飞机取得型号合格证(TC)的含义是申请人提交的设计构型能够满足 TC 审定基础的各项条款的要求,TC 构型是飞机批产和交付的基础。TC 构型的表述形式是型号合格数据单(type certificate data sheet,TCDS),TCDS 包括型号设计的三条基线:功能基线、分配基线、产品基线,这三条基线的内容在前面已经描述过。比较理想的状态是,TCDS 尽量不发生更改,飞机一直生产和交付,但这只是理想情况。现实情况是,在新飞机交付的初期,飞机运行问题频繁暴露。在飞机生命周期的中期,飞机的改进改型需求较大,以扩大市场的份额。在飞机运营交付接近经济寿命阶段,机体疲劳问题会暴露出来。还有飞机竞争力的需求等。都会引起飞机的设计更改,TCDS 会发生变化,变化是绝对的,不变是相对的。

TC 构型的更改管理。证后型号合格审查组的任务也就结束了,证后更改,一种是修订型号合格数据单(TCDS),另一种是补充型号合格审定。修订 TCDS,如果更改只是对已批准的构型进行完善,补充系统级的功能,可以使用这种方式。如果新构型经评估不影响原条款符合性验证结果,则可以直接纳入 TCDS。如果新构型影响了原条款符合性验证结果,则需要补充验证或者重新进行验证。补充型号合格审定(STC)指的是型号有改型,如加长型、改进型、公务机等,有可能对整机性能、操稳等条款验证结果产生影响,或者增加了新的功能,需要对新功能进行符合性验证。需要编制补充合格审定计划(CP),并完成验证计划。

2.5.2　证后飞机构型改进需求

飞机取证交付后,会有一个问题的爆发期,这是每一种新飞机在运营初期的规律。一般来说,运营初期都有比较多的设计更改,这是对飞机运营性能进行完善的必然途径。还有的机型初始 TC 构型飞机只是小批量生产交付,经过运营初期考验,再推出一个改型,再大批量交付。

飞机在运营初期的更改需求主要出于以下 3 个方面。

（1）飞机运营限制。飞机初始适航取证的遗留问题，限制了飞机的运行包线，如按照适航规章验证要求是 25 kn，局方最终批准实际试飞的风速。飞机取证交付时，往往存在飞机性能还不能满足设计指标的情况，如超重，需要持续优化设计。在飞机全机疲劳试验过程中，会暴露一些结构裂纹问题，需要对相关结构更改设计。

（2）持续适航问题。在飞机批产和运营过程中，暴露的可能是影响飞机机队安全的问题，需要采取优化设计措施。在航空公司运营过程中，会比较多地暴露飞机驾驶舱问题、飞机维护问题、客舱使用和舒适性问题，需要制定优化设计方案。

（3）批产问题。飞机批产交付初期，一般批产交付速率比较低，为了提高生产效率，降低生产成本，也需要进行生产性的优化设计。

飞机改进改型的需求，竞争力提升的需求。随着其他主制造商推出同类的更有竞争力的机型，就需要进行技术升级，如发动机的改进、提高燃油经济性、降低排放。市场拓展的需求，推出加长型和缩短型，拓宽机场和航线的适用性，扩大市场占有率。飞机改型的需求，公务机、货机、特种飞机等。

飞机优化设计和批产交付运营的矛盾。新飞机的特点是同时处于优化设计、批产交付、运营阶段，同时处于型号合格数据单（TCDS）修订、生产许可证（PC）申请、121 部运行阶段。相互交织，矛盾突出。影响飞机运营的问题必须通过优化解决，并且贯彻在航线飞机上。这给批生产和交付带来了巨大的挑战，批产飞机的构型是多样的，这也增加了运营飞机后期的构型管理成本，因此设计优化的贯彻时间和贯彻架次，需要仔细地权衡。

3　民用飞机几项集成技术

民用飞机集成技术包括总体布局定义、飞机性能和飞行管理、驾驶舱设计、综合航电系统、发动机和飞机综合技术。

3.1　总体布局定义

全经济舱 50 座级以下的支线客机,航程为 1 000 n mile 左右。发动机有涡桨发动机和涡扇发动机,在这个级别上,尽管涡桨发动机的噪声大,但其在燃油经济性上占有优势。飞机采用每排 3 个座位的机身宽度。发动机布局一般采用机身尾吊布局,优点是发动机离地高度高,缺点是飞机空机重心靠后,机身后部客舱噪声大。也有少数的采用单翼翼吊发动机布局,优点是重心变化范围小,缺点是客舱高度受限。这个级别,涡扇飞机已经没有新研型号。

全经济舱 80 座级的支线客机,航程为 1 800 n mile 左右。发动机主要是涡扇发动机。飞机采用每排 4 个座位的机身宽度,机身宽度为 2.5 m 左右。发动机布局有机身尾吊式布局,也有下单翼翼吊发动机布局,新研发的该座级飞机采用下单翼翼吊式发动机布局。这个级别飞机目前只有改进改型的型号。

全经济舱 100 座级的大型喷气支线客机,航程为 2 500 n mile 左右,发动机都是采用涡扇发动机。飞机一般每排 5 个座位,机身宽度为 3.1 m 左右,客舱舒适性与窄体干线机相当。也有采用每排 4 个座位的机身宽度,但是到 120 座级已经非常勉强。这个座级的飞机还有一类是窄体干线机的缩短型,机身每排 6 个座位,但是一旦座级小于 130 座,飞机的经济性相对于原型机就会大大降低。发动机布局有下单翼翼吊布局和尾吊布局,在这个级别的飞机,似乎下单翼翼吊发动机正在成为主流机型。新研飞机都是每排 5 个座位的机身宽度的大型喷气支线客机,具有很强的竞争力。

130~220 座级窄体干线客机飞机,航程为 3 500 n mile 左右,是喷气客机家族机队规模最大,竞争最激烈的机型。采用双发涡扇发动机,每排 6 个座位的机身宽度,机身宽度一般为 3.1~3.7 m。主流机型都是发动机下单翼布局,这个级别的尾吊布局飞机都已退出了客运市场。新研和改进型飞机很多,改进发动机的涵道比更是达到了 12,以改善燃油效率 15% 以上。新研飞机的机身宽度更达到 3.75 m 以上,采用更高效率的仿生小翼技术。

220 - 300 - 500 以上座级的飞机采用双通道宽体机身,航程为 8 000 n mile 左右。发动机采用 2 发和 4 发涡扇发动机布局。每排座椅 8～10 座,机身宽度一般为 5.3～6.5 m。这个级别上有 4 发的超大型 4 通道客机和双发双通道客机,但是越来越被双发宽体客机替代,由于双发飞机具有更高的燃油效率,特别是新推出的双发超远程中型客机,达到 220～250 座级,航程达到 8 500 n mile。最大型的双发宽体客机,客座数已经可以达到 370 座级,航程达到 9 000 n mile,完全可以替代。

3.1.1　气动力设计

气动布局。喷气客机截至目前还是高亚声速、静稳定常规气动布局,有两种典型的布局形式,应用最多的是下单翼翼吊发动机,低平尾布局,就是所谓的翼吊布局。还有一种就是发动机机身尾吊,高平尾布局,就是所谓的尾吊布局。翼吊布局普遍应用于 100 座以上的大型支线客机和干线客机,好处是发动机位于飞机重心附近,距离机翼油箱近,便于维护,缺点是要求有足够停机高度,加长了起落架支柱,容易产生机翼发动机吊挂气动干扰,单发停车产生偏航力矩。尾吊布局目前主要用于中型和大型喷气支线客机,以及还在服役的少量干线客机。尾吊布局的优点是机翼干净、效率高,不要求起落架支柱高,发动机距离地面高,不会进入沙石,单发停车无偏航力矩。缺点也十分明显,飞机空机重心靠后,高平尾在大迎角情况下受机翼尾流影响,容易进入深失速锁定区,机身后部噪声大,燃油管路穿过机身,发动机不方便维护。

机翼、增升装置和电传飞控系统。超临界机翼已经成为新研的大型支线客机和在役的干线客机的标准配置。超临界机翼,因为其位前缘钝圆、后缘变薄、翼面下弯的后加载翼型,气流在前缘绕流和上翼面流动速度变化不大,这样就提高了临界马赫数,在高马赫数飞行时阻力小。使用超临界机翼的飞机,在高亚声速巡航,可以增加 5％的气动效率,减少燃油消耗,从而增加飞行距离。

机翼、增升装置和电传综合一体化设计。根据飞行场景的变弯度机翼控制,飞控系统可以根据飞行高度、速度和载荷情况,操纵后缘襟翼来获得最佳翼型的自动变弯度翼型,提高各种飞行场景下的气动效率,减小阻力,降低机翼载荷,减轻机翼重量。垂直阵风抑制系统利用机上传感器进行湍流探测,控制襟翼和副翼等操纵面偏转,抵消湍流影响,提高飞机飞行平稳性。增升装置和机翼的融合设计,以前的设计是襟翼垂直于机翼后梁,这样襟翼铰链臂不是顺气流阻力大,而且对气流有扰动。新的设计是通过顺气流布置,并且采取铰链填角和扰流板补缝等措施,改善低速性能,降低气动噪声,改善气动特性。

小翼。现代的高速喷气客机,普遍采用翼梢小翼,其功效是可以减弱机翼的翼尖涡,增加机翼升力和向前推力分量,改善翼尖气流分离。翼梢小翼可以减少 20％的全机诱导阻力,提高 7％的升阻比。新的机型的小翼设计多采用一体化的融合式、仿生式小翼。

失速速度和失速特性。飞机失速是指机翼出现气流分离,导致升力急剧下降的现象,失速对飞机安全有严重影响。失速速度是飞机达到临界迎角时,飞机升力系数开始下降对应的速度。失速速度的确定先是通过升力曲线确定临界迎角,再通过自然失速试飞确定临界迎角对应的失速速度。一般来说,发动机翼吊式飞机的失速迎角的确定在最大升力系数之后,发动机尾吊式飞机的失速迎角的确定在最大升力系数之前,原因是尾吊式飞机采用高平尾布局,一旦机翼失速,迎角持续变大的某个范围内,机翼尾流打到平尾上,会造成平尾失速,飞机加速上仰。失速迎角的试飞确定是在 $1.2V_s$ 配平飞机上,操纵升降舵,以 $1\ \text{kn/s}$ 减速率,直至飞机保持不住稳定平飞,出现滚转,取水平失速和转弯失速的小值。失速警告系统是指在确定飞机各种不同形态的失速迎角和失速速度后,要求在系统上设置失速警告装置,一般有三种类型的失速警告装置。低速带是指记录系统计算飞机各构型的低速速度带,并在飞行主显示器(PFD)上显示。失速警告系统提供语音和显示告警,有些飞机还在驾驶杆设置抖杆装置。失速保护系统是指在传统驾驶杆盘飞机上设置推杆器,由失速保护计算机输出推杆指令,自动驾驶仪输出到驾驶杆,执行推杆。对于全电传操纵飞机,通过飞控计算机边界保护控制律产生边界保护指令。

巡航特性是飞机商载航程和经济性的重要保证,影响巡航性能的主要参数有巡航高度、巡航速度、油耗、排放。更高的巡航高度,在中国民航规定的从 8 400 m 到 12 500 m 的 13 个高度层上,在考虑航程的情况下,尽可能高的巡航高度、公里油耗和小时油耗都会降低。飞机要满足最小垂直间隔(RVSM)的要求,对大气数据系统和自动驾驶仪有精度要求。单发升限是指在航路上有障碍物的航线,进行飞机漂降分析。更快速和更经济的巡航,最新的远程喷气客机的巡航速度大于 $0.85\ Ma$,座百公里油耗小于 3 L。影响巡航特性最主要的飞行参数有发动机耗油率和飞机巡航升阻比,现在的超临界机翼变弯度由机翼控制,仿生鲨小翼以及流动控制技术,可以使飞机的巡航升阻比达到 17.5 左右。

飞机气动数据集主要包括全机气动力和力矩系数、静稳定导数、动稳定导数等,在飞机研制的不同阶段,获取气动数据的途径是不同的,在初步设计阶段,利用工程计算软件和部分选型风洞试验获取飞机气动数据。在详细设计阶段,通过高低速校核风洞试验获取气动数据,在数据处理上要考虑支架干扰、洞壁干扰、发房内阻研究。考虑风洞试验和飞行数据的相关性,包括雷诺数、动力影响、弹性变形、废阻修正、重心影响分析、配平和静气弹修正等。

民机结冰气象飞行是一种常见的特殊有害的飞行气象条件。翼面结冰会使机翼表明流场发生有害变化,机翼升力系数降低、飞机性能下降、操稳特性下降。喷气客机的机翼前缘、发动机唇口、空速管、迎角传感器都采取了加热防冰措施。民机结冰气象飞行研究的内容有结冰机理和冰型、防冰系统设计、结冰情况下的飞机性能和操稳、失速保护系统。

飞机的结冰机理和冰型。飞机结冰机理是空气中有足够含量的液态水,据统计绝大多数的结冰情况下液态水含量是 1 g/m³,95％的结冰情况是水滴直径在 30 μm 左右,温度在－10℃～－2℃最容易发生结冰,主要分布在 6 000 m 以下的大气中。适航咨询通报附录 C 规定的结冰的气象条件。冰型的获取,在方案阶段,对于非防护表面的冰型可以通过工程软件计算获取,防护表面也应该考虑防护失效的故障冰型。在详细设计阶段,通过冰风洞试验获取冰型。

结冰情况下的性能操稳评估和验证。结冰情况下的气动数据的获取,通过工程软件计算和改装冰型的模型风洞试验获取,要考虑各种工况组合的构型,包括防冰系统工作状态、失效状态和延迟打开状态。最终要通过试飞验证操稳特性试飞和性能试飞,包括干空气模拟冰型试飞和自然结冰试飞。

失速保护系统。在结冰气象条件下,由于机翼和平尾结冰造成升力下降,需要针对防冰系统的各种工作状态,如正常打开状态、延迟打开状态、故障状态设定抖杆迎角和推杆迎角(左边界保护迎角)。同时,在结冰气象条件下,飞机的进场性能和着陆性能会有所下降,进场速度会有所增加,有时需要减一挡卡位着陆。

抗侧风能力是飞机要经常面临的另一种气象条件,飞机在起飞和进场着陆阶段,特别是在单发情况下,飞机保持航向和航迹的能力。按照适航条款的要求,要求飞机的抗侧风能力要达到 25 kn,以实际验证达到的速度为准。飞机的抗侧风能力是由方向舵的权限决定的,特别是在单发情况下,飞机要抵抗单发和侧风的双重影响。对于电传飞控系统,还要考虑飞控系统故障情况下启动直接模式的方向舵权限,进行抗侧风的分析和验证。飞机的抗侧风能力还需要考虑发动机侧风情况下,进气道的抗畸变能力,不能产生发动机喘振、熄火和不可恢复的 N1 掉转速。

3.1.2　特征重量、商载和航程

特征重量。民机主要的特征重量包括制造空机重量(MEW)、使用空机重量(OEW)、最大商载、最大零油重量(MZW)、最大起飞重量(MTOW)和最大着陆重量(MLW)。制造空机重量反映出飞机的重量效率和设计水平,制造空机重量加上使用重量就是使用空机重量,每座使用空机重量就是飞机重量效率和经济性好坏的体现,所以新研发的飞机都采用复合材料降低飞机的制造空机重量。最大起飞重量顾名思义是很好理解的,它是飞机商载和油载的体现,也是飞机飞行载荷的计算重量。最大着陆重量是飞机着陆性能的计算重量,影响飞机的进场速度,所以最大着陆重量是需要权衡的,既要考虑飞机紧急着陆的需要,又要考虑飞机的进场和着陆性能。

最大零油重量和商载是体现一型飞机商载能力的最重要的重量指标。最大零油重量是指空机重量加上飞机的最大商载,也就是飞机的载客重量和载货重量。最大商载的旅客重量由旅客重量、旅客随身行李和托运行李构成,一般定义为每名

旅客 95 kg(75 kg 登机重量,20 kg 托运行李)。宽体飞机的每客重量一般定义为 100 kg。除了载客,飞机还要有一定的载货能力,一般飞机的最大货载能力占到最大商载的 30% 左右。最大零油重量也决定了飞机载荷工况,因为最大零油重量加上飞机最大载油量就是飞机的最大起飞重量。最大零油重量越大,意味着飞机的商载越大,但是载荷越大,意味着付出重量代价越大。

商载航程必须组合起来看,才能真正体现一架飞机的运力。如果单纯看一架飞机的装载能力,在最大商载的时候,往往不能装满燃油,达到最大的航程。飞机的最佳性能点是标准商载航程、最大商载情况,飞机的航程也应该达到标准航程,低于标准商载意味着更大的航程。

飞机运营的几个重量的考虑。机组,包括飞行员(不含观察员),空乘人员(不含安保人员),空乘配置数量可以参照每人服务 50 名乘客考虑。机供品,包括毛毯、水箱水、食品、书报杂志等每天更换项目,要考虑到有些项目是按照一天的所有航段需求携带的。旅客重量按每名旅客 75 kg(含随身行李)来计算,托运行李按照实际托运行李重量计算,而不是按照每人 95 kg 来计算。

3.2 飞行性能和飞行管理

飞机取证性能和运营性能。飞机性能分为裸机性能和飞管性能,所谓的裸机性能就是指取证时的试飞性能,一般都是试飞员手动操作验证飞机的起飞、爬升、巡航、进场、着陆、复飞性能,验证飞机的左边界和右边界的性能和操稳,裸机性能验证数据非常充分。对于飞机的自动飞行系统和飞行管理系统,在取证阶段往往只是功能验证,使用自动飞行系统和飞管系统的性能验证数据不多。而飞机在投入运营后,航线飞行员都是使用自动飞行系统和飞管系统完成航线全过程的飞行,如指引系统(FD)。

推力管理顾名思义就是管理发动机推力,推力管理是自动飞行系统的核心功能,功能一般驻留在航电系统计算机里面,和航电系统的飞行管理功能(FMS)、发动机全权限数字电子控制系统(FADEC)、油门台交联,实现基于性能的导引、控制、指引功能,减轻飞行员负担,有效地确保飞机的安全性,提高飞机经济性,改善飞机环保性。推力管理功能主要有自动油门(AT)和推力等级管理。推力等级管理包括干空气的推力管理、结冰气象推力管理、减推力起飞等。

自动油门(AT)。感受飞机的空速、加速度和迎角的变化,计算所需要的油门杆位置,实现发动机推力的自动控制。自动油门和飞机的飞行管理系统综合,通过对飞机的速度控制,实现航迹规划和性能规划。自动油门还可以和自动飞行系统、飞控系统综合,通过推力模式和量级的控制,实现对飞机速度控制和配平控制的功能。现代客机的自动油门可以做到从起飞到爬升、巡航、进场、着陆或者复飞的全过程推力控制。有些航空公司要求飞行员只能在起飞到 400 ft 以上高度才能接通自动油门。

3.2.1　巡航阶段推力等级管理

（1）干空气情况的巡航推力登机管理。

在飞机巡航阶段，除了保持正常的经济巡航速度飞行外，飞行员或者空管人员会要求飞机能快速改变高度层，以避开特殊气象条件，或者由于延误要求飞机提高飞行速度。这个时候，飞机仅仅使用巡航推力等级（MCZ）无法满足不同高度层和速度的推力要求，有些飞机的巡航推力的等级设定为最大爬升推力（MCL），甚至最大连续推力（MCT）。巡航推力等级的调整方式可以是直接设定巡航推力等级为某一推力等级（MCL 或者 MCT），也可以由推力管理系统自动设定，或者飞行员通过控制面板设定。

（2）结冰气象条件的推力管理。

在结冰气象条件下，与干空气巡航不同的是，飞机在结冰传感器告警情况下，需要打开短舱和大翼的防冰系统，热气防冰系统会从发动机引气，使得发动机产生推力损失。这样就需要考虑在结冰气象条件下，飞机的巡航推力等级的需求，以保证飞机在防冰系统打开的情况下，保持与干空气情况下同样的巡航性能。需要根据结冰气象条件下飞机的气动性能计算增大发动机的推力等级，有些飞机在结冰气象条件下，巡航推力等级直接设定为最大连续推力（MCT）。

3.2.2　起飞阶段减推力起飞管理

起飞阶段，通过引入飞机的实际起飞重量参数提高飞机经济性的重要功能，计算飞机在不同条件下的起飞所需推力，而不必每次起飞都采用额定的起飞推力起飞。减推力起飞有两种模式，一种是采用等额减推力起飞，另一种是假设温度减推力方式，原理是选择一个高于实际气温的假设温度获得低于全额起飞推力。假设温度减推力限制在不得低于额定起飞推力的 25%，不能在高原机场、污染跑道、风切变情况下使用减推起飞功能。减推力起飞的好处是可以节省燃油。更重要的是通过减推力，可以降低发动机的磨损，减少发动机的事故率，加长发动机大修时间，延长发动机寿命，还可以减少飞机起飞和爬升阶段的噪声和排放。

3.3　驾驶舱设计

1）驾驶舱布局

驾驶舱的空间由飞机的机头长度和机身直径决定，宽体机的空间肯定是优于窄体机和支线机的。在这个空间内，要实现的功能有提供外视界、侧窗和应急撤离出口、显示和告警、控制、氧气救生设备等。

外视界由风挡尺寸决定，同时还要考虑风挡抗击鸟撞的能力，考虑风挡的除雨、除雾和除冰功能。从上述因素，以及阳光辐射和环控系统工作负荷考虑，风挡的尺寸主要是应该满足视界的要求。侧窗要求在飞机风挡由于鸟撞或者系统故障无法提供正前方视界情况下，侧窗可以打开，以便飞行员观察外部视界。

2）操纵器件布置和可达性

操纵器件的布置要考虑操纵器件的操纵方向和功能的方向性一致。对于操纵器件的可达性要求，除了在数字样机和物理样机中进行静态检查外，更重要的是在安装真实操纵器件的工程模拟机和铁鸟上进行动态检查。特别是结合飞行任务场景，进行综合性的检查，确认操纵器件在运动过程中始终可达，在操纵到极限位置时的可达性。此外，还要考虑人为因素，操纵器件不但是全程可达的，工作负荷和操纵力也是合适的。还有在布置密集的操纵台和驾驶盘杆时，要考虑防错设计和重要安全开关的保护设计。最后就是驾驶舱观察员的设备的可达性，要求观察员在座可以操纵到通信和救生设备。

3）驾驶舱照明

现代民机的驾驶舱理念是保证为飞行员提供完成各飞行阶段的操纵任务的前提下，尽量为飞行员避免不需要的信息，如避免强光的刺激，所以现代飞机的驾驶舱照明倾向于暗舱照明的设计理念。驾驶舱的泛光照明和阅读灯要求，即提供照明功能，还要避免刺激飞行员眼睛产生疲劳感，要求控制简单智能。顶部控制板和正前方控制板的导光照明的理念要求高效、简明。系统处于正常工作状态时，不提供照明或者暗光照明，在系统预位状态提供普通白光照明，如果系统处于不正常状态，按照故障危害等级定义提供相关颜色照明，并与告警信息颜色保持一致。驾驶舱风挡玻璃眩光对于夜间飞行危害极大，会影响飞行员对外界的观察，所有照明都必须避免产生眩光。对于仪表板和正前方控制板（FCP）产生的眩光，要设计遮光罩。

4）驾驶舱控制

这里说的驾驶舱控制包括从飞行员进行驾驶舱准备，启动飞机、滑出、起飞，到巡航和下降、着陆的全过程的控制。驾驶舱控制有几个要求：

（1）共同性要求。首先是市场的共同性，例如现代民用客机的驾驶体制普遍是两人驾驶体制，主操纵采用传统驾驶杆和驾驶盘，或者侧杆两种主流模式，这些是市场可以接受的共同性，一个新的设计可以在这个基础上发展，否则就是颠覆性的。公司的共同性，对于一个飞机主制造商来说，其研制的不同飞机的驾驶舱，应保持驾驶舱操纵的理念统一，这样有助于形成品牌文化，降低研发、制造和使用成本。

（2）协同性要求。机长和副驾驶分工和权限决定了左右操纵台和中央操纵台的布置，对于两人同时操纵的主操纵期间，要考虑两人操纵的一致性和联动，特别是对于侧杆操纵系统，如果没有机械联动设计，要考虑操纵信号叠加的效应对操纵的影响。尽量避免关键操纵器件单侧布置，否则需要评估单侧飞行员失能的安全性影响。在操纵器件故障单侧卡阻情况下，联动系统要能够机械脱开。

（3）智能化、自动化和简单化的要求。现代民用客机通过采用飞管系统（FMS）、自动飞行控制系统（AFCS）、自动驾驶仪（AP）、自动油门（AT）与飞控系统

(FCS)、发动机全权限数字电子控制系统(FADEC)交联,实现了对飞机轨迹控制、速度控制、高速控制、姿态控制等自动操纵,代替了人工操纵。对于飞行、通信和导航信息的控制应尽量减少菜单的嵌套,实现一键调用和控制。

(4) 场景化要求,根据飞行的任务场景和环境场景自动启动所需功能,例如在自然结冰飞行条件下,如果收到结冰告警,防冰系统可以自动启动。在飞机进场复飞的情况下,飞行员可以一键启动复飞飞行指引和发动机起飞推力(TOGA),甚至收一挡襟翼。

(5) 显示和控制一体化,要避免控制操作和控制内容显示在两个区域,这样就会增加飞行员的工作负荷,如速度控制功能,应该在正前方控制板同时有调速旋钮和速度窗口。操纵力要求既要满足适航条款的杆力梯度的要求,也要确保在飞行员整个飞行过程中,不能产生疲劳甚至难以操纵的情况。有些操纵力偏大的操纵器件是由于操纵器件的布置不合理,造成操纵不顺手。

5) 驾驶舱显示

现代民用客机都已经采用驾驶舱综合显示系统,使得飞行员能够在不需要操作或者一键操作的情况下,就可以在综合显示器上观察到飞行操纵、导航、系统状态监控所需要的多种信息。多功能显示器,包括双分区显示或者大型策略地图显示。多功能显示器还能够显示外部视频,借助安装在前起落架和垂尾摄像机的外部滑行辅助摄像系统向飞行员提供滑行影像。同时,借助机场滑行道导航画面,飞行员可以滑行到指定停机位置。电子飞行包(EFB)提供手册、气象资料、性能工具包、数字化地图、电子日志等功能,可以和飞行管理计算机、通信设备与驾驶舱打印机接口,可以实现机场移动地图显示,实时卫星气象资料接收,还可作为航空公司运控的机上终端。平视显示器(HUD)结合视景增强系统(EVS),可以在低能见度的情况下,为飞行员在正前方投射飞行信息和前方视景视频,并且探测机场跑道LED照明功能,降低起飞着陆能见标准。

6) 驾驶舱告警

驾驶舱告警的目的是向飞行员提供飞机和系统工作状态、非正常的工作状态、危险的工作状态。驾驶舱告警类型包括灯光告警、系统控制板导光显示、语音告警、音频告警、文字告警显示、简图页告警显示。

(1) 驾驶舱告警理念。

告警等级的划分和对应颜色理念,红色警告级别表示飞机丧失功能,需要立即采取措施处置,琥珀色警告级别表示飞机系统丧失裕度,需要飞行员立即关注,蓝色警告级别表示飞机系统建议信息,白色警告级别表示飞机系统启动某个状态。

(2) 智能化和综合化告警理念。

现代民用客机系统越来越复杂,系统之间的交联关系也日趋复杂,单一系统故障会引起多重衍生故障,如果把所有的告警信息按照时间先后一股脑显示给飞行员,必然会对飞行员造成误导,贻误处理故障的时机。要求告警系统要能够按照系统的故障逻辑方程,分析出根故障是谁,衍生故障是谁,为飞行员列出根故障和处理程序。

(3)驾驶舱告警抑制理念和飞机飞行阶段的划分。

民用客机的飞行阶段可以按照任务划分为外电源、APU 启动和上电、发动机启动和上电、起飞和爬升(含复飞)、巡航阶段、进场、着陆、关闭发动机、关闭 APU 等飞行阶段。民用客机在不同的飞行阶段,飞行员的工作负荷是不同的。在起飞着陆阶段,飞行员是最紧张的,大多数的事故都发生在起飞着陆阶段。驾驶舱告警抑制理念体现在两个方面,一个是在飞机起飞和着陆阶段,应该抑制与飞机起飞安全无关的告警信息,避免干扰飞行员的注意力;另一个是在飞机启动和关车的过程中,应该考虑有些告警是过程中的正常现象。在飞机起飞爬升和进场着陆的过程中,同样的构型会引发不同的告警逻辑,如起落架构型告警(landing gear),本来是飞机着陆过程中出现的告警,如果告警逻辑不能很好地区分起飞和着陆,就会出现在起飞阶段起落架构型告警,这是非常危险的。

(4)驾驶舱告警标准化理念。

规范告警文字表述,包括字母简称、告警语言次序。驾驶舱告警一致性理念指的是告警信息的颜色和顶部控制板导光颜色的一致性。驾驶舱告警的处置程序是指飞行员在面对红色警告时对应的应急程序和非正常程序,应急程序和非正常程序都是飞机功能发生失效后机组必须执行的处置动作,以保持飞机的安全裕度,保证飞机在非正常情况下的安全运行。

(5)中央维护系统(CMS)。

帮助维修人员定位系统故障的信息系统可以实时监控飞机系统自检测时外场可更换单元(LRU)的工作状态,这些信息可以在多功能显示器(MFD)上显示,中央维护系统信息也可以用于航后检查并下载数据。在飞机发出告警信息后,为了进一步排查故障原因,地勤人员调出系统保存的 CMS 信息进行分析。

3.4 综合航电系统

最新综合航电系统的特点是综合化、模块化和网络化。

综合化和模块化主要体现在开放式构架(IMA)设计,为各种功能软件提供通用的网络接口和处理平台,其优点是构架支持时间和空间分区,在通用模块中驻留数据加载和健康管理功能,采用软件和硬件冗余设计。在 IMA 体系结构中,以外场可更换模块(LRM)替代了外场可更换单元(LRU),LRM 可以进行动态重构功能,使系统维持原有功能,达到容错的目的。

网络化是指最新大型客机采用机载高速数据网络(AFDS)为传输通道。现有飞机基于设备级综合和 CNS 系统,采用 ARINC429 总线,以单个数据源对多个接受设备的数据传输模式,一般是支线机和公务机采用这种方式。或者是采用 ARINC629 总线,以多个数据源对多个接受设备的方式,每个设备既是数据源,也是接受设备,一般是宽体飞机上采用这种方式。在最新型的大型客机上采用了航空电子快速开关以太网(AFDx),网络是基于快速交换全双工以太网(FDx)技术。

3.5　发动机和飞机综合技术

3.5.1　发动机综合

民用喷气发动机的功能是提供正推力和反推力,带动发电机发电,能够按照航电自动飞行和飞行管理系统的要求,自动控制发动机推力等级和发动机推力。最新的民用喷气发动机相对于之前的同类发动机燃油消耗降低20%以上,措施是采用更大的风扇,并且提高风扇叶盘气动效率,增加进气量,提高压气机压缩比,提高推力。采用新材料提高燃烧室温度和燃烧效率,保持可靠性不降低。减重方面是通过采用新材料和结构降低组件重量,如采用复合材料风扇叶片。这样飞机的推力适应性好,有较大的推力调节范围,因为一款发动机要满足不同客机的推力需求,同一客机的系列化发展要求发动机具有更低的维修成本。

发动机的环境要求。为达到更低的外场噪声水平,发动机改进了风扇系统,采用更大的风扇,增大涵道比。采用低污染燃烧室技术,降低一氧化氮(NO)的排放。

发动机和气动布局综合。发动机布局有翼吊和尾吊两种典型布局。这两种布局各有优缺点,目前在大型客机上,翼吊已经成为绝对的主流,主要是由于翼吊可以降低机翼载荷,发动机、机翼油箱、燃油系统综合因素对飞机重心影响小,发动机可以采用更大的风扇尺寸等。

发动机和机翼吊挂气动一体化设计。发动机既要提供推力,又要降低阻力,减少机翼和发动机之间的相互不利影响。利用CFD计算优化外形,降低阻力。

发动机和自动飞行系统、飞行管理系统综合。现代民用客机已经可以从飞机离地开始,一直到飞机着陆,整个飞行过程自动控制发动机的推力模式和推力大小。发动机和自动飞行系统的综合主要是体现在飞机的飞行模式、飞行高度、飞行姿态、飞行速度变化时,发动机全权限数字电子控制系统(FADEC)响应自动飞行系统对发动机推力模式和推力大小的影响。发动机和飞行管理系统的综合主要体现在飞行管理系统是根据飞机起飞重量和场温确定减推力起飞量级的,在巡航阶段,根据选定巡航模式确定发动机推力需求,通过FADEC控制发动机推力模式和推力数量。

发动机和电源系统、环控系统、液压系统综合,多电飞机的发展。发动机作为飞机一次动力源,除了提供推力,还带动飞机的二次动力源、电源、起源、液压源。带动发电机发电,为全机机载设备供电,为全机储电设备充电。发动机发电后,向环控系统供气,经过预冷器热降温后,可以提供给防冰系统和大翼防冰系统,发动机短舱防冰可以直接从发动机引气。发动机发电后,给空调系统供气,这里有一个系统工程的权衡问题,发电机驱动从发动机进行功率提取,环控系统从发动机引气也是功率提取。最新的民用客机,越来越多地采用电力驱动作为能源,替代气源系统和液压系统,优点是以电能作为飞机主要二次能源,可以减少发动机的功率提取,节省燃油,减少排放。以电能替代液压和气源,有利于统一飞机的能源构架,减少气源引气部件和液压能源部件,降低多能源系统的复杂程度,实现能源传输和管理的智能化、自动化和集中化。多电技术主要包括空调使用电动机驱动空调压缩机替代发动机引气驱动,防冰系统使用电加热膜技术替代发动机引气,飞控系统使用功率电传作动器替代液压伺服作动器,电驱动作动系统电驱动机轮滑行。采用多电技术,可以大大降低发动机功率提取损耗,简化能源系统构架,减轻飞机重量,提高发动机寿命。相对于传统民用飞机的电源系统,多电飞机电源系统已经不是集中式配电,而是采用分布式固态配电技术,使得配电网络更加智能化。

发动机和结构强度综合技术。非包容性转子爆破是民机涡扇发动机典型的特殊风险之一,对飞机的安全性有重大影响。由于发动机转子爆破产生的碎片是随机的,而且发动机短舱和机体结构是不被考虑能够抵抗飞出的转子碎片。因此,非包容性转子爆破的安全性评估和设计的相关技术包括确定转子爆破散射区域。降低转子爆破危害的设计措施,主要从飞机人员座位、关键系统布置避开转子爆破散射区。转子爆破的安全性分析方法按照 FAA 咨询通报 AC 20 - 128,可以采用基于蒙特卡洛方法进行各种转子爆破模型的仿真分析,求出发生飞机灾难性事件的概率。发生转子爆破后,对破损飞机结构和损坏系统进行评估,确定飞机机体剩余强度和飞机剩余功能能够安全着陆。

发动机叶片飞出(FBO)载荷。FBO 载荷是指发动机风扇叶片因鸟撞、冰雹或疲劳等原因发生断裂引起的载荷,是发动机载荷最严重的载荷状态。FBO 载荷有发动机风扇叶片故障产生,对发动机短舱、吊挂和飞机机翼或者机身支撑结构产生影响,构成故障载荷工况。FBO 载荷的产生过程为两部分,在叶片飞出过程中,发动机剧烈振动产生振动载荷,之后发动机到达风车状态产生风车载荷,风车载荷为持续不平衡载荷,FBO 载荷为设计使用的极限载荷。FBO 载荷是一种故障状态的载荷,在发生 FBO 情况后,飞机在直到落地之后的各个飞行阶段,都应该用飞行载荷叠加 FBO 载荷,进行相关结构的强度分析。

发动机噪声的影响和对策。发动机噪声主要有压气机和风扇产生的气动噪声、涡轮叶片和燃气作用产生的噪声、发动机喷流产生的噪声。发动机噪声除了对飞行环境的影响,还有发动机噪声对飞机的影响,有结构声疲劳,是噪声引起发动机尾喷口附近的机体结构产生结构振动产生的,声疲劳与其他的疲劳载荷引起的结构疲劳一样,也是由裂纹的形成、疲劳累计、疲劳损伤、疲劳断裂四个阶段构成。一般通过声疲劳试验研究各种材料和结构的声疲劳性能,得到材料的 $S-N$ 曲线。发动机噪声是产生客舱噪声的主要来源之一,特别是对于尾吊式布局的民用客机,由于发动机直接通过吊挂与后机身相连,发动机的风扇激励、振动载荷、不平衡量、通过吊挂安装节和机身框、壁板传入客舱,在舱内产生声辐射,影响舱内声学环境。

尾吊布局飞机前舱和中舱的噪声得到了降低,客舱后部的噪声水平可以达到 85 dB 以上。为降低发动机噪声,现代发动机提高了风扇尺寸,采用大涵道比涡扇发动机,降低风扇转速,降低发动机排气速度,降低发动机喷流噪声。采用发动机消声短舱和声衬技术是降低风扇噪声的主要手段。短舱锯齿边喷口、内外涵道锯齿喷口可以降低飞机起飞时的发动机喷流噪声。对于尾吊式布局飞机,客舱隔绝发动机噪声的措施为在发动机吊挂附近的机身区域,安装阻尼层,其减噪原理是通过阻尼材料提高结构的阻尼以降低结构辐射噪声。在发动机安装节和吊挂之间安装吊挂振动抑制阻尼器,降低由于发动机振动产生的通过吊挂传递到机身引起的振动噪声。在机身蒙皮和内饰板之间安装绝热隔音层,提高结构的隔声量以降低透射噪声。最新的民用客机也采用主动噪声抑制技术,对声场和结构振动进行跟踪,实时产生与声源相反的次级声源。最新的喷气客机的客舱噪声水平可以达到 57 dB。

发动机溅水要求。发动机在起飞状态下,由于轮胎溅水进入发动机引起的掉转速是可以恢复到目标转速的。在着陆状态下,发动机处于反推慢车和地面慢车状态时,由于轮胎溅水进入发动机,不会引起发动机核心机熄火。

3.5.2 飞机结冰和防护技术

(1) 结冰气象的危害。

随着民用航空运输市场的发展,航班飞行密度的提高和全天候飞行的要求,民用飞机在飞行中遭遇结冰气象条件的概率将大幅增加。结冰气象飞行对民用飞机危害很大,稍有不慎就会对飞行安全造成重大影响。因此,各国适航当局都对民用飞机的结冰气象、冰型获取和验证,防冰系统设计和验证,飞机在各种结冰条件下性能和操稳的影响评估和验证提出了详细的要求。要求飞机主制造商在飞机设计和验证过程中,严格遵循这些规定。结冰气象对民机的危害主要体现在以下方面,在机翼、尾翼和操纵面的结冰会造成翼面外形和质地发生变化,进而造成翼面的流动性发生不利的变化,使得飞机的气动性能和操稳性能、飞机的高低速性能和操稳特性有所下降。还有一种危害形式是飞机气动传感器结冰造成飞机空速系统失效,发动机进气道结冰造成发动机进气流场畸变,造成发动机喘振和熄火。

(2) 飞机结冰机理。

飞机结冰冰型和结冰范围主要由以下因素决定:气象条件,飞机几何外形,飞机的飞行状态。气象条件包括云层的温度、液态水含量和水滴直径、云层范围。飞机结冰一般发生在 $-20℃ \sim 0℃$ 范围内,其中在 $-10℃ \sim -2℃$ 结冰概率最大。液态水含量和水滴直径直接影响结冰形状和结冰范围,绝大多数的结冰情况对应的水滴直径小于 $30\ \mu m$。飞机迎风面积,特别是翼面的厚度,决定了过冷水滴的撞击概率,翼面的表面粗糙度决定了结冰的严重情况。飞机的飞行状态包括飞行高度、飞行速度、飞行姿态,一般认为飞行高度 6 000 m 以下含有结冰所需液态水,6 000 m 以上是干燥的空气,飞机结冰的可能性较小。飞行速度和飞行姿态对飞机结冰有一定的影响,取决于特定速度的流场分布,确定液态水的运动轨迹和撞击特性。

(3)飞机结冰冰型的获取。

可以通过成熟的结冰预测商业软件 LEWICE、FENSAP 等比较准确地计算在25部附录 C 规定的飞机结冰环境下的冰型。通过结冰风洞试验,可以确定飞机各部件结冰的冰型、结冰区域、结冰量和结冰速率。

(4)结冰对性能操稳的影响。

飞机翼面结冰对飞机性能和操稳特性会产生不利影响,这种不利影响是因为飞机翼面结冰造成翼面流场改变和流动性改变,从而导致飞机的升力系数减少,阻力系数增大,失速速度增大,失速迎角减小。而发动机进气道结冰会导致易喘振,工作特性变差。飞机翼面结冰会导致气动导数变化。导致飞机纵向稳定性和横航向稳定性受到影响,平尾结冰会导致失速迎角减少,纵向操纵效率降低,甚至尾翼失速造成飞机失控。操纵面结冰会导致操纵效率降低。

(5)结冰对发动机的影响。

进气道结冰会导致进气道气动特性恶化,发动机功率下降,甚至造成发动机停车,发动机脱落冰进入内涵道和燃烧室,造成熄火。现代民用发动机在发动机进气道都设有防冰系统,抑制进气道唇口的结冰,破坏进气道流场,造成进气道畸变。但是发动机进气道边缘、整流锥、压气机静子和转子前缘等非防护表面都是容易结冰区域,由于进气道吸力,风扇结冰后振动,会造成这些非防护表面的冰脱落。33部要求验证发动机具有一定的吞冰能力,包括地面自然结冰状态的发动机进气道结冰验证和自然结冰试飞验证。

(6)机头冰脱落和机体冰脱落。

机头是飞机常见的结冰部位,由于飞机的机动飞行、机体振动和大气温度变化,飞机机头冰在飞行过程中会产生脱落,并存在进入发动机的可能性,因此必须进行分析和考虑。对于尾吊发动机的飞机,机头冰脱落进入发动机进气道的风险需要适航符合性验证,主要的技术难点是机头冰型的确定,可以用商业结冰计算软件计算获取,机头冰脱落的严重情况是机头冰一分为二。机头冰脱落后的运动轨迹、进入发动机进气道的概率难以预测。机头冰脱落的运动轨迹无法通过试飞和试验的方式获得,一般是通过数值计算的方法模拟脱落冰块的运动轨迹,通过模拟飞机的流场,脱落冰块的六自由度运动方程模拟脱落冰块的轨迹。对于机头冰脱落,一般的策略是通过数值计算机头脱落的冰块进入发动机进气道的概率,而不是证明发动机能够承受吞进的机头冰。

(7)飞机防冰系统。

飞机防冰系统主要有发动机引气防冰、电热防冰和防冰液防冰。防冰液防冰主要用在飞机地面准备阶段喷洒在机体表面,防止飞机地面滑行和起飞阶段飞机表面结冰。发动机引气防冰主要用在发动机进气道唇口、机翼前缘、平尾前缘,贯穿整个飞行阶段,为了降低环控系统预冷器的工作负荷,进气道唇口防冰直接从发动机引气,机翼和尾翼的防冰是由环控系统从发动机低压和高压压气机引气,经预冷器降温后,引向防护表面。电热防冰主要用在风挡玻璃、空速管、总温传感器、废水排放管等部位。电热防冰现在也越来越多地应用在新设计的民用飞机上,其优点是相对于发动机引气具有更高的效率。飞机具有防冰和除冰两种结冰防护功能,防冰系统接通保证飞机防护表面不会结冰,而除冰系统是在防护表面已经结冰的情况下,可以除掉已经凝结的冰型。例如,对于不具备自动防冰功能的系统,一旦由于人为因素延迟打开,防护表面就已经结冰了。

(8) 飞机巡航阶段防冰策略和巡航性能。

是否结冰气象的确定需要依靠机载结冰探测器给出结冰信号,判断飞机是否进入结冰区域,是否需要开启防冰系统。机载防冰系统的开启方式一般有自动和手动开关两种方式,为了保证飞机防护表面不结冰,又能降低发动机功率提取对性能和油耗的影响。需要采用经过优化的防冰系统逻辑,以避免防冰系统打开时,发动机引气使得飞机巡航性能降低。当飞机巡航阶段穿云飞行时,虽然结冰探测器没有结冰告警,但需要打开短舱防冰,而不打开机翼防冰。在结冰信号器打开时,再打开机翼防冰。上述防冰策略依据的是飞机在巡航阶段的防冰策略,考虑到飞机在 7 000 m 以上高空液态水含量低,−40℃没有结冰气象。

(9) 飞机结冰失速保护系统逻辑。

尽管飞机具有防冰系统避免关键的防护表面结冰,但是飞机还有非防护表面的结冰情况。另外,飞机防冰系统的失效和人工操作延时打开这些工况,使得飞机在结冰情况下的性能相对于干空气状态升阻特性和性能有所降低,飞机的失速提前,必须单独设定飞机结冰情况下的失速告警系统和起飞着陆构型。一般情况下,按照防冰系统正常工作、防冰系统延迟打开、防冰系统失效三种方式的结冰情况,确定飞机在各种飞行构型下失速警告(驾驶杆抖杆和推杆)对应的迎角,设定失速警告逻辑,这些保护迎角是通过模拟冰型性能和操稳试飞确定的。飞机在结冰情况下的着陆是指一旦遭遇结冰气象,结冰探测器触发,飞机机翼防冰系统打开,飞机着陆构型就需要减一挡襟翼着陆,这是考虑到飞机表面还有残余的冰型。但是,对于高温情况机场着陆,考虑到飞机在下降着陆过程中冰型脱落,如果通过融冰风洞试验,或者成熟的工程软件计算,可以在手册中确定不降一挡着陆的机场温度值。

3.5.3　结构强度技术

现代民用飞机结构越来越追求在安全和高效率的基础上,满足其功能要求。安全是指飞机能够满足在全寿命周期内,具有足够的承载能力,保持其功能。高效率是指飞机结构要以尽量轻的重量,尽量低的全寿命成本满足其功能要求。

(1) 结构的功能要求。

结构的功能要求是指满足飞机运行包线内的气候环境的要求,飞机定义的飞行气动外形和气动弹性要求,满足内部分隔舱位和装载要求,满足各种工况的静强度要求,以承受飞行和地面的设计载荷。飞机能满足使用寿命要求,满足振动和噪声要求,满足适航和安全性要求,满足飞机客舱舒适性要求,包括客舱高度、客舱内部噪声,满足飞机制造和成本要求,满足飞机可靠性和维护性要求,满足飞机飞行和运行环境的要求,满足飞机层面分配的重量和重心的要求,满足飞机全寿命周期的经济性要求,满足设备安装、载油要求。新型民用飞机还有智能结构的应用和结构的健康监控。

(2) 复合材料取代金属结构。

轻质复合材料和结构的应用代替了金属结构,上一代的喷气客机碳纤维复合材料的应用比例达到了 10％左右,主要应用部位是尾翼、操纵面和翼梢小翼等。最新一代喷气客机结构已经应用了 60％轻质混合材料,主要包括碳纤维复合材料和铝锂合金。碳纤维复合材料已经应用在机翼和机身等主要结构上,复合材料结构除了具有明显的减重效果,由于其刚度和疲劳优势,复合材料机翼相对金属机翼拥有较低的弹性变形、较长的疲劳寿命。复合材料机身承担了更大的座舱压力,降低了座舱高度,提高了旅客的舒适性。

3.5.4 结构安全的要求

飞机结构安全要求在各种飞行和运行环境下具有承担相应载荷的能力。在特殊条件下,如结构受损的情况,飞机能够维持足够的剩余强度,保证安全返回机场。

飞机结构安全要求飞机在各种运行和飞行环境下能够承受载荷,包括力学环境载荷、气候环境载荷和运营环境载荷。

力学环境载荷按照飞行载荷、地面载荷,又可分为静力载荷、疲劳载荷、振动载荷。正常飞行载荷有最大飞行过载和最小飞行过载、机翼载荷、突风和湍流载荷等。地面载荷有起落架落振载荷、雨天运营溅水载荷等。

故障载荷,除了正常载荷工况的载荷,还包括飞机在结构和系统故障情况下,承受由此引起的故障载荷。与发动机有关的故障载荷包括风车载荷、FBO 载荷等。与飞控系统有关的故障载荷包括单侧舵面卡阻载荷、平尾剪刀差、飞控系统直接模式。

人为操作因素有关的载荷和与暴恐有关的特殊载荷,如重着陆、适坠性载荷、炸弹爆炸引起的载荷。

气候环境和运行环境要求是指受高低温环境影响,飞机在高温条件下,结构产生热膨胀,导致结构材料的承载能力下降。

在高寒气象条件下,液压和起落架结构的密封材料会产生收缩效应,产生漏油。

雨天污染跑道运行,应湿跑道和污染跑道溅水要求,结构外部舱门和口盖能被水溅到的部位要能够承受水载荷的冲击,而不发生撕裂损伤。特定风险耐受能力是指起落架系统轮胎设计应具有一定的排水能力,对于尾吊式发动机的飞机,由于前起落架和主起落架溅水容易进入发动机,必要时应该安装挡水板,以避免发动机进气道直接进水。

特定风险分析主要包括雷击、客舱失压、发动机转子爆破、轮胎爆破等特定风险,在飞机遭受特定风险情况下,飞机结构设计要能够承受这些特定风险,而不会造成不可接受的安全影响。

结构的雷电防护是指在雷暴天气,飞机的金属结构和复合材料结构的设计要能够防止雷击直接效应,以避免雷击产生高电压,烧蚀结构、金属结构要设计搭接和翼尖放电刷,以避免电荷聚集。对于复合材料结构,雷电防护更是重要的设计要求,一般在复合材料结构成型时,表面共固化成型铜网作为雷电防护层。机翼油箱的防雷击设计,特别是复合材料机翼整体油箱的雷电防护,是指飞机遭受雷击时,对机翼整体油箱产生直接效应,在油箱维护口盖、油箱通气口等结构接合部位产生电弧和火花,或者直接被雷电闪击和扫掠,产生油箱内燃油被点燃都是要避免的。

客舱失压是由于压调系统故障,或者是客舱和驾驶舱结构损伤,造成飞机在客舱增压飞行时无法保持客舱压力的特殊风险故障。在客舱失压情况下,飞机需要应急下降,并安全返回。对于结构设计而言,在客舱失压的情况下,客舱、驾驶舱、货舱、设备舱等各个隔舱之间会产生压差,飞机结构设计应该能够承受这些压差载荷,避免飞机产生二次结构破坏,这些压差载荷根据故障载荷不同而分别考虑。飞机结构设计还要满足疲劳要求,避免产生蒙皮疲劳损伤,造成客舱失压。

发动机转子爆破是一种非常严重的特定风险,它的危害可以分为一次危害和二次危害。一次危害是指发动机转子碎片击中机身造成的穿透,发动机停车、客舱失压、燃油箱漏油等危害,其能量是无法采用结构防护措施以避免穿透。对于一次危害,在可以预测的发动机转子爆破轨迹的最严重分布情况下,应该通过避免将人员、重要设备和关键结构布置在转子爆破散射区内。二次危害是指发动机发生转子爆破后,飞机结构设计应保证由发动机停车而造成的风车载荷和结构在存在损伤的情况下,其剩余强度可以确保飞机安全返回。对于二次危害,应进行风车载荷的计算,确保发动机吊挂和相邻的机翼或者机身结构能够承受这种故障载荷。对于受转子爆破损伤的结构,要进行剩余强度分析,以确保飞机结构的完整性,能够完成紧急着陆。

起落架轮胎爆破是指飞机在各种运行情况下,起落架轮胎产生爆破对飞机结构和系统造成的损伤。一种情况是,高速滑跑时轮胎压到跑道上的尖锐物,产生轮胎爆破。危害主要来自两个方面,一个是轮胎爆破产生的胎皮,一个是由于爆破产生的缺口引起轮胎内热膨胀气流造成的冲击波。飞机在滑跑过程中,轮胎发生爆破的时机一般发生在起落架收入轮舱后。

可燃液体(主要为液压油和燃油)的渗漏是民机运营过程中可能出现的一种高

危险性故障,若飞机在飞行过程中可燃液体发生泄漏,又无法及时排出机体,造成在机体内部积聚,可能会造成起火、爆炸等危害飞行安全的严重次生灾害。因此,在 CCAR - 25 部的 863 条款明确规定了在机体内部发生可燃液体渗漏情况时的排液要求,1187 条款又着重强调了吊挂、APU 舱等火区的通风、排液需求。因此,ARJ21 - 700 飞机在吊挂、整流罩、中后机身、垂尾、后机身内部、外翼前后缘等处增加排液通路用以解决全机排液问题。

4 新支线飞机研制阶段划分

新支线飞机研制阶段分为立项论证阶段、可行性论证阶段、工程预发展阶段、工程发展阶段、批产与产业化阶段,本章概述各研制阶段的主要工作,使读者在详细研究各阶段任务之前对研制阶段的划分整体上有一定的了解。

4.1 立项论证阶段

4.1.1 主要工作

(1)市场预测以及用户对产品和服务的需求分析。

(2)竞争对手和竞争机型分析。

(3)适航审定基础和取证分析。

(4)产品研制能力分析。

(5)潜在的国内外合作对象和供应商分析。

(6)拟研制飞机主要性能和技术要求设想。

(7)研制周期、经费和风险初步分析。

(8)开始长周期基础技术准备和攻关。

(9)编写项目建议书或等同于项目建议书的报批文件。

(10)立项评审。

4.1.2 完成标志

(1)完成项目建议书。

(2)项目建议书获得国家立项批准。

4.2 可行性论证阶段

4.2.1 主要工作

(1)开展用户调查,进行市场需求分析。

(2)识别竞争对象和竞争产品。

(3)选择和论证市场时机。

(4)确定设计依据、设计要求以及评定方案的取舍原则。

(5)拟定多个产品设计方案并完成彼此及竞争对象的分析比较。

（6）提出客户服务设计要求。

（7）制定适航取证工作方案。

（8）确定国内外供应商选择原则，建立与潜在供应商的联系。

（9）确定关键技术项目及解决方案，启动关键技术攻关。

（10）启动质量控制体系建设。

（11）制定研制保障条件建设规划（含信息化建设）。

（12）编制项目纲要级工作分解结构（WBS）。

（13）研制经费概算。

（14）编写项目可行性研究报告。

（15）进行可行性评审。

4.2.2　完成标志

（1）完成可行性研究报告。

（2）项目可行性研究报告通过国家评审。

4.3　工程预发展阶段

工程预发展阶段分为总体方案定义/联合概念定义阶段（JCDP）和初步设计/联合定义阶段（JDP）两个子阶段。

4.3.1　总体方案定义/联合概念定义（JCDP）阶段的主要工作

1）主要工作

（1）完善纲要级工作分解结构（WBS）。

（2）制定研制工作总计划，拟制零级（或Ⅰ级）计划网络图。

（3）进行项目成本分解。

（4）确定融资方案。

（5）编制项目风险管理计划。

（6）制定构型管理计划。

（7）启动符合适航要求的设计保证体系的建立。

（8）完成供应商初步筛选，向供应商发出信息征求单（RFI），联合概念定义。

（9）征求潜在客户意见，调研运营环境。

（10）细化设计依据和设计要求，形成飞机顶层设计要求。

（11）编制项目标准体系规划。

（12）编制通用技术规范（GTS）。

（13）完成风洞选型试验。

（14）开展发动机选型工作。

（15）征求潜在客户对飞机初步总体技术方案、飞机维修性设计原则的意见。

（16）启动质量控制、供应商管理和工艺技术体系文件的编写。

（17）逐步落实研制保障条件建设（含信息化建设）。

2）完成标志

（1）完成总体方案定义，形成初步总体技术方案。

（2）进行初步总体技术方案评审。

4.3.2　初步设计阶段/联合定义阶段（JDP）主要工作

1）主要工作

（1）确定研制分工，编制合同级工作分解结构（CWBS）。

（2）编制项目Ⅰ级计划网络图以及详细进度计划。

（3）启动成本、进度、质量、风险控制工作。

（4）编写系统和分系统规范。

（5）确认供应商，向供应商发出项目招标书（RFP）。

（6）选定供应商，与主要供应商签署理解备忘录（MOU）或意向书（LOI），与供应商进行联合定义。

（7）完成总体气动方案设计完善。

（8）完成各系统要求定义，接口冻结，形成接口控制规范。

（9）制作协调样机和展示样机。

（10）高低速测力、测压、铰链力矩等风洞试验。

（11）结构强度研发试验。

（12）工程模拟器研制。

（13）系统研发试验。

（14）建立符合适航要求的设计保证体系。

2）完成标志

（1）完成初步设计，冻结总体技术方案。

（2）进行初步设计评审。

（3）进行预发展评审。

4.4　工程发展阶段

　　工程发展阶段分为详细设计阶段、全面试制阶段和试飞取证阶段三个子阶段。工程发展阶段的目标是综合考虑项目技术、制造、质量、经济性、适航审定等问题，进行产品详细设计、试制和试验试飞等，并最终通过相关部门的审定。型号合格证（TC）的颁发和首架飞机交付标志着本阶段工作的结束。

4.4.1　详细设计阶段的主要工作

1）主要工作

（1）完成适航安全性评审委员会建设并开始持续评审。

（2）完成飞机整机、结构和系统的详细定义。

（3）编制设计规范、试验规范、工艺规范和材料规范等。

（4）实施构型控制。

（5）发出基本构型全套生产图样和技术文件。

（6）完成生产图样的工艺性和标准化审查。

（7）编制试飞飞机改装生产图样（含恢复到交付构型的工艺要求）。

（8）供应商的产品设计评审。

（9）特种风洞试验。

（10）补充风洞试验，确定性能担保方案。

（11）分系统功能验证试验。

（12）维修性评估和验证。

（13）发出专用地面支援设备和工具的生产图样及技术文件。

（14）编制成品、系统件和设备规范。

（15）编制技术出版物。

（16）确定制造符合性检查项目和确定符合性验证试验单位。

（17）正式向适航当局提出型号合格证申请并获得受理（择机申请，应在发图前半年完成）。

（18）确定审定基础，成立航空器评审组（AEG）、飞行运行评审委员会（FOEB）、审定维修协调委员会（CMCC）等持续适航委员会。

（19）编制符合性验证计划。

（20）与适航当局共同确定制造符合性检查项目。

（21）客户培训设备研制。

2）完成标志

（1）完成详细设计，进行关键设计评审（CDR）。

（2）进行详细设计评审。

4.4.2　全面试制阶段的主要工作

1）主要工作

（1）完成采购的原材料、标准件、成品、系统件、检测和校试设备交付及合格试验。

（2）新技术、新工艺、新材料的技术攻关、引进技术项目完成鉴定和应用准备。

（3）专用地面支援设备和工具研制。

（4）进行技术出版物验证与完善，并提供给首飞机组。

（5）客户培训用设备到位，进行首飞机组培训。

（6）完成航材计划编制。

（7）飞机总装（含试飞改装）。

（8）系统综合试验。

（9）机上地面试验。

（10）全机静力试验（67％）。

（11）组织各种试验评审。

（12）确定适航审定大纲。

（13）实施非试飞符合性验证（包括地面试验、各类计算分析等）。

（14）开始申请生产许可证（PC）。

（15）组织首飞前各项评审。

2）完成标志

飞机首飞。

4.4.3　试飞取证阶段的主要工作

1）主要工作

（1）完成飞机试飞计划。

（2）首台飞行模拟机交付。

（3）调整试飞。

（4）适航符合性验证试飞。

（5）单机适航取证大纲符合性试飞。

（6）编制各类适航符合性验证文件、报告、图纸等。

（7）向适航当局完全表明适航符合性，关闭符合性检查单。

（8）召开最终型号合格审定委员会（TCB）会议。

（9）取得型号合格证。

（10）研制单机成本核算。

（11）完成研制任务的项目总结。

（12）批产单机成本估算和销售定价。

（13）批产工程文件支持。

（14）批产的工程文件控制和管理。

（15）恢复交付构型，首架交付。

2）完成标志

取得型号合格证和首架飞机交付。

4.5　批产与产业化阶段

4.5.1　主要工作

（1）确认销售合同中所规定的机位及客户要求的交付状态。

（2）客户构型管理。

（3）配合生产试飞、客户试飞工作。

（4）批产的成本控制与管理。

（5）对供应商批产的控制和管理。

（6）飞机交付。

（7）飞机持续适航技术支持。

（8）客户培训。

（9）机队监控，实施健康管理。

（10）航线飞机的更改和改装。

4.5.2 完成标志

本阶段为持续性的工作，直到该型的最后一架飞机退役才算结束，期间是持续的生产、交付、优化和改进，民用飞机研制工作流程如图 4.1 所示。

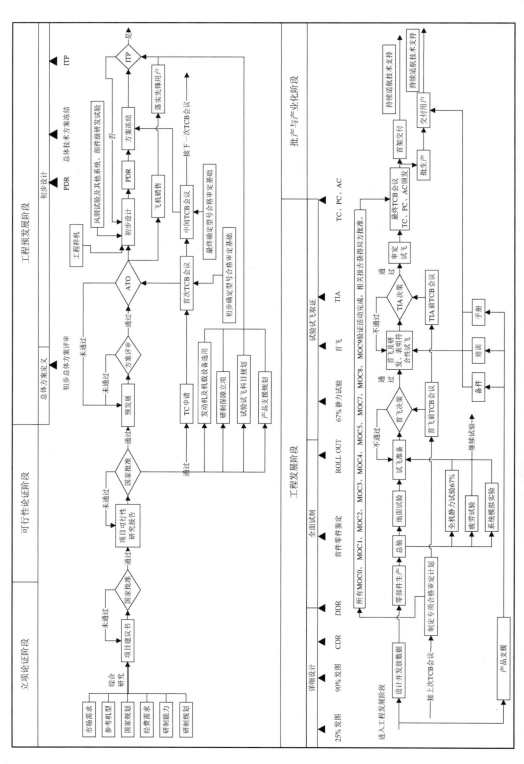

图 4.1 民用飞机研制工作流程

第 2 篇
新支线飞机研制流程

5 新支线飞机立项论证

5.1 市场需求

5.1.1 立项时国内市场需求预测

2000年国内机场共完成旅客吞吐量1.33亿人次,比上年增长11.4%。民航全行业平均正班载运率为57.3%,比上年提高了1.7个百分点。平均正班客座率为61.2%,比上年提高2.63个百分点。

2000年全年中国民航各航空公司共购进运输飞机50架,净增17架。截至2000年底,民航全行业共拥有运输飞机527架,其中大中型运输机期末架数为462架,小型飞机65架。2000年小型客机完成的航班数、旅客周转量、客运量和可提供座公里数占国内航线总量的比例分别为7.2%、2.0%、0.8%和0.9%。

2000年民航全行业在册运输飞机平均日利用率为7.6 h,比上年提高0.5 h。

表 5.1 2000 年民航全行业主要运输生产指标完成情况①

主 要 指 标	运输总周转量(亿吨公里)	比上年增长(%)	旅客运输量(万人)	比上年增长(%)	货邮运输量(万吨)	比上年增长(%)
全行业总计	122.5	15.4	6 721.7	10.3	196.7	15.4
国内航线	76.0	14.0	6 031.2	10.4	147.5	15.2
(其中港澳地区航线)	5.7	11.0	403.4	7.2	13.5	13.7
国际航线	46.5	17.9	690.5	9.4	49.2	16.2

1) 国内客运周转量预测

(1) 2001—2020 年旅客周转量平均增长率为8.5%,其中2001—2005年为8.6%;2006—2010年为9.3%;2011—2015年为8.8%;2016—2020年为7.3%。

(2) 2020 年国内客运周转量将达到4 387 亿人公里。

2) 国内飞机需求量预测

(1) 民航航班飞机需求量。

---

① 表 5.1 为引用 ARJ21 项目原论证报告,数据与正文有出入。——编注

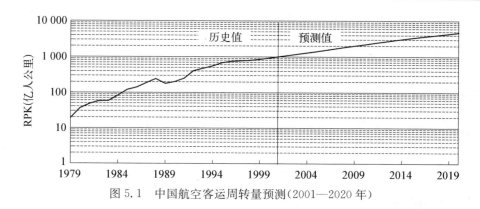

图 5.1   中国航空客运周转量预测(2001—2020 年)

表 5.2   国内支线飞机机队规模预测   （单位：架）

	2005 年	2015 年	2025 年
20 座级	10	17	31
30 座级	32	63	121
50 座级	72	142	259
70 座级	29	126	238
90 座级	17	70	151
支线合计	160	418	800
全部机队	700～800	1 300～1 400	2 600～2 700

　　根据计量经济学模型结合定性分析方法,预测结果：2025 年机队总规模将达到 2 700 架;2025 年支线飞机机队规模为 800 架;2006—2025 年期间,国内需要 661 架支线飞机用于满足运量的增长和替代换退役支线飞机。

表 5.3   支线飞机国内市场需求量预测(2006—2025 年)   （单位：架）

座　级	涡　桨	涡　扇	合　计
20 座级	21	0	21
30 座级	16	78	94
50 座级	29	162	191
70 座级	22	192	214
90 座级	0	141	141
合　计	88	573	661

(2) 非定期航班飞机需求量。

2006—2025 年,非定期航班飞机需求量为 90,其中：

a. 公务机需求量 60 架。

目前世界上正在使用的公务机超过 8 000 架,国内运 - 7 系列飞机是公务机的主要选择。随着经济发展、空中交通管制的改革，对公务机的需求量将快速增长。预计在2006—2025年间中国市场各类公务机需求量约60架。

b. 货机需求量30架。

近年来，中国航空货运市场发展迅速，其增长速度远大于客运增长速度。支线飞机很适合邮航快递，近期中国邮政航空公司又租赁了3架SAAB340飞机从事邮航。预计在2006—2025年间市场对该吨级新货机的需求量约30架。

5.1.2 国际市场预测

1) 航空运输量预测

预计未来10年全世界的国内生产总值平均增长率仍可达到2.7%左右，发展中国家的经济增长速度仍将高于发达国家。

随着世界经济的发展，预计未来20年世界航空客运周转量将以年均4.8%的速度增长，地区内航空客运周转量增长预测见图5.2，主要地区间航空客运周转量增长预测见图5.3。

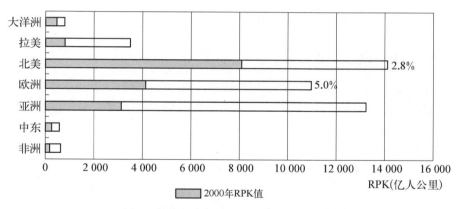

图5.2 地区内航空客运周转量增长预测

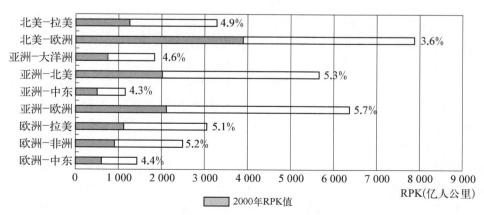

图5.3 主要地区间航空客运周转量增长预测

2）飞机需求量预测

（1）2001—2020 年全世界航空公司将需要补充 8 000 多架支线飞机，总价值在 1 300 亿美元左右（1 999 美元值），其中 70％以上为先进的涡扇支线飞机。2001—2020 年全世界支线飞机需求预测见图 5.4。

（2）在 2006—2025 年间世界市场支线飞机需求将超过 9 000 架。

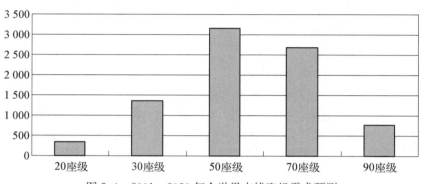

图 5.4　2001—2020 年全世界支线飞机需求预测

5.2　新支线飞机立项论证阶段的主要工作

立项阶段的主要任务是开展市场预测与分析、开展竞争对手和竞争机型分析、开展产品研制能力分析，形成拟研制飞机的主要性能和技术要求设想，完成项目立项建议书。主要工作：

（1）呈报新支线飞机项目建议书，上报了"关于新型涡扇支线飞机项目立项的请示"，国家批复新支线飞机项目立项。

（2）开展了多家航空公司调研，确定了市场定位，明确了产品战略，即研制生产 70 座级涡扇支线飞机，用具备"四性一化"特色的 ARJ21 飞机产品和优质服务，满足以七大用途为标志的细分市场需求。

（3）提出项目研制的主要原则，即坚持以我为主的发展道路；坚持采用新的运作机制和管理模式；坚持以市场需求为导向，以满足国内市场需求为主，积极开拓国际市场；坚持充分利用全国航空行业的优势，开展全国大协作。

（4）拟定了新支线飞机项目的研制途径，即坚持自力更生、以我为主的方针，牢牢掌握我国自主的型号知识产权；充分利用行业长期积累形成的技术、人才、设施、经验等方面的综合基础，充分发挥行业各参研单位在设计、制造、试验、试飞等方面的独特优势；充分利用对外开放的有利条件，积极开展少量关键技术的国际合作，提高研制水平，加快研制进度；面向全球，择优采购符合设计和适航要求的动力装置、航电设备和必要的原材料；充分利用已有的成果（科研、预研和国际合作的成果），结合产业结构调整，发挥集团整体优势，形成集团军，开展新支线飞机的研制，按照专业化组织生产；按照国际惯例，邀请用户参与研制的各有关阶段；首先取得

CAAC 适航证,争取同时取得国际适航证。

（5）提出新支线飞机的基本方案,即按照中国民航总局（CAAC）、美国联邦航空管理局（FAA）和欧洲联合航空局（JAA）的适航条例研制,选装低油耗、低噪声的涡扇发动机,采用大展弦比超临界机翼,基本型为 72 座,可系列化发展。主要技术性能指标:设计航程为 2 200 km;巡航速度 Ma 数为 0.76～0.78;使用寿命达到 60 000 飞行小时/60 000 飞行起落 20 日历年;总体技术水平和使用性能应略高于国际同类竞争飞机,制造成本比竞争飞机低 20%,直接使用成本（DOC）低 8%～12%。

5.2.1 总体气动论证工作

1）目标

（1）提出市场要求、客户要求及适航要求。

（2）提出研制总目标和要求,完成主要性能指标的论证。

（3）提出各子系统技术要求,完成各子系统初步方案及论证。

2）主要输入

主要输入的信息为市场情报,竞争对手和竞争机型技术情报,潜在合作伙伴和供应商技术信息,国内、国外标准和规范,国内外适航法规,公司民机发展规划。

3）主要工作

进行竞争机型总体布局分析,竞争机型主要性能指标分析。根据总体技术要求、竞争对手和竞争机型分析结果,以及市场目标与要求提出拟研制飞机的主要性能指标和技术要求,以及各子系统技术要求。

（1）主要性能指标论证,调研民机设计技术最新发展趋势。

（2）完成新技术、新材料、新工艺成熟度研究,确定新技术、新材料、新工艺的技术难点。

（3）提出研制总目标,完成主要性能指标的论证和各子系统初步方案及论证。

（4）提出技术方案构想。

4）关键输出

（1）设计目标与要求。

（2）设计目标与要求论证报告。

（3）总体技术要求。

（4）总体技术方案。

（5）飞机气动设计和计算报告。

（6）飞机总体布局技术方案构想。

（7）飞机主要技术性能指标和技术要求。

（8）立项论证阶段的主要关键技术及拟采用的技术途径。

（9）立项论证阶段的竞争对手和竞争机型分析报告。

（10）立项论证阶段的飞机效果图。

（11）项目建议书。

（12）可行性论证报告。

5.2.2 结构设计论证工作

1）目标

根据飞机市场、适航等总体技术设想，梳理结构专业技术能力和关键技术，形成结构设想方案。

2）主要输入

（1）市场需求（设想）：设计服役目标、每座重量、舱内噪声水平等。

（2）适航需求（设想）：型号合格证（TC）拟申请的主要国家，审定基础版本/版次。

3）主要工作

（1）竞争机型结构营运状态调研。

（2）当前结构设计技术进展和未来技术发展方向的调研。

（3）国内外工业制造现状和能力的调研。

（4）结构总体技术设想：完成总体材料使用设想，新结构、新材料、新工艺使用设想。

4）关键输出

支持飞机总体完成型号项目建议书。

5.2.3 客舱专业

1）目标

（1）通过对国内外同类机型舱内设备技术的调研，结合 ARJ21-700 飞机的研制要求，提出初步的舱内设备技术方案。

（2）根据飞机级功能定义，分解出初步的舱内设备功能清单。

2）主要工作

（1）市场预测以及用户对舱内设备产品和服务的需求分析。

（2）竞争对手和竞争机型舱内设备分析。

（3）舱内设备适航审定基础和取证分析。

（4）舱内设备产品自主研制能力分析。

（5）舱内设备潜在国内外合作对象和供应商分析。

（6）拟研制飞机舱内设备的主要性能和技术要求设想。

（7）舱内设备研制周期、经费和风险初步分析。

（8）开始长周期基础技术准备和攻关。

（9）编写项目建议书或等同于项目建议书的报批文件。

3）主要输出

完成飞机级立项论证报告-舱内设备部分，说明舱内设备应包括厨房盥洗室、旅客服务装置、机组座椅、旅客座椅、应急设备、货舱内饰、货舱系留等工作包,并分别就各工作包进行功能、初步的安装位置和数量等方面描述。

5.2.4 强度设计论证工作

1) 目标

立项论证阶段的主要目标和任务是制定强度专业顶层文件,充分表明强度专业对飞机结构的强度分析能力、飞机设计所用载荷的计算能力以及试验验证能力,为 ARJ21 飞机项目立项及建议书的编制提供技术支持。

2) 主要工作

(1) 强度专业在此阶段主要完成了强度专业顶层文件的编制。主要编制了强度计算原则、载荷及载荷谱的编制原则、结构设计准则、耐久性与损伤容限、复合材料结构设计、试验规划等文件。

(2) 配合项目建议书的编制,把强度专业顶层文件作为项目建议书的支持文件。

3) 关键输出

此阶段,强度专业的关键输出主要是顶层文件,详见表 5.4。

表 5.4 立项论证阶段强度专业的关键输出

序 号	文 件 名 称
1	飞机强度计算原则
2	飞机载荷、载荷谱计算原则
3	飞机结构耐久性与损伤容限设计原则
4	飞机结构耐久性与损伤容限设计要求
5	飞机气动弹性设计原则
6	飞机试验验证规划
7	复合材料结构设计原则

5.2.5 飞行控制系统论证工作

1) 目标

(1) 根据飞机主要性能指标和技术要求,形成初步的飞行控制系统技术要求。

(2) 根据飞机级功能定义,分解出初步的飞行控制系统功能清单。

2) 主要工作

飞行控制系统专业的主要工作为支持总体专业完成飞机主要性能指标与技术要求。飞行控制系统专业还将根据型号总体功能与性能要求,结合适航条款要求,形成初步的飞行控制系统技术要求和功能清单。重点关注系统架构(竞争机型)、重量、系统新设计/专利、潜在供应商研制能力。适航条款应集中研究法规中最新变动条款的要求、符合性验证方式。

3）关键输出

飞机型号立项论证报告-飞行控制系统部分。

5.2.6 环控氧气系统论证工作

1）目标

通过对国内外同类机型环控氧气系统技术的调研，结合 ARJ21-700 飞机的研制要求，提出具有成本效益的、具有一定技术先进性、可实施的环控氧气系统技术方案。

2）主要工作

（1）市场预测以及用户对环控氧气系统产品和服务的需求分析。

（2）竞争对手和竞争机型环控氧气系统分析。

（3）环控氧气系统适航审定基础和取证分析。

（4）环控氧气系统产品自主研制能力分析。

（5）环控氧气系统潜在国内外合作对象和供应商分析。

（6）拟研制飞机环控氧气系统的主要性能和技术要求设想。

（7）环控氧气系统研制周期、经费和风险初步分析。

（8）开始长周期基础技术准备和攻关。

（9）编写项目建议书或等同于项目建议书的报批文件。

3）关键输出

环控氧气系统项目建议书。

5.2.7 航电系统论证工作

1）目标

在立项论证阶段，航电专业需了解市场和用户对产品的需求、分析目标竞争机型的设计情况、分析项目适航审定基础、初步评估潜在供应商、编制航电系统级主要性能和技术要求设想、编制项目建议书或相关报批文件、准备立项评审。

（1）通过立项论证阶段工作，明确了新支线飞机航电系统的设计符合 CCAR-25 部、FAR25 及有关适航文件的要求。

（2）满足新支线飞机总体设计要求，保证飞机安全、可靠。

（3）系统应有一定的先进性和较强的市场竞争能力。

（4）为减少研制风险和降低成本，系统应采用成熟技术。

（5）系统配置应具有灵活性，以满足用户不同设备选装要求，并具有扩展能力。

（6）应选择取得技术规范规定证（technical specification order，TSO）的机载设备。

2）主要工作

（1）新支线飞机航电系统在立项论证阶段完成了与相关竞争机型的对比分析。

（2）同时就航电系统应具备的功能及设备选型，向国内各航空公司发出了多份调查表，征询航空公司意见，以便后续进行可行性分析。

（3）提出了综合化航空电子系统的设想，采用自动飞行、飞行管理、发动机电子控制和中央维护计算机这些民用飞机领域中的先进系统，飞机基本型符合Ⅱ级自动着陆等级，选型可达Ⅲa级自动着陆等级，能适应未来新航行系统的空中交通环境。

（4）驾驶舱主仪表板采用五个 8 in×10 in① 的 LCD 显示器，显示可进行余度设计，互为备份。

（5）拥有先进的导航和交通防撞系统，使飞机除了能适应空中交通繁忙的东部沿海地区外，也能适应地面导航设备配置不足的西部地区。

（6）系统故障隔离到航线（外场）可更换单元（line replaceable unit，LRU）或航线可更换模块（line replaceable module，LRM），可打印电子格式的故障报告以适应未来用户的维护要求。

3）关键输出

立项论证阶段主要完成了航电系统立项论证报告，说明航电系统由自动飞行、通信、导航、指示记录和中央维护几个系统组成，并分别就每个系统应具备的功能进行了描述。

5.2.8　电源系统论证工作

1）目标

电源系统主要围绕飞机项目是什么样的市场定位、是否需要启动、何时启动等大问题展开，回答将要研制的飞机项目电源系统在技术、研制费用、研制进度等方面是否可行，形成电源系统研制立项论证报告，支持飞机能否立项研制。

2）主要工作

（1）竞争对手和竞争机型分析。

（2）适航审定基础和取证分析。

（3）产品研制能力分析：根据适航条款要求，研究分析系统最新技术和技术成熟度，确定系统研制能力和新技术比例，并论证在项目应用的可行性。

（4）潜在的国内外合作对象和供应商分析：开展竞争机型系统供应商分析，初步确定供应商技术能力。

（5）拟研制飞机主要性能和技术要求设想：开展系统性能和技术要求研究。

（6）研制周期、经费和风险初步分析：配合进行研制周期、经费和风险初步分析。

（7）开始长周期基础技术准备和攻关：开展未来机型系统技术研究，确定项目实现的基础技术需求，组织开展能力准备和关键技术攻关。

---

① in 为英制长度单位，英寸，1 in＝2.54 cm。

（8）编写项目建议书或等同于项目建议书的报批文件。

3）关键输出

（1）电源系统技术分析报告。

（2）电源系统所采用新技术和关键技术的可行性论证报告。

（3）供应商研制能力的评估报告。

（4）编写项目建议书或等同于项目建议书的报批文件。

5.2.9　燃油系统

1）目标

（1）根据飞机主要性能指标和技术要求，研究形成燃油系统初步需求。

（2）根据初步需求，提出燃油系统基本功能架构与初步概念方案。

2）主要工作

燃油专业的主要工作为形成燃油系统初步概念方案。根据型号总体性能要求，结合适航条款要求，形成燃油系统总体技术要求。其中，适航条款应集中研究法规中最新变动条款的要求、符合性验证方式。

3）关键输出

燃油系统立项论证报告。

5.2.10　动力装置论证工作

1）目标

（1）根据飞机主要性能指标和技术要求，研究形成动力装置系统初步需求。

（2）根据初步需求，提出动力装置系统基本功能架构与初步概念方案。

2）输入

（1）动力装置推力需求。

（2）动力装置耗油率需求。

（3）动力装置排放要求。

（4）动力装置安装位置。

3）主要工作

（1）确定飞机推力和耗油率需求，形成动力装置系统初步概念方案。

（2）研究分析适合飞机需求的各大发动机供应商现有产品和未来发展的产品技术水平。

4）关键输出

动力装置系统立项论证报告。

5.2.11　APU 系统

1）目标

（1）根据飞机主要性能指标和技术要求，形成 APU 总体技术要求。

（2）根据总体技术要求，提出 APU 布局方案和 APU 总体布置初步方案。

2) 主要工作

（1）形成 APU 方案，并完成主要性能指标的论证。

（2）根据型号总体性能要求，结合适航条款要求，形成 APU 总体技术要求。其中，重量（与竞争机型的单座重量比）、设计服役目标、噪声三个指标应重点分析。

（3）适航条款应集中研究法规中最新变动条款的要求、符合性验证方式。

（4）形成 APU 布局方案和 APU 总体布置方案，针对总体技术要求，完成 APU 安装、进排气、通风冷却等安装位置方案。

（5）调研民机 APU 设计技术最新发展趋势，特别是布局形式、新材料、新工艺的最新成果，初步形成 APU 安装、进排气工艺框架，完成材料总体选用方案、重量可行性估算，APU 安装载荷路径分析和新结构形式、新材料、新工艺的适航验证技术难点分析。

3) 关键输出

APU 立项论证报告。

5.2.12 防火系统论证工作

1) 目标

目标是调研市场，调研民用飞机防火系统技术发展的趋势，特别是新布局、新材料和新工艺的最新成果，了解适航设计要求和客户要求，了解供应商能力水平，论证项目可行性，与潜在供应商进行沟通并选定供应商。

2) 主要工作

（1）调研国内外其他机型防火系统设计。

（2）消化、吸收防火系统新材料、新工艺水平。

（3）接触供应商，了解供应商产品能力和技术支持能力。

（4）学习适航规章、标准和流程，学习行业内资料。

（5）论证项目可行性。

（6）发出项目招标书，通过供应商回复和技术交流对供应商进行能力评估，最终选定供应商。

3) 关键输出

（1）防火系统初步方案。

（2）防火系统可行性论证报告。

5.2.13 安全性论证工作

1) 目标

确定安全性工作的基本输入。

2) 主要工作

系统安全性设计在立项论证阶段主要是进行飞机的安全性需求分析，研究与安全性相关的规章与标准及其发展的趋势，确定安全性工作的基本输入等。系统安全性设计在立项论证阶段的主要工作包括以下几方面：① 研究市场、用户需求；② 竞争分析；③ 明确项目安全性工作的基本输入。

3）关键输出

系统安全性设计在立项论证阶段没有关键输出，主要是参与项目总体设计要求的论证工作，明确安全性工作的基本输入。

5.2.14　标准材料论证工作

1）目标

为 ARJ21 飞机国家立项进行材料、标准件准备工作，根据飞机主要性能指标和技术要求，建立初步的材料、型材及标准件选用基础。

2）主要工作

（1）分析研究国内航空材料、型材及标准件现状，国外竞争机型材料、型材及标准件选用。

（2）调研民机材料技术最新发展趋势，特别新材料的最新成果，重点进行先进铝合金材料和复合材料的选用分析。

（3）分析研究标准件和材料的适航条款要求。

（4）根据型号总体性能要求和结构总体技术要求，编制初步的金属材料、非金属材料选用目录，型材选用目录，型材图册和标准件选用目录。

3）关键输出

立项论证阶段材料选用目录，型材选用目录，型材图册和标准件选用目录。

5.2.15　项目管理工作

主要工作：

（1）研制任务初步分析。

（2）提出初步研制计划。

（3）研制经费需求初步分析。

（4）成本控制方法论证。

（5）研制风险初步分析。

（6）对生产规划进行预测，进行产品研制能力分析。

（7）研制保障条件需求分析。

5.2.16　适航管理工作

1）目标

目标是使责任审查部门尽早介入潜在的审定项目，对某些重要领域和规章相关要求符合性的问题与意向与申请人达成共识，为后续审查活动的顺利开展奠定基础。

2）主要工作

（1）适航审定基础和取证分析。

（2）概念设计阶段的主要工作包括：协调审查方宣贯型号合格审定过程；编制

安全保障合作计划(PSP);与审查方讨论并初步确定审定适用的适航规章范围;与审查方讨论使审查方熟悉潜在的审定项目;编制型号合格审定计划;协调审查方开展设计保证系统的初步评估。

5.2.17　市场工作

1) 目标

分析民用飞机所处的激烈竞争环境和多变的市场,了解民用航空市场发展的客观规律,预测市场需求量,完成飞机项目的立项论证研究。

2) 主要工作

(1) 完成产品的市场预测和需求工作,评估竞争产品的市场定位和未来发展趋势。

(2) 提出产品的初步发展目标、市场预测以及用户对产品和服务的需求分析。

(3) 国内外市场需求分析。

(4) 国内外同类竞争产品的现状和发展趋势。

(5) 市场需求符合性评估。

3) 关键输出

(1) 市场预测,包括不同周期各地区的市场预测结果。

(2) 市场需求分析,包括航空市场运营环境分析和市场需求特征及发展趋势。

(3) 竞争产品的现状和发展趋势,包括竞争产品的市场定位和发展进程,评估竞争产品的未来发展趋势。

5.2.18　客户选型

1) 目标

开展客户构型选项需求和偏好调研,结合竞争机型选项分析研究,提出公司新机型构型选项研发的市场可行性方案。同时,规划属于研制保障条件建设的客户选型中心初步方案。

2) 主要工作

(1) 收集并整理竞争机型的选项资料,对选项的功能效用开展分析研究。

(2) 针对市场和客户需求,广泛开展调研工作,重点关注潜在客户对构型选项的意见和建议,并对客户的选型偏好进行归纳汇总。

(3) 开展产品客户化工作体系框架和流程的规划工作。

(4) 收集和调研国外飞机制造商客户选型中心的建设情况,结合型号研制保障项目的申报,提出条保建设的初步方案。

3) 关键输出

(1) 客户构型选项需求和偏好分析,包括市场调研报告、产品技术发展趋势和运行环境分析、潜在客户的构型选项需求、潜在客户机队的选型结果,给出客户构型选项需求和偏好分析报告。

(2) 竞争机型选项分析研究,包括竞争机型选项设置清单、竞争机型选项对比、竞争机型选项功能效用分析报告。

（3）产品客户化工作体系框架和流程规划，包括产品客户化工作文件体系和主要流程初步考虑，分析研究国外飞机制造商产品客户化工作的主要流程。

（4）客户选型中心建设建议书，包括客户选型中心建设方案的前提调研报告，以及条保建设的项目建议书。

5.2.19　销售支援

1）目标

结合产品方案竞争力水平及市场需求，提出方案优劣评估结果，同时为各阶段寻找潜在目标客户。

2）主要工作

（1）完成产品方案竞争力评估，提炼销售卖点，提出方案优劣。

（2）提出潜在目标客户及开拓策略，初步评估各阶段客户可行性、订单量和销售策略。

3）关键输出

（1）产品竞争力评估，包括与竞争机型的产品、服务等方面对比，也包括与竞争公司的国家、企业及环境对比。

（2）各阶段目标客户清单及销售策略，包括各阶段潜在目标客户（以航空公司为主）名单，潜在 ARJ21 飞机需求量，可能的销售卖点及所需支持资源等。

5.2.20　政策研究

1）目标

论证支线飞机项目的实施对国民经济、国家产业发展的推动作用，并论证国家产业政策对支线飞机项目开展的重要性。此外，通过对支线航空政策环境研究与趋势预测为产品市场需求论证提供支持。

2）主要工作

（1）对现行民用航空制造业产业政策开展研究。

（2）对全球主要制造商所在国家的航空制造产业政策开展研究。

（3）对现行支线航空政策开展研究。

3）关键输出

（1）民机产业政策影响分析。对国内外现行民机产业政策进行收集与研究，并对产业政策对民机制造业的影响进行分析。

（2）支线航空政策分析。对支线航空市场现行政策进行分析，为市场需求提供输入。

5.2.21　质量管理

1）目标

提出项目的质量目标和质量管理工作规划。

2）主要工作

分析质量管理需求,提出初步质量管理体系,满足项目质量管理要求的分析,建立项目质量管理组织体系。

3）关键输出

项目质量大纲。

5.2.22　图样文件管理

1）目标

初步建立新支线飞机设计图样及文件管理制度,支撑项目前期图样文件的管理,完成项目标准规范体系建设的初步研究,提出项目标准规范体系初步构建方案,搜集国内外标准资料,完成部分标准适用性分析。

2）主要工作

（1）编制新支线飞机设计图样及文件管理制度,定义新支线飞机项目图样文件分类、编号、编制、签署、更改和归档要求,并开展宣贯培训。

（2）开展新支线飞机项目标准规范体系构建研究,提出标准规范构建目标、构建方案,编制技术经济可行性研究报告支持文件《设计标准规范体系》。

（3）收集、分析型号标准需求,通过对同等级别机型标准、规范收集分析,摸清标准需求,梳理标准基础。

（4）依据新支线飞机项目设计要求、技术方案开展标准适用性分析,并得出标准适用结论（部分）。

3）关键输出

（1）《新支线飞机设计图样及文件管理制度（试行稿）》。

（2）技术经济可行性研究报告支持文件《设计标准规范体系》。

（3）部分标准适用分析报告。

5.2.23　档案管理

1）目标

探索适应新支线飞机研制模式的档案管理体系,初步建立新支线飞机项目档案工作规划。

2）主要工作

（1）作为新支线飞机项目档案中心/设计档案分中心初步编制新支线飞机档案工作规划。

（2）根据新支线飞机研制的特点和技术要求,结合对国内外航空企业型号档案工作的调研,研究型号项目档案管理模式。

（3）初步建立适应新支线飞机项目研制特点的档案管理体系,建立兼职档案员队伍。

（4）收集参考机型机种情报资料,为新支线飞机的立项论证工作提供信息支持。

3）关键输出

（1）新支线飞机档案工作规划（初稿）。

（2）参考机型机种资料。

5.2.24　信息化

1）目标

立项论证阶段信息化的工作目标是完成信息化技术调研和技术准备工作。

2）主要工作

（1）信息化专业在立项论证阶段的主要工作是对国内外先进航空企业的信息化工作进行调研，了解和学习最新的民用飞机信息化技术和经验。

（2）深刻理解 ARJ21-700 飞机研制模式，梳理飞机研制对信息化的需求。ARJ21 飞机项目是我国首次立足国内自主研制，拥有自主知识产权，采用全数字化设计，完全实行商业运作模式的项目。这种新的研制方式彻底改变了以往飞机研制中采用的一厂一所的模式。要建立研制的新模式，就要充分发挥航空行业整体优势，必须将异地广域分布的多个航空厂、所的优势进行整合，即在飞机研制中要全面应用型号的项目管理、数字化产品定义、产品数据管理、异地协同并行工程技术、国内外供应商管理、客户关系管理、异地设计和制造信息集成、数字化工装工艺设计和主要零件数字化制造技术、集成平台和支撑技术等主要信息技术。这就要求 ARJ21 飞机研制必须采用 100% 的三维数字化定义和 100% 数字化预装配，采用先进的协同研制平台来实现产品数据管理和初步的异地协同设计和制造。

（3）通过数字化技术的全面应用，达到缩短研制周期，减少差错，降低研制成本，提高支线客机产品的信誉度和客户满意度，实现民机型号研制的机制、管理和技术的创新，提高民机研制能力和市场竞争能力，使民机研制的技术和管理水平逐步与国际接轨。

3）关键输出

（1）信息化建设总体规划，包括网络、硬件、软件选型、信息安全等。

（2）产品数据管理（PDM）原型系统搭建。

5.3　新支线飞机立项论证的输出

（1）研制项目建议书，总体技术方案构想，主要技术性能指标。

（2）气动、重量等各个专业的初步技术方案。

（3）客服工程：客户服务初步方案论证报告。

（4）计划管理：研制任务分析报告，研制里程碑。

（5）经费与成本管理：研制经费概算和单机成本、盈亏平衡点的初步分析报告，成本控制论证报告。

（6）市场营销：市场需求与市场分享量分析，项目的目的、必要性和依据，国内外同类竞争产品现状和发展趋势。

（7）市场需求符合性评估报告。

（8）质量管理：质量管理体系初步分析报告。

（9）供应商管理：潜在的国内外合作对象和供应商分析报告，供应商管理模式论证报告。

（10）适航取证管理：适航取证分析报告。

（11）风险管理：研制风险初步分析报告。

（12）资源管理：研制能力分析报告；研制保障条件建设初步方案、论证报告。

（13）国家批准民机研制项目建议书。

6 新支线飞机研制的 可行性论证工作

6.1 可行性论证的目标

对项目的技术和经济可行性进行综合研究,选定最佳产品目标和研制方案,并最终通过相关部门的评审。可行性研究报告通过评审标志着本阶段工作的完成。

可行性论证阶段的主要任务是根据项目立项批复情况,进一步开展市场需求分析,对项目的技术和经济可行性进行综合研究,选定最佳产品目标和研制方案。在 ARJ21 飞机项目立项报告形成和报批的同时,可行性论证工作同步开展。

新支线飞机项目可行性报告的主要内容是对国内外支线飞机市场的预测和分析,提出目标市场和设计要求;征求用户意见,逐步完善方案;确定飞机座级和客舱布局,并按照系列化发展的思路来满足不同的市场需求;确定尾吊发动机总体气动布局;采用超临界机翼设计;确定新支线飞机的结构设计满足 CCAR25.571 验证要求和双 6 万(6 万飞行小时/6 万次飞行起落)的寿命指标;将新支线与现有干线飞机在使用上有一定的共通性作为设计要求,这个思路得到了用户的响应;确定新支线飞机研制思路要拥有以我为主的知识产权,要做好自主知识产权的有关工作,同时要在以我为主的前提下,积极争取多种形式的国际合作。

在此阶段,初步确定了研制途径、分工和生产规划,上海飞机制造厂作为新支线飞机项目公司委托的主制造单位承担总装、地面试验、喷漆、生产试飞、平尾制造工作;成飞公司承担机头制造工作;西飞公司承担机身段、外翼、翼尖的制造工作;沈飞公司承担机身尾段、垂尾、发动机挂架的制造工作;中央翼制造工作分工另行确定。初步确定了国际合作的主要途径和方式,提出了"供应商必须满足我方的技术、经济等要求;必须建立客户服务体系与我方共同为客户提供优良的服务;为保证项目的成功,我们不以是否与我方进行工业合作为前提条件,但需要双方共担风险、提供优惠的商务条件"三条具体的国外供应商选择原则,开展了国际招标,落实了发动机及部分机载系统的供应商。

鉴于民机技术预研严重不足,为落实可行性报告评审意见,启动了支线飞机市场分析与研究、支线飞机技术方案研究等 15 项关键技术攻关,开展了研保条件建设论证。

完成了新支线飞机设计要求与目标，以及飞机概念方案，把飞机正式推向市场，和首家启动用户的意向协议书。

6.2 新支线飞机可行性论证阶段的主要工作

6.2.1 总体气动设计

1）目标

完成设计指标的可行性论证，形成总体气动关键技术研发规划。

2）主要工作

（1）围绕飞机设计指标进行可行性论证。

（2）提炼、形成民机关键技术，并针对每项关键技术进行论证和中长期研发规划，包括总体布局、气动设计、总体布置、系统和发动机等所有相关专业。

（3）进行初步安全性、经济性、舒适性和环保性分析。

（4）确定设计依据、设计要求。

（5）拟定多个设计方案并完成分析比较，提出新技术、新材料、新工艺，进行技术成熟度分析与评估，形成飞机初步总体技术方案。

（6）提出多种气动外形方案，进行计算分析，提出优选方案。

（7）完成选型风洞试验规划。

（8）制定后续风洞试验规划。

3）关键输出

（1）气动设计指标论证报告。

（2）总体布局定义。

（3）气动布局定义。

（4）总体参数选择及定义。

（5）气动外形定义。

（6）发动机选型及安装位置论证。

（7）飞机试飞要求和大纲。

6.2.2 结构专业

1）目标

分解总体需求，形成关键技术研发规划并开展技术攻关，完成结构设计和可行性方案。

2）主要工作

（1）根据市场和总体技术方案，分解飞机机体主要性能指标和技术要求，完成竞争对手和相关机型分析，形成结构总体技术要求。

（2）根据结构总体技术要求，提炼结构关键技术，提出结构总体布置初步方案和结构布局方案。

（3）分解总体需求，确定结构设计要求。

（4）分析结构研发能力，形成"自主研制＋外包供应商"设计分工方案。

（5）形成"新结构、新材料、新工艺"方案，开展机体结构关键技术研发规划。

3）关键输出

《ARJ21－700飞机结构可行性方案》《ARJ21－700飞机结构关键技术规划》。

6.2.3 强度专业

1）目标

对强度专业顶层文件进行完善，对强度专业相关资料进行收集，开展载荷计算方法、有限元建模方法以及强度分析方法等研究。

2）主要工作

（1）主要对强度专业顶层文件进行完善，对竞争机型强度相关资料进行收集和消化，提出型号的强度指标；开展载荷计算方法、有限元建模方法、有限元分析方法以及强度分析方法研究。

（2）载荷计算。

a. 针对地面载荷的主要工作：进行相关机型起落架设计参数和载荷数据的收集和假设；确定地面载荷分析方法，包括收集调研国内外地面载荷通用分析方法和手段，确定地面载荷分析方法和软件；适航条款的研究，确定地面载荷的计算要求。

b. 动载荷主要工作：进行相关机型设计参数和载荷数据收集，收集相关重量数据、刚度数据设计指标和分配，收集相关机型起落架布置方式和缓冲支柱特性参数；确定动载荷分析方法，包括收集调研国内外动载荷通用分析方法和手段，确定动载荷分析方法和软件；分析方法研究和程序开发，包括根据确定的分析方法进行方法的关键技术研究，并进行相应分析方法的程序开发；进行动载荷估算分析，并与相关机型进行对比，确认分析方法和分析结果的合理性和可行性。

（3）机体结构强度分析。对竞争机型机体结构强度进行调研，对竞争机型系统结构强度性能指标进行分析，并根据本型号具体情况，提出对应技术指标要求。

（4）气动弹性设计。收集分析竞争机型的主翼面刚度和重量参数、操纵面的操纵刚度和旋转频率，初步给出飞机主翼面刚度要求、操纵面旋转频率要求。

3）关键输出

（1）强度顶层文件，动载荷、地面载荷计算所需输入参数。

（2）载荷计算的初步计算程序、载荷分析方法及分析软件。

（3）主翼面刚度要求，操纵面旋转频率要求。

（4）竞争机型机体结构、系统强度性能对比情况。

6.2.4 飞控系统

本阶段飞控系统专业的主要工作是为支持总体专业完成飞机主要性能指标与技术要求。飞控系统专业根据型号总体功能与性能要求，结合适航条款要求，形成初步的主飞控系统技术要求和功能清单。重点关注系统架构(竞争机型)、重量、系统新设计/专利、潜在供应商研制能力。研究适航条款中适用条款、最新变动条款的要求、符合性验证方式。

1)目标

(1)梳理系统的关键技术。

(2)开展权衡研究分析,确定初步的主飞控系统设计方案。

2)主要工作

(1)本阶段主飞控系统专业主要围绕新架构、新技术、新材料等设计技术进行可行性认证,提炼、形成关键技术,并针对每项关键技术做详细论证和研发规划。

(2)编制及向潜在供应商发布信息征求单(RFI),与供应商进行联合概念定义(JCDP)工作,开展权衡研究分析,确定初步的主飞控系统设计方案。

(3)高升力系统专业主要围绕新架构、新技术、新材料等设计技术进行可行性认证,提炼、形成关键技术,并针对每项关键技术做详细论证和研发规划。

(4)编制及向潜在供应商发布信息征求单(RFI),与供应商进行联合概念定义(JCDP)工作,开展权衡研究分析,确定初步的高升力系统设计方案。

3)关键输出

(1)系统关键技术研发规划报告,初步的主飞控系统设计方案,系统关键技术研发规划报告。

(2)初步的高升力系统设计方案。

6.2.5 液压系统

1)主要工作

在可行性论证阶段,探讨了为满足飞机要求,保证飞机安全所需要配置的液压能源系统。其间探讨了三种系统方案:

(1)配置两套独立不沟通的液压能源系统,采用双向能量转换装置(PTU),右系统配置一台电动泵(EMP)作为备用能源。大部分液压用户由两套系统同时供压,部分用户由一套系统供压。

(2)配置两套独立不沟通的液压能源系统,采用单向 PTU,每个系统都配有电动泵作为备用能源,外加一个用电动泵供压的辅助系统,供飞机起降时重要系统应急用,用户由主能源系统分别供压。

(3)配置三套独立不沟通的液压能源系统,其中两套系统发动机驱动泵(EDP)作为主能源,正常电源供电的电动泵作为备用能源。第三套系统配两台电动泵,一台用正常电源供电作为主能源,一台用冲压空气涡轮(RAT)供电作备用能源。对于重要用户,三套系统同时供压,一般用户由两套系统供压,个别用户由一套系统供压。可研阶段决策采用方案一。

三种方案列为可选方案以满足不同的要求。

实施途径决策为：成品采用国外同类成熟产品，系统设计组织国内力量实施，系统试验、报告、适航取证文件由供应商完成。

2）关键输出

形成 ARJ21-700 飞机布局定义文件，完成液压系统，起落架系统功能危害性分析（FHA）报告，形成了液压系统，起落架系统试验规划报告。

6.2.6 环控氧气系统

1）目标

通过对国内外同类机型环控氧气系统技术和经济可行性的调研，结合 ARJ21-700 飞机的研制要求，提出具有成本效益的、具有一定技术先进性、可实施的技术方案，并通过相关评审。

环控氧气专业根据相似机型机载系统的设计指标和市场定位，定义环控氧气专业所属系统的初步设计目标与要求，与飞机级初步设计目标与要求以及潜在上下游系统初步设计目标与要求进行匹配，并最终完成主要性能设计指标和系统概念方案的可行性论证并通过评审。

2）主要工作

（1）识别竞争对象和竞争产品。

（2）确定设计依据、设计要求以及评定方案的取舍原则。

（3）拟定多个产品设计方案并完成彼此及竞争对象的分析比较。

（4）制定适航取证工作方案。

（5）确定国内外供应商选择原则，建立与潜在供应商的联系。

（6）确定关键技术项目及解决方案，启动关键技术攻关。

（7）编制工作分解结构（WBS）。

（8）研制经费概算。

（9）编写项目可行性研究报告。

3）关键输出

环控氧气专业在此阶段的关键输出包括：可行性研究报告，可行性评审资料，满足市场需求和相关法规的设计依据和设计要求。

6.2.7 航电系统

1）目标

在可行性论证阶段，应根据客户和市场的需求，集合航电技术发展趋势分析，确立航电系统平台和竞争机型的范围，提出航电系统功能架构并确认技术可行性。

2）主要工作

（1）开展用户调查，进行市场需求分析。

（2）识别竞争对象和竞争产品。

（3）确定设计依据、设计要求以及评定方案的取舍原则。

（4）拟定多个产品设计方案并完成彼此及竞争对象的分析比较。

（5）确定关键技术项目及解决方案，启动关键技术攻关。

（6）确定航电系统设计要求和目标。

（7）编写项目可行性研究报告，进行可行性评审。

3）关键输出

航电系统可行性方案论证报告，飞机航电系统初步技术方案。

6.2.8　电源系统

1）目标

电源系统可行性论证工作的目标是根据民用飞机市场对电源系统的需求、技术发展水平，研究将要研制的飞机项目的电源系统在技术、研制费用、研制进度等方面是否可行。研究结果作为飞机项目是否启动，作为进入正式研制流程的依据之一。

2）主要工作

（1）开展用户调查，进行市场需求分析，识别竞争对象和竞争产品。

（2）拟定多个产品设计方案并完成彼此及竞争对象的分析比较。

（3）制定适航取证工作方案，建立与潜在供应商的联系。

（4）确定关键技术项目及解决方案，启动关键技术攻关。

（5）编制项目纲要及工作分解结构（WBS）。

3）关键输出

（1）编制电源系统可行性论证阶段工作分解结构（WBS）。

（2）完成电源系统技术方案论证报告。

（3）编写电源系统可行性研究报告。

（4）配合进行研制经费概算。

6.2.9　动力燃油系统

1）目标

主要完成了动力燃油专业各系统设计要求和技术指标的制定，候选系统选型原则的制定，潜在系统供应商的初步筛选，系统关键技术的识别和分析，对目标和技术可行性的完整论证，并深入了解了各相关系统的取证过程和试验情况。

本阶段燃油专业的工作目标为：根据批复的飞机主要性能指标和技术要求，研究形成燃油系统的主要需求；根据燃油系统的主要需求，提出燃油系统概念方案；针对概念方案研究技术可行性。

2）主要工作

工作包括：研究形成燃油系统需求，建立燃油系统概念方案，对概念方案进行可行性论证。

3）关键输出

（1）燃油系统概念方案。

（2）燃油系统可行性论证报告。

6.2.10 动力装置

1）目标

选定供应商。

2）主要工作

主机所发出招标书（request for proposal，RFP），供应商回复 RFP，主机所评估供应商回复的 RFP。共有 4 家国外知名供应商参加了 ARJ21-700 飞机动力装置系统的设计建议书投标。分别是普惠公司（PW）、斯奈克玛（Snecma）、通用电气公司（GE）和罗罗公司（RR），最终选定 GE 公司作为 ARJ21-700 飞机动力装置系统的供应商。此外，选定瑞士的 VIBRO-METER 公司（VM）作为发动机振动监控装置（EVMU）供应商，选定柯林斯公司（RC）为油门台供应商。

3）关键输出

（1）向供应商发出招标书（request for proposal）。

（2）供应商提交建议书。

（3）动力装置选型工程评估意见。

6.2.11 APU 系统

1）目标

形成辅助动力装置（auxiliary power unit，APU）关键技术研发规划，确定与供应商分工，签署工作分工（statement of work，SOW）。

2）主要工作

（1）本阶段 APU 专业主要围绕 APU 系统布局形式、新材料等设计技术进行可行性认证，提炼、形成关键技术，并针对每项关键技术做详细论证和研发规划。

（2）协助材料专业形成完整的新材料成熟度规划；新结构须论证工艺、承载特性等关键特性的变化，规划元件、组件或部件研发试验，形成完整的成熟度规划。

（3）针对采购部件（APU 本体、进气消音器、排气消音器、进气风门作动器和控制器），起草并向潜在供应商发布招标书（RFI），完成供应商 RFP 评估，与供应商谈到确定工作包内容，特别是双方分工、交付物和交付计划。

3）关键输出

APU 关键技术研发规划报告，采购部件（APU 本体、进气消音器、排气消音器、进气风门作动器和控制器）工作分工（SOW）。

6.2.12 防火系统

1）目标

发出信息征求单（request for information，RFI）及招标书（request for proposal，RFP），防火系统供应商评标，并确定防火系统供应商。

2）主要工作

主机所发出 RFP，供应商回复 RFP，主机所评估供应商回复的 RFP。最终确定防火系统供应商。

3）关键输出

（1）中国商用飞机有限公司（ACAC）向供应商发出招标书（request for proposal）。

（2）供应商提交建议书。

（3）ARJ21 防火系统选型工程评估意见。

6.2.13 维修性

维修性专业在可行性论证阶段的工作重点是提出维修概念和维修性要求。

维修性概念是在满足飞机设计目标和适航规章要求的前提下，综合分析权衡与维修性密切相关的各种因素，拟定整机维修性指标和工作纲要，并论证其技术可行性。

为了使飞机易于维修，在飞机设计时就应考虑其维修性，重点保证不出现有别于现有飞机的特殊维修技术，即不能增加维修的复杂性。面向维修的设计是根据简单实用这一维修原则提出的。维修的主要目标是保持适航性，但同时强调满足航空公司的要求，保证最低成本下的最大完好率，即运营可靠、服务完好、最少的停场时间以及最低的直接维修成本，这些都是 ARJ21 飞机应遵守的维修原则。

维修性要求包括维修性定性要求和定量要求。在 ARJ21 飞机设计规范中明确规定维修性定量要求。ARJ21 飞机的维修性定量要求应当根据适航要求、符合航班正点及经济性要求，反映对飞机使用需求的维修性参数，如每飞行小时的维修性工时（MMH/FH）等。应当规定平均修复时间（MTTR）等维修性定量指标。还应明确 ARJ21 飞机及其系统、分系统、部件或设备的维修方案和研制方法及其假设和约束条件。

对难以规定定量指标和验证方法的维修性要求，应当规定定性的维修性要求和验收准则，如可达性、互换性、标准化、防差错与识别标志、维修性安全、维修人素工程、降低维修技能要求等。

维修性指标论证如下：过站再次离站时间不大于 25 min，故障平均修复时间不大于 30 min。

6.2.14 可靠性

在可行性论证阶段，可靠性专业开展了飞机市场定位调研论证工作，调研航空公司用户对支线飞机的可靠性需求，完成了可靠性指标论证工作，确定了整机级可靠性指标要求。同时，完成了可靠性工作的规划，并确定了可靠性设计和分析的基本工作项。

可靠性指标论证是指民用飞机可靠性指标体系的论证,通过调研航空公司用户对 ARJ21 飞机可靠性的要求,完成 ARJ21 - 700 飞机的可靠性指标体系论证。提出了可靠性设计总体思路,强调高可靠性和良好维修性,将可靠性的设计、验证和增长贯穿于研制、生产、服务整个过程。目前,航空公司比较关心的飞机可靠性参数包括签派可靠度(DR)、平均故障间隔飞行小时(MFHBF)、日利用率(utilization)、发动机的空中停车率(IFSR)和重要事件率(SIR)、不正常千次率、可用率、机组报告率等。通过航空公司调研,可靠性参数如表 6.1 所示。

表 6.1　可靠性参数

参　数　类　型	参　数　名　称
综　　合	签派可靠度(DR)
	日利用率(utilization)
可靠性	平均故障间隔飞行小时(MFHBF)
	发动机的空中停车率(IFSR)
	重要事件率(SIR)
	不正常千次率
	可用率
	机组报告率

可靠性指标的确定是指在确定可靠性指标时,应根据民用飞机市场预测、用户的要求、民航适航条例有关条款的规定,并考虑经费、进度、市场竞争、营运、用户使用维修条件等因素,结合研制单位的能力,经综合权衡后确定。飞机分系统、机载设备、重要零部件的可靠性、维修性指标,一般应由整机指标分配(或经转换后分配)确定。也可单独提出,但必须与整机的指标相协调。确定指标时应依据下列因素:机型、用户需求、市场预测、未来营运情况预测;目前的水平,即国内外同类机型的飞机实际已达到的可靠性、维修性水平;采用的技术在新研制的民用飞机中准备采用的技术,预期能使可靠性、维修性提高的程度;产品的重要度;产品故障对飞机安全、正点、经济的影响程度;国内的技术水平,国内的技术基础(如设计技术、元器件、原材料等)、生产水平(如工艺装备水平、加工制造、装配水平)等;民用飞机的使用、维修、售后服务等约束条件。

确定指标时应明确下列事项:何时或何阶段应达到的指标;验证时机与验证方法;主要航线结构,其目的是明确飞机的使用、维护、停放等环境条件;飞机利用率;维修方案、服务条件、使用维修人员素质;其他假设和约束条件。

按照可靠性指标确定原则,并对航空公司相似机型的可靠性数据进行了分析,确定整机级可靠性指标方案如下。

(1) 平均故障间隔飞行小时(MFHBF)不小于 45 飞行小时(fh)。

(2) 签派可靠度不小于 99.5%。

（3）整机日利用率：8 fh/天（平均航段时间 1.3 fh/起落）。

（4）空中停车率小于 0.010/1 000 h。

可靠性工作规划是指在可行性论证阶段，对整个产品生命周期的可靠性工作进行规划，主要工作项包括可靠性指标要求和工作项的确定；制定可靠性工作计划；对供应商的监督和控制；可靠性评审；建立故障报告、分析和纠正措施系统（FRACAS）；建立可靠性模型；可靠性分配；可靠性预计；故障模式影响及危害性分析；故障树分析；制定可靠性设计准则；环境应力筛选试验；可靠性鉴定试验；可靠性验证；运营阶段可靠性信息收集；运营阶段可靠性设计优化。

6.2.15 安全性

在可行性论证阶段，安全性专业参与飞机总体目标与要求论证，开展飞机安全性目标的论证，安全性数据收集与分析、系统安全性工作管理与实施方案的论证，安全性发展趋势与应用技术分析、安全性关键技术的论证等，参与飞机级功能需求分析与可行性论证工作。

形成了以下报告：《ARJ21-700 飞机对 CCAR25.1309 符合性验证的管理要求》，说明了安全性设计各主要环节间的相互关系、信息流方向，各职能部门的相关作用，为 ARJ21 飞机的安全性论证、设计和评审的顶层依据；《新支线飞机寿命可靠性/安全性要求》，确定了 ARJ21 飞机各系统、设备安全性指标，灾难性故障失效状态的发生概率不大于 10^{-9}；危险性故障失效状态的发生概率不大于 10^{-7}；较大的故障失效状态的发生概率不大于 10^{-5}；较小的故障失效状态的发生概率不大于 10^{-3}。《ARJ21-700 飞机 1309 条适航符合性验证大纲》全面规划了为满足 CCAR25.1309 条款所要开展的验证项目和所要提交的验证文件，重点规定了安全性评估的输入和输出要求，并为安全性评估程序提供了较为详尽的指导。

1）目标

建立项目安全性管理组织架构，建立项目安全性设计标准规范。

2）主要工作

（1）组建安全性评估委员会。

（2）构建 ARJ21-700 飞机安全性管理组织架构。

（3）启动飞机、系统、供应商、总装、持续适航各层级安全性部门的主要工作及关键输出规划。

（4）准备安全性项目计划。

（5）编写安全性设计手册或方法文件。

（6）准备安全性通用数据文件。

（7）研究评估市场、营运人和适航的安全性需求。

6.2.16 标准材料

围绕该阶段的主要任务，标准化主要开展并完成了如下工作：

1）提出项目初步标准化目标、要求

开展项目标准化要求策略研究，分析 ARJ21 项目对标准的需求，提出项目初步标准化目标、要求。ARJ21 项目的标准要满足飞机适航性和质量的需要、满足系统工程组织协调的需要、满足增强市场竞争力的需要、满足加速研制提高质量的需要，保证高技术与低风险的统一。

2）建立初步的标准规范体系，提出标准选用方案

编制初步的《设计标准规范体系》，确定 ARJ21 飞机研制所需标准的范围和内容。设计标准和规范体系是把与实现新支线飞机项目技术目标相关的所有标准按其内在联系和层次关系组成的科学的、有机的整体，它是新支线飞机项目标准化程度的综合反映。其作用是：

（1）能描绘出一个具有内在联系的新支线飞机项目整体技术标准化工作的概貌。

（2）有利于建立、健全新支线飞机标准和规范体系，指导编制项目的标准化规划及相关标准的制（修）订计划。

（3）有利于标准的贯彻和实施。

（4）为标准化情报工作指明目标。可以跟踪国外先进标准、国家标准等以及竞争对手的企业标准的制（修）订动态。

从缩短周期、减少投入，充分应用现有成果的角度出发，新型涡扇支线飞机标准规范体系框架以《航空技术标准体系表（民机部分）》的树形结构为基础（其第一层次见图 6.1），根据新支线飞机的需求进行调整和增减，以加快新支线飞机项目标准和规范体系的建设。

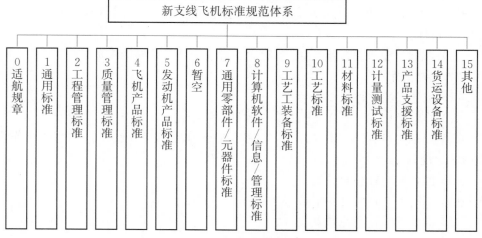

图 6.1　标准规范体系框架

该阶段，对金属材料、非金属材料和标准件的选用进行论证，提出金属材料、非金属材料和标准件的选用方案。

3）初步建立图样文件管理体系

研究相关机型的图样文件管理制度，制定并发布新版《新支线飞机设计图样及文件管理制度（试行稿）》和新版《新支线飞机设计图样文件编号系统》，并运行。在运行过程中，对《新支线飞机设计图样文件编号系统》进行更改。《新支线飞机设计图样及文件管理制度（试行稿）》和《新支线飞机设计图样文件编号系统》规定了图样文件的编号、编写、签署等要求，为该阶段发出的图样文件提供了标准化保障。

4）组建初步的项目标准化工作系统

标准化工作涉及面广，为使各项工作有序开展，需要专门的组织负责统一协调管理，在可行性论证阶段组建新型涡扇支线飞机项目标准化管理委员会，发布标准化管理委员会章程。

6.2.17 项目管理

（1）组织关键技术攻关：组织论证相关各专业初步的关键技术攻关项目。

（2）计划管理：完善里程碑计划。

（3）编制工作分解结构（WBS）框架，完成工作包分包的初步说明。

（4）完成各级网络计划和实施计划体系构建。

（5）经费与成本管理：完成项目研制非重复成本（NRC）、生产重复成本（RC）、研制总经费、研制保障条件经费、单机成本、目标成本、盈亏平衡点分析。

（6）完成成本分解结构框架。

（7）风险管理：完成主要风险识别。

（8）制定风险管理计划。

（9）资源管理：完成人力资源情况分析。

（10）论证项目组织初步方案，形成组织分解结构（OBS）框架。

（11）完善研制保障条件建设方案。

6.2.18 适航管理

适航取证管理包括制定型号合格取证及航空器评审申请方工作规划；设计保证体系初步规划；适航取证风险初步分析。

6.2.19 市场研究

1）目标

（1）开展市场调研活动，结合飞机产品方案，评估产品市场竞争力和市场分享量。完善产品的市场要求与目标。支持产品的商业计划工作。

（2）开展国内外航空公司调研问卷数据、旅客市场调研数据、机队数据、航线数据、经济数据、航空公司相关资料、竞争产品相关资料的收集整理。

2）工具和方法

（1）民用飞机市场预测方法。

（2）调研问卷分析方法。

（3）市场分享量预测方法。

（4）产品细分和市场定位方法。

（5）产品经济性分析方法。

（6）市场环境分析方法。

3）主要工作

（1）以市场调研和市场分析为基础,完善产品的市场要求与目标。同时评估产品技术方案的市场竞争力,预测产品的市场分享量。

（2）市场营销:开展国内外航空公司、旅客市场调研,市场竞争分析和分享量预测,产品细分市场机场和航线适航性分析,直接使用成本、直接维修成本竞争分析和定价策略,全球主要市场经济和政策环境分析,市场需求符合性评估。

4）关键输出

（1）国内外航空公司调研,旅客市场调研,市场分享量预测,新机型研发市场可行性研究。

（2）制定新产品的市场要求和目标。

6.2.20　客户选型

1）目标

进一步深化客户构型选项需求、偏好调研以及竞争机型选项分析研究,提出型号选项设置规划和建议,在市场可行性论证的基础上和工程研发专业进行沟通协调,完善选项设置。同时,完善客户选型中心建设建议书,开展方案可行性研究。

2）主要输入

（1）ARJ21飞机设计文件。

（2）竞争机型选项资料。

3）工具和方法

市场调研、桌面研究。

4）主要工作

深化市场和客户调研工作,联合工程研发专业与客户开展技术交流。对竞争机型选项设置开展专题分析研究,重点在依据市场和客户调研结果、竞争机型选项分析结果,提出选项设置规划和建议。同时,和工程研发专业沟通协调,确认市场和客户需要的、符合未来技术发展趋势的、工程研发技术可行的选项设定。完善客户选型中心建设项目建议书。

5）关键输出

（1）客户构型选项需求和偏好分析。

包括市场调研报告、产品技术发展趋势和运行环境分析、潜在客户的构型选项需求、潜在客户机队的选型结果,给出细化的客户构型选项需求和偏好分析报告。

（2）竞争机型选项分析研究。

包括竞争机型选项的专题研究报告和竞争机型选项功能效用分析报告。

（3）型号选项设置规划和建议。

包括型号选项设置规划清单，市场和设计研发专业沟通协调后的结果，对有差异的项目开展的进一步的深入调研。

（4）产品客户化工作体系框架和流程规划。

包括分析研究国外飞机制造商产品客户化工作的主要流程，完善产品客户化工作体系。

（5）客户选型中心建设建议书。

包括项目建议书完善。

6.2.21 销售支援

1）目标

结合最新产品方案，完善竞争力水平及市场需求变化情况评估。完善各阶段潜在目标客户，并支持与启动用户签署意向购机协议。同时，持续保持与各阶段潜在目标客户的沟通。

2）主要输入

（1）客户需求，竞争机型的参数、数据。

（2）最新的产品方案、性能参数。

3）工具和方法

（1）飞行计划软件、机队配置软件。

（2）五力模型、PEST、SWOT 分析等。

4）主要工作

根据产品技术方案，完善产品方案竞争力评估，提出方案优劣评估结果，提炼销售卖点。

继续完善潜在目标客户及开拓策略，持续评估各阶段客户可行性、订单量和销售策略。重点完成启动用户确定所需销售工程支持，包括机场航线适应性、航线网络规划等内容。

5）关键输出

（1）产品竞争力评估。

包括与竞争机型的产品、服务等方面对比更新，也包括与竞争公司的国家、企业及环境对比更新。

（2）各阶段目标客户清单及销售策略，重点在于启动用户。

包括各阶段潜在目标客户（以航空公司为主）名单完善，潜在 ARJ21 飞机需求量，可能的销售卖点及所需支持资源等。重点在于启动用户销售策略支持。

（3）启动用户销售工程支持。

包括基于设计方案的初步机场航线适应性分析、机队和航线网络规划，以及航空公司购机决策所需其他总体技术参数内容等。

6.2.22　政策研究

1）目标

深入研究现行支线航空政策，准确把握全球支线航空政策发展趋势，为市场可行性论证提供支持。

2）主要输入

（1）公司产品的市场要求、设计要求。

（2）公司产品的总体技术方案、各系统设计技术方案及最新技术状态。

（3）公司产品各研制阶段的相关技术报告（性能、构型、重量、安全性、可靠性、维修性等）。

（4）国内、国际航空运输市场的相关发展报告、情报、统计数据等。

（5）影响航空制造业和航空运输业的各种政策、规章、文件等。

（6）国内外航空公司、租赁公司的意见建议。

（7）竞争对手的市场动态、情报。

（8）竞争产品的技术、经济指标和实际运营数据。

（9）销售支持、销售类技术文件所需的技术文件、数据输入。

（10）其他市场、项目相关输入。

6.2.23　市场调研、桌面研究

1）主要工作

对现行支线航空政策开展深入研究，根据政策环境发展趋势为产品的市场可行性论证提供支持。

2）关键输出

（1）支线航空政策环境报告及趋势预测。

（2）对支线航空市场现行政策进行深入分析，并对其发展趋势进行预测，为市场需求提供输入。

6.2.24　图样文件管理

1）目标

建立新支线飞机项目标准化工作系统，提出项目标准化综合要求，制定项目标准化管理制度，搜集国内外标准资料，完成全部标准适用性分析。

2）主要工作

（1）建立项目标准化工作系统，编制项目标准化管理制度。

（2）收集、分析型号标准需求，通过对同等级别机型标准、规范收集分析，摸清标准需求，梳理标准基础；依据新支线飞机项目设计要求、技术方案开展标准适用

性分析,并得出标准适用性结论(全部)。

(3)开展项目标准化要求策略研究,提出项目初步标准化目标、要求和实施方案,编制项目标准化综合要求。

3)关键输出

(1)《新型涡扇支线飞机项目标准化综合要求》。

(2)《新型涡扇支线飞机项目标准化管理规定》。

(3)标准适用性分析报告。

6.2.25 档案

1)目标

初步建立新支线飞机档案管理体系,提出研制保障条件中档案管理信息化需求。

2)主要输入

新支线飞机图文管理初稿;新支线飞机项目建议书;"关于新支线飞机项目详细设计的部分任务分工的通知"(航民机〔2001〕375 号)。

3)主要工作

(1)根据新支线飞机项目建议书,新支线飞机 100% 全数字化设计将产生海量电子文件,收集、研究新支线飞机档案工作信息化需求,探索电子档案管理方式方法,建立相关制度。

(2)开展档案管理系统选型工作,编制新支线飞机研制保障条件建设档案专业需求。

(3)及时收集、整理新支线飞机立项论证阶段产生的文件材料,完成整理、建库、保管并提供利用。

(4)根据研制工作需要开展相关文献资料的订购工作。

(5)参与新支线飞机 RFI、RFP 文件材料发放工作。

4)关键输出

(1)新支线飞机研制保障条件建设档案专业研保需求。

(2)各类规范、标准资料、参考图纸清册和数据库。

(3)新支线飞机立项论证阶段档案文件材料。

6.2.26 信息化

1)目标

可行性论证阶段,信息化专业的工作目标是建立飞机研制信息化平台,为可行性论证阶段及工程预发展阶段提供信息化支撑。

2)主要工作

(1)信息化基础设施建设。

中航商用飞机有限公司(简称中航商飞)和中航工业第一飞机设计研究院(简

称一飞院)上海分院、上海飞机制造厂(简称上飞厂)是通过专线网络(SDH)连接,由于网络中的节点较少,采用了网络结构较简单、维护成本小、便于集中式管理的星型网络连接方式;考虑到专线的成本比较大,与其他参研单位以及供应商、适航部门、领导机关建立了虚拟专用网络(VPN)系统,通过公网连接,实现协同工作,保证了足够的安全性。

企业网络接入到公网中,暴露出两个主要危险:来自 Internet 未经授权的对企业内部网的存取;当网络系统通过公网进行通信时,信息可能被窃听和非法修改。

为保障协同工作中数据的完整性和保密性,同时为了节约网络接入的费用,建立了虚拟专用网络(VPN)系统,提供在公网上安全的双向通信。

主要参研单位、管理部门(中航商飞、领导机关、适航部门等)、客户和供应商分布在不同的地理位置,在研制阶段协调的问题多,尽管随着高新技术的发展,人们可以选择电话或电视会议服务,但这些会议方式或只能解决声音,或只能解决图像,都不能做到信息的完全共享,因此不可能完全达到面对面会议的效果,为提高工作效率,降低成本,采用视频会议系统是一个比较好的通行解决办法。

(2)研制平台建设。

新支线项目信息系统需满足型号参研单位面向市场,异地协同设计、制造及管理的要求,需要在广域专用网络及其分布式数据库的基础上,建立彼此协同的产品商务平台。

基于虚拟产品管理(VPM)系统建立具备电子样机管理、产品结构管理、设计及更改过程管理以及相应的一系列功能的产品数据管理平台,满足上海—西安两地设计的工作模式要求。

根据 ARJ21 的联合定义阶段(joint development phase,JDP),第一飞机设计研究院(中航一飞院)和各个供应商之间 CATIA 模型进行共享和交换的需求,在协同产品服务平台(CPC)的实施中,开发了 JDP Portal。主要完成了如下工作:开发了 JDP Portal 主页;规划了文件柜/文件夹、用户/角色和权限控制规则;定制了产品数据查看功能;开发了公告发布/接收的功能;开发了各种数据的统计报表生成功能;还开发了满足用户需要的各种辅助功能。

3)关键输出

产品数据管理平台和 JDP Portal。

6.3 新支线飞机研制可行性论证阶段的关键输出

(1)标准化:收集、分析标准需求,开展标准化工作策略研究,提出初步标准化要求及实施方案,确定标准选用原则,启动标准化大纲编制。

(2)工艺制造:进行制造总方案研究;工艺规范体系框架。

(3)试飞工程:完成试飞机数量及试飞安排初步规划。

(4)客服工程:竞争性分析;制定服务策略,收集客户需求,完成客户服务体系初步规划。

（5）组织关键技术攻关：组织论证相关各专业初步的关键技术攻关项目。

（6）计划管理：完善里程碑计划；编制工作分解结构（WBS）框架，完成工作包分解的初步说明；完成各级网络计划和实施计划体系构建。

（7）经费与成本管理：完成项目研制非重复成本（NRC）、生产重复成本（RC）、研制总经费、研制保障条件经费、单机成本、目标成本、盈亏平衡点分析；完成成本分解结构框架。

（8）市场营销：国内外航空公司、旅客市场调研；市场竞争分析和分享量预测；产品细分市场机场和航线适航性分析；直接使用成本、直接维修成本竞争分析和定价策略；全球主要市场经济和政策环境分析；市场需求符合性评估。

（9）质量管理：完成项目质量管理方案规划。

（10）供应商管理：调研供应商资源情况，确定供应商选择原则；完成供应链和供应商管理体系规划。

（11）适航取证管理：制定型号合格取证及航空器评审申请方工作规划；设计保证体系初步规划；适航取证风险初步分析。

（12）构型管理：完成构型管理体系规划；形成初步构型管理计划。

（13）风险管理：完成主要风险识别；制定风险管理计划。

（14）资源管理：完成人力资源情况分析；论证项目组织初步方案，形成组织分解结构（OBS）框架；完善研制保障条件建设方案。

（15）国家批准项目可行性研究报告。

7 新支线飞机的工程预发展

7.1 工程预发展阶段的目标及主要工作描述

针对可行性论证确定的飞机设计依据和设计要求,权衡细化,进而完成初步设计,冻结总体技术方案;进行研制任务分解,完成关键技术项目攻关。在项目可行性研究论证与报批的同时,预发展工作同步展开。总体技术方案冻结并通过初步设计评审(PDR),局方受理适航申请,确定先锋用户并获得启动订单,标志着本阶段工作完成。

预发展阶段的主要工作任务是针对可行性论证确定的飞机设计依据和设计要求,权衡细化,完成初步设计,冻结总体技术方案;进行研制任务分解,完成关键技术项目攻关。在项目可行性研究论证与报批的同时,预发展工作同步进行。

在预发展阶段,中国民用航空总局正式受理新型涡扇支线飞机型号合格证申请。首次 TCB 会议,宣布了 ARJ21 飞机适航审定委员会成员,确定了适航审定基础,并签订了安全保障合作计划。

通过预发展阶段工作,进一步明确了项目的研制目标:完成新支线飞机的研制,取得适航证,实现飞机交付客户使用,形成较为完善的客户服务和支援体系。到预发展期结束,共开展了 5 轮总体布局定义工作,选定了发动机为 CF34 - 10A。为适应市场和客户需求,将机身等值段中央翼前后各增加一个框距,基本型客座数混合级从 72 座增加到 78 座、全经济级从 79 座增加到 85 座,机翼参考面积调整为 79.8598 m^2,巡航速度确定为 $0.78Ma$。开展了两轮减重工作,完成了 8 项选型风洞试验,并结合 CFD 计算完成了新一代超临界机翼设计和机体/动力装置优化设计等重要技术问题的设计研究。

完成了结构总体布置,确定了关键对接位置和设计/工艺分离面;确定了主结构的尺寸、重要系统的布置和供应商接口界面,完成了适航符合性规划;完成了首批结构即前货舱门图纸发放,完成了机体结构及系统结构静强度和疲劳强度初步评估,规划了机体结构研发试验。

开展了安全性、可靠性和维修性的顶层设计规划,建立了安全性、可靠性和维修性的工作体系,编制了安全性、可靠性和维修性的顶层设计要求,初步开展了维修性建模、维修性分配以及维修性预计等工作。

开展了国外供应商的选择和管理，确定了系统供应商选择思路：选用的系统应满足并有助于提高飞机性能；选用了经过验证的先进、成熟技术且具有发展潜力的产品；有利于降低飞机成本和项目风险；尽可能地压缩供应商数量，减少协调层次，简化接口关系；系统供应商应分担飞机制造商的部分工作、费用和风险；通过供应商获得更多的市场机会。

编制完成并发出了全部系统成品供应商招标的技术规范，选定了发动机和航电、电源、液压等 11 个系统供应商，开始进行联合定义阶段（JDP）的工作。按照ATA 章节对机上配套系统进行了权衡研究，确定了动力装置、航电系统等 12 个系统作为整套系统对外寻找风险合作伙伴，两个系统采购成品件。

完成了工程模拟器的设计评审，确定了试飞和试验方案。全面应用与西方航空工业接轨的先进标准，建立了满足型号研制需要的管理标准、技术标准、制造标准体系，采用数字化产品定义，形成了基于三维实体造型的数字虚拟样机。

预发展阶段分为总体方案定义/联合概念定义子阶段（JCDP），初步设计/联合定义子阶段（JDP），但因为这两个阶段的工作高度并行交叠，本书不单独介绍每个阶段的工作，而是将预发展作为一个大的阶段进行整体介绍。

7.2　工程预发展阶段各专业主要工作

7.2.1　总体气动

编制完成了《新支线飞机设计要求与目标》《飞机技术方案》《参数分析与选择》《动力装置选择》《典型航线适应性分析》《操稳特性初步分析》《性能与使用特性分析》《重量与平衡分析》《ARJ21 气动设计要求》《几何外形设计和数模建立》《技术方案综合评估》《超临界机翼初步设计》《增升装置初步设计》《ARJ21 预发展阶段风洞试验规划》《全机气动特性分析》等立项论证技术支持报告。

通过大量的 CFD 计算工作以及 FL-2 高速半模引导性试验、T-106 ARJ21 C机翼高速全模纵向测力试验、FL-2 ARJ21 C/D 机翼高速半模测压测力试验、T-106 ARJ21 D 机翼高速全模纵向测力试验、T-128 ARJ21 D 机翼高速全模横向测力试验、NH-2 ARJ21 C 机翼低速多段翼型 SCCH 试验、AT-1 ARJ21 D 机翼低速二元多段翼型试验、AT-1 ARJ21 D 机翼低速全模纵横向测力试验、AT-1 ARJ21 D 机翼低速全模带动力（TPS）试验等数次风洞试验选型，确定了机翼和增升装置的主要几何参数，进一步优化了气动布局，完成了动力装置与机体的一体化设计。

细化全机目标重量分解，进一步分析全机装载与平衡。细化驾驶舱和客舱布置，完成驾驶舱展示样机制作，供驾驶舱进行人机工效和布置评估。完成了全机外形（含活动面）数模。完成了机头协调区、机翼三角区及主起轮舱区、中后机身协调区、尾翼协调区、机翼协调区等主要协调区的电子样机(DMU),并完成了全机预装配 DMU,供结构、系统专业与供应商进行协调和设计使用。在相关专业的支持和协调下,完成了 3 轮全机布局定义的修改和完善,完成了飞行品质、飞行性能及航线适应性计算、分析与评估。

7.2.2　结构设计

本阶段结构专业主要工作有:

(1)形成结构概念设计方案,完成结构总体布置,确定关键对接位置和设计/工艺分离面等。

(2)编写机体结构顶层设计规范、准则和要求,完成"结构设计准则""飞机结构维修性设计要求""飞机结构防腐蚀设计要求""维修性设计要求""闪电防护设计要求""互换性设计要求""复合材料结构设计要求"等文件。

(3)开展关键技术论证,如机翼与机身连接、内外襟翼联动等。完成关键技术研发,开展选型研究,完成相关试验。

(4)开展各部段结构初步设计,完成主结构尺寸、重要系统布置、供应商接口界面、适航符合性规划等工作。

(5)启动供应商选择工作,完成信息征求单(RFI)、招标书(RFP)和工作分工(SOW)。

(6)完成首批结构图纸设计,前货舱门等共计约 4 000 份 A4 图纸发放。

(7)配合各相关部门,完成研制计划分解、设计保证系统方案、数字化规范等。

(8)完成结构布局方案,针对总体技术要求,完成发动机安装、起落架、平尾等安装位置方案,完成传力路线分析,初步形成翼身对接、起落架安装、发动机安装、尾翼安装、机身各段对接等工艺框架,完成材料总体选用方案、重量可行性估算,形成结构布局方案。

7.2.3　强度专业

制定顶层文件,包括强度计算原则、结构设计准则、载荷计算原则、载荷谱编制原则、气动弹性设计原则、强度分析方法、损伤容限分析方法等顶层文件,提出静强度、疲劳强度、耐久性损伤容限、气动弹性等设计要求,规划静强度、疲劳损伤容限、气动弹性等工作内容。

表 7.1　ARJ21 - 700 飞机强度设计依据的顶层文件

序　号	报　告　名　称
1	ARJ21 飞机强度计算原则
2	ARJ21 飞机载荷计算原则
3	ARJ21 飞机结构耐久性与损伤容限设计原则

序　号	报　告　名　称
4	ARJ21飞机结构耐久性与损伤容限设计要求
5	ARJ21-700飞机地面载荷及动载荷专项合格审定计划
6	ARJ21飞机全机有限元模型建模规定
7	ARJ21-700飞机结构损伤容限和疲劳评定专项合格审定计划
8	ARJ21-700飞机复合材料结构专项合格审定计划
9	ARJ21-700飞机复合材料结构专项合格审定计划（至FAR124）
10	ARJ21飞机强度专项合格审定计划
11	ARJ21-700飞机气动弹性专项合格审定计划
12	ARJ21-700飞机水上迫降专项合格审定计划
13	ARJ21飞机气动弹性设计原则
14	全机振动、冲击环境技术要求
15	ARJ21飞机主要结构强度计算方法汇总
16	ARJ21飞机结构损伤容限分析方法
17	ARJ21-700飞机PSE项目的确定
18	ARJ21-700飞机结构适航限制项目专项合格审定计划

强度专业顶层文件包括计算原则、设计要求、计算方法、建模规定及合格审定计划。合格审定计划共有8份，是根据CCAR-25-R3（含3个专用条件）要求，规定了静强度、疲劳损伤容限、气动弹性、水上迫降、复合材料结构、结构适航限制项目等工作的审定基础、符合性验证方法、验证工作内容和审定计划获得局方的批准，在后续的工作中严格按照合格审定计划开展工作。载荷计算原则、强度计算原则、气动弹性设计要求、结构耐久性与损伤容限设计要求等对相关工作给出了全面的要求和规定，保证设计工作满足相关要求。编制静强度、动强度、疲劳和损伤容限、颤振等计算原则；制定研发试验规划，开展相关试验。

（1）载荷计算。

地面载荷、动载荷计算输入数据协调；建立动载荷、地面载荷计算初步模型，开展动载荷、地面载荷初步分析，用于强度初步分析。

（2）动载荷计算。

在ARJ21-700飞机初步设计阶段，ACAC与乌克兰安东诺夫公司开展了大量的联合设计工作。作为载荷联合工作的一部分，双方各自独立进行了第二轮动载荷分析，这也是上飞院强度专业首次进行ARJ21-700飞机的动载荷分析。计算完成后，对比双方的计算结果发现，强度专业与安东诺夫公司计算结果具有很高的吻合度。在初步设计阶段，第二轮载荷共完成动载荷分析报告4份。

（3）地面静载荷计算。

初步设计阶段，完成了第一轮地面载荷计算。第一轮计算前，向重量专业发出了重量协调单，明确了重量输入数据的要求，要求比较略粗，只要求提供机翼、机身、平尾、垂尾结构、发动机、前主起落架各部件重量、重心、惯性矩和惯性积，以及机翼和机身结构的质量分布。由于当时很多参数尚未确定，作为地面载荷的另一个重要输入，起落架参数主要是参考其他机型并经反复试算后确定的。第一轮只对基本型增大航程型的 48 种载荷工况进行了计算，载荷供打样设计使用，共完成 5份地面静载荷计算报告。

（4）地面疲劳载荷计算。

初步设计阶段完成了第一轮疲劳载荷计算，针对短、中、远三种典型飞行任务剖面，计算了基本型飞机在卸载、牵引、打地转、地面转弯、刹车滑行、发动机加力、起飞滑跑、接地、着陆滑跑情况下的起落架载荷和机体载荷，共完成 6 份地面疲劳载荷计算报告。

（5）机体结构强度。

制定全机有限元分析顶层文件，对全机结构进行传力分析；建立全机初步有限元模型，对全机应力水平进行控制；对总体结构方案进行初步强度分析计算，用以支持总体结构方案的确定。

（6）静强度分析评估。

初步设计阶段，强度专业根据当时的结构设计、载荷输入，建立了全机初步有限元模型。同时，强度专业制定了载荷筛选的原则：载荷筛选方法能够保证不遗漏严重载荷情况，载荷筛选能够涵盖所有严重部位。根据全机内力计算需要，编制了机身、机翼、尾翼相应的有限元节点载荷生成程序，将提供的载荷直接施加到有限元分析模型的元节点上，并进行了内力解。根据应力分布和内力解，完成了机身、机翼、尾翼、短舱吊挂结构、系统结构以及与系统设备连接结构强度评估；供应商德国利勃海尔（LLI）完成了起落架结构静强度分析评估、起落架作动筒和上位锁设备的静强度分析评估；此外，强度专业还完成了与系统设备连接的机体结构支持刚度的分析评估，规划了机体结构的研发试验；编制有限元建模报告及内力解报告共计20 余份，完成强度评估报告 120 余份。

（7）疲劳强度分析评估。

初步设计阶段重点对疲劳和损伤容限分析方法进行研究，选择飞机部分结构细节部位进行了疲劳强度评估。疲劳分析方法参照《民用飞机金属结构耐久性与损伤容限设计》的要求进行，使用的载荷谱为当量载荷谱，疲劳损伤容限专业根据手册中规定的方法，仔细研究每一个计算细节和步骤，编制了计算表格，对每一个疲劳载荷工况、应力计算、损伤累积计算、主循环计算、疲劳裕度计算在 Excel 表中进行集成，分为短、中、远、一小时 4 个使用疲劳任务剖面，结构细节疲劳分析人员在详细设计阶段根据集成后的表格对所有结构细节部位进行了疲劳分析，并根据分析过程中遇到的实际问题,对计算程序加以完善。

在 ARJ21-700 新支线项目初步设计阶段,强度专业完成了初步设计阶段机体结构的强度分析和评估工作,基本完成了初步设计阶段的研制任务。

(8) 系统强度。

参与动力装置和起落架的 JCDP,配合其他系统 JCDP。协助各系统完成 RFI、RFP 以及 LOI 文件中强度相关要求的评估,收集静强度、动强度、疲劳和损伤容限、颤振等专业对各系统的强度设计要求。

工作结果:

(1) 地面载荷分析报告:起落架着陆载荷、地面操作载荷、机身、机翼、尾翼载荷报告。

(2) 动载荷分析报告:动态着陆、动态滑跑、垂直连续突风、侧向连续突风、垂直离散突风、侧向离散突风。

(3) 第一轮全机有限元模型内力解。

(4) 给出了基于第一轮有限元内力解的静强度评估结论。

(5) 给出了总体方案的颤振评估结论,操纵面防颤振指标要求(作动器刚度和阻尼、旋转频率、间隙和转动惯量)。

(6) 编制完成强度合格审定计划(CP)、地面载荷与动载荷 CP、损伤容限和疲劳评定 CP、气动弹性 CP、水上迫降 CP 以及复合材料结构 CP 等。

7.2.4 液压系统

总体方案定义/初步设计阶段期间,参研各方紧密协作,制订了各系统技术规范(设计要求),确定了系统间的接口定义,进行了系统初步功能危害性评估和系统性能初步计算,提出了适航条款的符合性方法。还与供应商确定了双方(或多方)的工作分工。

根据适航要求,失去为飞机主飞控操作面提供能源的所有液压系统会导致飞机发生机毁人亡的 I 类风险,故所有液压系统失效的概率应小于等于 10^{-9},而且飞控的失效率要求也为小于等于 10^{-9},液压能源系统需要达到 10^{-10} 的失效率,飞控系统才能满足飞机的安全要求。原可研阶段决策的两套系统的方案已经不满足适航安全性要求,必须调整系统方案。在本阶段决策更改设计方案为方案三,即采用三套独立的液压系统,并对该方案进一步完善。

7.2.5 起落架系统

此阶段与可行性与立项论证阶段同步展开,在起落架系统初步构架和设想基础上,完成系统功能危害性分析(SFHA)、架构与布局选择、系统仿真、试验规划等工作,支持飞机总体方案定义,并完成 RFP 发放和供应商选择等工作。

重点考虑维修性、区域安全性、特殊风险等因素,完成此阶段工作后,编写系统招标书(RFP)和系统顶层文件,包括飞机级功能危害性分析(FHA)、系统设计要求，系统初步方案，评标、与潜在供应商讨论系统项目建议书，确定供应商。编写完成系统试验初步要求，系统试验规划，评估飞机级 FHA。

与选定供应商联合定义完善系统布局、方案，定义接口控制文件、系统安装要求、系统仿真分析、系统审定基础，完成系统初步安全性分析（PSSA）、系统重量报告，形成试验和适航验证计划，完成工作分工（SOW），完成初步设计评审（PDR）。

7.2.6　电子电气系统

JCDP 阶段，发出了 RFI。根据供应商的反馈情况，联合潜在供应商 Rockwell Collins、Honeywell、Thles、Hamilton Sundstrand、Goodrich、Eaton 等公司进行了电子电气系统的联合概念设计工作。工作期间完成/完善了下列主要工作：

（1）系统设计指导原则、性能和技术指标。

（2）系统设计标准和规范。

（3）系统原理、方框图和系统描述。

（4）系统接口要求。

（5）系统安装要求、进行系统与结构、系统与系统之间的初步协调。

（6）系统试验要求。

（7）可靠性、可维护性及初步分析。

（8）系统初步安全性分析和评估。

（9）设备清单。

（10）编制软件设计规范，编制机载软硬件部分相关的标准、手册和指南，开始编制飞机项目机载软硬件管理方案（项目最顶层的机载软件管理文件），并规划支持文件。

（11）规划 ARJ21 飞机设计通用技术规范（GTS）文件中电子电气系统、机载软硬件和 E3 专业相关技术要求。

（12）初步确定了全机天线布置。

（13）定义了飞机级的 E3 需求，确定了全机电搭接规范。

（14）规划了电子电气系统、电源系统、照明系统和 E3 的试验计划。

（15）编制系统采购规范和工作分解结构（WBS），编制发出 RFP 和 SOW。对各潜在供应商对 RFP 的回复进行评审，最终落实航电系统供应商为 Rockwell Collins 公司、电源系统供应商为 Hamilton Sundstrand 公司、照明系统供应商为 Goodrich 公司和控制板供应商为 Eaton 公司，并签订协议。

JCDP 阶段归档的主要文件有：

（1）《ARJ21 飞机航空电子系统布局定义》。

（2）《ARJ21 飞机电源系统布局定义》。

（3）《ARJ21 照明系统布局定义》。

（4）《飞机供电系统对机载用电设备的要求》。

（5）《电网络模拟试验任务书》。

（6）《ARJ21 全机天线布置》。

（7）《ARJ21 新支线飞机电搭接规范》。

（8）《ARJ21 飞机电子电气系统试验规划》。

（9）各分系统 RFI 文件。

（10）各分系统 RFP 文件。

（11）各分系统评标文件。

（12）各分系统与潜在供应商的来往工程协调备忘录（ECM）。

电子电气系统在 JDP 阶段的主要设计输入有：

（1）RFI。

（2）RFP。

（3）Proposal。

（4）谅解备忘录（MOV），包括工作分工（SOW）和顶层要求（HLR）。

（5）飞机顶层定义文件：

a. 飞机级通用技术规范（GTS）。

b. 飞机级初步功能危害性分析（PFHA）。

c. 总体布局定义（电子电气部分）。

d. 飞机电磁兼容性要求。

e. 适航规定及专用条款。

f. 其他相关规定及要求。

主要工作成果和设计说明：

（1）经过初步论证，确定航电系统初步方案。

（2）确定 SOW 和 EHLR，签署航电系统 MOU。

（3）进入航电系统 JDP。

（4）签署系统接口文件，完成 PDR

（5）根据飞机级 FHA 要求以及飞控、动力装置等非航电系统的要求，对原航电系统方案进行了调整：

a. 偏航阻尼器采用 3 通道的构架，使可用性从 10^{-3} 提高到 10^{-5}，完整性提高到 10^{-9}。

b. 更改综合处理柜的设计方案，其目的是提高其数据处理能力（1 个处理器相当于 8 个虚拟处理器）和减轻重量（比原方案轻 1/3），同时将前连接器改成尾部连接器，以适应 ARJ21 电子电气设备舱的安装方式。

c. 采用 SMART AP 伺服机构。

d. 增加集成式备用仪表 ISI 的输出参数（计算空速 CAS、马赫数 Ma、NZ 等）和提高其输出精度，以满足主飞控系统第 3 个信息源的要求。

e. 中央维护系统的软件设计保障等级从 DO-178B 的 D 级上升到 C 级，以支持发动机的限时派遣（TLD）、系统/发动机超限功能和发动机趋势功能。

f. 中央维护系统显示的系统参数从 30 个增加到 200 个，以满足 ARJ21 飞机系统的要求。

g. EICAS 主页和简图页显示的内容、格式等按 ARJ21 飞机系统的特点、人机工效的要求和驾驶舱评审委员会的意见进行了改进。

（6）航电系统、电气系统已初步完成了系统规范。

（7）完成系统接口文件。

（8）接口数据文件。

（9）航电系统参数字典（System Parameters Dictionary）。

a. System Parameters Dictionary 定义了航电系统各单元之间的 ARINC429 总线的发送和接收的数据、航电系统发送到飞机系统的数据和航电系统从飞机系统接收的数据。

b. 发动机指示和机组告警系统接口数据文件（EICAS IDD）。

EICAS IDD 定义了 EICAS 和其他飞机系统之间的数据接口，包括数据总线、离散和模拟信号。

c. 航电系统接口数据文件（AVIONCS IDD）。

定义了航电分系统的输出接口，已经 EICAS IDD 和 AVIONICS IDD 所涉及的所有飞机系统的数据接口。

d. 系统原理和线路设计。

Subsystem Block Diagrams、System Schematics 和 System Interconnects 定义了航电系统各单元之间以及航电系统各单元和飞机系统之间的连接关系。根据这些输入文件，初步完成系统原理和线路设计。

e. 安装控制图纸（ICD）。

安装控制图纸定义了电子电气设备的机械安装控制接口。

（10）完成系统布置和安装协调。

电子电气系统设备的安装位置分布在驾驶舱、电子电气设备舱、前附件舱、客舱、前货舱、空调和水废水设备舱、起落架、机翼、垂尾、平尾、雷达罩区和机身外蒙皮。本阶段完成电子电气所有设备的安装协调。

按高强度辐射频率（HIRF）和闪电间接效应防护要求，初步完成了电子电气系统的主线束敷设走向设计。

（11）完成系统可靠性分析。

（12）实现电子电气系统的重量设计和控制。

（13）完成相关试验规划工作。

（14）航电系统综合试验台（RIG）和电网络模拟试验。

完成航电系统综合试验台（RIG）要求和规范的编制和评审，完成 MINI RIG 要求的编制。

完成供配电试验要求和规范的编制和评审。

（15）飞行试验。

完成电子电气各分系统的飞行试验计划。

（16）系统适航工作。

a. 已初步确定电子电气系统的设备清单。

b. 已初步确定电子电气系统合格审定基础。

c. 已初步确定电子电气系统合格审定大纲。

d. 部分机载软硬件启动计划阶段评审、SOI♯1适航符合性审查。

在本阶段电子电气系统基本完成了整个系统的初步设计工作。包括系统技术分工，系统功能和性能定义，系统接口定义和协调，系统设备布置和安装协调，高频（HF）天线初步设计方案，机头雷达罩电性能规范，电搭接规范，机载电子电气设备和系统电磁环境效应接口要求，航电系统综合试验台试验的协调工作以及试验台规范，试验台和 Mini Rig 要求的编制，符合性验证方法和合格审定大纲等适航计划的确定，系统验证计划的制定等。

根据现有系统初步设计结果表明：电子电气系统在功能和性能、可靠性和安全性等级、系统布置等方面能够满足飞机的功能需要，满足可研报告提出的功能和性能需求。系统方案相对可研报告的调整是对系统功能或性能的提升。

7.2.7 飞控系统

确定 ARJ21 飞机主飞控系统采用电控系统。高升力系统采用当前支线飞机较为主流的以电信号控制、主-主机-电作动方式为基准的系统方案。驾驶舱总体定义选择了常规的驾驶杆、驾驶盘和脚蹬作为主飞行操纵输入形式，并在中央操纵台上配置襟缝翼控制手柄及超控开关、减速板控制手柄、配平开关、平尾配平备用/切断开关等。

经向潜在供应商发布信息征求单（RFI），以及开展权衡研究分析，确定初步的飞控系统设计方案。发放招标书（RFP）并经过对竞标公司在系统方案、技术保证、制造、质量、支持与运营等方面的质询与权衡，最终确定系统供应商。

1）本阶段飞控系统专业工作

（1）与供应商签署工作说明。

（2）权衡研究事项。包括方向舵构型选择、飞控计算机配置选择、扰流板收回构型、提高系统派遣率配置研究。

（3）完成飞控系统设计要求文件。

（4）确定系统设计功能、性能、载荷、颤振、振荡、瞬态包线等定义。

（5）确定通用作动器要求，包括供压、泄漏、限制载荷、极限载荷、接地等要求。

（6）确定舵面需求，包括铰链力矩、运动速率、偏度、止动、力纷争、频响和稳定性、滞环、门限、电子调整、地面突风保护、舵面惯量等要求。

（7）飞控系统设计要求（初稿）。

（8）确定主飞控系统控制律。

（9）确定系统设备内部和外部电接口定义，确定接口参数，完成主飞控系统和高升力系统的电接口定义文件。

（10）完成系统安全性/可靠性预计。

（11）完成飞控系统发动机指示和机组告警系统（EICAS）信息和维修性设计要求。

（12）完成系统软/硬件设计要求。

a. 系统结构设计。提供综合了全部作动器、驾驶舱传感器、感觉和配平系统、其他系统交联部分的初步飞控系统构架图。

b. 重要系统布置协调。完成驾驶杆盘、脚蹬及驾驶舱控制模块，减速板手柄，副翼和方向舵配平开关，直接模式和维护模式开关，平尾配平及切断开关，副翼、升降舵、方向舵、扰流板、平尾作动器、飞控计算机、作动器电子控制装置的布置协调。完成襟缝翼控制手柄，襟缝翼超控开关，襟、缝翼作动器及其传动线系，动力驱动装置，襟缝翼电子控制装置的布置协调。

c. 确定飞控系统机械接口，完成各作动器运动分析。

d. 完成飞控系统初步安全性分析（PSSA），确定系统架构、故障等级、设计保证等级等定义。完成飞控系统功能危害性分析（FHA）。

e. 系统综合试验规划。根据系统设计要求，制定系统综合试验科目、试验实现方案、测试设备研制要求等。

f. 适航符合性验证计划。在审定基础上，筛选主飞控系统和高升力系统适用条款，并结合系统特征，形成符合性验证思路。

g. 批准供应商的研制计划及适航支持计划。

h. 提出工艺工装方案。

2）系统联合定义（JDP）工作

（1）编写主飞控系统顶层设计规范、准则和要求。

（2）完成主飞控系统与总体及其他系统间的接口定义，包括功能接口定义、机械接口定义、航电接口定义、电接口定义等。

（3）开展关键技术研发。

（4）完成系统部件布置方案。

（5）初步确定系统部件安装尺寸。

（6）协助工艺，进行装配工艺规划。

（7）初步形成系统研发试验计划。

（8）初步形成适航符合性验证计划。

（9）完成系统部件数模创建。

（10）完成系统重量分解。

（11）完成首批件图纸发放。

（12）完成 PDR 评审（包括供应商）。

7.2.8 环控氧气系统

根据系统初步设计目标与要求，完成系统功能和需求分析，编制环控氧气专业所属系统的信息征求单（RFI）、建议招标书（RFP）并发给潜在供应商，对潜在供应商反馈的标书进行分析，与其完成系统的联合概念定义，完成系统方案权衡并形成系统设计的基本框架，选择供应商并签订合作意向书（LOI）。按照飞机总体定义要求与环控氧气专业所属系统的初步定义，在供应商合作意向书（LOI）的框架内与供应商协同完成系统的正式定义，完善系统设计要求、系统方案、系统规范、接口控制文件（ICD）、初步适航符合性矩阵等系统顶层文件，对系统部件进行初步空间布置，并完成系统性能、可靠性、维修性和安全性等初步分析。

环控氧气专业在此阶段的主要工作包括：

（1）编写系统和分系统规范。

（2）确认供应商，向供应商发出项目招标书（RFP）。

（3）选定供应商，与主要供应商签署合作意向书（LOI），与供应商进行联合定义。

（4）系统要求定义，接口冻结，形成接口控制规范。

（5）系统研发试验。

（6）完成初步设计，冻结总体技术方案。

（7）进行初步设计评审（PDR）。

（8）进行预发展评审。

7.2.9 动力燃油系统

主要完成了动力燃油专业各系统设计原则的制定，系统候选供应商的确定，完成发动机的选型，选定了 CF34－10A 发动机为唯一发动机，这在同类支线飞机中也是符合规律的。确定了燃油系统初步方案，辅助动力系统的初步方案，选定了系统供应商。

由于国内系统的技术不成熟，且没有相关系统的适航取证经验，在 ARJ21 飞机项目研制初期，研制方主要思路是机载系统全球招标，在供应商选定后，首要工作就是开展 JCDP/JDP。

初步设计结束的标志是，确定系统技术规范、设计要求、初步技术方案，系统供应商的最终选取，系统适航审定基础、适航符合性验证方法的制定，系统安全性/可靠性设计准则的编制，接口协调定义，系统试验规划、初步适航验证文件清单的确定，及 PDR 评审工作。

7.2.10 维修性、安全性和可靠性

预发展阶段的重点是编制维修性大纲，制定维修性工作计划，确定维修性设计准则，建立对供应商的监督与控制程序等。

维修性专业在该阶段开展工作的技术基础如下：

（1）借鉴消化吸收的国外先进技术。

（2）与国内兄弟单位协作攻关、积累的维修性技术基础和设计经验。

（3）国内外比较成熟、基本配套的维修性标准和规范文件。

（4）ARJ21飞机项目维修性工程管理和设计的前期工作。

维修性专业在该阶段开展工作的指导思想如下：

（1）继承、总结和发展维修性的多年研究成果，节约研究经费，避免低水平重复。

（2）改变过去研究成果和型号研制"两张皮"的现象，紧密结合ARJ21飞机的特点，广泛应用经过实践检验确实有效的研究成果。

（3）把用户的意见和要求同我国目前的实际水平很好地结合，建立一个商业上有竞争力、工业上通过努力能够实现的维修性定性、定量指标体系。

维修性专业通过对国内主要航空公司运营中的支线飞机的调研，收集了航空公司的意见如下：

（1）飞机价格高。

（2）备件太贵。

（3）售后服务不好。

（4）速度低。

（5）高温高原性不好。

（6）使用成本高。

（7）维修性差。

通过对这些问题影响因素的分析发现，航空公司反映的意见中高达89%被维修性差这个问题所困扰，从而影响到飞机的经济性。

开展的主要工作如下：

（1）三次召开ARJ21飞机维修性工作会议，研究和安排各项发展工作。

（2）组织北京航空航天大学（北航）、南京航空航天大学（南航）、中航工业第一飞机设计研究所（603所）、上海飞机设计研究所（640所）等力量，编制维修性基础文件。

（3）经调研、论证，委托工业和信息化部电子第五研究所开发ARJ21飞机维修性工程应用软件。

（4）在中乌合作先进机翼研究设计中开展维修性初步设计分析。

（5）组织有关专业技术人员参加维修性设计与分析指南、设计准则等初稿的修改工作。

（6）开展维修性工程应用软件的技术培训。

（7）遵循适航部门有关规章、条例，落实ARJ21飞机维修性要求。

（8）参考有关技术标准，研究对飞机维修性设计、试验、验证等工作的规定。

（9）调研航空公司用户对飞机维修性的意见，分析对 ARJ21 飞机维修性的要求。

（10）编制 ARJ21 飞机维修性大纲初稿。

（11）吸收乌克兰安东诺夫设计局经验，完善 ARJ21 飞机维修性大纲。

（12）组织力量对航空公司正在使用的波音、空客飞机及有关支线飞机进行维修性调研。

（13）分析同类飞机维修性数据，按照 ARJ21 飞机设计要求和技术特点，提出维修性初步指标。

（14）研究 ARJ21 飞机及其各系统设计方案，准备相应的维修性设计与分析。

（15）根据 ARJ21 飞机研制和使用要求，筹备建立维修性数据库。

（16）收集、整理、分析、研究维修性标准和规范。

（17）安排和落实维修性技术培训。

（18）规划和筹建维修性信息中心。

（19）分解和协调维修性工作任务。

（20）编写和讨论维修性指标性文件。

（21）调查研究国内外维修性工程应用软件，为全面开展维修性工作做好准备。

维修性专业在该阶段发布的维修性设计文件如下：

（1）《新支线飞机可靠性维修性术语（试行）》。

（2）《新支线飞机维修性大纲（试行）》。

（3）《新支线飞机维修性设计与分析指南》。

（4）《新支线飞机维修性设计准则》。

（5）《新支线飞机可靠性维修性指标》。

维修性专业预发展阶段在维修性概念和维修性指标论证等基础上，开展维修性顶层设计规划，建立维修性工作体系，完成维修性设计监督与控制，编制维修性顶层设计要求，进一步开展维修性建模、分配、预计等工作。

维修性专业的设计依据如下：

（1）下列适航规章中的有关要求：

CCAR - 25 - R4《运输类飞机适航标准》。

CCAR - 21《民用航空产品和零部件合格审定规定》。

CCAR - 121AA《民用航空器运行适航管理规定》。

CCAR - 121FS《公共航空运输承运人运行合格审定规则》。

（2）《ARJ21 飞机设计技术要求》，其规定了 ARJ21 - 700 飞机整机维修性设计要求。

（3）《ARJ21 可靠性维修性指标体系》。

（4）《新支线飞机维修性大纲》，其规定了 ARJ21 - 700 飞机在设计、研制与生产阶段维修性监督与控制、设计与分析、试验与评定等方面的一般要求和工作项目。

(5)《新支线飞机维修性设计与分析指南》,其规定了 ARJ21 - 700 飞机维修性设计与分析的一般要求和维修性要求的确定、分配、预计及分析的方法,为开展维修性设计与分析工作提供技术指导。

(6)《新支线飞机维修性设计准则》,其规定了 ARJ21 - 700 飞机各主要系统、设备、结构在研制过程中应遵循的维修性设计要求。

维修性专业制定了 ARJ21 - 700 飞机的顶层文件如下:

(1)《飞机对供应商的维修性监控要求》。

(2)《Surveillance Requirements of ARJ21 Suppliers Maintainability》。

(3)《飞机供应商维修性大纲工作计划编写要求》。

(4)《The Requirement of Compiling Maintainability Program Plan for ARJ21》。

(5)《ARJ21 飞机装机产品维修性验证要求》。

(6)《ARJ21 Airborne Item Maintainability Verification Requirement》。

(7)《ARJ21 - 700 飞机互换件清单》。

(8)《新型涡扇支线飞机维修性分析要求与方法》。

(9)《新支线飞机维修性要求》。

在总体方案定义/联合概念定义阶段,安全性专业制定系统安全性工作方案,规划系统安全性工作项目,编制安全性设计要求和分析指南,并开展初步功能危险分析,明确飞机、系统开展安全性的设计要求和分析方法,主要工作包括以下方面:

(1)确定系统安全分析方法要求和分析指南。

(2)开始飞机级的功能危险性评估。

a. 明确飞机主要功能和飞行阶段。

b. 明确应急与环境构型。

c. 明确失效状态、影响、检测、机组行动措施。

d. 明确分类、要求/目标、证明材料。

(3)开始初步飞机级故障树分析(AFTA)。

完成了以下报告:

(1)《ARJ21 - 700 飞机安全性大纲》,规定了 ARJ21 - 700 飞机全寿命周期内安全性管理、设计与评估、验证等方面的系统安全性工作,作为系统安全性工作的基本依据,以指导 ARJ21 - 700 飞机的系统安全性工作科学有序地开展。

(2)《ARJ21 - 700 飞机功能危险分析要求》,规定了在 ARJ21 飞机研制过程中开展功能危险分析的一般方法、步骤和要求,用以系统地指导 ARJ21 飞机整机级和系统级的功能危险分析工作。

(3)《新型涡扇支线飞机故障树分析要求》,规定了 ARJ21 飞机研制中进行故障树分析(FTA)的概念、方法和程序,用于 ARJ21 飞机整机、系统、分系统(设备)的故障树分析工作。

(4)《ARJ21 飞机系统安全性评估要求》,规定了 ARJ21 飞机设备、系统为满足 CCAR25.1309 中(b)、(c)、(d)条款进行适航符合性分析的方法、程序等要求。

(5)《ARJ21 - 700 飞机系统安全性合格审定计划》,表明 ARJ21 - 700 飞机系统为满足 CCAR25.1309 条安全符合性所开展的验证活动,包括验证程序、验证方法及验证计划等。

(6)《ARJ21 - 700 飞机审定维修要求合格审定计划》,描述了 ARJ21 - 700 飞机审定维修要求专题符合性验证计划,规定了 ARJ21 - 700 飞机型号合格证申请方向为审查方表明 ARJ21 - 700 飞机满足 CCAR25.1529、CCAR25.1309 条中关于审定维修要求所开展的一系列验证工作。

(7)《新型涡扇支线飞机整机级初步功能危险分析》,完成了 ARJ21 - 700 飞机整机级的初步功能危险分析,说明了完成功能危险分析中各步骤的实施方法,确定了整机级的功能清单,提出了功能故障状态及其确保功能安全的建议措施,为 ARJ21 飞机各系统的安全性设计提供技术支持。

(8)《ARJ21 - 700 飞机整机故障树分析》,运用故障树分析方法对造成灾难性和危险性后果的功能性故障进行逻辑关系分析,并按照适航规章中灾难性和危险性故障状态发生概率的定性/定量要求和咨询通告推荐的工业标准中要求分配原则,根据现阶段 ARJ21 - 700 飞机安全性评估目标的需求层级,对定性/定量要求从上到下局部地进行了分解。

(9)《ARJ21 - 700 飞机故障模式影响分析要求》,规定了在 ARJ21 - 700 飞机研制过程中进行故障模式影响分析(FMEA)和故障模式影响摘要(FMES)的概念、方法、程序,以系统性地指导 ARJ21 - 700 飞机进行所有可能的故障模式的分析,以及确定每个故障对系统安全、任务成功、系统性能、维修性要求等潜在的影响,找出设计上的薄弱环节,以便采取适当的措施消除或减轻这些影响,从而实现提高 ARJ21 - 700 飞机的可靠性、安全性水平,满足适航的要求。

(10)《新型涡扇支线飞机区域安全性分析要求》,规定了新型涡扇支线飞机区域安全性分析的程序与方法,为判别飞机系统与系统之间、设备与设备之间的相容性提供指导。

(11)《ARJ21 - 700 飞机特殊风险分析工作程序》,对 ARJ21 - 700 飞机的特殊风险分析工作进行总体描述,给出一般工作流程、分析的风险类型及其分析过程和进度计划。

(12)《ARJ21 - 700 飞机安全性分析平均飞行时间的确定》,根据 AC25.1309 - Arsenal 的定义确定了用于 ARJ21 - 700 系列飞机安全性分析使用的平均任务航段距离和飞行时间。

在初步设计/联合定义阶段,安全性专业进一步完善飞机级功能危害性分析

（FHA）和飞机级故障树分析（AFTA）等工作，将安全性目标与要求分解到系统；进行系统级 FHA 与 PSSA，建立系统的安全性目标和要求，开展共模分析（CMA）与特定风险分析（PRA）工作，进行安全性确认工作等。

主要工作包括以下方面：

（1）完善飞机级 FHA 和 AFTA。

（2）开始系统级功能危险性评估：

a. 明确系统功能和飞行阶段。

b. 明确应急与环境构型。

c. 明确失效状态、影响、检测、机组行动措施。

d. 明确分类、要求/目标、证明材料。

（3）开始系统级的初步系统安全性分析（PSSA），评估 FHA 中确定的关键的失效状态，评估系统架构，评估分配给系统或子系统/部件的安全性需求，以表明能够满足顶层需求：

a. 采用故障树分析对下一级系统进行概率估计。

b. 明确对定性和定量安全性要求的符合性验证方法。

c. 明确所需证明材料［如试验、分析、共因分析（CCA）要求］。

d. 确定系统和软/硬件研制保证等级（DAL）。

e. 建立系统/部件需求。

f. 明确维修任务。

（4）调整系统安全性目标，使之与总体目标相适合。

（5）开展初步共因分析。

a. 特定风险分析（如火灾、鸟撞、轮胎爆破等）。

b. 区域安全性分析（检查飞机所有区域的安装等）。

c. 共模分析（如设计错误、安装错误等）。

完成了以下报告：

（1）《ARJ21-700 飞机整机功能危险分析》，对 ARJ21-700 飞机进行了整机级的功能危险分析，说明了完成功能危险分析中各步骤的具体实施方法，确定了整机级的功能清单以及功能树，提出了功能失效状态并划分了功能失效的影响等级，给出了与功能危险相应的后续安全性分析方法，为 ARJ21-700 飞机的安全性设计提供技术支持。

（2）《ARJ21-700 飞机整机故障树分析》换版，并将整机故障树分析结果作为现阶段飞机和各系统安全性设计的目标。

（3）16 份系统级 FHA 报告。

（4）《ARJ21-700 飞机区域安全性分析工作程序》，确定了 ARJ21-700 飞机区域安全性分析工作程序，对 ARJ21-700 飞机的区域划分、不同区域内系统及设备清单、危险源确定等工作内容进行了描述，为飞机系统与系统之间、设备与设备之间的相容性分析提供了依据。

(5)《ARJ21-700 飞机区域安全性分析工作要求》,制定了 ARJ21-700 飞机区域安全性分析(ZSA)工作的具体要求。对危险源确定、系统及全机区域安全分析工作进行了规定。

(6)《ARJ21-700 飞机转子爆破风险系数》,确定了 ARJ21-700 飞机转子爆破各项功能危害事件的风险系数,供 ARJ21-700 飞机转子爆破剩余风险计算使用。

(7)《ARJ21-700 飞机起落架舱轮胎爆破系统安全性分析要求》,规定了受飞机起落架轮胎爆破影响的系统的安全性分析过程和要求,用于指导 ARJ21-700 飞机相关系统设计人员进行轮胎爆破系统安全性分析。

(8)《ARJ21-700 飞机审定维修要求编写规范》,描述了审定维修要求(CMR)的概念、方法和程序,规定了在 ARJ21-700 飞机研制过程中确定 CMR 候选项目的过程和方法、报告编写的基本要求、编写方法和编写格式等,以系统性地指导 ARJ21-700 飞机设计人员确定所有可能的 CMR 候选项目,以及对每个 CMR 候选项目进行详尽的分析。通过此工作的开展找出对飞机有重大影响的潜在失效情况,以便采取适当的措施消除或减轻这些失效或故障的影响,从而提高 ARJ21-700 飞机的可靠性、安全性水平,满足适航的要求。

可靠性设计在总体方案定义/联合概念定义子阶段的主要工作:

(1)制定可靠性工作体系。

(2)制定可靠性术语。

(3)制定可靠性大纲。

(4)制定可靠性工作计划。

(5)制定可靠性指标。

(6)制定系统设备可靠性要求。

(7)制定对供应商的可靠性监控要求。

(8)进行先进可靠性设计技术研究。

7.2.11 标准材料

根据 ARJ21-700 飞机项目工程设计分工,材料、标准件专业的研制目标是建立新支线飞机材料、标准件技术规范体系,形成受控的产品供应体系和完成相关适航符合性审查的任务。在此阶段,本专业根据《新支线飞机设计目标》及《新型涡扇支线飞机项目标准化综合要求》文件的要求,制定了材料、标准件的选用原则。为确保研制目的的实现和满足飞机适航符合性验证要求,积极采用国际航空行业标准和国外先进标准,保证研制型号的先进性、安全性、适航性。同时采用的标准和制订的各类标准应能满足国内、国外市场的需求,确保技术和管理水平与国际接轨。

编制了材料、标准件选用目录初稿用于初步设计。在此阶段还确定了将严格按照适航标准 CCAR - 25、FAR - 25 要求和相关要求制定新支线飞机用材料、标准件适航验证途径。

初步设计/联合定义阶段(JDP)的工作如下:

全面启动了材料规范的编制、材料体系的建立、全机防腐蚀体系的建立、材料试验规划的制订。至 2004 年底,ARJ21 - 700 飞机的材料规范全部编制完成。共计编制 ZMS 材料规范 62 份,再加上采用通用规范的其他材料、标准件,从而建立起含 83 种金属材料、200 种非金属材料和 400 种标准件的新支线飞机材料、标准件体系。编制《新支线飞机表面保护技术规定》。

积极开展适航符合性规划,与审查方沟通验证材料、标准件符合性验证思路,确定了 CCAR25.603 等适用条款。通过多轮沟通,形成将新支线飞机用材料、标准件验证思路:将验证对象分为成熟材料、标准件和新材料,国产材料、标准件两大类。分别开展 MOC1 和 MOC4 两大类验证工作。上述思路获得了适航当局审查人员的认可,材料、标准件专业据此完成了《ARJ21 - 700 飞机材料、标准件专项合格审定计划(CP)》的编制。

7.2.12　适航管理

在该阶段完成的主要适航工作包括:

(1) 正式提交 ARJ21 - 700 飞机的型号合格证申请书并在接受局方预评审后得到局方受理。

(2) 组织召开 ARJ21 - 700 型飞机首次型号审查委员会(TCB)会议,会上初步确定了 ARJ21 - 700 飞机型号合格审定基础(含专用条件草案)。

(3) 与审查方各专业组按照首次型号合格审查组全体会议的部署重点就各专业适用的条款、符合性方法、当时的 FAA 最新修正案要求的适用性等进行讨论和研究,逐步理清并明确各专业的型号合格审定要求,初步确定适用条款以及符合性方法表。

(4) 适航取证管理:启动适航安全性评审委员会建设;制定安全保障合作计划(PSP)草案;启动符合适航要求的设计保证系统建设;明确飞机适航要求,启动航空器评审申请方工作。

7.2.13　市场研究

(1) 市场研究。

完善市场信息渠道,持续研究全球、各地区和中国的政治经济环境、交通运输环境等专题研究。基于产品提出适合于当前市场环境和未来发展态势的产品开发目标和市场营销战略。建立经济性分析数据库,竞争机型总体参数数据库、性能数据库、研制成本数据库、维修成本数据库、经济环境数据库、运行环境数据、票价数据库,以及飞机价格价值数据库。

（2）市场营销。

征询潜在客户；进行市场需求符合性评估；提出本公司新机型研发的设计技术指标论证，完善产品市场竞争力评估；持续跟踪竞争机型的产品发展战略和市场营销策略。收集整理全球、各地区和中国政治经济环境、交通运输环境、航空技术进步、国家政策变化、运行模式演变以及新适航法规等信息；收集整理航空公司相关资料，民航运量数据、航班数据、机队数据和票价数据等；持续关注竞争机型产品发展战略动态。

（3）客户选型。

持续进行竞争机型选项功能效用分析，开展市场和客户构型选项需求和偏好分析，重点进行选项优化设置建议工作，同时开展飞机选项指南文件的编制和完善工作。在完善产品客户化文件体系的基础上，提出飞机标准规范、飞机选装（BFE）项目和选项定义的意见和建议。开展客舱布局、客舱设备、航电系统、其他系统的专题分析研究工作。与设计研发专业讨论选项的设定和定义，提出选项优化设置建议。编制选项指南文件的工作规范。

（4）销售支援。

基于卖点开始宣传 ARJ21 飞机，支持与启动用户签署购机协议。持续评估产品竞争力、机场航线适应性和市场适应性，并跟踪各阶段潜在客户市场需求变化。根据产品技术方案，完善产品方案竞争力评估，提炼销售卖点，并制作产品各类宣传材料。继续完善潜在目标客户及开拓策略，持续评估各阶段客户可行性、订单量和销售策略。重点仍为完成启动用户确定所需销售工程支持，包括机场航线适应性、航线网络规划等内容。

（5）政策研究专业。

准确把握支线航空市场政策环境及支线航空运营模式，为产品策略提供输入；对现行支线航空政策开展深入研究；开展支线航空运营模式与典型案例分析，对支线航空运营模式进行深入分析，总结运营模式发展趋势，为产品策略提供输入。

7.2.14 供应商管理

供应商管理：向供应商发出 RFI，确认供应商并向供应商发出项目招标书（RFP），选定供应商并与主要供应商签署理解备忘录（MOU）或意向书（LOI）；与潜在供应商开展联合概念定义（JCDP）。

7.2.15 图样文件管理

（1）构建项目标准化文件体系框架，编制项目标准化体系文件。

（2）构建项目图样文件管理体系框架，编制项目图样文件管理体系文件。

（3）研究国外民机设计、制造、试验、客服和适航取证采用的有关标准，确定可参考借鉴的国外标准目录，积极采用或转化国际标准和国外先进标准。

（4）编制基础标准、材料、标准件及元器件标准等选用目录文件。

（5）明确工艺规范、材料标准、标准件及元器件标准的需求，构建项目标准规范体系框架，初步形成标准规范体系表。

（6）对预发展阶段提交的图样、技术文件进行标准化审查。

（7）组织开展各专业间的标准技术协调工作。

（8）进行标准实施及图文管理宣贯培训，以及相关标准技术支持服务。

7.2.16 信息化平台

规划信息化平台，在新支线客机研制中全面应用数字化设计、产品数据管理、异地协同并行工程技术、型号研制项目管理、供应商管理、客户关系管理、异地设计制造信息集成、数字化工装工艺设计和主要零件数字化制造技术、集成平台和支撑技术等主要信息技术，达到以下应用目标：

（1）全面采用三位数字化设计制造技术，包括：

a. 进行新支线客机100％三维数字化定义，建立数字样机，实现新支线产品单一数据源。

b. 以数字样机作为制造依据，实现异地设计制造过程的数字量传递，实现产品数据管理、数据共享和信息集成。

c. 完成关键工装、工艺的数字化设计和主要零件的数字化制造。

d. 以产品数据共享为基础，有效地实施并行工程工作方法。

（2）建立基于广域网的产品协同商务集成平台，支持异地多厂所联合研制与生产，支持营销和客户支援服务，包括：

a. 进行以计划进度控制为核心的型号研制项目管理，平台实现对型号研制的计划、进度、经费、质量和研制过程的管理与监控。

b. 具有异地产品数据的检索、查询、传递和管理的能力，实现异地、异构环境下的虚拟装配、浏览和协同工作。

c. 进行供应商信息和客户关系管理，建立产品资源、客户服务网站，沟通客户关系，提供咨询、产品支援维修和备件信息服务。

d. 建立型号数据中心、实现型号数据的分布式管理。

e. 实现产品构型的管理和控制。

f. 实现部分工作流管理。

（3）通过IT技术在新支线客机研制的全面应用，达到研制周期缩短30％，减少差错和更改返工60％，并降低研制成本20％，提高支线客机产品的信誉度和客户满意度。实现民机型号研制的机制、管理和技术的创新，提高民机研制能力和市场竞争能力，使民机研制的技术和管理水平逐步与国际接轨。

7.2.17 客户服务

基于客户服务要求，对标国外先进民机制造企业的客户服务体系，为支持ARJ21-700新支线飞机成功投入运行，客户服务专业为客户提供包含客户培训、飞行运行支援、航材支援、快速响应、维修工程、技术出版物等在内的服务。通过开展客户服务关键技术攻关，解决重大技术瓶颈问题，掌握具有自主知识产权的民机客户服务核心技术，突破制约客户服务发展的技术瓶颈，缩短与国际先进水平的差距，建立完善、高效的客户服务网络，确保项目商业成功。

7.3　工程预发展阶段的主要输出

（1）总体设计：飞机总体技术方案；飞机通用技术规范（GTS）；飞机级要求；需求管理记录；展示样机；机头工程样机；二级数字样机。

（2）气动、性能：飞机气动力设计指标论证报告；飞机三面图、飞机气动布局方案；大气数据传感器安装位置数据。

（3）重量：重量重心初步设计方案。

（4）载荷：第二轮载荷计算报告。

（5）结构：机体结构总体技术方案；设计要求；完成部段样件制造和试验。

（6）强度：静强度、动强度、疲劳和损伤容限、颤振等初步设计阶段分析工作报告。

（7）机载系统：工作包说明；系统发展计划；系统总体技术方案；接口控制文件（ICD）；系统需求模块；四性等分析报告；试验方案；原理图。

（8）四性：设计准则；分析报告。

（9）材料、标准件：材料、标准件选用目录。

（10）标准化：按需保存过程记录、完善标准化顶层文件要求（包括图样文件制度）；标准规范细目表初稿。

（11）工艺制造：制造总方案、工艺总方案、装配协调总方案；部件（工作包）制造方案。

（12）试飞工程：试飞总方案；初步确定试飞要求及测试总方案。

（13）客服工程：客户服务总方案和各专业技术方案。

（14）关键技术攻关：关键技术攻关工作过程记录。

（15）计划管理：工作分解结构；完善各级网络计划；年度和专项计划；控制记录。

（16）经费与成本管理：成本分解结构；经费控制计划和记录。

（17）市场营销：用户协议；市场需求符合性评估报告。

（18）供应商管理：研制合同文本；供应商管理组织。

（19）适航取证管理：型号合格审定基础建议初稿；飞机级、各系统和专业级审定计划（专项合格审定计划（PSCP）和审定计划（CP））初稿；设计保证手册初稿；型号合格证申请受理书；首次型号合格审定委员会（TCB）会议材料；航空器评审申请方工作方案。

（20）构型管理：完善的构型管理文件体系；定义视图建设；功能基线；完善的构型管理协同工作平台；功能基线与需求基线审核报告；构型管理记录。

8 工程发展阶段

8.1 工程发展阶段的目标

综合考虑项目技术、制造、客户服务、质量、经济性、适航审定等问题，进行产品详细设计、试制和试验等，并在详细设计工作结束时通过详细设计评审（DDR），在全面试制结束后及首飞前通过首飞评审（FFR）。最终获得型号合格证（TC）和生产许可证（PC）和首架交付标志着本阶段工作结束。

8.2 详细设计子阶段

8.2.1 总体气动设计

在初步设计阶段，总体气动专业主要完成了飞机设计技术要求、技术说明书、机组告警系统（CAS）信息和音响警告抑制阶段定义、全机主要部件坐标定义及其转换矩阵、全机交点等全套理论图、外形容差控制及全机数模设计和检验报告、全机水平测量和布置图等全套布置图、全机重量重心及惯量报告、全机质量分布、构型管理相关规定及控制、全机气动力数据、高低速测力测压和进气畸变风洞试验、操稳特性计算报告及复核、性能计算及验证计算报告、飞行载荷分析以及翼梢小翼设计报告等工作，建立了全机数学模型，构型管理机构已开始进行构型管理，并组织相关专业进行了大量的减重工作，为详细设计创造了一定的条件。2004 年 10 月 28 日至 30 日完成了总体专业院内初步设计评审，2004 年 11 月 11 日至 12 日完成了气动专业院内初步设计评审。

针对初步设计评审意见，进入详细设计阶段后，为调整飞机重心，2004 年 12 月 21 日总师系统发出技术决定［2004］16 号《关于在 SD714 框后增加 2 个框的决定》，在 SD714 框后增加 2 个 19 in① 等剖面段框。2005 年 2 月 5 日，ACAC 发出了中航商项字［2005］12 号《关于"ARJ21‐700 飞机重心调整方案的请示"的复函》，同意了总师系统的决定，并明确提出了为改善经济性要增加一排（5 个座椅），使 ARJ21‐700 飞机全经济级的座位数达到了 90 座。在此基础上，总体气动专业对全机重量指标分配做新的调整。这些调整增大了机翼与发动机短舱之间的距离，因此将原

---

① in 为英制长度单位英寸，1 in＝2.54 cm。

机身中部机翼上方的两对Ⅲ型应急出口改为在机翼与发动机之间设一对Ⅰ型应急出口,与登机门和服务门构成两对Ⅰ型出口,撤离能力达 90 人。

2005 年 10 月 10 日至 11 日,中航商飞组织顾诵芬院士等 18 名专家对 ARJ21-700 飞机优化设计方案进行了阶段性评审。专家组分为总体/气动和结构/强度/重量两个小组对有关技术问题进行了质询和认真研讨,对 2005 年 7 月以后一飞院组织开展的以减重、降阻和增升为中心的优化设计工作给予了充分的肯定,同时提出了进一步改进的意见和建议。

在详细设计阶段,布局专业完善了飞机设计目标和要求、全机三面图、飞机技术说明书。牵头编制完成了《飞机操作手册》等相关客服资料。

布置专业通过全机电子样机,检查了总体布置对适航条例要求的满足、人机工效、总体构型与布置协调、系统配置与协调、系统管路、电缆定位及取样协调、运动间隙控制与协调、飞机外部服务接口定位与协调、驾驶舱、客舱、货舱、E/E 舱等内部布置与协调及相应使用特性验证、重要协调区域(如起落架舱)安全性、可靠性、维修性协调与验证、驾驶舱、客舱内部设计效果展示以及机头工程样机。为改善驾驶舱内的视觉和触觉效果而制造的机头工程样机共有 330 个子项目,其中有 25 个取样项目和 21 个涉外成品项目。通过样机在机头区域内的电缆、导管和内设取样和安装协调,发现和解决了 200 多处详细设计中存在的问题,避免了生产过程中可能出现的反复和损失。同时也用于驾驶舱的人机工效验证,为飞机的驾驶舱评估审查提供了重要的实物依据。

外形专业完成了 ARJ21 飞机外形容差控制要求、ARJ21 飞机全机理论外形定义等顶层控制要求,全机外形数模(CATIA 文件格式)反映整个飞机外形数据。完成了全部全机外形数模设计,优化了机头外形设计,并通过结构、系统的详细设计发图,证明全机外形数模符合结构和系统的设计要求。

通过 CFD 气动计算分析,完成了全机气动力计算分析、发动机 TFN 及动力模拟计算、起飞着陆构型反推力打开对气动特性的影响、全机静气弹计算和机翼型架外形复核计算、结冰特性研究、翼稍小翼优化设计、襟翼支臂整流罩修形设计以及翼/身整流鼓包修形设计。

按照《ARJ21 飞机风洞试验规划》的要求,通过国内西安、沈阳、成都、哈尔滨 6 家模型加工单位完成了 11 套风洞试验模型的设计加工,在绵阳、沈阳、哈尔滨、俄罗斯、乌克兰和荷兰的高低速风洞中完成了 16 项风洞试验任务。高速气动数据主要是以国内 FL-26 风洞机身加长高速测力试验结果和荷兰高速滑行道(HST)风洞的高速测力试验为基础,参考俄罗斯 T-106、T-128 高速测力试验结果。纵向静导数以 FL-26 风洞机身加长高速测力试验结果为基础,同时对 HST 风洞试验和 T106 风洞试验结果进行校核。平尾、升降舵效率和下洗导数采用国内 FL-26 风洞机身加长高速测力试验结果。方向舵效率以荷兰 HST 风洞的高速测力试验为基础,进行机身加长引起的尾力臂加长修正。副翼效率以俄罗斯 T-128 高速测力试验结果为基础,进行了小翼更改的修正。扰流板效率以荷兰 HST 风洞的高速测力试验为基础,根据国内 FL－26 风洞机身加长高速测力试验结果修正。横航向静导数以荷兰 HST 风洞的高速测力试验为基础,根据国内 FL－26 和俄罗斯 T－106 风洞机身加长高速测力试验结果,修正机身加长两框的影响。完成了全机气动力数据集。

性能专业根据 CCAR－25 部的要求对 GAPP 软件进行了相应改进,使用该软件进行多次 ARJ21 飞机的性能计算。计算表明,典型西部航线大多数都能够满客起飞,只有迪庆—昆明受到机场障碍物条件限制,在最高月平均温度为 18℃时,若以 200 n mile[①] 备降,只能够以 35 550 kg 重量滑出,而以 35 481 kg 重量起飞,此时能够载重 7 200 kg,相当于 80 名旅客。除起飞场长、着陆场长和进场速度基本达到指标要求(起落距离略差 15～21 m,进场速度略大 1.4～1.6 kn),增大航程型的航程在留有 200 n mile 备份用油条件下比指标小 118 km(小 3.2%)以外,其他性能全部满足指标要求。编制完成了飞机调整试飞和验证试飞相关试飞要求以及操作手册、飞行手册、快速检查单等相关内容的初稿。

操稳专业根据 CCAR－25 部的要求对飞机失速特性、抖振边界、PIO 趋势初步分析、纵向操纵性和稳定性、机动稳定性和失配平特性、纵向动稳定性、轨迹稳定性、配平特性以及横航向稳定性和操纵性进行了计算,结果表明 ARJ21－700 飞机飞行品质满足规范要求。编制完成了飞机调整试飞和验证试飞相关试飞要求以及操作手册、飞行手册、快速检查单等相关内容的初稿。

构型专业建立了构型管理流程,完成了构型管理顶层文件及相关配套文件的编写,实施了有效的构型管理。《第一飞机设计研究院 ARJ21 项目构型管理大纲》对一飞院构型管理组织体系与职责进行了明确定义;对 ARJ21 飞机的构型配置方法做了明确阐述;对未来的"ARJ21 飞机构型库"的构成做了描述。《ARJ21 项目供应商构型控制》是 ARJ21 项目供应商构型管理领域的顶层文件,在 ARJ21 项目整个生命周期内对 ARJ21 项目的所有供应商适用。在初步设计评审(PDR)结束后即起动对该供应商的构型控制,具体是采用工程更改建议(ECP)、规范更改通知单(SCN)对供应商进行控制;此外,还对 ECP 和 SCN 作控制流程和填写说明。根据 ARJ21 项目的研制需要,还编写了《ARJ21 飞机全机主要部件清册》《ARJ21 飞机项目有效性标识的规定》《ARJ21 项目零组件标记的要求》《ARJ21 项目单机零件清册的使用规定》、3 架试飞机的构型配置文件以及 101、102、103 架飞行试验机装机设备清册,并积极开发建设构型管理软件体系。

重量专业经过艰苦卓绝的努力,飞机重量得到了有效的控制。当前制造空机重量指标是 24 355 kg,在 2005 年 7 月 19 日(技术方案评审会)时实际空重为 25 559 kg,2005 年 9 月 27 日(优化设计阶段性评审会)时实际空重为 25 655 kg,

---

① n mile 为长度单位海里,1 n mile＝1 852 m。

2006 年 3 月 24 日(详细设计关键项目评审会)时实际空重已减重至 24 612 kg,考虑 277 kg 的余量,当前状态已达到飞机重量指标要求。

总体气动专业在进行了大量的分析论证工作之后,完成了襟翼支摇臂整流罩的优化设计和翼身起落架整流鼓包的修形两个方面的减阻攻关。通过机身未加长模型带与不带动力深失速特性试验,摸清了飞机现行气动布局方案(机身加两框)的深失速特性,找出了解决深失速问题的方法,根据机身加长方案的深失速特性及其解决措施的风洞试验和 AC25 - 7A,最终确定了通过改进 ARJ21 飞机失速推杆器系统设计,使其故障率不超过 10^{-4} 每飞行小时的方法,满足适航条款要求。通过 2005 年 6 月 3 日至 6 月 18 日在绵阳 FL - 12(4 m×3 m)风洞中进行的原机身方案和机身加长方案短舱进气道低速风洞模型流场畸变测量试验,表明了 ARJ21 飞机进气道流场在试验的所有条件下畸变特性良好,可以满足发动机要求。同时 GE 公司指出还需经过高速进气道进气畸变特性验证试验,对高速进气道流场做进一步的验证与探讨。

总体气动专业对院内外专家提出的评审意见进行了认真细致地分析研究,开展了以减重、降阻为核心的优化设计,攻克了深失速、进气道流场畸变等重大关键技术难题,冻结了飞机技术状态,发出了优化设计后的图纸,完成了飞机详细设计。优化设计结果表明,ARJ21 - 700 飞机基本满足设计指标要求。

(1)总体设计:冻结设计规范,冻结飞机定义和详细技术说明,确定口盖、系统设备布置和线缆、管路布置,建立全机需求管理和接口管理数据,完成飞机级集成验证方案设计。

(2)气动、性能:完善和细化气动设计,完成详细设计阶段风洞试验,确定飞机外形质量控制要求,完成气动布局方案鲁棒性设计与分析,完成详细设计阶段性能计算,研究飞机性能研发试飞要求。

(3)重量:完成详细设计阶段重量特性数据计算、质量分布计算,确定零组部件称重要求和全机地面称重要求。

(4)构型管理:完善构型管理要求及工作流程,完善构型管理协同工作平台,确定分配基线和设计基线,进行功能基线与分配基线、设计基线的符合性评估工作,完善产品基线规划,完善产品数据视图并对其实施管控。

8.2.2 结构设计

2003 年 10 月,完成预发展评审,转入详细设计阶段,本阶段结构专业主要工作有:

(1)开展机身新构型及化铣蒙皮、四种高强度铝合金应用、主起落架 3D/2D 方案、吊挂与动力装置对接及平尾转轴后移等方案研究,完成 20% 成熟度 M20 数模预发放。

(2)开展与系统的全面协调、供应商 JDP 工作,完成 90% 结构图纸发放。

（3）完成内襟翼内操纵螺杆安装攻关，完成剩余 10％图纸发放。

（4）开展全面优化、减重设计，完成应急出口调整、结构细节部位排查、整流罩布置优化、襟翼支臂宽度缩减等工作。

（5）根据减重优化设计，各部件重新进行详细设计，对技术难点进行攻关，发出结构 A4 图纸共计约 92 700 份。

（6）机身增加两框专项工作：2004 年 12 月，总师系统发出技术决定［2004］16号《关于在 SD714 框后增加 2 个框的决定》，在 SD714 后增加 2 个 19 in 等剖面段框，通过调整增大机翼与发动机短舱之间的距离，使得在机身后部增加应急出口有了可能。根据总师系统决策，结构专业开展了增加两个框的详细设计，参考机身普通框的结构形式，并及时和总体、系统专业完成了技术协调，按照 9050 要求完成了发图工作，为工厂开展工装设计、启动材料采购提供生产依据。

（7）完成全部主结构详细设计，确定所有系统接口方案，完成大外包设计部段的 CDR/DDR 评审，发放全部图纸发放，完成试验试飞改装设计。

1）主要工作

（1）全部零组件设计。

结构专业将落实总体、材料、强度和工艺等各方面要求，完成结构零组件设计，形成全机结构模型和图纸，主要完成的工作有：

a. 零组件结构细节设计。

b. 确定材料处理状态。

c. 落实零组件表明防护要求。

d. 落实系统安装要求。

e. 落实总体外形、水平测量、排液要求。

f. 落实工艺基准、工艺孔等要求。

g. 落实互换性、维修性等要求。

h. 落实试验、试飞机改装要求，如尾撬改装、失速伞改装。

i. 机构功能设计、仿真分析，如舱门、活动面、起落架运动分析。

（2）减重优化。

a. 通过完善结构布置或结构形式，使传力更直接、结构效率更高。

b. 复查材料，在满足使用要求、经济性前提下选用轻质材料等。

c. 按民机耐久性/损伤容限设计要求进行全复查，完善细节设计，提高疲劳性能。

d. 根据强度裕度表，调整结构参数。

e. 零件尺寸优化，如利用 Hyperwork 等软件，进行细节尺寸优化。

（3）供应商接口定义完善及关键设计评审（CDR）、详细设计评审（DDR）。

完善外包部段的接口定义，如短舱与吊挂接口、发动机安装节与吊挂接口、起落架与机翼/机身接口定义。

完成供应商外包部段的 CDR 和 DDR,主要评审其结构方案的合理性、重量分解与控制、新技术成熟度进展及研发试验情况、相关接口定义的完成情况及交付物执行情况。

（4）适航符合性验证规划。

与审查方一起确定结构专业使用条款、每个条款的验证思路、符合性方法、每个条款的符合性报告清单和试验清单,及规划验证实施计划。

根据供应商提交的合格审定支持大纲（CSP）,协调、确定供应商研制活动,并将供应商 CSP 内容分解、落实到对应的验证规划中。

2）关键输出

（1）各部段结构模型。

（2）系统布置协调单。

（3）试验、试飞改装协调单。

（4）各部段重量报告（第二轮）。

（5）各部段详细设计报告。

（6）各部段优化设计报告。

（7）机体结构适航符合性验证计划。

（8）短舱 CDR、DDR 报告等。

8.2.3　强度专业

工程发展阶段,强度专业主要工作包括详细设计阶段地面载荷、动载荷计算、详细有限元模型建模、强度计算分析、试验验证、试飞验证、复合材料结构强度分析、试验及适航验证,以及强度相关条款的验证工作等几个方面,确保型号取证成功。

（1）地面载荷。

地面载荷主要包括机体地面载荷、起落架地面操纵载荷以及起落架着陆载荷的分析计算。起落架结构的供应商是德国利勃海尔（LLI）公司,所有用于地面载荷计算的起落架相关结构参数和性能参数均由供应商提供,并由强度专业完成机体地面情况的静载荷和疲劳载荷计算,而用于起落架本身设计及其试验的静载荷和疲劳载荷均由供应商负责计算。

依据详细设计阶段飞机重量、起落架参数,完成第三轮地面静载荷计算和疲劳载荷计算,同时起落架静载荷和疲劳载荷分析,用于结构发图使用。

（2）动载荷。

依据详细设计阶段飞机重量、刚度和飞行包线等特征数据建立动载荷分析模型（结构模型和气动模型）。针对动着陆和滑跑情况,依据飞机起落架参数建立多体动力学仿真模型进行动着陆、滑跑起落架激励载荷分析。将起落架激励、突风激励等外部激励施加到动载荷分析模型中进行弹性响应分析,输出动载荷。

（3）有限元模型。

根据详细设计阶段飞机结构数模，更新全机有限元模型；根据提供的飞行载荷、地面载荷、动载荷进行全机有限元静强度载荷筛选；进行静强度载荷、疲劳强度载荷的有限元节点载荷生成工作；在有限元模型上加载全机各情况载荷，进行全机有限元静强度内力计算和全机有限元疲劳强度内力计算；对局部关注部位进行细节有限元建模分析；完成详细设计阶段结构优化设计和结构减重。

（4）机体结构强度。

在详细设计阶段，强度专业主要对机体结构（机身、机翼、尾翼、吊挂及系统）静强度、疲劳强度进行强度分析计算。依据详细设计阶段飞机结构数模参数，结合强度计算原则和强度分析方法，对全机各结构细节部位进行静强度和疲劳强度评估，编写静强度和疲劳强度计算分析报告，同时对机翼前缘、尾翼前缘进行鸟撞分析，编制鸟撞分析报告，完成飞机结构数模图纸发放签图。

在完成结构发图后，对全机结构进行减重设计优化，完成机体结构减重后静强度、疲劳强度分析计算，对损伤容限分析方法进行研究。

系统强度方面，为供应商的强度分析工作提供载荷及其他输入数据；根据供应商提交系统安装的界面载荷报告，对系统安装进行强度分析，编制系统安装强度分析报告完成结构发图；评估系统供应商提供的各系统强度相关分析报告。

复合材料结构，根据积木式验证规划，开展许用值试验。

（5）气动弹性设计。

对部件和全机结构进行气动弹性分析，完成减重后颤振评估，并规划开展颤振模型试验。

发图前，根据更新后的结构数模、重量和刚度等参数，随着上述参数的迭代更新，完成了两轮颤振分析，通过分析初步得到了 ARJ21 飞机机翼、尾翼及全机的亚声速颤振特性，支持了结构发图。

发图后，飞机结构、重量和刚度等输入参数均确定下来，配合飞机结构减重（机翼减重、尾翼减重），完成了机翼减重颤振分析评估、尾翼减重颤振分析评估和全机减重颤振分析评估。针对 T 型尾翼构型的颤振分析，考虑了平尾静气动力、平尾面内运动和平尾上反角的影响。该阶段除了采用梁架有限元计算模型进行颤振分析外，还在静力模型的基础上，建立了复杂有限元计算模型进行固有振动特性校核计算，并与梁架模型计算结果进行了比较修正，得到了更准确可靠的分析结果。

3）关键输出

（1）详细设计阶段地面载荷计算分析报告、动载荷计算分析报告、风扇叶片脱落（FBO）载荷模型建模报告、各系统设计载荷报告、系统界面载荷报告。

（2）全机有限元模型建模报告。

（3）全机载荷筛选报告，有限元节点载荷生成报告。

（4）全机有限元静强度内力计算报告。

（5）全机有限元疲劳强度内力计算报告。

（6）全机结构（含系统）详细设计静强度分析报告。

（7）全机结构（含系统）详细设计疲劳强度分析报告。

（8）得到了全机颤振特性（颤振型、临界颤振速度和颤振频率）、关键参数（油载、商载、系统故障失效、结冰、疲劳、鸟撞损伤等）对颤振特性的影响规律。给出了飞机气动弹性特性是否满足条款要求的理论分析结论。

具体工作结果：强度专业开展了载荷谱和强度载荷研究，开展了机翼、尾段颤振分析，2004 年 12 月 31 日完成了"9050 发图"90％的结构图纸发放和 50％系统图纸发放的强度分析计算工作；2005 年 12 月 31 日，完成了全部飞机结构图纸发放的强度分析和评估工作，同时进行了全机减重和颤振攻关工作；完成了全机静力试验大纲、全机疲劳试验大纲的编制工作；开展强度研发试验和强度验证试验的准备工作；同时对供应商进行强度专业技术监控。

1）载荷计算工作

（1）动载荷计算工作。

在第三轮载荷分析之前，进行过一个中间轮次的载荷分析，即二轮半载荷。二轮半动载荷分析是载荷分析完善和细化过程中的一轮载荷，由于在此之后 ARJ21-700 飞机进行了较大的设计更改，即在后机身增加两个框，因此二轮半载荷更多的作用是详细演练了一次发图载荷的分析过程。随后进行的第三轮载荷是 ARJ21-700 飞机真正的发图用载荷。第三轮动载荷分析根据条款要求，完成了相对比较完整的动载荷分析工作，涵盖了以下动态响应分析：动态着陆响应、动态滑行响应、垂直连续突风响应、垂直离散突风响应、侧向连续突风响应、侧向离散突风响应。其中，动着陆响应分析了不同机型（BS 和 BE）的最大着陆重量情况下，对应不同重心位置（重心前、后极限）、不同装载方案（油载和商载）、不同着陆姿态（水平着陆和尾沉着陆）及不同接地速度的各种组合，共计 54 个工况。动力滑行响应分析了不同机型（BS 和 BE）的最大滑行重量情况下，对应不同重心位置（重心前、后极限）、不同装载方案（最大油载和最大商载）、不同跑道激励标准和不同滑行速度的组合，共计 128 个工况。垂直连续突风响应分析了两种航程、6 种飞行总重的重量分布（重心前限和重心后限）以及 6 个飞行高度和 3 种飞行速度的各种组合，共计 234 个工况。侧向连续突风响应分析工况与垂直连续突风相同。垂直离散突风响应则是从垂直连续突风响应分析计算的 234 个工况中筛选出了所有的严重载荷工况，共 29 个，对每个工况按 10 个突风梯度进行分析计算，共计 290 个工况。侧向离散突风响应则对所有的 234 个工况分别按 10 个突风梯度进行了分析，共计 2 340 个工况。第二轮半完成动载荷报告 7 份，第三轮动载荷共完成 12 份载荷计算报告。

此外，在本阶段进行了第二轮疲劳载荷动态因子的计算，计算了短、中、远三种典型飞行任务剖面下起飞滑跑、襟翼放下离场、初期爬升、后期爬升、巡航、初期下降、后期下降、襟翼放下进场、接地和着陆滑跑等任务段的动态响应载荷。并结合对应剖面任务段的静载荷分析结果,完成疲劳动态因子分析,共完成报告4份。

（2）载荷计算。

本阶段进行了第二轮地面载荷计算工作。

第一轮、二轮半以及第三轮地面静载荷的计算。完成了起落架地面操纵载荷计算、起落架地面着陆载荷计算、机体地面操纵载荷计算、机体地面着陆载荷计算工作。

在完成二轮半载荷计算后,由于市场需要和增加后应急出口的需求,调整了技术方案,在中后机身增加2个框的决定。针对二轮半筛选出的中后机身地面载荷严重工况,补充计算了中后机身增加两个框后的地面载荷。第三轮机体地面载荷计算,全机共计算了266种地面操作工况和着陆工况,第三轮载荷作为结构设计发图载荷。

（3）地面疲劳载荷计算。

本阶段进行了第二轮和第三轮疲劳载荷计算,针对短、中、远三种典型飞行任务剖面,计算了基本型飞机在卸载、牵引、打地转、地面转弯、刹车滑行、发动机加力、起飞滑跑、接地、着陆滑跑情况下的起落架载荷和机体载荷。

2）机体强度设计分析工作

（1）静强度分析工作。

强度专业根据详细设计阶段现有结构设计、载荷输入,建立了全机有限元模型,并随着结构设计的进程进行了多轮次的修改和模型调试,根据用于详细设计的第三轮载荷,完成了载荷筛选、有限元节点载荷生成、全机内力整体解。根据应力分布情况和强度分析结果,及时与结构专业沟通,对不太合理的方案进行完善。

详细设计阶段,强度专业依据前期制定的顶层文件和规定的设计手册上的强度分析方法,完成了机身、机翼、尾翼、吊挂、系统结构以及系统连接部位的强度分析,包括动态响应的强度分析,给出了机体结构各部位的安全裕度。

详细设计阶段,机体结构静强度在载荷和设计的3轮（第二轮、二轮半轮和第三轮）迭代过程中共完成签图报告150余份。同时完成研发及验证试验43项,通过试验确定了计算方法的正确性和合理性。

（2）机头方案更改强度相关工作。

为满足驾驶舱视野要求和驾驶员头部碰撞的适航要求,开展了机头设计参数优化工作。501机头构型较原设计构型更合理,风挡玻璃由平面玻璃更改为弧面玻璃,风挡骨架也进行了相应更改;同时,为了提高结构装配的工艺性,将主风挡上下窗框由闭剖面的扭力盒形式更改为开剖面形式,降低了结构的扭转刚度。由于主风挡骨架的变化,与之连接的机体结构框、蒙皮、纵梁以及该区域与系统设备的连接形式均发生了变化。针对上述变化,强度专业与结构设计等专业一起开展了长达半年的多轮设计迭代和强度分析工作。

　　为了验证更改后结构能够满足强度要求,同时也为了验证更改后结构对登机门、服务门区域刚度影响在可接受范围内,强度专业重新针对新构型机头制定了验证试验方案。该方案包括:试验载荷工况、试验件部段长度选取、试验夹具及支持设备设计等。2009年4月1日,新构型机头极限载荷试验顺利通过,标志着新构型机头能够满足限制载荷和极限载荷的静强度要求。

　　(3)机身增加两个框方案更改强度相关工作。

　　在详细设计阶段,ARJ21-700飞机结构方案的一个重要更改就是中后机身增加了两个框段。此更改导致除尾翼和吊挂外,机体其他部位载荷较原设计构型均发生了改变,机体结构需要重新进行强度分析。机体强度专业重新开展了修正后两轮半载荷的静强度、疲劳强度全机有限元内力计算和对应的静强度和疲劳强度分析工作。分析结果表明,增加两个框段后,载荷有所变化,但结构仍然满足强度要求。

　　(4)疲劳损伤容限验证工作。

　　在详细设计阶段,疲劳强度分析采用有限元分析,得到当量载荷谱下各部位的应力谱,完成了关键部位的疲劳细节、疲劳强度分析和计算,给出了疲劳裕度和疲劳检查表,全面保证了详细设计阶段发图工作。对3轮疲劳载荷进行了结构的疲劳分析,共发出技术报告129份;对损伤容限分析方法进行了研究,并完成了10个部位的损伤容限分析工作。

　　(5)疲劳载荷谱的研究和编制。

　　损伤容限分析及疲劳试验采用的应力谱为飞-续-飞载荷谱,可借鉴的资料很少,公开发表的TWIST编谱技术只提供了原理性准则,就如同适航条例一样。如何实现准则的要求是TWIST编谱技术的核心,每个飞机制造商都有自己的方法去实现,并对外严格保密。强度部组织了当时国内最权威,具有几十年研究载荷谱经验的几位专家开始进行TWIST编谱技术的研究。经过3年多艰辛的探索,最终攻克了全部核心技术,形成了技术文件《飞-续-飞疲劳载荷谱编制方案及其实现方法》,为后续的损伤容限评定和全尺寸疲劳试验奠定了坚实基础。

　　(6)损伤容限分析。

　　ARJ21-700飞机是按照损伤容限设计的理念设计的,按照正常的设计程序,从初步设计开始,就要同步进行损伤容限分析,分析和设计同步进行,根据《民机结构耐久性与损伤容限设计手册》中的相关要求,对飞机机身两跨裂纹情况下的剩余强度进行了分析,损伤容限分析工作没有实质性开展,损伤容限分析工作实际开展的时间是2007年,通过国外专家在院内的讲座,强度部发现,其提供的方法、思路可以推动ARJ21-700飞机的损伤容限分析工作的开展。在国外专家的帮助下,引进了分析软件NASGRO,并对飞机上具体结构进行了实战演示,最终总师系统决定用NASGRO软件进行ARJ21-700飞机结构的损伤容限分析,2007年12月,完成了前机身10个部位的损伤容限分析。

（7）疲劳研发试验。

在详细设计阶段，规划并完成了研发试验 13 项，详见表 8.1。通过疲劳研发试验，检验了关键细节疲劳强度分析方法的正确性和可靠性。

表 8.1   疲劳研发试验

序号	试 验 名 称	研制阶段
1	ARJ21-700 飞机机翼长桁末端与蒙皮连接疲劳试验	详细设计阶段
2	ARJ21-700 飞机外翼下壁板与 1♯肋典型连接疲劳试验	详细设计阶段
3	ARJ21-700 飞机机翼根部下翼面长桁接头疲劳试验	详细设计阶段
4	ARJ21-700 飞机机翼下壁板典型大开口疲劳试验	详细设计阶段
5	ARJ21-700 飞机中央翼下壁板长桁接头疲劳试验	详细设计阶段
6	ARJ21-700 飞机前梁超差小边距对比试验疲劳试验	详细设计阶段
7	ARJ21-700 飞机机翼上壁板超差处理疲劳试验	详细设计阶段
8	ARJ21-700 飞机下壁板超差处理方案对比试验	详细设计阶段
9	ARJ21-700 飞机翼梢小翼、襟翼子翼典型层压板疲劳门槛值试验	详细设计阶段
10	机身壁板损伤容限试验	详细设计阶段
11	机身典型长桁接头疲劳品质及长桁排水孔疲劳寿命试验	详细设计阶段
12	机身壁板对接疲劳品质试验	详细设计阶段
13	ARJ21-700 飞机平尾梳状件接头疲劳试验	详细设计阶段

（8）动强度分析工作。

详细设计阶段完成了机头、平尾、垂尾结构的鸟撞初步分析。依据图纸建立了机头、平尾、垂尾鸟撞动力学有限元模型，进行了典型位置的仿真分析。同时，采用工程方法计算进行了估算。机头、垂尾前缘、平尾前缘结构能够满足抗鸟撞要求。

（9）颤振专业分析及试验工作。

详细设计阶段，完成了方向舵防颤振设计分析、尾翼颤振分析、机翼颤振分析、全机颤振分析、全机气动伺服弹性（ASE）分析、机翼静气弹分析和机翼跨声速颤振分析，上述分析迭代了 3～5 轮，同时针对全机减重完成了全机减重的颤振分析，编制分析报告 16 份，相关符合性分析报告提交 CAAC 审查并获得批准。

强度分析结果表明，全机结构满足静强度要求；关键结构疲劳强度分析结果表明，飞机结构满足疲劳强度要求；各部件及全机颤振分析表明，满足气动弹性稳定性要求。由此，强度专业基本完成了详细设计阶段的研制任务，完成了结构图纸发放的强度签图工作。

8.2.4   飞控系统

本阶段飞控系统专业完成的工作如下：

1）主要工作

（1）完善飞控系统设计要求。

a. 联合总体、强度、交联系统、四性、航电、电源等专业,结合系统本身设计,完成系统设计功能、性能、载荷、颤振抑制、振荡、瞬态包线等要求定义。

b. 完善通用作动器要求,包括供压、泄露、限制载荷、极限载荷、接地等要求定义。

c. 完善舵面需求,包括铰链力矩、运动速率、偏度、止动、力纷争、频响和稳定性、滞环、门限、电子调整、地面突风保护、舵面惯量等要求定义。

d. 完善主飞控系统设计要求及控制律。

（2）完善系统需求文件(SRD)。

（3）完成飞控系统安全性分析(SSA)。

（4）完成系统设备安装。主飞控系统专业将落实总体、材料、强度和工艺等各方面要求,完成系统设备安装设计,形成模型和图纸。

（5）联合强度专业,完成强度计算和校核。

（6）完成系统性能分析报告,主要对多功能扰流板伺服回路进行分析,对副翼、升降舵、方向舵、多功能扰流板的震荡和瞬态故障及力纷争故障进行分析。

（7）与审查方确定系统专项合格审定计划。

2）关键输出

（1）飞控系统设计要求(SRD)。

（2）系统功能危害性分析(FHA)。

（3）飞控系统初步安全性分析(PSSA)。

（4）飞控系统电接口定义(EICD)。

（5）飞控系统机械接口定义(MICD)。

（6）试验、试飞改装文件。

（7）系统重量报告(第二轮)。

（8）系统详细设计报告。

（9）系统综合试验任务书。

（10）系统专项合格审定计划(CP)。

（11）系统适航符合性验证计划。

8.2.5　液压系统

在详细设计阶段,参研各方按分工进行了液压能源系统详细设计,包括规范的细化、系统设计、接口定义的细化和设计实现、设备安装设计和管路敷设,同时进行了系统性能分析计算、系统可靠性、安全性分析。

在本阶段液压能源系统还进行了减重设计,将方案中的手动液压泵取消,将空冷的系统散热器调整为燃油-液压油液冷散热器。

机身加两框改进时,液压能源系统调整了 3♯ 系统的布置设计,调整了液压能源系统在后货舱内的布置设计。

1) 目标

(1) 系统和设备的详细设计。

(2) 系统和设备的制造。

(3) 系统和设备的交付安装。

(4) 完成设备鉴定试验、完成系统地面模拟试验、完成系统机上地面试验、完成试飞验证试验(所有的试验都包含研发及验证试验)。

(5) 完成手册编制和验证。

2) 主要工作

(1) 完成设备的详细设计,改型设备的针对性详细设计。

(2) 完成系统计算(液压压力计算、流量计算、热分析、寿命试验计算、油箱容积计算)、安全性分析(SSA)、编制系统规范(HSS)和设备规范(PS、DS),编制试验类文件(QTP,ATP,HSTP1、2、3),编制系统安装规范(HSIG),制定质量支持计划,制定重量目标和编制重量状态报告,编制取证支持计划(HCSP),构型管理计划(CMP),确定构型基线(功能基线),绘制和维护原理简图、原理图,编制系统设备清单(PL),绘制系统电气原理图(HSES),绘制设备接口控制图(ICD)、设备外形和安装接口图(SCD),编制系统电载荷计算报告(ELA),编制与各系统间的接口控制文件,编制可靠性预计报告,编制维修性预计报告,编制航线可更换单元(LRU)拆装任务维修分析报告,编制系统安全性工作计划(HSSPP),签署分工协议,编制鉴定计划(QP),编制液压逻辑控制盒(HCLE)的规范和研制文件。另外和 GE 公司开展发动机接口的相关讨论、与 Parker 燃油开展相关接口讨论、与 Parker 飞控开展相关讨论、和 LLI 开展起落架和刹车的相关讨论,并维护相关的原理图接口文件,绘制设备的相关 3D 模型。相关文件提交中航商飞(ACAC)进行审查。

(3) 完成安装详细设计,审查供应商提交的各类文件,协调各用户间的工作、协调总体的工作。与供应商就设备设计、系统设计与计算分析等开展讨论,选择管路材料和管路连接件,就管路连接工艺开展工艺适应性试验验证,进行了系统功能危害性分析(FHA)、安全性分析(SSA)、维修性预计和可靠性预计,制订适航审定计划(CP)。

3) 关键输出

(1) 初步确定了合同主附件 HSS,并正式发布系统规范(HSS)。

(2) 签署了合同,完成了分工。

(3) 完成了所有设备的采购规范(PS)、设计规范(DS),并提交了设备鉴定试验程序(QTP)、接收试验程序(ATP)。

(4) 完成了系统原理图、电气原理图。

(5) 完成了设备和管路的安装设计。

（6）完成了接口定义。

（7）完成了 CP。

（8）完成了安全性分析文件。

8.2.6　起落架系统

1）目标

完善设计输入，全面进行系统设计，完善试验计划，形成并评估本系统验证计划。

2）主要工作

（1）完善设计输入，全面进行系统设计，包括完善系统规范、完善 SOW、系统原理图、机载设备清单、安装设计要求、系统电子样机设计、管路安装设计、性能计算、重量报告、系统级 FHA、完善 PSSA、可靠性分析、维修性分析、接口定义、系统合格审定计划（CP）、TSO/VDA 取证计划、机载软件研发计划、机载电子硬件研发计划、系统构型管理计划、地面支持设备要求计划、地面支持设备清单、液压系统安装图。

（2）完成试验计划（地面试验、铁鸟试验、附件鉴定及研发试验、飞行试验）的编写，铁鸟系统安装设计，地面试验非标设备研制计划、研制，地面试验设备采购、初步鉴定程序计划（QPP）。

（3）形成并评估本系统 CP、FHA、PSSA、TSO/VDA 取证计划。

3）关键输出

起落架系统规范、SOW、系统原理图、机载设备清单、安装设计要求、系统电子样机设计、管路安装设计、性能计算、重量报告、系统级 FHA，可靠性分析、维修性分析、接口定义、系统合格审定计划（CP）、TSO/VDA 取证计划、机载软件研发计划、机载电子硬件研发计划、系统构型管理计划、地面支持设备要求计划、地面支持设备清单、液压系统安装图，试验计划，铁鸟系统安装设计，地面试验非标设备研制计划、研制，地面试验设备采购、初步鉴定程序计划（QPP），形成系统 CP。

8.2.7　环控氧气系统

在初步设计阶段成果的基础上，进一步完善系统规范、试验规范、适航验证计划、系统接口定义以及系统安装布置。完善系统性能计算结果，并进行必要的应力初步校核。基本冻结系统成品件的设计状态以及系统构型。在 CDR 时，对供应商提供的系统及其成品的设计和分析进行评审，表明设计符合 ARJ21 飞机的通用技术规范（GTS）和系统设计要求，同意其进入下一阶段的产品生产和试验。

1）目标

综合考虑项目技术、制造、质量、经济性、适航审定等问题，进一步完善系统规范、接口定义以及系统安装布置，进行产品详细设计、试制和试验试飞等，并最终通过相关部门评审。

2）主要工作

（1）完成环控氧气系统的详细定义，编制设计规范、试验规范等。

（2）发出基本构型全套生产图样和技术文件。

（3）配合完成生产图样的工艺性和标准化审查。

（4）编制试飞飞机改装生产图样。

（5）完成供应商的产品设计评审。

（6）完成分系统功能验证试验。

（7）完成维修性评估和验证。

（8）编制成品、系统件和设备规范。

（9）初步编制技术出版物。

（10）确定制造符合性检查项目和确定符合性验证试验单位。

（11）配合适航部门确定审定基础。

（12）编制符合性验证计划。

（13）与适航当局共同确定制造符合性检查项目。

（14）完成详细设计，进行关键设计评审（CDR）。

（15）进行详细设计评审。

3）关键输出

系统设计规范、试验规范等；基本构型的全套生产图样和技术文件；试飞飞机改装生产图样；供应商的产品设计评审资料；成品、系统件和设备技术规范；符合性验证计划；关键设计评审（CDR）资料及评审相关资料。

8.2.8　电子电气系统

电子电气系统详细设计阶段的主要工作包括：自动飞行系统、通信系统、电源系统、指示记录系统、照明系统、导航系统、中央维护系统的系统综合设计和验证，系统电气的综合设计，全机电子电气系统设计规定的归口管理，全机电磁环境设计和验证工作。

（1）完成了系统原理图、线路图设计。

（2）发布了系统数字样机和系统设备安装图。

（3）完成了系统合格审定计划（CP），并根据 CP 完成了系统符合性说明。

（4）完成了飞机电网计算、电气负载分析、照明系统性能分析。

（5）完成了系统安全性评估［包括特定风险分析（PRA）、共模分析（CMA）、区域安全性分析（ZSA）］、可靠性和维修性分析。

（6）完成了试验试飞要求、软硬件验证计划及评审。

（7）完成了系统实验室试验件和首飞件交付，开展电源系统实验室研发试验。

（8）完成了各机械系统电气线路图设计、完成各系统布线设计需求。

（9）完成了布线详细 DMU、线束组件设计（3D 线束组件图、线束模板图、导线表等)、布线元器件供应商的审核;制定了布线符合性验证计划。

(10) 完成了全机的线束设计发图工作。

1) 系统试验

(1) 供配电系统模型试验。

供配电系统模型试验是适航验证项目,已明确适航符合性验证要求和 RAT 的实验室试验要求。供配电系统模型试验的技术改造项目已基本完成,试验电缆已落实。

(2) 航电系统综合试验。

航电系统综合试验分三个阶段进行:

a. 航电系统综合联试。

b. 航电系统与交联各系统的 Mini-Rig 联试。

c. 航电系统与飞控系统(铁鸟)联试。

完成了 ARJ21 飞机自动飞行功能试验及航电系统与非航电系统交联试验任务书的编写和评审、完成了航电综合试验台(Rig)要求和规范的编制和评审、完成了Mini Rig 要求的编制。

(3) 机上地面试验。

飞机机上地面试验包括:

a. 导线综合试验。

b. 系统机上功能试验。

c. 系统适航验证试验。

详细设计阶段,系统机上地面试验程序编制正在进行中。

(4) 系统飞行试验。

航电、电源、照明系统均已发出系统飞行试验要求,汇编入《ARJ21 - 700 飞机试飞要求》中。电源系统还单独编制了《ARJ21 飞机电源系统飞行试验要求》。

(5) 供应商主要试验计划。

供应商负责的主要试验计划已确定。

2) 全机闪电防护试验

详细设计需解决的主要问题是 SE006 闪电对飞机间接影响评估方法。ARJ21 - 700 飞机在预发展阶段采用类比方法确定闪电防护区域,并在此基础上考虑闪电对飞机间接影响的防护。详细设计阶段申请人与审查组达成一致意见:依据分析的方法得出飞机的实际瞬变电平(ATL),以表明其仅符合飞机闪电防护设计准则是不够的。应根据该飞机的实际情况选择有代表性的电子电气设备及电缆所处区域进行 ATL 的测量,以说明全机的电子电气系统对闪电间接影响的符合性。在此基础上需重新制定飞机闪电防护试验规划。

机载系统:确定系统设计规范、试验规范、工艺规范和材料规范,完善系统接口定义。

完成系统关键设计评审（CDR）；开展相关试验工作；确定系统试飞科目；完成系统重量、重心计算；完成系统安全性、可靠性、维修性分析。

确认 E3 设计需求被分解和贯彻到飞机电子电气系统的设计和安装中，监控电子电气系统/设备的电磁环境效应鉴定试验按预期设计指标完成，并最终通过飞机级电磁环境效应试验完成符合性验证。协同电子电气系统专业确认系统级 E3 设计需求；协同 EWIS 专业确定电缆隔离、屏蔽端接和接地等电磁防护设计要求；协同结构专业对复合材料结构和活动部件进行重点电磁防护设计。

8.2.9　动力燃油系统

1）主要工作

在详细设计阶段，完成 ARJ21 飞机动力装置系统设计方案，方案成熟可靠，满足 ARJ21 飞机总体布局定义和系统设计要求。系统重量、可靠性和维修性预计满足 ARJ21 飞机设计要求。系统试验计划完整，系统符合性方法讨论充分。完成动力装置系统 PDR 评审，完成动力装置系统 CDR 评审，完成系统接口协调。主要包括：

（1）完成发动机性能设计，满足飞机要求。

（2）完成进气道机械和气动设计，满足飞机要求。

（3）完成风扇整流罩机械设计，满足飞机要求。

（4）完成反推力装置机械和电气设计，满足飞机要求。反推力控制逻辑设计在总体确定飞机要求后，在软件设计中完善。

（5）完成发动机排气机械设计，满足飞机要求。

（6）完成短舱防火封严结构机械设计，满足飞机要求。

（7）完成短舱排气、排液分析，不会对发动机进口和飞机机身产生不利影响。

（8）完成 IDG 和液压泵的安装，满足飞机要求。

（9）完成发动机安装机械设计，满足飞机要求。

（10）发动机燃油系统更改设计增加了低压燃油开关，解决了 PDR 的遗留问题，完成发动机燃油系统机械设计，满足发动机/飞机要求。

（11）完成发动机 5/9 级引气设计，指标满足环控系统要求。

（12）完成发动机滑油系统设计，满足发动机要求。

（13）完成发动机防火系统在短舱内的安装设计。

（14）完成 FADEC 与飞机航电系统总线传输信号定义、发动机调平（TRIM）控制功能、飞机轮载信号与 FADEC 的连接设计、左右 FADEC 总线交互传输信号定义及发动机燃油控制设计满足飞机/发动机要求。复飞时是否使用 ATTCS 功能问题将影响 FADEC 软件设计。

（15）完成发动机操纵器件设计，满足飞机要求。

（16）完成发动机起动、点火系统设计，满足飞机要求。

（17）完成发动机振动监测系统设计，满足飞机要求。

（18）完成动力装置指示、告警和维护信息定义。

（19）给出了动力装置系统重量、可靠性、安全性、寿命和维护性等指标，与设计指标相比，重量略大，但承诺交付时可减重满足。其他指标基本满足设计要求。

经过多轮与 CAAC 的讨论，动力装置系统绝大部分条款的符合性方法已达成一致，并完成了系统符合性验证方法、验证大纲、专项验证计划。

2）关键输出

（1）ARJ21-700 飞机动力燃油系统 PDR 设计总结报告。

（2）ARJ21-700 飞机动力燃油系统详细设计总结报告。

（3）新型涡扇支线飞机反推力液压作动系统质量复查总结报告。

（4）新型涡扇支线飞机反推力液压作动系统详细设计总结报告。

（5）ARJ21-700 飞机动力装置电气系统设计总结。

（6）ARJ21 飞机 FADEC 控制 CDR 总结报告。

（7）ARJ21 飞机动力装置系统第 6 次设计质量复查总结报告。

（8）ARJ21-700 飞机首飞反推力液压系统设计总结报告。

（9）ARJ21-700 飞机首飞前动力燃油系统设计总结报告。

（10）ARJ21-700 飞机动力燃油系统适航工作总结。

（11）燃油系统规范。

（12）动力燃油系统安全性分析报告。

（13）动力燃油系统特定风险初步分析报告。

（14）动力燃油系统可靠性预计及维修分析报告。

（15）动力燃油系统初步主最低设备清单。

8.2.10 维修性

详细设计阶段的重点是执行维修性设计准则，建立维修性模型，实施维修性设计，开展维修性分析，进行维修性评审等；同时，开展维修性验证，建立数据收集、分析和纠正措施系统，为维修性设计优化与改进提供输入。

同时，维修性专业在详细设计阶段开展维修性定性分析和定量分析工作。维修性定性分析主要是对可达性进行分析，具体内容如下：

1）飞机设计应该满足 CCAR25.611 条款的可达性要求，设计中的权衡考虑以下几点：

（1）在飞机总体布局设计时，注意给维修人员在拆装设备、零组件时留有必要的维修空间。

（2）飞机系统、设备、零组件的布置根据产品故障频率的大小、预防性维修的频繁程度、调整工作的难易、拆装时间的长短、重量的大小、标牌位置和安装特点等因素，分别布置在可达性程度不同的部位上。保证故障频率高、预防性维修频繁的设备具有良好的维修可达性。

（3）系统、设备的检查点、测试点、检查窗、润滑点以及燃油、液压等系统的维护点都布置在便于接近的位置上。

（4）连接器、开关尽可能布置在可达性较好的位置上，需经常拆卸的连接器、开关都设置专用口盖。

（5）管路、线路连接部分布置在舱（窗）口或口盖附近，以易于拆装和更换。

2）对机体结构和系统的可达性进行具体分析

机头结构设计为飞机维修工作提供了良好的接近通道，可达性良好。雷达罩的维修和保养只需打开雷达罩斜撑就可以方便地接近目标；打开前起舱门可以方便地接近前起舱侧壁、气密框下半部分和前下壁板内侧；从气密地板的维护口盖处可以方便地进入驾驶舱区域；从登机门和服务门进入前服务区可进行前机身结构检修和维护，通道十分畅通。

后机身外部可视、可达。从后设备舱门进入后可达后机身内部结构和系统件；尾锥拆卸后，APU消声器安装系统可触、可达。

吊挂下蒙皮上开设有一系列检查口盖及可卸蒙皮，便于结构检查维护。吊挂前后梁、封闭肋缘条等主要受力部位及重要零件连接处附近均设置有相应的检查通道，便于接近；风扇舱门和反推力舱门打开时，可以接近检查动力装置与吊挂的连接部位。

机身中段包括前机身、中机身和中后机身，设有前登机门、服务门、前后货舱门、后应急出口、客舱内后储藏室门、顶部行李箱门以及前后服务区天花板开口等；同时还有水系统地面服务板、废水系统地面服务板、氧气服务口盖和地面空调服务口盖等。上述开口和口盖的设置保证了机身中段的结构和系统具有良好的可达性，便于装有各系统设备的前、后服务区域顶部，各系统设备大量布置的前、后货舱两外侧三角通道区域，中部设备舱，再循环风扇舱，安装高频辐射（HF）设备的后储藏室区域，以及存放有氧气、灭火、急救设备的行李箱等区域内的系统设备的装拆、更换和维护。

水平安定面结构设计保证了重要部位的可达性。通过平尾翼根整流罩上的口盖可接近平尾作动器和平尾转轴接头及轴承；通过外伸段下翼面两个口盖可接近升降舵作动器；通过后缘舱下翼面口盖可抵达升降舵转轴接头。

升降舵的铰链接头、作动器及其电接头等通过口盖可达，具有足够的操作空间。

垂直安定面外部可视、可达；可卸前缘拆下后，盒段内部结构及系统件可通过前、后梁腹板上的减轻孔和后机身上壁板的开口接近；翼尖整流罩和翼尖前缘的后半部分拆下后，后梁上端的平尾转轴接头可视、可达；后缘舱的内部结构以及方向舵悬挂接头可视、可达。

中央翼结构设计有机身下整流罩可卸口盖、下壁板维修口盖（进入机身下整流罩可卸口盖可以抵达)、客舱地板口盖、行李舱装饰板和开敞的主起落架舱,通过上述通路可对中央翼主受力构件及整体油箱进行检查与维护。

外翼盒段结构下壁板设有一系列维修口盖,通过这些口盖,可对主受力构件及系统设备进行检查与维护,可达性良好。

飞机各系统都进行了航线(外场)可更换单元(LRU)的可达性设计分析,均能满足设计要求,其他各系统的可达性分析详见相关系统的维修性分析报告。

系统的维修性分析工作,文件清单如下:

(1)《AMS 空气管理系统维修性分析》。

(2)《ARJ21 - 700 飞机自动飞行系统维修性分析报告》。

(3)《ARJ21 通信系统维修性分析报告》。

(4)《ARJ21 飞机电源系统维修性分析报告》。

(5)《设备装饰系统初步可维修性分析》。

(6)《防火系统初步维修性分析报告》。

(7)《飞控系统维修性分析报告》。

(8)《ARJ21 飞机液压能源系统可靠性、维修性、区域安全性分析报告》。

(9)《风挡防冰除雨系统维修性分析》。

(10)《飞机指示记录系统维修性分析报告》。

(11)《ARJ21 - 700 飞机起落架控制系统维修性分析报告》。

(12)《ARJ21 飞机照明系统维修性分析报告》。

(13)《氧气系统维修性分析》。

(14)《水废水系统初步维修性分析》。

(15)《ARJ21 飞机中央维护系统维修性分析报告》。

(16)《飞机动力装置系统维修性分析》。

(17)《ARJ21 - 700 飞机机头、后机身、登机门、吊挂及尾翼结构维修性分析报告》。

(18)《新型涡扇支线飞机中央翼结构维修性分析报告》。

(19)《新型涡扇支线飞机外翼盒段结构维修性分析报告》。

(20)《新型涡扇支线飞机翼梢小翼维修性分析报告》。

(21)《新型涡扇支线飞机前缘缝翼维修性分析报告》。

(22)《新型涡扇支线飞机后缘襟翼维修性分析报告》。

(23)《新型涡扇支线飞机固定后缘和扰流板维修性分析报告》。

通过以上各系统的分析,对系统维修性开展了定性和定量分析工作,基本满足维修性定量指标分配要求。综上,ARJ21 - 700 飞机维修性工程设计已完成顶层文件的编制、维修性指标分配和维修性定性分析工作,分析结果表明 ARJ21 - 700 飞机的维修性设计基本满足设计要求。

维修性设计在详细设计子阶段的主要工作:

（1）完成维修性分配优化。

（2）完成整机维修性指标初步预计。

（3）完成系统维修性指标初步预计。

（4）制定维修性验证要求。

（5）完成数字样机维修性评估。

（6）完成整机维修性详细分析报告。

（7）完成系统维修性详细分析报告。

（8）完成结构维修性详细分析报告。

（9）完成总体布置维修性详细分析报告。

（10）进行先进维修性设计技术研究。

3）关键输出

（1）维修性分配优化。

（2）整机维修性指标初步预计。

（3）系统维修性指标初步预计。

（4）维修性验证要求。

（5）数字样机维修性评估。

（6）整机维修性详细分析报告。

（7）系统维修性详细分析报告。

（8）结构维修性详细分析报告。

（9）总体布置维修性详细分析报告。

（10）先进维修性设计技术研究。

8.2.11 地面设备

1）目标

（1）完成飞机专用设备的设计、制造、试验与调试等工作。

（2）完成飞机通用设备选型工作。

（3）完成飞机供应商提供的专用地面设备技术支持。

（4）开展本阶段地面设备需求分析，完善地面支援设备清单。

2）主要工作

（1）完成该阶段地面设备需求分析。

（2）完成飞机专用设备的设计等工作。

（3）完成飞机通用设备选型等相关工作。

（4）完成与供应商地面支援设备相关的专业技术工作。

3）关键输出

（1）飞机试飞用地面支援设备清册和飞机地面支援设备清册。

（2）飞机专用设备的相关技术文档和技术图纸。

（3）飞机地面支援设备其他相关技术文档。

（4）飞机地面设备需求分析报告/报告单。

（5）地面设备备选供应商目录。

（6）地面设备 CDR 报告。

8.2.12 安全性

1）目标

系统安全性设计在工程发展阶段的目标是建立完整的飞机级、系统级安全性需求，并完成安全性需求的确认和验证活动，完成系统安全性评估工作。

2）主要工作

系统安全性设计在工程发展阶段的主要工作是进一步完善 FHA 与 PSSA，继续开展安全性确认工作，贯彻实施安全性设计准则与安全性要求，开展 FTA、FMEA/FMES、ZSA、CMA、PRA 等安全性评估与分析工作等。

主要工作包括以下方面：

（1）进行系统安全性设计评审，进一步完善 FHA 和 PSSA，确保完整的系统级功能危险性评估已得到局方的评审和同意。

（2）进行失效概率/失效率分配，调整系统/设备的安全性要求，使之与总体目标相适合，确定：

a. 定性和定量的安全性要求。

b. 硬件和软件的研制保证等级（DAL）。

c. 安全性支撑和验证文件材料要求。

d. 定义安全性相关的试验。

（3）进行设备的故障模式影响分析（FMEA）和故障模式影响摘要（FMES）：

a. 部件，功能。

b. 失效原因，失效模式，失效率。

c. 在不同层级（设备、系统、飞机）的失效影响。

d. 检测方法，机组操作措施，失效补偿措施。

（4）检查供应商安全性分析［FMEA、故障树分析（FTA）和 FMES 等］。

（5）开展区域安全性分析（ZSA）。

a. 在飞机的每个区域都要实施。

b. 根据设计及安装要求进行安装检查。

c. 考虑系统之间的干扰。

d. 考虑安装维修错误及其影响。

（6）开展特定风险分析（PRA）。

a. 确定风险（如火、鸟击、轮胎爆破等）。

b. 检查每项风险的并发影响或级联影响。

（7）开展共模分析（CMA）。

a. 确定共模故障（如设计错误、安装错误、制造错误）。

b. 验证功能/系统/项目之间的独立性。

（8）开展飞机级、系统级安全性需求和假设确认工作。

（9）准备安全性验证工作，开展第一轮系统安全性分析（SSA）。

a. 确定的外部事件概率清单。

b. 系统描述。

c. 失效状态清单（对应 FHA、PSSA）。

d. 失效状态类别（对应 FHA、PSSA）。

e. 对失效状态的定性分析（FTA/DD/MA、FMES 等）。

f. 对失效状态的定量分析（FTA/DD/MA、FMES 等）。

g. 共因分析。

h. 维修任务及间隔。

i. 硬件和软件的研制保证等级与 PSSA 相对应。

j. 验证 PSSA 中的安全性需求已经落实到设计和/或试验过程中。

3）关键输出

系统安全性设计在详细设计子阶段的关键输出包含以下方面。

（1）子系统、组件的安全性要求。

（2）第二轮系统级 FHA 报告。

（3）FMEA/FMES 和 FTA 报告。

（4）第三轮飞机级 FHA 报告。

（5）第一轮区域安全性分析（ZSA）报告。

（6）第一轮特定风险分析（PRA）报告。

（7）第一轮共模分析（CMA）报告。

（8）飞机级安全性需求和假设确认报告。

（9）系统级安全性需求和假设确认报告。

（10）初步 SSA 报告。

8.2.13　可靠性

1）主要工作

（1）完成可靠性分配优化。

（2）完成整机可靠性指标初步预计。

（3）完成系统可靠性指标初步预计。

（4）制定可靠性验证要求。

（5）完成整机可靠性详细分析报告。

（6）完成系统可靠性详细分析报告。

2) 关键输出

(1) 可靠性分配优化。

(2) 整机可靠性指标初步预计。

(3) 系统可靠性指标初步预计。

(4) 可靠性验证要求。

(5) 整机可靠性详细分析报告。

(6) 系统可靠性详细分析报告。

8.2.14 标准材料

1) 目标

(1) 进一步完善标材专业设计规划。

(2) 完善工程发展阶段的材料、标准件选用目录。

(3) 进行新材料的研究验证。

(4) 完善 ARJ21 飞机腐蚀防护规定。

(5) 完成材料规范编制。

(6) 继续进行材料鉴定以及材料供应商的认证。

(7) 完善民机标准材料体系。

(8) 编制审定计划(CP),完善标准件、材料适航符合性验证计划。

(9) 配合完成结构系统设计发图。

(10) 完成 ARJ21 飞机国产标准件的研制及验证程序。

2) 主要工作

(1) 按设计要求持续完善材料、标准件选材,更改完善材料、型材标准件选用目录。

(2) 主持协调各设计部门完善 ARJ21 飞机腐蚀防护规定。

(3) 根据设计进展,进一步完善 ARJ21 - 700 飞机的标准材料体系。

(4) 编制材料规范 ZMS。

(5) 编制 ARJ21 - 700 飞机材料、标准件专项合格审定计划(CP)。

(6) 全面开展材料及标准件合格鉴定试验,确定合格材料以及材料供应商。

(7) 按适航要求全面开展材料标准件的适航符合性验证试验,复合材料等新材料的适航符合性验证试验。

(8) 分阶段进行材料统计及指导设计选材,结构和系统设计协调,图纸的标准件及材料的标准审查。

(9) 进行材料应用研究,应用工艺协调。

(10) 进行颜色标准研究。

3) 关键输出

(1) ARJ21 - 700 飞机材料、标准件专项合格审定计划(CP)。

（2）材料选用目录，紧固件选用目录，管路件选用目录，型材图册。

（3）ARJ21飞机腐蚀防护规定。

（4）色卡规定。

（5）标准件手册。

8.2.15　项目管理

主要工作：

（1）组织关键技术攻关：完成关键技术攻关工作。

（2）开展计划管理：修订工作分解结构（WBS）；制定项目控制计划，开展计划监控。

（3）开展经费与成本管理：更新成本分解结构，开展经费使用监控。

（4）开展风险管理：开展风险管理。

（5）开展资源管理：试验、制造保障条件基本到位。

8.2.16　适航管理

1）目标

要求确定阶段的工作旨在明确产品定义和有关的风险，确定需要满足的具体规章要求和符合性方法，识别重大问题，编制初步的专项合格审定计划（PSCP）。

2）主要工作

要求确定阶段的主要工作包括以下方面。

（1）准备型号合格证申请所需材料，向局方提交型号合格证的申请书。

（2）局方受理型号合格证申请，并反馈受理通知书。

（3）组织召开首次型号合格审定委员会（TCB）会议。

（4）编制专项合格审定计划（PSCP）草案。

（5）与审查方协调完成专用条件、等效安全和豁免的确定和签署。

（6）组织召开中间 TCB 会议，确定审定基础。

（7）协调审查方启动结构图样审查，开始主要机体结构件的制造符合性检查工作。

（8）与审查方基本确定了适用条款和符合性方法表，以及各专业/系统的符合性验证试验项目、初步审定计划。

（9）与审查方签署了 PSCP，后续共规划和编制了 78 份系统/专业 CP，并分别获得各相关专业审查代表的批准，这些经过局方批准的 CP 是各系统/专业开展符合性验证活动以及审查方开展审查活动的依据文件。

（10）与审查方开始每月举办集中现场办公会，集中研究审查中遇到的难点与重点、协调解决飞机级系统综合等跨专业问题。

（11）完成了全机功能危害性分析，协调审查方完成各系统对应的国外供应商设计资料的评审和预批准。

3）关键输出

适航取证管理：完成适航安全性评审委员会建设并开始持续评审；召开首次型号合格审定委员会（TCB）会议；确定型号合格审定基础，符合性方法，制定飞机级、各系统和专业级审定计划［专项合格审定计划（PSCP）和审定计划（CP）］；与局方共同确定制造符合性检查项目；与局方确定航空器评审项目和审定基础，确定评审项目符合性要求及方法，召开航空器评审组（AEG）局方协调会。

（1）《ARJ21－700飞机专项合格审定计划》草案。

（2）和审查方讨论阶段性冻结的《ARJ21－700飞机型号合格审定基础》，包含了当时条件下确定的适用规章、专用条件、等效安全和豁免。

8.2.17　市场研究

1）目标

持续跟踪全球、各地区和中国的政治经济环境、交通运输环境等，提出适合当前市场环境和未来发展态势的产品开发和市场营销战略。

2）主要工作

（1）提出中国商飞公司新机型研发的设计技术指标论证，完善产品市场竞争力评估。

（2）持续跟踪竞争机型的产品发展战略和市场营销策略。

3）关键输出

（1）宏观市场长期预测年报。

（2）针对目标市场的分析和预测报告。

（3）航空市场专题研究报告。

（4）市场竞争力评估和市场分享量预测。

8.2.18　客户选型

1）目标

持续进行竞争机型选项功能效用分析工作，开展专题分析研究工作。完善选项设置。协同工程设计专业完成航空公司技术咨询工作。完成型号选项指南文件的编制和发布。初步开展选型推介，完成首家用户飞机交付运营支持工作。基于获批的条保建设项目，开展辅助选型的各种支持手段的研发。

2）主要工作

（1）利用市场专业的优势，协同工程设计专业完成研发过程中航空公司的技术咨询工作。

（2）持续开展竞争机型选项功能效用分析工作，开展专题研究。结合深入的市场调研和客户选型需求及偏好，与设计专业沟通讨论选项的优化设置。

（3）初步开展选型推介，征集客户对飞机构型选项设定的意见和建议。

3）关键输出

（1）客户构型选项需求和偏好分析报告。

（2）竞争机型选项分析研究报告，包括竞争机型选项的专题研究报告和竞争机型选项功能效用分析报告。

（3）型号选项设置建议，主要包括型号选项设置规划清单，市场和设计研发专业沟通协调后的结果，对有差异的项目开展进一步的深入调研工作。

（4）飞机产品选项指南文件，包括选项指南文件的完善。

（5）航空公司技术咨询调研报告。

（6）选项推介文件，包括各类 PPT 推介稿，及客户化的选型选项方案文件。

（7）设计更改建议，包括基于市场分析论证和客户需求调研的设计更改建议文件。

8.2.19　销售支援

1）目标

基于卖点全面宣传 ARJ21 飞机，并根据客户需求提出后续改进改型意见或建议。协助新增订单，落实已有客户订单为购机合同。支持首批飞机交付和运营工作。

2）主要工作

（1）根据产品技术方案，完善产品方案竞争力评估，提出方案优化建议，完善产品各类宣传材料。

（2）继续完善潜在目标客户及开拓策略，持续评估各阶段客户可行性、订单量和销售策略。重点完成产品导入期用户确定所需销售工程支持，包括机场航线适应性、航线网络规划等内容。

3）关键输出

（1）产品竞争力评估。

（2）产品机场航线适应性评估，包含飞行计划分析。

（3）产品市场适应性评估，包含机队和航线网络规划、运营利润等。

（4）产品各类宣传材料，包括产品推介 PPT、客户化销售材料等。

（5）各阶段客户分析。

（6）产品导入期用户初步解决方案。

8.2.20　政策研究

1）目标

准确把握支线航空市场政策，了解客户政策需求，为市场推广及销售策略提供相关政策建议。

2）输入

（1）公司产品的市场要求、设计要求。

（2）公司产品的总体技术方案、各系统设计技术方案及最新技术状态。

（3）公司产品各研制阶段的相关技术报告(性能、构型、重量、安全性、可靠性、维修性等)。

（4）国内、国际航空运输市场的相关发展报告、情报、统计数据等。

（5）影响航空制造业和航空运输业的各种政策、规章、文件等。

（6）国内外航空公司、租赁公司的意见建议。

（7）竞争对手的市场动态、情报。

（8）竞争产品的技术、经济指标和实际运营数据。

（9）政策评估所需的其余技术、经济数据和相关政策信息。

3）主要工作

对现行支线航空政策进行跟踪研究,调研了解客户支持政策需求,制订客户扶持方案,为市场推广及销售策略制订提供支持。

4）关键输出

（1）支线航空政策研究报告：对支线航空市场现行政策进行跟踪研究,把握政策变化对产品需求的影响。

（2）客户政策需求收集与分析报告：对订单客户及潜在客户政策需求进行调研,完成客户政策需求评估与分析,并制定客户扶持方案,为市场推广和销售策略制定提供支持。

8.2.21 供应商管理

供应商管理：开展试验件采购;组织机体结构供应商完成制造技术准备,开展零组件制造。

8.2.22 图样文件管理

1）目标

保障制造、试验及试飞现场标准化技术问题及时解决,完成项目采用标准的跟踪分析,完成项目标准化实施监督及检查,修订完善项目标准规范体系。

2）主要工作

（1）编制、修订项目标准化文件体系。

（2）编制、修订项目图样文件管理体系文件。

（3）修订完善项目标准规范体系表。

（4）完成并完善标准规范的编制工作。

（5）实施各类标准规范,并进行标准宣贯培训及标准技术支持服务。

（6）处理标准的超范围选用。

（7）对提交的图样、技术文件等进行标准化审查。

（8）协调处理设计、试验、试制、工装、客服过程中出现的标准化问题。

（9）开展标准化工作总结,完善标准化文件,开展适航支持与服务工作。

3）关键输出

（1）编制、修订发布的项目标准化体系文件。

（2）编制、修订发布的项目图样文件管理体系文件。

（3）项目标准（Q/ARJ 标准）。

8.2.23 档案管理

1）目标

完善新支线飞机档案工作相关制度体系，保障新支线飞机详细设计阶段技术文件、图样的分发/发放；及时归档、整理新支线飞机详细设计阶段形成的文件材料，妥善保管；为新支线飞机的研制提供信息资源支持。

2）主要工作

（1）根据新支线飞机立项论证、可行性论证、工程预发展等阶段研制工作需求和产品数据管理平台正式上线使用，总结了新支线飞机档案工作经验，完善、修订了十多项新支线飞机档案管理制度，并对专、兼职档案管理人员进行了全面的宣贯培训。通过建章立制，规范管理，使得新支线飞机档案管理工作逐步走上制度化、规范化和程序化的轨道。

（2）全面跟进新支线飞机研制工作，及时、准确地完成数据分发/发放工作，确保各发图节点数据发送的准确性和完整性。

（3）进一步采用数字化手段对归档文件材料进行建库管理，方便提供利用，对专、兼职档案员进行金航百科管理系统的使用培训。

（4）为新支线飞机详细设计阶段各类评审会、适航审定会提供文件资料保障，及时收集、整理新支线飞机 CDR 阶段评审的相关文件材料并建库管理。

（5）收集调拨相关机种各类技术手册，为新支线飞机后续技术手册的编制提供重要的参考资料。

（6）情报档案网正式上线运行，为新支线飞机详细设计阶段的研制工作提供更为便捷高效的信息资源支持。

3）关键输出

（1）新支线飞机项目档案管理相关制度。

（2）金航百科管理系统档案数据库（工程技术文件、图样等）。

（3）相关机种技术手册类资料。

（4）情报档案网。

形成的文件有：

（1）《Q/ARJ M4-001 新型涡扇支线飞机项目文件档案管理规定》。

（2）《Q/ARJ M4-002 新型涡扇支线飞机项目文件档案工作程序》。

（3）《Q/ARJ M4-003 新型涡扇支线飞机项目文件档案控制程序》。

（4）《Q/ARJ M4-004 新型涡扇支线飞机项目文件档案归档接收程序》。

（5）《Q/ARJ M4-005 新型涡扇支线飞机项目文件档案发放接收程序》。

（6）《Q/ARJ M4-006 新型涡扇支线飞机项目文件 CPC 平台文件档案管理要求》。

（7）《Q/ARJ M4-007 新型涡扇支线飞机项目设计文件档案管理通用要求》。

（8）《ARJ21 飞机资料档案管理制度（试行）》。

（9）《ARJ21 项目工程技术文件图样的归档与发放规定》。

（10）《ARJ21 飞机项目 CPC 平台数据发送的几点规定》。

（11）《ARJ21 飞机项目 CPC 平台数据发放、归档管理有关规定》。

（12）《档案部门对 VPM 平台数据的分发、归档、控制需求》。

（13）《新型涡扇支线飞机工程产品定义发放程序》。

（14）《CPC 平台新支线飞机项目文件管理规划》。

（15）《ARJ21 飞机设计文件图样归档发放情况》。

8.2.24　信息化

1）目标

完成详细设计数据管理、构型管理、地面试验和科研试验、研制生产和试飞、适航取证、客户服务等相关信息化建设工作。

2）主要工作

（1）详细设计数据管理、审签、发放功能实施。

（2）建立构型管理体系，实现构型数据更改的有效控制。

（3）设计制造协同管理功能实施，满足详细设计阶段制造工艺准备的业务要求。

（4）工艺设计管理，实现从 EBOM 向 MBOM 重构、AO/FO、工艺规范等管理。

（5）生产现场管理信息化建设，为全面试制阶段生产管理提供信息化支撑。

3）关键输出

满足详细设计阶段的产品数据管理、构型管理、协同管理、工艺管理的信息化系统。

8.2.25　客服工程

制定客户服务产品设计要求，完成各类文件编制规定，编制客户服务程序文件，开展维修工程分析、技术出版物编写、培训设备研制等工作。

8.2.26　工艺工程

主要工作：

（1）完善工艺规范体系。

（2）完成全机生产数据工艺审查工作。

（3）确定机体结构零组件制造，部段和全机结构装配，机载系统安装调试工艺方案。

（4）开展制造指令编制。

（5）完成新工艺的验证。

（6）开展工装设计。

（7）开展供应商入册评审及材料、标准件采购。

（8）开展特种工艺评审。

（9）启动测试设备（PTE）的设计、采购。

8.2.27　试飞工程

主要工作：

（1）完成试飞工程计划。

（2）完善试飞要求，研发试飞大纲和合格审定试飞大纲编制。

（3）完善测试总方案，测试任务书编制。

（4）改装设计。

（5）完成测试系统建设。

（6）完成试飞组织体系和配套管理文件体系、技术规范体系建设。

8.2.28　详细设计子阶段输出

（1）总体设计：设计规范；飞机定义和详细技术说明书；三级数字样机；动态面向对象的需求系统和接口数据模块；飞机级集成验证方案报告。

（2）气动、性能：水平测量图、水平测量技术要求、外形容差要求、间隙公差图；气动布局方案鲁棒性设计与分析报告；详细设计阶段飞行性能计算分析报告；飞机性能研发试飞要求文件。

（3）重量：详细设计阶段重量特性数据计算分析报告；质量分布计算报告；零组部件称重要求；全机地面称重要求。

（4）载荷：完成第三轮载荷计算报告。

（5）结构：生产数据；关键件、重要件清单；重量分析报告；试验分析报告。

（6）强度：静强度、动强度、疲劳和损伤容限、颤振、鸟撞、声疲劳分析报告；试验报告。

（7）全机静力、疲劳试验任务书。

（8）机载系统：全套系统规范；系统基本构型全套生产数据；系统重量、重心计算报告；系统安全性分析报告；系统故障模式及其影响分析报告；系统软件开发计划；系统电子硬件开发计划；系统特定风险初步分析报告；系统可靠性预计及维修分析报告；系统初步主最低设备清单；系统安装技术条件；系统试验任务书；系统试验台。

（9）四性：安全性、可靠性、维修性设计准则和分析报告；地面支援设备清单。

（10）材料、标准件：材料、标准件规范；发放合格产品目录（QPL）。

（11）标准化：标准化审查报告、培训宣贯记录及相关标准规范。

（12）工艺制造：工艺规范；工艺方案报告；制造指令；工装设计报告、图样；批准的供应商清册（ASL）；材料、标准件采购订单；批准的工艺源清册；PTE设计图纸或采购合同。

（13）试飞工程：试飞管理文件、技术规范；试飞工程计划；研发试飞大纲和合格审定试飞大纲；测试总方案；测试任务书；试飞测试改装技术要求和改装图样；测试系统建设规划；测试设备技术要求。

（14）客服工程：培训设备设计要求；培训教员培养方案和训练大纲；飞行运行支持程序文件；飞行运行支持系统设计要求及技术方案；航材支援程序文件；维修工程分析指南；客户用地面支援设备（GSE）初始清单、设计规范及研制程序；维修及技术支援程序文件；实时监控与故障诊断系统设计要求；技术出版物编写规范。

（15）关键技术攻关：关键技术攻关结项报告。

（16）计划管理：工作分解结构（WBS）修订版；换版各级网络计划；年度和专项计划；控制记录。

（17）经费与成本管理：成本分解结构更新版；经费控制计划和记录。

（18）市场营销：市场需求符合性评估报告；设计运营经济性分析报告。

（19）质量管理：经批准的合格供应商名录（ASL）；评估和质量检查报告。

（20）供应商管理：机载系统研制合同；试验件采购订单；机体结构研制合同；供应商制造技术文件。

（21）适航取证管理：型号合格审定基础，符合性方法表，飞机级、各系统和专业级审定计划以及制造符合性检查计划［专项合格审定计划（PSCP），审定计划（CP）和制造符合性检查计划（CIP）］；航空器评审项目和审定基础；评审项目符合性要求及方法。

（22）构型管理：完善的构型管理要求及工作流程；完善的构型管理协同工作平台；产品数据。

（23）视图：分配基线和设计基线文件；功能基线与分配基线、设计基线的符合性评估报告。

（24）构型管理记录：确定首飞最低构型配置、单架次构型定义、型号取证构型配置定义、基线管控。

（25）风险管理：风险管理记录。

（26）资源管理：完成厂房、设备的配套。

8.3　全面试制子阶段

进入全面试制阶段后，工程设计方面的主要工作是：完善设计、试制跟产、试飞改装、试飞准备、适航验证试验、系统综合试验和机上地面试验等。

完善设计中最大的设计改进是机头更改，解决了驾驶员头部空间、内/外视界、通风窗（驾驶员应急出口）尺寸等问题，满足适航要求。改进后飞机的气动特性、性能与原设计相当。明确了构型更改计划,01 架机、101～103 架机依然为原机头构型,机头更改自 104 架机起实施,并在 104 架机上进行补充试飞验证。02 架机采用新机头进行全机疲劳试验,增加 03 新机头用于补充静力试验。在样机试制过程中,工程根据试制、试验中发现的问题,还进行了一些局部的设计完善工作。

按照试验规划完成了首飞前应完成的各项试验,其中工程研发试验 96 项,机上地面功能试验 55 项,适航验证实验室试验(MOC4)56 项,适航验证机上地面试验(MOC5)9 项,适航验证工艺试验 19 项,国外供应商适航目击试验 39 项。

(1) 生产制造。

采用"主制造商-供应商"模式,制定了各供应商的分工,为每个制造工作包编制供应商交付状态技术规范书以控制交付状态,并作为合同文件之一,协调管控各家供应商生产过程,与供应商联合攻坚,推动科研及攻关项目顺利进行。

在数字化设计、制造技术的基础上,开展设计、制造并行工程,进行异地协同;建立型号工艺、生产、质量体系(程序)和工艺技术管理体系,主制造商(上飞公司)发出了各类指令性工艺文件,组织、协调各机体制造商工艺技术准备工作,进行全机工艺技术管理;编制《ARJ21 工艺总方案》《ARJ21 全机装配协调方案》《ARJ21 厂际标工协调方案》;编制《ARJ21 飞机工艺规范(ZPS)》共 557 份;完成全机装配工装,共计 2 326 套;101 架机共编制和发放了 55 份零组件厂际交付状态规范书,用于定义零组件最终交付状态。

开展技术改造,补充了设施、设备,完成了大量的制造技术攻关。主要完成了飞机机翼整体壁板数控喷丸成形技术,飞机客舱玻璃制造工艺,机翼壁板自动钻铆技术(西飞);机头座舱天窗骨架零件制造技术,通风窗复合整体结构零件的加工技术(成飞);吊挂钛合金前、后梁加工工艺的技术攻关,复合材料方向舵壁板的制造,电缆组件的柔性自动测试技术研究(沈飞);全机制造协调与系统功能测试技术研究,其中包含数字化制造与协调技术研究,厂际数字标工技术应用研究,机上功能试验测试设备配置及机上功能试验,全机制造完整性确认等。

(2) 产品支援与客户服务。

完成了系统和动力装置计划维修分析、结构计划维修分析、区域计划维修分析、闪电和高强度辐射场分析,确定维修任务和维修间隔。完成了 S 类、P 类用户地面支援设备(GSE)研制,C 类 GSE 选型,开展维修能力建设规划,开展运营可靠性规划工作。开展维修程序、飞行操作程序开发,初步完成了满足适航和行业规范要求的飞行类、维修类、构型类技术出版物的编写。完成飞行、机务、乘务、签派培训课程设计。开发了模拟机数据包,开始研制全动飞行模拟机(FFS)、飞行训练器(FTD)、联合程序训练器(IPT)、计算机多媒体辅助教堂设备(CBT)等培训设备,完成了培训教材的编写。制定全机潜在航材集,制定了航材工程数据管理方案。

(3) 适航管理。

建立了相应的适航审定队伍,建立和完善了适航审定体系,确定了国外供应商的适航审定政策和飞机型号合格审定标准。验证试验审查正式开始,美国联邦航空局(FAA)开始介入 ARJ21-700 影子审查,确定了符合性验证方法,制定了符合性验证工作计划,编制了 64 份专项合格审定计划,并获得审查组认可。

审查组确定了 6 架试验飞机和 5 架交付客户飞机的制造符合性检查项目。6 架试验飞机中 01 架机、101 架机完成装配检查,02、102、103、104 架机开始进行装配检查。5 架小批生产飞机开始进行零部件生产检查。试验件和试验装置共有 72 项进行了制造符合性检查。101 架机国外系统设备及零部件适航标签共计收到 1 852 项。

试制飞机的机体结构和系统设计图样、相关的顶层文件、制造工艺规范以及国外供应商的工程设计文件均经过适航审查组预批准,并按照适航专项合格审定计划完成了各项验证试验,试验过程和结果得到了审查方的确认。

从提出型号合格证申请开始到 101 架飞机待飞状态的全部技术过程均在审查组的完全监控之下,首飞构型及其偏离,均得到了审查方的评审和预批准,为飞机首飞提供了安全保障。

8.3.1 总体气动设计

进入全面试制阶段后,由于 ARJ21-700 飞机驾驶舱主风挡与通风舱之间立柱相对于驾驶员眼位位置不合适、遮挡驾驶员视界;风窗之间窗框离驾驶员头部距离太近,存在安全隐患。为消除安全隐患,满足适航要求,更好地为客户服务,2007 年 9 月全面启动了 ARJ21-700 机头改进设计工作。经过总体外形、气动、布置以及结构专业的多轮选型分析,并考虑工艺、制造的可实施性,经过权衡,选用曲面风挡方案 2G3-2 为目标方案。机头更改自 104 架机起实施。

首飞前,总体布局专业主要完善了飞机总体三面图、飞机总体基本数据、飞机客舱布置、全机分舱定义、飞机通用技术要求。总体布置专业主要完成了布置设计与协调、电子样机、机头物理样机和区域维修性工程。外形专业完成了全机理论数模和理论图的设计工作,共发出理论数模 25 套,理论图 19 份。设计和编写了《ARJ21-700 飞机水平测量技术要求》和《ARJ21-700 飞机水平测量技术说明书》。重量专业完成了飞机重量指标的论证和确定,完成了全机各种重量重心数据计算,进行了飞机设计和试制的重量控制,完成了首架机 101 架机的全集称重工作。构型管理通过工程领域内的构型管理活动实现了对产品数据的有效管理,使飞机的设计工作始终处于受控状态,保证了产品数据的唯一性、一致性、完整性、有效性和可追溯性,从而保证飞机符合安全性、适航条例和客户要求。气动专业主要完成了部件气动设计、全机低速机翼设计、翼梢小翼设计、翼型型架设计、全机气动增升减阻优化设计、全机气动力分析计算、发动机反推力的计算验证和飞机翼面(二维)结冰冰型的数值模拟。通过 23 项高低速风洞试验(含校核试验),编制了高低速气动曲线集,为性能、操稳和飞行载荷专业的工作奠定了基础。2007 年 11 月至 2008 年 4 月,在试飞院通过 ARJ21-700 飞机 6 架 1∶10 模型自由飞试验(共飞行 49 次,有效数据 45 架次,其中失速试验 28 架次),获得了飞机失速特性和失速改出伞的组合参数。性能专业进行第四轮性能计算,结果表明,除着陆特性(着陆场长和进场速度)外,其他性能指标都能满足要求。操稳专业使用六自由度全数字仿真模型,考虑弹性修正,严格按照 CCAR-25 部 B 分部对飞行品质进行了计算和分析。结果表明飞行品质满足适航条例要求。飞行载荷专业按照第三轮半飞行载荷数据对 CCAR-25 部 C 分部所要求内容进行了计算,结果表明满足适航条例要求。

总体气动专业完成了 ARJ21 首飞技术文件的编制,并通过首飞技术评审。2008 年 11 月 28 日,101 架机在上海成功首飞。2008 年 12 月 18 日,经工业和信息化部批准,项目由全面试制阶段转入试飞取证阶段。

8.3.2　结构设计

1)目标

支持制造,完成试制架次的生产,并开展相关适航验证工作。

2)主要工作

(1)完成 101、102、103、104 四架试飞机生产制造问题处理。

(2)启动适航符合性验证工作。

(3)开展机头结构改进专项工作:由于 001 构型机头结构风挡导致驾驶舱前部空间压抑、狭小,观察窗的窗框离驾驶员头部距离太近。2006 年 7 月 25 日,启动机头改进专项工作;2006 年 8 月至 2006 年 9 月,对机头座舱盖、通风窗、透明件、框等主要部件结构方案进行了重新设计;2006 年 10 月至 2007 年 7 月,完成机头改进项目详细设计以及图纸发放,最终在 02-03,104+架贯彻改进机头构型。

(4)协助制造处理制造故障和代料等各类偏离问题。

(5)根据制造暴露的设计问题,完善零件细节设计。

(6)开展适航验证工作。

a. 完成全机体结构图纸批准。

b. 完成适航符合性报告,如完成吊挂防火分析、结构保护符合性说明、结构可达性分析等。

c. 完成相关适航试验,如声学衬垫的抗火焰烧穿试验、观察窗试验、各类设备鉴定试验等验证工作。

(7)完成部分持续适航手册编制:完成零件图解手册(AIPC),按 MSG-3 完成 SSI 分析工作,形成结构维修手册(AMM)。

8.3.3　强度设计

1)载荷计算

(1)动载荷计算。

采用发图后基本冻结的构型状态进行了一轮全面的动载荷分析,以提供表征飞机构型的载荷数据,供结构静力试验和适航审查。该轮载荷所用重量、重心数据更接近于真实的最终状态,所用气动数据来自反映最终构型状态的风洞试验;发图后的载荷计算情况涵盖了 CCAR-25-R3 所要求的全部动载荷条款。同时,在该阶段完成了 1 小时任务剖面的疲劳动态响应载荷分析。

动着陆响应分析了各种组合的 78 个工况,动力滑行响应分析了各种组合的 162 个工况,垂直连续突风响应分析了各种组合的 543 个工况,侧向连续突风响应分析组合与垂直连续突风相同。垂直离散突风响应则对垂直连续突风响应分析的每个工况按 10 个突风梯度进行分析计算,共计 5 430 个工况,侧向离散突风响应与垂直离散突风分析工况相同。本轮共完成动载荷报告 14 份,所有动响应载荷分析报告均获得 CAAC 的批准。

(2) 地面静载荷计算。

详细设计阶段之后,完成了三轮半静载荷计算。三轮半静载荷计算采用的是发图后的重量分布数据,三轮半静载荷供全机静力试验使用。该轮载荷所用重量、重心数据更接近于真实的最终状态,分布也更加细化,采用的气动数据取自最新的风洞试验,地面静载荷计算情况涵盖了 CCAR-25-R3 所要求的全部地面载荷条款。对于飞机的状态,考虑了最大起飞重量、最大着陆重量、最大停机坪重量;重心则根据重心包线,考虑了前、后不同的重心。同时,还考虑了最大商载、最大油载、最大惯矩、最小惯矩、不同着陆速度、不同着陆场高度等多种组合情况。三轮半共计算 21 952 种起落架载荷工况,3 776 种机体载荷计算工况,完成地面载荷报告共计 5 份,计算报告于 2008 年 5 月 4 日得到了 CAAC 的预批准。

2008 年 8 月三轮半载荷通过了首飞前地面载荷和动载荷评审,采用三轮半地面载荷进行静力试验是可靠的,满足首飞安全性要求,三轮半地面载荷和动载荷可以作为 ARJ21-700 飞机设计所采用的最终地面载荷。

2) 机体强度分析与验证工作

(1) 静强度分析工作。

强度专业根据发图的最终结构方案对全机有限元模型进行了完善,并根据详细设计阶段发布的飞行载荷(第三轮半)、地面载荷(第三轮半)、动载荷(发图后、GVT 试验后修正)和疲劳载荷(发图后),完成了相应的载荷筛选、有限元节点载荷生成和全机内力工作,完成了相应的静强度分析报告,并完成了首飞支持报告编制,为 ARJ21-700 飞机首飞提供技术支持。

(2) 静力试验验证工作。

ARJ21-700 飞机利用三轮半载荷进行了全机静力试验。首飞前主要为部分机体结构限制载荷试验和部分系统结构限制(极限)载荷试验,2008 年 10 月 21 日前完成了 14 项共计 124 个工况的限制载荷试验和部分极限载荷试验,有力地保证了 ARJ21-700 飞机于 2008 年 11 月 28 日成功实现首飞。

(3) 颤振相关工作。

在全面试制阶段,根据最新的设计构型完成了三轮全机颤振分析、全机气动伺服弹性(ASE)分析、机翼静气弹分析,编制分析报告共 9 份。

在风洞试验验证方面,完成了尾翼低速颤振风洞试验、机翼低速颤振风洞试验,CAAC 对模型设计、模型加工、模型地面试验、模型风洞试验的全过程均进行了符合性审查,对相关设计文件、设计图纸、试验大纲和试验报告均进行了严格的审查和批准,完成试验相关报告 14 份。

(4)动强度相关工作。

该阶段完成了第一次声疲劳研发试验,获取了适航验证所需的材料随机 $S-N$ 曲线,并同步进行了分析,积累了分析和试验方面的经验。

(5)有限元模型。

根据最终确定的结构数模及载荷,进行了全机有限元模型更新、静强度载荷筛选、静强度载荷和疲劳强度载荷的有限元节点载荷生成、静强度和疲劳强度内力计算、局部关注部位细节有限元建模分析。根据试验中胶布带加载方案,生成了有限元节点载荷,进行全机模型内力解。

(6)机体结构强度。

根据最终一轮的载荷,重新进行了全机内力计算,在此基础上,对机体结构(含系统)进行静强度、疲劳强度计算分析,完善强度分析报告。损伤容限分析方面,引进 NASGRO 软件,启动损伤容限分析工作。

根据试验中实际胶布带加载模式计算得到的内力解,进行强度分析计算,确保静力试验成功。

(7)试验验证。

a. 全机及部件静力试验验证。

首飞前,完成全机及部件限制载荷静力试验,支持首飞。在静力试验准备过程中,主要工作包括静力试验载荷工况筛选,试验用胶布带载荷分配,静力试验任务书编制,应变片布置及电测任务数,试验大纲编制。同时,对全机静力试验贴片和胶布带安装现场进行跟产,处理现场出现的贴片问题、胶布带及杠杆安装问题;对全机静力试验限制载荷试验工况进行现场测量及数据监控,对试验数据进行处理,并编写每个工况的试验总结报告。

b. 开展中后机身侧壁板声疲劳寿命分析和研发试验。

c. 开展全机疲劳试验方案设计规划。

d. 开展颤振试飞、ASE 试飞、载荷试飞、摆振试飞、振动与抖振试飞等试飞规划,对测试内容进行研究。

(8)现场跟产。

对试飞机、静力试验飞机生产、组装现场进行跟产,处理生产过程中产生的制造偏离问题;根据工厂在生产过程中发现的工艺问题对结构进行优化,对优化后的结构进行强度分析及签图工作。

（9）系统强度。

a. 跟踪并评估系统供应商提出的设计更改，进行强度影响评估。

b. 跟踪机体结构设计更改及载荷变化对供应商产生的影响，若影响其设计，应及时向供应商提供更改后的设计输入。

c. 跟踪并管控首飞前供应商应完成的系统强度试验，评估其试验大纲、试验报告，并经局方批准。

（10）气动弹性设计。

全机气动弹性分析、低速颤振模型风洞试验、首飞前全机地面共振试验（GVT）和全机地面结构模态耦合试验，基于 GVT 结果修正的全机颤振分析。

3）关键输出

（1）发图后地面静载荷和疲劳载荷报告。

（2）GVT 试验后动载荷模型修正报告和修正后动载荷分析报告。

（3）全机有限元建模报告。

（4）有限元静强度载荷筛选报告。

（5）全机有限元节点载荷生成报告。

（6）全机有限元内力解报告。

（7）全机有限元疲劳强度内力计算报告。

（8）机体结构（含系统及安装结构）静强度校核报告。

（9）机体结构疲劳强度校核报告。

（10）损伤容限分析报告。

（11）静力试验载荷筛选报告。

（12）全尺寸静力试验改装要求。

（13）全机及部件限制载荷静力试验任务书、试验大纲、试验报告。

（14）静力试验构型评估报告。

（15）起落架落震仿真分析、静强度分析、疲劳分析、摆振分析报告。

（16）落震试验大纲、静强度试验大纲和试验报告；疲劳试验大纲。

（17）结构振动试飞要求。

（18）给出结合模型试验验证的全机颤振特性，以及飞机气动弹性特性是否满足条款要求的结论。

8.3.4　电子电气

主要工作

（1）全面完成系统设备安装，完成全机所有系统的线路敷设。

（2）持续完善系统适航审定计划（CP）文件，并规划详细的适航试验、试飞科目。完成实验室试验（MOC4）、机上地面试验（MOC5）、飞行试验（MOC6）和机上检查（MOC7）大纲；确认整机级闪电间接效应试验、高强度辐射频率（HIRF）试验和电磁兼容性(EMC)试验内容和试验要求。编制各系统适航符合性报告初稿。

（3）完成系统维修性分析和文件编制工作，按照 MSG－3 分析方法，确定系统 MSI 清单和维修性分析报告。

（4）持续进行系统安全性分析工作，完成、完善系统功能危险性分析、系统故障树分析、系统 FMEA 分析和系统 PSSA/SSA 分析。

（5）完成各类技术出版物的相关内容编制，包括飞机总体介绍手册、系统/设备编号手册、主装机设备清单、机载设备位置指南、图解零件目录、维修手册、飞行手册、主最低设备清单、飞行机组操作手册、放飞偏离指南、系统原理图册、系统线路图册、空/地勤培训手册。

（6）开展系统设计验证工作。完成首飞前的自动飞行系统铁鸟联试、完成首飞前电源系统电网络模拟试验、完成电子电气系统导线综合试验（WIT）、完成电子电气系统机上地面功能试验。

（7）完成机载软硬件初步开发过程评审，进行机载软件详细开发过程评审。

（8）进行机载软件阶段性评估。

（9）完成电子电气系统首飞前技术状态评审。

对试制过程中发现的问题进行设计优化，如电源中心接触器安装优化，以对多余物进行防护；照明系统防撞灯系统优化、着陆灯系统优化和控制板系统优化，改善防撞灯和着陆灯的光照范围和控制板的操作和维护；解决 YD 工作时方向舵振荡问题等。

8.3.5 飞控系统

1）目标

（1）完成系统安装。

（2）完成试验、试飞改装；完成第二轮减重优化。

2）主要工作

（1）开展适航验证工作。

（2）完成系统安装/支架图纸批准。

（3）完成各类设备鉴定试验等验证工作。

（4）完成部分持续适航手册编制。

（5）完成零件图解手册（AIPC），按 MSG－3 完成 MSI 分析工作，形成系统维修手册（AMM）。

（6）飞控系统铁鸟综合试验。

（7）飞控系统与航电系统联试。

（8）飞控系统装机后机上功能试验。

3）关键输出

（1）飞控系统系统综合试验报告、机上功能试验。

（2）适航符合性试验报告，如设备鉴定试验报告等。

（3）手册：AIPC、AMM。

8.3.6　液压系统

在全面试制阶段，液压能源系统进行了设备和系统的制造和验证工作，验证工作主要分为设备鉴定、飞控液压/起落架系统综合试验（铁鸟试验）、系统与航电联试和机上功能试验、机上地面试验。

根据已批准的试验计划，供应商负责设备的鉴定试验，试验条件按RTCA DO-160D以及《ARJ21-700 通用技术规范和有关飞机级规范》进行。通过适航审定的设备或在其基础上改进设计的设备采用相似性方法说明符合性。飞控、液压、起落架、发动机反推力液压系统在一体的铁鸟试验台上进行综合试验。试验项目包括系统内部的综合试验，以及系统间的综合试验。

液压能源系统在 Mini-Rig 试验台与航电系统综合试验台进行交联试验。伴随航电系统及各系统软件升级，交联试验分 3 个阶段进行。2007 年初完成了与航电1.0 版本的交联试验，2007 年末完成了与航电 2.0 版本的交联试验，2008 年中完成了与航电 3.0 版本的交联试验。

2008 年 6 月开始，在 101 架机进行了液压能源系统的机上功能试验。在真实的装机环境和运行环境下，验证了系统功能和性能。

1）主要工作

（1）液压系统和液压控制逻辑单元/液压逻辑控制盒（HCLE）的详细设计评审 CDR。

（2）进行设备制造，更新 ATP、QTP，完成飞行安全试验。

（3）更新 FHA、SSA、FMEA 等。

（4）更新计算分析报告等。

（5）更新接口控制文件。

（6）更新安装要求等。

（7）编制 CP。

（8）完成导管组件的工艺验证试验。

（9）完成铁鸟用设备的交付与安装、铁鸟液压系统关系的制造与安装调试。

（10）进行首飞前的铁鸟研发和验证试验以及机上地面试验（飞行安全试验）。

（11）进行机上地面试验（飞行安全试验）。

（12）解决西飞提交的导管不合格问题。

（13）解决沈飞压接工具采购错误问题。

（14）启动解决 HCLE 逻辑错误问题。

（15）与 GE 公司团队讨论解决发动机驱动泵（EDP）导管的设计问题。

（16）进行 FAA 铁鸟试验目击。

（17）进行试制阶段的重量管理。

2）关键输出

（1）铁鸟试验用成品交付。

（2）飞行试验用成品交付。

（3）提交设备和系统的 PDDP。

（4）ATR、QTR 交付。

（5）更新版安全分析文件。

（6）更新版 CP 并得到适航批准。

（7）完成成品涉及飞行安全的设备鉴定试验。

（8）完成成品涉及飞行安全的铁鸟试验。

（9）完成成品涉及飞行安全的机上地面试验。

（10）完成了 101 架飞机首次飞行。

（11）编制了试飞用飞行手册等软件。

（12）适航批准 SCD、试验试飞大纲、QTP、QTR。

8.3.7 起落架系统

起落架系统的台架试验和设备鉴定试验由供应商完成，并形成了一系列供应商质量保证计划和构型管理计划，并发布了鉴定试验矩阵和首飞 DDP。

2008 年 3 月起落架系统在林登伯格完成了局方目击试验。2008 年 5 月在上海铁鸟试验台架上完成了起落架控制系统地面模拟试验，完成了起落架收放系统、机轮刹车系统及前轮转弯系统的功能检查，并与液压能源系统的交联关系进行了检查。首飞前，确定 101 架机为起落架控制系统的试飞测试机，完成 101 架机的测试改装。

根据起落架系统机上检查大纲，完成了机上功能检查。在首飞前，完成了机上地面试验，试验结果满足设计及条款要求，并完成了首飞有关的支持性文件。

8.3.8 环控氧气系统

1）目标

详细设计阶段结束后，环控氧气系统构型已趋于稳定，成品件开始进行生产和部件级试验。该阶段需要完成系统适航审定计划（CP）和试飞要求的编制和发放，并规划试验试飞阶段的工作。根据详细设计阶段形成的系统安装布置方案完成系统安装图纸的发布，编制部件设备鉴定试验大纲、设备鉴定试验程序、设备验收试验程序等，依照设备鉴定试验大纲和程序完成设备鉴定试验（MOC9）并编制试验报告，提交适航局方完成审批。完成系统级实验室试验（MOC4），适航代表按需选择现场目击设备鉴定试验和实验室试验。规划并初步编制飞机维修手册、故障隔离手册、飞行机组操作手册、飞行手册等运营类出版物。

2）主要工作

（1）配合对采购的原材料、标准件、成品、系统件、检测和校试设备的交付及合格验收。

（2）配合完成新技术、新工艺、新材料的技术攻关、引进技术项目完成和应用准备。

（3）配合完成专用地面支持设备和工具研制。

（4）进行技术出版物验证与完善，并提供给首飞机组。

（5）配合完成首飞机组环控氧气系统部分的培训。

（6）提供飞机总装（含试飞改装）环控氧气系统技术保障。

（7）完成环控氧气系统综合试验。

（8）完成环控氧气系统机上地面试验。

（9）组织各种试验评审。

（10）实施非试飞符合性验证（包括地面试验、各类计算分析等）。

（11）完成首飞前环控氧气系统的各项评审。

（12）提供飞机首飞技术保障。

3）关键输出

环控氧气系统综合试验大纲和报告；环控氧气系统机上地面试验大纲和报告；各种试验评审资料；各类非试飞符合性验证报告；首飞前环控氧气系统的各项评审资料。

8.3.9 动力燃油系统

动力装置系统的研发设计分为 PDR 和 CDR 两个阶段，根据 SOW 的规定，由工程部门对供应商的系统和设备的技术设计以及研制状态进行工程检查和评审，在确认其满足飞机和系统的设计要求的前提下，供应商才能转入下一阶段。ARJ21 - 700 飞机动力装置系统的 PDR 评审已于 2005 年 7 月完成，CDR 评审已于2006 年 10 月完成。

动力装置系统主要完成了三轮系统综合模拟试验和主要成品验证试验，发动机起动和主要 OATP 检查试验项目，动力装置系统安全性设计和首飞阶段的评估工作。

燃油系统进行了实验室试验、机上地面试验和机上功能试验。具体配合制造部门完成了燃油系统装机，完成了 101 架机上首飞前燃油系统机上地面试验、机上功能试验，完成了 102 架机上首飞后燃油系统机上地面试验。另外，开展了包括机身燃油导管材料更改、燃油系统软件升级、最大载油量更改、磁性油尺产品改进、油箱内燃油管路柔性接头搭接在内的五项重要更改。

辅助动力系统主要完成了 APU 系统试飞前试验，包括 APU 系统地面台架综合试验、进气风门破冰试验、APU 与航电系统交联试验和 APU 本体温度/高度试验、耐久性试验、FADEC 台架试验。APU 系统装机后完成了 OATP 试验。另外，还开展了首飞前系统安全性评估，并对评估过程中发现的起动发电机起动接触器烧结在闭合状态导致蓄电池反充电问题，开展排故工作，保证系统安全工作。

防火系统此阶段主要完成了包括零部件生产、飞机部装和总装、防火系统设备合格鉴定和安装、防火系统与航电系统交联试验、导线综合试验和机上功能试验等任务。

8.3.10　维修性

（1）维修性管理工作包括制订维修性工作计划、对供应商的监督和控制、协调与各专业的相关工作等。

（2）结合总体布置工作和数字样机建设，协调和配合系统专业与供应商进行系统维修性工作，基于总体和系统的技术方案，完成飞机数字样机维修性评估和飞机整机维修性分析工作。

（3）依据维修性设计分析需要，利用虚拟维修技术对飞机进行维修性验证，验证各区域是否满足维修性设计要求，提高飞机的维修性设计水平。

（4）在全面试制阶段是维修性设计输入的确认过程，对维修性定量要求和定性要求进行确认，后续将进行多轮迭代。

维修性管理工作包括完善维修性验证要求、对供应商进行监督和控制、协调与各专业的相关工作等。根据现阶段的研制活动情况、维修性大纲和工作计划的要求，具体工作主要包括：

（1）完善维修性验证要求文件。

（2）开展维修性培训活动，为维修性活动的顺利开展提供技术支持。

（3）监督结构、系统专业与供应商完成维修性相关工作。

（4）维修性工作的协调、管理与监控等。

同时，维修性专业借助虚拟维修仿真技术，对 ARJ21 - 700 飞机各系统重要设备进行了验证工作，文件清单如表 8.2 所示。

通过表 8.2 的虚拟维修验证工作，发现存在的维修性问题反馈相应系统专业进行维修性设计优化。

表 8.2　ARJ21 维修性文件清单

序号	文　　件
1	ARJ21 - 700 飞机维修性分析验证报告-固定后缘舱下壁板维护口盖快卸锁
2	ARJ21 - 700 飞机虚拟维修验证报告-3♯液压系统维修性分析
3	ARJ21 - 700 飞机虚拟维修验证报告-发动机短舱滑油箱口盖
4	ARJ21 - 700 飞机虚拟维修验证报告-放沉淀阀维修性分析
5	ARJ21 - 700 飞机虚拟维修验证报告-缝翼作动器拆卸
6	ARJ21 - 700 飞机虚拟维修验证报告-副翼作动器连杆与舵面连接接头维修性分析
7	ARJ21 - 700 飞机虚拟维修验证报告-后附件舱可达性
8	ARJ21 - 700 飞机虚拟维修验证报告-机头鸟撞蜂窝挡板维修性分析

（续表）

序号	文　件
9	ARJ21-700飞机虚拟维修验证报告-襟翼支臂注油嘴优化
10	ARJ21-700飞机虚拟维修验证报告-客舱应急电源盒维护优化
11	ARJ21-700飞机虚拟维修验证报告-内襟翼端板拉杆维修性分析
12	ARJ21-700飞机虚拟维修验证报告-液压系统生态瓶
13	ARJ21-700飞机虚拟维修验证报告-仪表板泛光灯拆卸
14	ARJ21-700飞机虚拟维修验证报告-饮用水废水服务口盖开关支架
15	ARJ21-700飞机虚拟维修验证报告-主起舱维修性分析

为了保证首飞工作,维修性专业梳理了合格审定基础与支撑标准 ARJ21-700 飞机维修性审定基础为 CCAR25.611 适航规章,并以 AC-121-51、AC-121-53、AC-121-56 等咨询通告为工作依据,以 ARP4754A、MIL-STD-471A、MIL-STD-470B、GJB 368A-1994 等工业标准为工作支撑,科学有序地开展维修性设计、分析与验证工作。详见表 8.3。

表 8.3　维修性支撑标准与规范

序号	类　别	编　号	名　称
1	适航规章	CCAR25.611	《可达性措施》
2	咨询通告	AC-121-51	《维修工程管理手册编写指南》
3		AC-121-53	《民用航空器维修方案》
4		AC-121-56	《维修系统培训大纲》
5		AC-121-66	《维修计划和控制》
6		AC-121-135-67	《维修审查委员会和维修审查委员会报告》
7		AC-147-05	《民用航空器维修培训机构管理手册编写指南》
8		MD-FS-AEG003	《MSG-3应用指南》
9	工业标准、规范	SAE ARP4754A	Guidelines for Development of Civil Aircraft and Systems
10		MIL-STD-471A	Maintainability Verification Demonstration Evaluation
11		MIL-STD-470B	Maintainability Program Requirements for (Systems and Equipments)
12		MIL-HDBK-472	Maintainability Prediction

序号	类 别	编 号	名 称
13		MIL - HDBK - 470A VOL1	Designing and Developing Maintainable Products and Systems
14		MIL - HDBK - 470 VOL2	Designing and Developing Maintainable Products and Systems
15	工业标准、规范	GJB 368A—1994	《装备维修性通用大纲》
16		GJB 451A—2005	《可靠性维修性保障性术语》
17		GJB/Z 91—97	《维修性设计技术手册》
18		GJB 2072—94	《维修性试验与评定》
19		GJB/Z 57—94	《维修性分配与预计手册》
20		GJB/Z 72—95	《可靠性维修性评审指南》

（1）完成整机全面试制阶段的维修性设计验证及评估。

（2）完成飞机级维修性验证及评估。

（3）进行先进维修性设计技术研究。

（4）完成系统试飞维修要求分析。

（5）完成结构试飞维修要求分析。

（6）完成区域试飞维修要求分析。

（7）制定试飞阶段维修性验证计划。

（8）制定试飞用维修检查大纲要求。

8.3.11 安全性

1）主要工作

系统安全性设计在全面试制子阶段的主要工作是开展安全性验证工作，进行系统安全性分析（SSA）与 CCA 等工作，系统性地评估与验证系统实现与飞机集成过程中对安全性要求的设计与制造符合性，完成首飞前必需的安全性分析、评估、评审与审查工作等。

这方面的主要工作：

（1）完善 FMEA/FMES 和 FTA 报告。

（2）完善共因分析报告（ZSA、PRA 和 CMA）。

（3）开展第二轮系统安全性分析（SSA）。

（4）开展首飞安全性分析工作。

a. 确保与安全性相关的初始维修程序及时间间隔已交付维修人员。

b. 确保安全性相关需求，尤其是对于试验大纲的需求，已交付试验人员。

确保局方评审并同意了完整的 SSA。在初步设计/联合定义阶段，安全性专业进一步完善飞机级 FHA 和 AFTA 等工作,将安全性目标与要求分解到系统;进行系统级 FHA 与 PSSA,建立系统的安全性目标和要求,开展 CMA 与 PRA 工作,进行安全性确认工作等。

这方面的主要工作:

(1) 完善飞机级 FHA 和 AFTA。

(2) 开始系统级功能危险性评估。

a. 明确系统功能和飞行阶段。

b. 明确应急与环境构型。

c. 明确失效状态、影响、检测、机组行动措施。

d. 明确分类、要求/目标、证明材料。

(3) 开始系统级的初步系统安全性分析(PSSA),评估 FHA 中确定的关键的失效状态,评估系统架构,评估分配给系统或子系统/部件的安全性需求,以表明能够满足顶层需求:

a. 采用故障树分析对下一级系统进行概率估计。

b. 明确对定性和定量安全性要求的符合性验证方法。

c. 明确所需证明材料(如试验、分析、CCA 要求)。

d. 确定系统和软/硬件研制保证等级(DAL)。

e. 建立系统/部件需求。

f. 明确维修任务。

(4) 调整系统安全性目标,使之与总体目标相适合。

(5) 开展初步共因分析。

a. 特殊风险分析(如火灾、鸟撞、轮胎爆破等)。

b. 区域安全性分析(检查飞机所有区域的安装等)。

c. 共模分析(如设计错误、安装错误等)。

2) 关键输出

(1) 第三轮系统级 FHA 报告。

(2) 第二轮 PSSA 报告。

(3) 第二轮 FMEA/FMES 和 FTA 报告

(4) 第二轮 ZSA、PRA、CMA 报告。

(5) 第二轮 SSA 报告。

(6) 首飞系统安全性评估报告。

8.3.12　可靠性

1) 主要工作

(1) 完成整机全面试制阶段的可靠性设计验证及评估。

(2) 完成飞机级可靠性验证及评估。

（3）制定试飞阶段可靠性验证计划。

（4）收集试飞阶段可靠性故障数据。

（5）运行 FRACAS。

2）关键输出

（1）整机全面试制阶段的可靠性设计验证及评估。

（2）飞机级可靠性验证及评估。

（3）试飞阶段可靠性验证计划。

8.3.13　地面设备

1）目标

（1）完成飞机专用设备的设计、制造、试验与调试等工作。

（2）完成飞机通用设备和专用设备试用阶段前的技术培训。

（3）完成与供应商地面支援设备相关的专业技术支持工作。

（4）完成首飞前地面设备工作评审。

（5）持续开展飞机地面设备需求分析，完善飞机地面设备清单。

2）主要工作

主要围绕 ARJ21 - 700 飞机研制总目标和要求，完成飞机地面支援通用设备与工具的采购、非标地面支援设备的设计、制造、试验、验证与调试等工作，保证满足支线客机试制阶段，来自各专业、客服和客户方面与地面支援设备相关的技术需求。

（1）完成飞机专用设备的设计、制造、试验与调试等工作。

（2）完成飞机通用设备和专用设备试用阶段前的技术培训。

（3）完成与供应商地面支援设备相关的专业技术工作。

（4）确定通用设备合格供应商和专用设备授权制造商。

（5）完成地面支援设备供应商和制造商的质量管理、信息管理以及产品管理。

（6）完成首飞前评审。

3）关键输出

（1）飞机试飞用地面支援设备清册和飞机地面支援设备清册。

（2）飞机专用设备的相关技术文档和技术图纸。

（3）飞机在飞行试验与生产试飞所需的专用设备。

（4）飞机地面支援设备其他相关技术文档。

（5）飞机地面支援设备发明专利、科技创新成果。

（6）首飞地面设备技术评审报告。

8.3.14　试飞培训

试飞培训的关键输出包括针对试飞培训资料的编制要求，培训大纲及试飞空、地勤人员培训教材。

（1）ARJ21-700 试飞用空勤培训资料编制规定。

（2）ARJ21-700 飞机试飞用地勤培训资料编制规定。

（3）ARJ21-700 飞机"试飞空地勤培训资料"编制格式规定。

（4）ARJ21-700 飞机试飞员操作培训大纲。

（5）ARJ21-700 飞机飞行机组培训教材。

（6）ARJ21-700 飞机维修和勤务人员培训教材。

（7）ARJ21-700 飞机操作程序和限制。

（8）ARJ21-700 飞机快速检查单（外籍试飞员培训用）。

首飞用技术出版物包括支持试飞操作及维修使用的工程文件。

（1）《ARJ21-700 飞机重量平衡手册》。

（2）《ARJ21-700 飞机区域和口盖手册》。

（3）《ARJ21-700 飞机飞行手册》。

（4）《ARJ21-700 飞机机载设备位置指南》。

（5）《ARJ21-700 飞机放飞偏离指南》。

（6）《ARJ21-700 飞机维修手册》。

（7）《ARJ21-700 飞机主最低设备清单》。

（8）《ARJ21-700 飞机总体介绍手册》。

（9）《ARJ21-700 飞机快速检查单》。

（10）《ARJ21-700 飞机飞行机组操作手册》。

（11）《ARJ21-700 飞机消耗品手册》。

（12）《ARJ21-700 飞机维修大纲》。

（13）《ARJ21-700 飞机系统/设备编号手册》。

（14）《ARJ21-700 飞机机组检查单》。

（15）《ARJ21-700 飞机主装机设备清单》。

（16）《ARJ21-700 飞机工具和设备图纸目录》。

（17）《ARJ21-700 飞机线路手册》。

（18）《ARJ21-700 飞机图解零件目录》。

（19）《ARJ21-700 飞机系统原理图》。

8.3.15　标准材料

1）目标

完成全部适航符合性验证试验工作,编制专业级试验符合性报告 5 份,编制产品及符合性试验报告 8 份,其中严格按照适航要求开展的复合材料适航符合性验证试验获得圆满成功,试验过程和符合性验证报告受到审查方的好评。标材专业的 8 份顶层文件全部获得适航预批准,7 份采用 MOC4 验证的材料规范获得适航预批准,符合性文件准备齐全。

2）主要工作

（1）按设计更改完善 ARJ21 飞机金属材料，非金属材料，型材和标准件选用目录。

（2）编制材料规范（ZMS），进行材料合格鉴定试验，通过材料合格鉴定试验，材料入厂复验，材料生产控制文件（PCD）等提高材料控制能力。

（3）按适航要求进行复合材料等新材料的适航符合性验证试验。

（4）完成材料，标准件适航符合性报告。

（5）开展生产现场标准件和材料问题现场处理。

（6）完成材料相关故障拒收报告 FRR 处理，材料代料单处理，询问单处理。

（7）完成部分持续适航手册的编制。

（8）完成材料和工艺手册、标准件手册、消耗品手册等维护手册的编制。

3）关键输出

（1）材料、标准件适航符合性报告。

（2）材料和工艺手册，标准件手册，消耗品手册。

8.3.16　适航管理

1）目标

符合性计划制订阶段的目标是完成审定计划（CP）和专项合格审定计划（PSCP）的编制，并协调局方完成审批，确定后续符合性验证工作。专项合格审定计划（PSCP）作为审查组和申请人双方使用的一个工具，管理合格审定项目。此外，在该阶段也应完成设计保证手册，并协调审查方完成设计保证系统的审查。

2）主要工作

适航取证管理的主要工作：

（1）配合局方开展制造符合性检查。

（2）实施非试飞符合性验证（包括实验室试验、地面试验、各类计算分析等）。

（3）完善设计保证系统，建立符合适航要求的生产质量控制保证体系。

（4）修订飞机级专项合格审定计划（PSCP），制订各系统和专业级审定计划（CP）、申请生产许可证。

（5）制订 CAAC - COMAC 航空器评审及联络计划，配合局方开展航空器评审项目先期符合性审查。

（6）建立运行支持体系。

符合性计划制定阶段的主要工作：

（1）与局方讨论确定审查组直接介入的范围。

（2）与局方讨论确定局方对申请人的授权与监督范围。

（3）制订制造符合性检查项目。

（4）编制专项合格审定计划和审定计划，并协调审查方完成审批，作为后续开展符合性验证工作的依据。

（5）TCB审议专项合格审定计划和审定计划。

3）关键输出

（1）与审查方共同签署的《ARJ21-700飞机专项合格审定计划》。

（2）得到审查方批准的《ARJ21-700飞机飞行品质合格审定计划》等共63份审定计划，后续随着型号研制工作的进展，审定计划新增至78份。

（3）《ARJ21-700飞机符合性方法表》。

（4）得到审查方批准的《ARJ21-700型飞机设计保证手册（试行）》。

8.3.17　市场研究

1）目标

开展产品技术状态与市场需求符合性评估。

2）工具和方法

市场需求分析方法、数据库使用方法、竞争力评估法、市场需求符合性评审。

3）主要工作

提出本公司新机型研发的设计技术指标论证，完善产品市场竞争力评估。持续跟踪竞争机型的产品发展战略和市场营销策略，采用市场需求分析方法、数据库使用方法、竞争力评估方法对市场需求符合性进行评审。

4）关键输出

（1）调研总结报告。

（2）航空市场专题研究报告。

（3）市场竞争力评估。

（4）市场需求符合性验证报告。

8.3.17.1　客户选型

1）目标

持续跟踪型号选项指南文件的编制和发布，深入开展选项推介工作。全面支持ARJ21首家用户的飞机客户化工作。

2）主要工作

面对首家客户，进行选项推介、技术咨询和选型。收集选型过程中首家客户的意见和建议，以首家客户的推介经验为基础，制订产品客户化过程中的工作流程文件。

3）关键输出

产品客户化工程资料文件体系，ARJ21飞机型号选项指南。

8.3.17.2　销售支援

1）目标

全面宣传ARJ21飞机，推进ARJ21的市场营销工作，争取更多的订单，落实先锋用户和首批用户，根据客户需求提出后续改进改型意见或建议。协助新增订单，落实已有客户订单为购机合同。支持首批飞机交付和运营工作。

2）主要工作

根据产品技术方案，继续完善产品方案竞争力评估工作，并根据竞争机型的状况和客户需求，提出方案优化建议，完善产品各类宣传材料。

继续完善潜在目标客户及开拓策略，持续评估各阶段客户可行性、订单量和销售策略。重点完成产品导入期用户确定所需销售工程支持，包括机场航线适应性、航线网络规划、航班排班等内容。

3）关键输出

（1）产品竞争力评估。

（2）产品机场航线适应性评估，包含飞行计划分析。

（3）产品市场适应性评估，包含机队和航线网络规划、运营利润等。

（4）产品各类宣传材料，包括产品推介 PPT、客户化销售材料等。

（5）各阶段客户分析。

（6）产品导入期用户初步解决方案。

8.3.17.3　政策研究

1）目标

准确把握支线航空市场政策，了解客户政策需求，为市场推广及销售策略提供相关政策建议。

2）输入

（1）公司产品的市场要求、设计要求。

（2）公司产品的总体技术方案、各系统设计技术方案及最新技术状态。

（3）公司产品各研制阶段的相关技术报告（性能、构型、重量、安全性、可靠性、维修性等）。

（4）国内、国际航空运输市场的相关发展报告、情报、统计数据等。

（5）影响航空制造业和航空运输业的各种政策、规章、文件等。

（6）国内外航空公司、租赁公司的意见建议。

（7）竞争对手的市场动态、情报。

（8）竞争产品的技术、经济指标和实际运营数据。

（9）政策评估所需的其余技术、经济数据和相关政策信息。

3）主要工作

对现行支线航空政策进行跟踪研究，调研了解客户支持政策需求，制订客户扶持方案，为市场推广及销售策略制定提供支持。

4）关键输出

（1）支线航空政策研究报告：对支线航空市场现行政策进行跟踪研究，把握政策变化对产品需求的影响。

（2）客户政策需求收集与分析报告：对订单客户及潜在客户政策需求进行调

研,完成客户政策需求评估与分析,并制订客户扶持方案,为市场推广和销售策略制订提供支持。

8.3.18 质量管理

1) 目标

为确保 ARJ21-700 飞机首飞成功,使后续试飞和适航验证试飞顺利进行,必须在首飞前,对前期的设计、试制以及试验等工作的正确性,符合性和适用性进行一次全面的复查和评审,并对复查和评审出的问题进行彻底归零,以消除首飞安全隐患,为首飞评审和放飞评审做好技术和组织准备。

2) 要求检查项

(1) 复查初步设计、详细设计完成后尚未明确处理的重大技术问题及正在处理的重大技术问题的正确性,复查首飞准备完成情况,对可能存在的技术风险进行评估;复查各专业设计输出的可靠性和正确性,涉及适航要求的,要检查符合性。

(2) 复查有效设计图样/技术文件是否配套齐全、内容是否正确、签署是否完善;各种更改、换版、作废、归档等是否符合管理规定;复查本专业与其他专业接口部分的协调性。

(3) 复查各种性能指标是否全面达到设计要求。

(4) 对已发生的各种设计更改及制作偏离(包括代料单、FRR 单、重量超差单、试制问题处理记录、快速 2 类/3 类 EO 等)进行清理,检查处理结果是否正确,处理程序是否符合管理规定要求,并确认是否已贯彻到位;并复查其维修性是否能满足原定的设计要求。

(5) 各专业(包括供应商提供的系统)的设计状态是否符合《新支线飞机维修性设计准则》中规定的维修性设计要求;维修性要求与定量要求分析文件是否齐全。

(6) 各系统是否按照《ARJ21 飞机供应商的维修性监控要求》的要求来管控供应商,并对其提供的系统进行分析与试验。

(7) 设计过程中因需要满足其他设计特性(如强度、气动),牺牲维修性设计而无法满足维修性要求的地方,是否指明原因并给出维修性方面的解决方案。

(8) 对大型件/关键件/重要件的设计,根据制造、装配跟产情况进行质量评估,给出明确结论。

(9) 危机飞机安全的重大技术问题处理的正确性如何;各系统是否进行了全面的安全性分析,有无分析论证报告,结论是否明确;是否在研制过程中有被忽略的环节;对于未完成或保留的技术项目是否有解决措施和计划。

(10) 已完成的各种试验项目,试验结果是否与设计要求相吻合,是否存在影响首飞的安全问题;各项试验故障处理结果的准确性如何;已完成的地面适航符合性验证试验的符合性如何;形成的试验技术文件是否按规定归档。

（11）跟产和试验中发现的设计缺陷是否已发出设计更改并贯彻到图样和相关的技术文件中。

（12）机载软件是否按照规定进行了构型控制管理，是否有影响首飞的安全问题。

3）主要输出

（1）ARJ21-700飞机首飞前设计总报告。

（2）ARJ21-700飞机首飞前各专业设计总结报告。

（3）ARJ21-700飞机质量控制文件。

8.3.19　图样文件管理

1）目标

保障制造、试验及试飞现场标准化技术问题及时解决，完成项目采用标准的跟踪分析，完成项目标准化实施监督及检查，修订完善项目标准规范体系。

2）主要工作

（1）编制、完善项目图样文件管理体系文件。

（2）修订、完善项目标准规范体系表。

（3）完成并完善标准规范的编制工作。

（4）实施各类标准规范，并进行标准宣贯培训及标准技术支持服务。

（5）处理标准的超范围选用。

（6）对提交的图样、技术文件、工艺、工装文件等进行标准化审查。

（7）协调处理设计、试验、试制、工装、客服过程中出现的标准化问题。

（8）开展标准化工作总结，完善标准化文件，开展适航支持与服务工作。

3）关键输出

（1）编制、修订发布的项目标准化体系文件。

（2）编制、修订发布的项目图样文件管理体系文件。

（3）项目标准规范体系表修订稿（《新型涡扇支线飞机项目标准与规范体系及项目表》）。

（4）项目标准（Q/ARJ标准）。

8.3.20　档案管理

1）目标

进一步完善新支线飞机档案工作相关制度体系；保首飞，保障新支线飞机全面试制子阶段技术文件、图样的分发/发放，及时归档，整理新支线飞机全面试制子阶段形成的文件材料，采用信息化手段管理归档文件材料，为新支线飞机的研制提供信息资源支持。

2）主要工作

（1）根据新支线飞机立项论证、可行性论证、工程预发展、详细设计等阶段新支线飞机研制工作需求和产品数据管理平台的升级,完善、修订多项新支线飞机档案管理制度并完成宣贯。通过完善制度,规范管理,使新支线飞机档案工作更加符合研制工作需要。

(2)全面跟进新支线飞机全面试制工作,及时、准确地完成数据分发/发放工作,确保各发图节点数据发送的准确性和完整性。

(3)根据进一步采用数字化手段对归档文件材料进行建库管理,补充历史归档文件材料信息到金航百科档案管理数据库,建立目录数据库和全文数据库,方便设计人员在线检索、浏览档案资料。

(4)为新支线飞机全面试制阶段各类评审会、适航审定会提供文件资料保障,及时收集、整理新支线飞机首飞评审的相关文件材料并建库管理。

(5)收集整理新支线飞机外协项目档案并建库管理。

(6)根据新支线飞机全面试制阶段工作需要,赴沈飞、成飞跟产,进行文件材料的现场管理工作。

(7)收集调拨相关机种图纸、技术手册,为新支线飞机全面试制工作提供重要的参考资料。

(8)情报档案网改版运行,改进功能,充实内容,为新支线飞机全面试制阶段的研制工作提供更为便捷高效的信息资源支持。

(9)完成《电子档案接收管理技术方案的研究》课题,为新支线飞机项目档案的信息化管理提供技术储备。

2)关键输出

(1)新支线飞机项目档案工作相关制度。

(2)金航百科管理系统新支线飞机项目档案数据库(工程技术文件、图样、外包项目等)。

(3)新支线飞机外协项目档案33项。

(4)相关机种图纸、技术手册类资料。

(5)情报档案网。

(6)形成的文件有:《ARJ21项目工程技术文件图样的归档与发放规定》;《ARJ21飞机项目供应商文件、图样的归档、发放规定》;《ARJ21飞机项目623所、630所、637所等参研单位工程数据发放管理规定》。

8.3.21　客服工程

(1)基本完成客服产品研制。

(2)完成长周期模拟训练设备入厂验收、启动低等级训练设备研制。

(3)开展训练课程培训需求分析,基于飞机详细设计冻结状态完成培训资料Ⅰ版,建立首批教员队伍。

(4)建立初始航材清单,完成启动用户航材支援服务方案。

（5）基于飞机详细设计冻结状态完成维修工程分析Ⅰ版,完成客户用S类地面支援设备(GSE)设计方案,完成客户用C类地面支援设备(GSE)选型。

（6）组建快速响应工程师、服务工程师、现场代表队伍。

（7）基于飞机详细设计冻结状态完成首批手册Ⅰ版。

（8）制订启动用户客户服务准备计划。

8.3.22　试飞工程

（1）完善试飞大纲、开展风险评估单、试飞任务单编制。

（2）完成试飞测试改装。

（3）完成机载测试系统研发、集成、实验室联试、装机及机上联试。

（4）完成试飞员机型培训。

（5）组建外场试飞队伍。

（6）完成首飞及调整试飞。

（7）制订飞行安全应急程序。

8.3.23　全面试制子阶段的关键输出

（1）总体设计：按需提供相关记录。

（2）气动、性能：飞机性能校核计算报告。

（3）重量：全机地面称重分析报告,飞机重量平衡手册,飞机全机地面称重符合性方法(MOC5)试验大纲。

（4）载荷：第四轮载荷计算报告。

（5）强度：67%全机静力试验报告。

（6）机载系统：试验报告。

（7）四性：试飞用地面设备清单;S类/C类地面设备技术要求文件;试飞用S类地面设备/图纸数模/产品说明书/试验报告等;C类地面设备选型报告;C类地面设备/技术资料;P类地面设备/技术资料;试飞地面设备培训资料;试飞地面设备培训记录等;试飞保障文件;试飞机务培训记录;试飞机组培训记录。

（8）标准化：完善后的标准化顶层制度及有关规范、标准化审查报告。

（9）工艺制造：工装和生产线,制造指令文件。

（10）试飞工程：风险评估单,试飞任务单,完成机上改装,测试系统联试报告,首飞及调整试飞,详细飞行计划,飞行安全应急程序。

（11）客服工程：飞行模拟机/飞行维护训练器详细设计方案,其他培训设备设计要求和技术规范,培训资料Ⅰ版,培训设备工程数据包;初始航材清单,维修工程分析报告Ⅰ版,客户用S类地面支援设备(GSE)设计方案,客户用地面支援设备(GSE)清单,首批手册Ⅰ版,启动用户客户服务准备计划。

（12）计划管理：换版各级网络计划,年度和专项计划,控制记录。

（13）经费与成本管理：成本分解结构,经费控制计划和记录。

（14）市场营销：市场需求符合性评估报告。

（15）质量管理：质量管理记录。

（16）供应商管理：产品实物，交付状况及预测评估报告。

（17）适航取证管理：经局方批准的工程符合性验证资料，经局方签署和认可的专项合格审定计划（PSCP）及各系统和专业级审定计划（CP），各系统和专业级CP实施计划（CPI）CAAC‐COMAC航空器评审及联络计划，运行支持体系管理手册及管理程序。

（18）构型管理：构型配置说明文件，构型管理记录。

（19）风险管理：风险管理记录。

（20）资源管理：完成厂房、设备的配套。

8.4　试验试飞取证子阶段

试飞取证阶段的主要工作任务是通过试验、试飞全面检验飞机性能指标是否达到了设计要求，解决试验、试飞中暴露的问题，完善设计，冻结飞机设计构型，满足市场需求，通过适航认证，取得型号合格证（TC）。在试飞取证阶段还要完成批产和客户服务能力的建设，根据市场订单需要，进行预投产，确保飞机首批交付。

（1）试验。

完成全机静力试验、疲劳试验、机上地面试验、模拟器试验等各项试验共计458项，其中设计研发试验158项，适航验证试验300项。

2009年12月1日下午，ARJ21‐700飞机01架机进行了稳定俯仰2.5g极限载荷试验，在试验加载到87％极限载荷时，因中机身龙骨梁局部出现异常，自动卸载保护启动，试验中止。2.5g极限载荷试验中止影响了整个新支线项目的进展，经过全体参研单位的共同努力，加强组织领导，加大力度进行攻关。2010年6月28日，ARJ21‐700新支线飞机01架机全机稳定俯仰2.5g极限载荷静力试验圆满完成，标志着历时7个月的2.5g极限载荷静力试验攻关取得成功。

（2）试飞。

完成全部285个科目的验证试飞任务。六年期间共完成试飞2 942架次/5 257飞行小时38分钟，其中研发试飞1 288架次/2 745飞行小时，验证试飞1 654架次/2 512飞行小时，验证试飞中申请人表明符合性试飞285个科目/1 648个试验点、局方试飞243个科目/1 361个试验点。

通过验证试飞，初步掌握了民机适航验证试飞的方法和组织管理。了解了每个科目、每个试验点所对应的条款的含义，试飞场地、气象的要求，飞机的技术状态（构型）要求，测试改装技术、试验点的设置、动作的要领，试验判据、风险等级以及各科目试验内容的内在逻辑关系；了解了验证试飞的工作量，积累了高温、高寒、高原、大侧风、自然结冰等极端气象条件试飞的经验；建立了一整套本场和外场试飞组织管理的程序性文件。在国内第一次严格遵照适航监管程序组织型号试飞，建立了局方试飞员队伍,形成了局方审定试飞的管理程序,出色地完成了局方审定试飞任务。

ARJ21－700 飞机接受了严格的适航审查。CCAR－25 部等审定基础的取证要求是国际标准,中国民航局审查十分严格、认真,由于局方和申请方都是第一次严格按照适航条例 25 部进行验证,ARJ21－700 飞机的验证工作特别充分,如局方审定试飞,FAA 审查波音公司 B787 飞机项目,局方试飞只有申请人试飞的 1/3,而ARJ21－700 项目的局方试飞为申请人表明符合性试飞的 80%。不仅如此,按照中美双方 FAA 影子审查协调工作程序,约定的关键、重要试验、试飞项目都要通过FAA 的目击。试验试飞结果表明,ARJ21－700 飞机是一架符合适航要求的安全的飞机、一架有自己市场优势的可用的飞机、一架可改进有前途的飞机。

（3）取证。

ARJ21－700 飞机适航取证适用审定标准是 CCAR－25－R3,相当于 FAR－25至第 100 号修正案水平。环境保护要求适用标准是涡轮发动机飞机燃油排泄和排气排出物规定(CCAR－34 部),相当于 FAR－34 第 3 号修正案水平。噪声要求适用标准是航空器型号和适航合格审定噪声规定(CCAR－36－R1),相当于 FAR－36 第 28 修正案水平。按照适航审定基础,ARJ21－700 飞机适航审定适用条款共计 398 条,其中 CCAR－25 部适用条款 324 条、CCAR－26 部适用条款 4 条、CCAR－34 部适用条款 1 条、CCAR－36 部适用条款 1 条、问题纪要 P005 引入辅助动力装置条款 55 条、专用条件 13 条。

遵照局方批准的符合性方法表,编制 MOC1 设计说明文件 290 份、MOC2 计算/分析报告 613 份、MOC3 安全性评估报告 130 份、MOC4 实验室试验 148 项、MOC5 机上地面试验 84 项、MOC6 飞行试验 285 个科目、MOC7 航空器检查 45项、MOC8 模拟器试验 5 项、MOC9 设备鉴定试验系统总结报告 18 份,共计 1 618项适航验证工作,2014 年 12 月 23 日中国商飞和局方共同完成了全部验证工作,提交符合性报告 3 418 份,关闭了全部条款。

开展了 FAA 影子审查,确定了 53 项影子审查技术评估项目(包括符合性文件评审、验证试验、验证试飞、机上检查、软件审核等)。

（4）技术攻关。

进入试飞取证阶段以来,项目团队先后攻克了全机稳定俯仰 2.5g 极限载荷静力试验、鸟撞试验、全机高能电磁场辐射试验和闪电防护间接效应试验、发动机短舱地面结冰试验、轮胎爆破试验等重大试验课题 82 项;空速校准试飞、失速试飞、大侧风试飞、最小离地速度试飞、颤振试飞、高速特性试飞、动力装置试飞、起落架应急放、高原特性试飞、高温高湿试飞、自然结冰试飞、溅水试验、排液试验、载荷试飞、起落架摆振试飞、功能可靠性试飞等一批关键试飞科目的技术难关,在 CAAC和 FAA 的目击下完成了相关试验、试飞的适航验证,其中填补了国内多项技术空白,大大地提高了我国飞机试验试飞技术水平。

8.4.1　总体气动

1) 目标

总体气动专业负责 67 项 CCAR-25 部条款、25 项 CCAR-36 部条款、1 个专用条件、4 项等效安全的适航验证以及 10 个问题纪要的关闭,并编制了 10 份 CP。自 2002 年至 2014 年底,申请人与审查方试飞性能组共召开了 230 次审查会议,其中包括现场办公会、驾驶舱专题审查会、TIA 专题审查会、噪声专题审查会、试飞要求专题审查会等审查会议;讨论了 1 664 项议题,包括合格审定计划讨论审批、问题纪要的讨论签署、试飞大纲的讨论批准、试飞安全管理程序的讨论、改装方案的讨论确定、数据采集及数据处理方法的讨论、试飞员问题评述单的讨论、风险评估单的讨论审批等;会议上根据讨论情况确立行动项目,总计 915 项行动项目全部完成。

从 2012 年 2 月 14 日取得 TIA 至 2014 年 11 月 8 日完成"最大刹车能量"试飞,历时 2 年 10 个月 23 天,完成了全部 21 个性能试飞科目、60 个操稳试飞科目和 3 个驾驶舱评估试飞科目的验证工作;自 2014 年 10 月 24 日开始,截至 2014 年 12 月 16 日,105 架机 F&R 专项试飞共计完成 81 架次/171 飞行小时 23 分钟(轮挡时间),空中飞行时间为 145 飞行小时 52 分钟,完成了至少 150 飞行小时的专项模拟运营功能可靠性试飞;从 2014 年 5 月至 2014 年 11 月完成了最小机组工作量 MOC8 试验、飞控系统故障飞行品质评定 MOC8 试验、不可控高推力(UHT)MOC8 试验、最小重量 MOC8 试验以及 FD 指引起飞 MOC8 试验,共 5 项 MOC8 试验。

至 2014 年 12 月 21 日,试飞性能组已审查了申请人提交的全部适航符合性报告,均已批准。经审查,确认性能、操稳、载重与平衡、噪声、驾驶舱和最小机组工作量、功能可靠性、结冰、RVSM、飞行手册及其他试飞性能组负责符合性验证工作满足其审定基础要求,无不符合项或遗留问题。为 ARJ21-700 飞机取得 CAAC 颁发 TC 证作出了巨大贡献。

(1) 总体设计:开展适航条款验证工作[延迟运行(ETOPS)设计分析,如返场着陆能力,应急撤离能力,客舱布局,水上迫降漂浮特性,适航噪声,运行类型,驾驶舱,人为因素,外部标记,发动机/辅助动力装置(APU)转子爆破,轮胎爆破,应急出口等];进行机场适应性分析。

(2) 气动、性能:配合试飞测试和数据分析。

(3) 重量:全机地面称重符合性方法(MOC5)试验,编制重量平衡手册,载重平衡适航符合性验证。

(4) 载荷:完成试飞载荷验证。

(5) 构型管理:确定产品基线,完成服务产品符合性评估工作,试飞构型管理,确定交付机构型,在役构型管理要求和工作流程。

2) 主要工作

(1) 完成包括外部喷漆、外部标记、应急出口等各项机上检查。

（2）完成各项符合性报告编制和批准。

（3）开展驾驶舱静暗设计优化、维修性设计优化等工作。

（4）完成飞行机组应急出口地面试验。

（5）完成操纵器件相对驾驶员座椅布置地面试验。

（6）完成轮胎爆破试验。

（7）完成通风窗开启试飞试验。

（8）完成晴天视界试飞。

（9）完成机组工作量试飞。

（10）完成飞机机头外形更改设计工作。

（11）完成方向舵修形工作。

（12）完成静力试验机 2.5g 试验前后的水平测量变形分析工作。

（13）完成配平量过大问题攻关外形测绘分析工作。

（14）编写 ARJ21－700 飞机 RVSM 区域波纹度分块论证报告及波纹度测量方法论证报告，制订 RVSM 区域波纹度要求及编制 RVSM 区域波纹度检查程序工作。

（15）设计 ARJ21－700 飞机多种格栅及舱门导流条外形，防止出现全机排液问题。

（16）测量前起落架数据，分析飞机地面滑行偏航问题测量数据，排除前起落架不对称引起的飞机地面滑行偏航因素。

（17）编写 ARJ21－700 飞机定水平设施符合性报告、检查大纲及符合性说明报告。

（18）试飞改装项的重量控制。

（19）全面的性能校核计算工作。为 ARJ21－700 飞机的首飞和试飞提供数据依据，为飞行手册、机组操作手册等出版物的性能部分提供性能数据支持，同时供相关专业参考使用。

3）技术攻关

（1）翼梢小翼优化设计。

（2）翼身整流鼓包和襟翼支臂整流罩修型气动设计。

（3）静压孔/攻角传感器/全压探头安装优化。

（4）动力装置结冰符合性机体冰脱落问题攻关。

（5）用于结冰风洞试验的混合翼设计关键技术。

（6）风洞试验数据修正体系的建立和完善。

（7）大迎角深失速特性风洞试验研究及改善。

（8）抖振边界的风洞试验确定以及新试验技术的采用。

（9）失速特性的探索和改善研究。

（10）机头外形设计更改攻关。

（11）103 架机配平量过大问题攻关。

（12）详细设计阶段全机超重问题。

（13）全机重心控制问题。

（14）机组工作量。

（15）中央操纵台更改。

（16）通风窗开启。

（17）驾驶舱眩光。

（18）尾翼维修性。

（19）后设备舱维修性。

（20）空勤氧气瓶区域安全性机上检查。

（21）全机可燃液体排放。

（22）机翼前后缘电缆布置。

（23）吊挂布置。

（24）客舱压抑。

（25）单发引气防冰设计更改。

（26）机身等直段加长两个段框问题。

8.4.2 结构设计

1）目标

2008 年 8 月 101 架机进入试飞站，至 2014 年取得型号 TC 证期间，结构专业主要围绕：

（1）102、103、104 三架试飞机生产制造问题处理。

（2）101～104 四架试飞机试飞期间故障处理及优化工作。

（3）CCAR - 25 部结构强度条款的适航符合性验证工作，涉及 20 条适航规章，43 项符合性验证试验，符合性报告共计 267 份。

本阶段，结构专业主要目标为支持静力试验、各科目试飞，完成相关适航验证工作。

2）主要输入

（1）各类制造单据，如 FRR、询问单、代料单等。

（2）适航验证大纲。

3）工具和方法

软件：CATIA 等。

4）主要工作

（1）协助试飞、试验，处理各类故障。

（2）根据试飞、试验暴露的各类设计问题，优化结构设计。

机体结构专业相关的试飞、试验故障有：襟翼端板裂纹、前起落架应急放故障、主起落架接头裂纹、尾翼整流罩列裂纹、翼身整流罩支架裂纹、龙骨梁 2.5g 故障、中央翼上壁板长桁裂纹等。

（3）完成持续适航手册编制。

完成结构修理手册（SRM），参与无损检测手册等。

（4）完成适航验证工作。

主要完成各部段闪电防护试验及报告、结构可达性机上检查、紧固件机上检查、油箱密封性试验、舱门耐久性试验、排液机上检查、机头鸟撞、驾驶舱门安保、短舱防火试验、舱门噪声测定等验证工作。

5）关键输出

（1）SRM 手册。

（2）各类适航符合性分析报告、符合性试验报告。

（3）各类故障归零报告。

8.4.3　强度设计

8.4.3.1　载荷计算

1）动载荷模型修正

该阶段完成地面共振试验后须对动载荷有限元模型进行修正，使其更加真实地反映飞机结构的动力学特性。

表 8.4 至表 8.7 列出了模型修正后主要部件模态分析结果与 GVT 试验测试结果对比。

表 8.4　机翼 GVT 试验结果与模型修正后分析结果对比

机　翼			
模 态 振 型	GVT 试验结果/Hz	动模型分析结果/Hz	偏差/%
对称一阶弯曲	3.078	3.031	−1.527
反对称一阶弯曲	4.042	4.085	1.064
对称二阶弯曲	9.92	9.954	0.343
反对称二阶弯曲	12.353	12.342	−0.089
对称扭转	20.221	20.062	−0.786
反对称扭转	19.871	19.601	−1.359

表 8.5　机身 GVT 试验结果与模型修正后分析结果对比

机　身			
模 态 振 型	GVT 试验结果/Hz	动模型分析结果/Hz	偏差/%
水平一阶弯曲	8.423	8.186	−2.814
垂直一阶弯曲	8.989	8.985	−0.044
机身扭转	20.332	21.129	3.920

表 8.6　垂尾 GVT 试验结果与模型修正后分析结果对比

垂　尾			
模 态 振 型	GVT 试验结果/Hz	动模型分析结果/Hz	偏差/%
一阶弯曲	2.978	2.990	0.403
二阶弯曲	32.769	31.939	−2.533
扭　　转	3.71	3.601	−2.938

表 8.7　平尾 GVT 试验结果与模型修正后分析结果对比

平　尾			
模 态 振 型	GVT 试验结果/Hz	动模型分析结果/Hz	偏差/%
反对称一阶弯曲	3.512	3.601	2.534
对称一阶弯曲	5.204	5.258	1.038
反对称二阶弯曲	20.002	19.532	−2.350
对称二阶弯曲	25.098	24.667	−1.717
反对称扭转	28.209	29.402	4.229
对称扭转	30.393	30.951	1.836

根据 GVT 试验结果修正动力分析模型后,各部件主要模态,与 GVT 试验测试结果相比,差异在 5% 以内。可以认为修正后的有限元模型较真实地反映了飞机的结构动力学特性。

采用 GVT 试验修正后的动载荷模型,对发图后动载荷进行了全面的分析,并补充了小部件载荷,如活动面载荷。同时在该阶段,由于起落架供应商对起落架参数进行了调整,因此,最终的载荷考虑了模型修正的影响和起落架参数变化的影响。GVT 试验后完成了动载荷报告 22 份。

2) 全机风车响应载荷分析

风车响应载荷计算的目标是计算供结构、系统和驾驶舱评估使用的过载和载荷数据。这是飞机强度设计中必须考虑的一个部分,是评估飞机能否安全转场飞行的依据。

飞机风车载荷计算的输入激励为发动机供应商提供的风车界面载荷。计算工况由机体和发动机的构型决定,包括了发动机叶片飞出角度,左发和右发失效,各飞行阶段下的商载和油载,卸载螺栓完好或者失效等工况。完成风车响应载荷报告 1 份。

3) 飞机振荡故障载荷分析

飞机振荡故障是指由主飞控系统故障后引起的舵面非指令性振荡,在该阶段进行了详细的振荡载荷分析模型建模和研究工作,完成了 ARJ21 - 700 飞机振荡载荷分析、强度分析和振荡载荷监控曲线设计,确保了飞机结构不会被振荡载荷破坏,满足了适航规章要求。完成了相关载荷报告 4 份,强度报告 9 份。

8.4.3.2 地面载荷计算

1) 地面静载荷计算

本阶段重点攻克了主起落架过载系数不满足设计要求的技术难题。2008 年 10 月至 2009 年 3 月,LLI 重新进行了 4 种典型工况的限制落震试验及储能落震试验,试验结果表明主起落架过载系数超出了 1.5 的设计要求。由于强度专业的所有计算分析和静力试验均基于 2500AB0005_07(D3 轮),该轮载荷中过载系数均小于 1.5,因此不能接受增大后的新载荷,需要 LLI 进行参数优化,使过载系数满足 1.5 的设计要求。

主起落架过载系数超过 1.5 的问题是由于供应商 LLI 的主起落架缓冲器设计不满足要求造成的。强度专业在 2009—2012 年间,经与 LLI 多次讨论研究,认为在当前状态的基础上,不可能通过简单更改起落架参数来达到 D3 轮起落架载荷(三轮半)水平。总师系统决定用增大后的载荷对机体结构进行强度分析评估。如现有机体结构仍能满足强度要求,则同意采用增大后的载荷作为取证载荷。

在强度专业做了大量评估工作后,2012 年 3 月局方终于同意采用 H2 轮载荷作为最终取证载荷。但在 2012 年 10 月,LLI 又提出了主起落架在低温下缓冲器行程不足的问题,导致 H2 轮载荷再次受到影响。为解决主起落架低温行程不足的问题,一种解决方案是将主起落架缓冲器初始充气压力从 21 bar① 重新恢复至 24 bar,双方重新评估 24 bar 下的载荷和强度。强度专业于 2013 年 4 月底完成了新一轮(H2F 轮)载荷的初步评估工作,共完成地面静载荷计算报告 5 份。最终总师系统决定采用 H2F 轮起落架载荷作为最终取证载荷,2013 年 5 月现场办公会上,向局方做了汇报,并得到了局方的基本认可。强度专业按 H2F 轮起落架载荷,更新了机体地面载荷。2013 年 9 月报告获得了 CAAC 批准。

2) 地面疲劳载荷计算

本阶段完成了详细设计发图后疲劳载荷计算和 H2F 轮疲劳载荷计算,发图后疲劳载荷分析,飞行任务剖面有所变化,增加了 1 小时飞行任务剖面。计算采用的重量数据均为发图后的重量,起落架地面疲劳载荷由强度专业自行计算,起落架参数取自 LLI 的 D3 轮起落架载荷报告。该轮载荷也是全机疲劳试验用的载荷,得到了局方的认可。因 H2F 轮静载荷问题,导致疲劳载荷也发生相应变化,因此对起落架地面疲劳载荷和机体疲劳载荷进行了更新。共完成地面疲劳载荷计算报告 6 份。

8.4.3.3 机体强度分析与验证工作

1) 机体静强度分析工作

根据全机静力试验结果,强度专业完成了 ARJ21 - 700 飞机全机有限元模型验证。在模型验证过程中,强度专业与局方进行了多轮沟通,就全机有限元模型验证

---

① bar 为压强单位,1 bar＝10^5 Pa。——编注

要求和验证标准达成了一致,形成了 ARJ21-700 飞机的全机有限元模型验证标准,标准要求试验与计算数据的比值在 0.9~1.1 范围内。通过 ARJ21-700 飞机全机有限元模型计算结果与全机静力试验结果比较表明:ARJ21-700 飞机全机有限元模型简化合理准确,能够很好地模拟飞机结构的真实传力工况,误差在可接受范围内,可供强度校核使用。ARJ21-700 飞机有限元模型验证报告获得 CAAC 和 FAA 批准。

随着 ARJ21-700 飞机全机疲劳试验和高强度试飞活动的开展,暴露出了多个棘手而又复杂的结构细节设计问题,而全机有限元模型的特点使其不适用于这些细节问题的分析,精细模型成为解决问题最有效和最高效的技术途径。为此,建立了 ARJ21-700 飞机全机级精细有限元模型,用于快速处理试飞及全机疲劳强度试验过程中出现的问题,在全机疲劳试验故障攻关分析中起到了关键性作用。通过精细模型分析发现结构设计中的不合理部位,复现试验和试飞过程中的各项结构故障,优化结构布置及细节设计,快速解决了全机结构强度试验和飞行试验中的各项故障问题。

机体结构静强度专业完成了包括机身、机翼、尾翼及系统结构相关静强度报告、疲劳强度报告、H2 轮载荷评估报告、试验报告、结构修理手册强度分析报告、条款综述报告等取证支持报告 480 余份。

2) 全机极限载荷静力试验

首飞前完成了全机 14 项共计 124 个工况的限制载荷静力试验,首飞后,ARJ21-700 飞机完成全机极限载荷试验共 29 项共计 154 个工况,截至 2011 年 4 月 9 日全机及部件所有静力试验全部完成,为放开试飞包线提供了数据支持。同时完成全机及部件静力试验报告和分析报告编制,并得到局方批准,为 ARJ21 取得 TC 证奠定了基础。

首飞后静力试验项目、载荷工况及完成时间如表 8.8 所示。

表 8.8　首飞后 ARJ21-700 飞机静力试验工况表

项目序号	试验项目名称	载荷工况名称	载荷工况	完成时间
1	机身气密舱充压试验	增压载荷($2\Delta P$)(后应急门结构更改)	限制载荷	2009-7-9
		增压载荷($2\Delta P$)	极限载荷	2009-7-31
2	机翼油箱舱充压试验	最大充压空气压力(125%)	限制、极限载荷	2009-8-21
3	副翼静力试验	副翼 RL00812011VD1E2 滚转工况	极限载荷	2010-8-19
		副翼 RL0207321VD2E2 滚转工况	极限载荷	2010-8-20
		副翼 18g 惯性载荷工况	限制、极限载荷	2010-8-20

（续表）

项目序号	试验项目名称	载荷工况名称	载荷工况	完成时间
4	扰流板静力试验	地面扰流板 GSSFZD 工况	极限载荷	2010 - 9 - 15
		1 号扰流板 GSSFZD 工况	极限载荷	2010 - 9 - 16
		2 号扰流板 GSSFZD 工况	极限载荷	2010 - 9 - 17
		1 号扰流板 GSJSB30_335 工况	极限载荷	2010 - 9 - 20
		2 号扰流板 GSJSB34 工况	极限载荷	2010 - 9 - 21
		3 号扰流板 GSSFZD 工况	极限载荷	2010 - 9 - 21
		地面扰流板 18g 惯性载荷工况	极限载荷	2010 - 9 - 21
		1 号扰流板 18g 惯性载荷工况	极限载荷	2010 - 9 - 23
		2 号扰流板 18g 惯性载荷工况	极限载荷	2010 - 9 - 23
		3 号扰流板 18g 惯性载荷工况	极限载荷	2010 - 9 - 24
		3 号扰流板 GSJSB34 工况	极限载荷	2010 - 9 - 24
		3 号扰流板 GSJSB45 工况	极限载荷	2010 - 9 - 24
5	尾翼静力试验	尾翼 PH060001262E 偏航工况	极限载荷	2010 - 8 - 19
		尾翼 RL0812011VC1E1 滚转工况	极限载荷	2010 - 8 - 19
6	襟翼静力试验	襟翼 SP1111F7112E 工况	极限载荷	2010 - 11 - 27
		襟翼子翼 SP1111F7114E 工况	限制、极限载荷	2010 - 11 - 30
		襟翼 SP1111F7114E 工况	极限载荷	2010 - 12 - 10
7	方向舵静力试验	方向舵 36g 惯性载荷工况	极限载荷	2010 - 9 - 9
		方向舵 PH011201182ER 工况	极限载荷	2010 - 9 - 23
		方向舵 EF050001183E 工况	极限载荷	2010 - 9 - 28
8	升降舵静力试验	升降舵 SP0510012VD3E 工况	极限载荷	2010 - 9 - 11
		升降舵 18g 惯性载荷工况	极限载荷	2010 - 9 - 3
9	全机静力试验	全机稳定俯仰负 1g 工况 SP0102011VA1E	极限载荷	2009 - 10 - 15
		全机偏航机动工况 PH011201262E	极限载荷	2009 - 11 - 2
		全机最大垂直力着陆工况 2DV2S0N9D	极限载荷	2010 - 10 - 21
		全机侧偏着陆工况 2DR2U0N9F	极限载荷	2009 - 11 - 2
		全机稳定俯仰 2.5g 工况 SP0102412VD3E	限制载荷	2010 - 6 - 20
			极限载荷	2010 - 6 - 28

（续表）

项目序号	试验项目名称	载荷工况名称	载荷工况	完成时间
10	前起落架安装交点区静力试验	前起落架安装交点区 2YA0S0NR 工况	限制、极限载荷	2010 - 8 - 27
		前起落架安装交点区 2LB2S0V1 工况	限制、极限载荷	2010 - 9 - 6
		前起落架安装交点区 2W70P0U 工况	限制、极限载荷	2010 - 9 - 1
		前起落架安装交点区 2LU2S0V9 工况	限制、极限载荷	2010 - 9 - 7
11	吊挂静力试验	发动机吊挂动着陆工况	限制、极限载荷	2010 - 11 - 16
		发动机吊挂垂直突风	限制、极限载荷	2010 - 11 - 17
		发动机吊挂扭矩工况	限制、极限载荷	2010 - 11 - 18
		发动机吊挂向前 9g	限制、极限载荷	2010 - 11 - 19
12	翼梢小翼静力试验	翼梢小翼 OT0105012VD1E 工况	118%极限载荷	2010 - 9 - 26
		翼梢小翼 PH010501152S 工况	118%极限载荷	2010 - 9 - 29
13	前缘缝翼静力试验	前缘缝翼 SP1211S5122E 低速工况	极限载荷	2011 - 2 - 16
		前缘缝翼 SP0102412VD3E 高速工况	101.7%极限载荷	2011 - 2 - 25
14	主起落架安装交点区静力试验	主起落架安装交点区 2TG0P0UR 工况	极限载荷	2011 - 1 - 6
		主起落架安装交点区 2DU2P0U9 工况	极限载荷	2010 - 12 - 29
		主起落架安装交点区 2CB2S0V1 工况	极限载荷	2010 - 12 - 31
		右主起上位锁工况	限制载荷	2011 - 1 - 11
			极限载荷	2011 - 1 - 12
15	雷达罩连接结构静力试验	雷达罩连接结构地面停机时迎风载荷工况	限制、极限载荷	2010 - 10 - 1
		雷达罩连接结构地面停机时侧风载荷工况	限制、极限载荷	2010 - 10 - 1
		雷达罩连接结构 SP010451VC1 工况	限制、极限载荷	2010 - 10 - 4
		雷达罩连接结构 VG030732VD＋ 工况	限制、极限载荷	2010 - 12 - 17
		雷达罩连接结构 PH111262S 工况	限制、极限载荷	2010 - 12 - 18

（续表）

项目序号	试验项目名称	载荷工况名称	载荷工况	完成时间
16	RAT 门静力试验	RAT 门气动吸力 P1 工况	限制、极限载荷	2011-3-2
		RAT 释放冲击载荷 P2 工况	限制、极限载荷	2011-3-2
		电源中心支架应急着陆侧向 4g 工况	限制、极限载荷	2011-3-10
17	电源中心支架静力试验	电源中心支架动着陆向下最大载荷工况	限制、极限载荷	2011-3-11
		电源中心支架应急着陆向前 9g 工况	限制、极限载荷	2011-3-12
18	主起舱门静力试验	主起舱门俯仰机动工况	限制载荷	2011-3-8
		主起舱门俯仰机动工况	极限载荷	2011-3-9
		主起舱门打开状态 2 工况	限制、极限载荷	2011-3-9
19	试验行李箱连接接头静力试验	行李箱连接接头侧向接头向左 3g 工况	限制、极限载荷	2011-3-6
		行李箱连接接头侧向接头向右 3g 工况	限制、极限载荷	2011-3-6
		行李箱连接接头垂向接头向下 8.7g 工况	限制、极限载荷	2011-3-6
20	厨房、卫生间连接接头静力试验	前卫生间与机身壁板连接 1♯ 接头	限制、极限载荷	2011-3-21
		厨房 2 与地板连接 2♯ 接头向前 9g 工况	限制、极限载荷	2011-3-22
		厨房 2 与地板连接 5♯ 接头向前 9g 工况	限制、极限载荷	2011-3-23
		厨房 1 与机身壁板连接的 1 号接头	限制、极限载荷	2011-3-24
		厨房 1 与机身壁板连接的 3 号接头	限制、极限载荷	2011-3-24
		厨房 2 与地板连接的 4 号接头向前 9g 工况	限制、极限载荷	2011-3-24
		厨房 2 与地板连接的 4 号接头侧向 3g 工况	限制、极限载荷	2011-4-7
21	水箱支架静力试验	水箱支架地面载荷向前 2.1g 工况	限制、极限载荷	2011-3-4
		水箱支架动载荷向下 7.75g 工况	限制、极限载荷	2011-3-4
		水箱支架侧向 3g 工况	限制、极限载荷	2011-3-4

（续表）

项目序号	试验项目名称	载荷工况名称	载荷工况	完成时间
22	APU 安装静力试验	APU 本体安装动态着陆工况	限制、极限载荷	2011-2-28
		APU 消音器安装动态着陆工况	限制、极限载荷	2011-1-19
		APU 本体安装应急着陆工况	限制、极限载荷	2011-3-1
		APU 消音器安装应急着陆工况	限制、极限载荷	2011-1-25
23	座椅连接静力试验	座椅连接侧向 4g 工况	限制、极限载荷	2011-3-15
		座椅连接向前 9g 工况	限制、极限载荷	2011-3-16
		座椅连接向前 12g 工况	限制、极限载荷	2011-3-16
24	前起舱门静力试验	前后门关闭工况	限制、极限载荷	2011-3-29
		前门偏转工况	限制、极限载荷	2011-3-30
		后门偏转工况	限制、极限载荷	2011-3-31
25	翼身整流罩静力试验	翼身整流罩严重载荷工况 1	限制、极限载荷	2011-3-31
		翼身整流罩严重载荷工况 2	限制、极限载荷	2011-3-25
26	顶升、系留静力试验	后机身千斤顶垫及局部结构的严重工况	限制、极限载荷	2011-4-5
		前机身（辅助）千斤顶垫及局部结构的严重工况 1（前重心）	限制、极限载荷	2011-4-3
		前机身（辅助）千斤顶垫及局部结构的严重工况 2（前重心）	限制、极限载荷	2011-4-2
		左机翼系留点	限制、极限载荷	2011-4-7
		后机身系留点	限制、极限载荷	2011-4-4
		机翼千斤顶垫及局部结构的严重工况	限制、极限载荷	2011-4-9
27	机头（501 构型）气密充压试验	增压载荷（2ΔP）	限制载荷	2009-4-2
			极限载荷	2009-4-2
28	升降舵内作动器后梁连接支架补充静力试验	SP0510012VD3E 工况的限制和极限载荷静力试验	限制、极限载荷	2011-6-7
		SP0112012VA1E 工况的限制和极限载荷静力试验	限制、极限载荷	2011-7-4

除机体结构静力试验外，还完成了如下系统结构静力试验，详见表 8.9。

表 8.9 系统结构静力试验

序　号	试　验　名　称	研　制　阶　段
1	短舱锁扣静力试验	试飞取证阶段
2	进气道内壁板连接接头静力试验（新增目击）	试飞取证阶段
3	反推力格栅静力试验	试飞取证阶段
4	发动机安装节静力试验	试飞取证阶段
5	短舱进气道鸟撞试验	试飞取证阶段
6	FBO 试验	试飞取证阶段
7	机头雷达罩静强度试验	试飞取证阶段
8	机头雷达罩许用值试验	试飞取证阶段
9	襟翼作动器静强度试验	试飞取证阶段
10	缝翼作动器静强度试验	试飞取证阶段
11	驾驶杆静力试验	试飞取证阶段
12	方向舵脚蹬静力	试飞取证阶段
13	减速手柄、襟缝翼手柄静力试验	试飞取证阶段
14	地面扰流板作动器静力试验	试飞取证阶段
15	多功能扰流板作动器静力试验	试飞取证阶段
16	方向舵作动器静力试验	试飞取证阶段
17	升降舵作动器静力试验	试飞取证阶段
18	副翼作动器静力试验	试飞取证阶段
19	水平安定面作动器静力试验	试飞取证阶段

8.4.3.4　动强度分析与验证工作

1) 抗鸟撞分析与验证工作

在 ARJ21-700 飞机首飞前，强度专业对部分结构进行了鸟撞初步分析，但未开展任何鸟撞研发试验，初步分析结果均表明结构可以满足鸟撞要求。但在验证试验前为了确保验证试验顺利通过，特开展了研发试验，研发试验详见表 8.10。

表 8.10 鸟撞研发试验

序　号	试　验　名　称	研　制　阶　段
1	机头鸟撞第一次研发试验	试飞取证阶段
2	机头鸟撞第二次研发试验	试飞取证阶段
3	机头鸟撞第三次研发试验	试飞取证阶段
4	机头鸟撞第四次研发试验	试飞取证阶段
5	机头鸟撞第五次研发试验	试飞取证阶段
6	机头鸟撞第六次研发试验	试飞取证阶段
7	机头鸟撞第七次研发试验	试飞取证阶段

（续表）

序　号	试　验　名　称	研　制　阶　段
8	机翼鸟撞第一次研发试验	试飞取证阶段
9	机翼鸟撞第二次研发试验	试飞取证阶段
10	平尾鸟撞第一次研发试验	试飞取证阶段
11	平尾鸟撞第二次研发试验	试飞取证阶段
12	平尾鸟撞第三次研发试验	试飞取证阶段
13	平尾鸟撞第四次研发试验	试飞取证阶段
14	平尾鸟撞第五次研发试验	试飞取证阶段
15	平尾鸟撞第六次研发试验	试飞取证阶段
16	平尾鸟撞第七次研发试验	试飞取证阶段
17	平尾鸟撞第八次研发试验	试飞取证阶段
18	垂尾鸟撞第一次研发试验	试飞取证阶段
19	垂尾鸟撞第二次研发试验	试飞取证阶段
20	垂尾鸟撞第三次研发试验	试飞取证阶段

首先开展的机头摸底试验结果表明并非像分析结果一样，三次试验均发生了穿透性破坏。机头试验的失败证明了前期未经过试验修正的鸟撞分析是不可靠的。针对这个技术，我们采取了边分析、边试验、边修正的方法。建立不同网格形式和尺寸的鸟撞分析模型、对每一个可能影响结果的参数反复调整，细致研究，考察参数的灵敏度。另外，并行同步开展研发试验，获取试验参数并结合理论分析结果反复进行调整和修正。期间，共完成研发试验 20 多次，建立了含机头、机翼前缘（包括内、中、外三段）、平尾前缘、垂尾前缘几大部位在内的 6 大复杂结构鸟撞动力学模型。

针对适航验证无技术积累可借鉴的问题，经过多方咨询和信息获取，借鉴国内外公司的成熟经验，并结合 ARJ21 - 700 飞机的实际情况和研制要求，最终制定出了 ARJ21 - 700 飞机鸟撞适航验证的"三结合"原则，即"结构安全与系统安全相结合，理论分析与研发试验相结合、总体布置与评判标准相结合"。

针对抗鸟撞适应性更改设计问题，ARJ21 飞机几大部位结构抗鸟撞更改设计主要依托于鸟撞仿真分析进行。即依靠有效的鸟撞仿真分析方法逐步、反复修改设计方案，在最终方案确定之前不进行任何实质性的实物生产或物理试验。这样一方面可以避免设计-加工-试验-再重新设计过程的盲目性带来的周期延误；另一方面也可以大大减少试验件生产加工等带来的不必要的物质浪费。

ARJ21 - 700 飞机完成的鸟撞验证试验详见表 8.11。

表 8.11　鸟撞验证试验

序　号	试　验　名　称	研　制　阶　段
1	机头鸟撞第一点验证试验	试飞取证阶段
2	机头鸟撞第二点验证试验	试飞取证阶段
3	机头鸟撞第三点验证试验	试飞取证阶段
4	机头鸟撞第四点验证试验	试飞取证阶段
5	机翼鸟撞第一次验证试验	试飞取证阶段
6	机翼鸟撞第二次验证试验	试飞取证阶段
7	机翼鸟撞第三次验证试验	试飞取证阶段
8	平尾鸟撞第一次验证试验	试飞取证阶段
9	平尾鸟撞第二次验证试验	试飞取证阶段
10	垂尾鸟撞第一次验证试验	试飞取证阶段
11	垂尾鸟撞第二次验证试验	试飞取证阶段
12	机头蜂窝板鸟撞补充验证试验	

2) 燃油管路坠撞分析工作

ARJ21 - 700 飞机燃油管路对 CCAR25.993(f)、25.994 等条款的符合性工作根据 FAA 的问题纪要草稿及其他相关适航资料,研究 25.993(f) 及 25.994 条款要求,初步确定了技术思路,即通过对含有燃油管路的机身结构进行动力学有限元建模及坠撞仿真分析,获取坠撞工况下的燃油管路载荷,进而对导管结构进行强度校核,确定是否产生燃油泄漏,完成对条款的符合性验证。经过多轮次的条款研究以及和国外专家的详细讨论,对燃油管路适坠性要求理解不断深入,最终在 2012 年 8 月编制完成了具体分析及验证工作总体方案。采取"分析/计算"的符合性方法,表明金属构型燃油管路在坠撞下不会破坏,产生燃油泄漏引起火灾,能够满足相关条款的要求。针对 ARJ21 - 700 飞机,建立总体动力学有限元模型及柔性接头细节有限元模型,总体动力学有限元模型(含燃油导管全局模型)用于计算机身变形破坏、燃油导管应力应变及柔性接头载荷等;柔性接头细节有限元模型用于柔性接头的刚度计算及强度校核。

在进行燃油管路强度分析工作的过程中,与审查方就相关工作实施情况进行了多次汇报沟通,包括条款适航要求理解、技术工作方案制定、坠撞工况定义、不同工况筛选、有限元建模以及多轮仿真计算结果等多方面内容,最终在 2014 年 4 月,工况筛选报告和计算分析报告获得了审查方批准,完成了全部攻关工作。

8.4.3.5　声疲劳分析与试验工作

关于声疲劳工作,在此阶段完成了声疲劳考核部位的确定。参考国内外的相关文献,结合 ARJ21 - 700 飞机的噪声分布以及飞机构型上的特点,经过筛选,终于确定了全机声疲劳考核部位,即中后机身钛合金侧壁板。这一考核部位的确立,是整个声疲劳验证过程中具有里程碑意义的一个节点。从此之后,声疲劳适航验证转入试验攻关阶段。

由于 ARJ21-700 飞机选取的考核区面积比较大,而局方要求试验件所覆盖的区域大于考核区,以消除边界效应的影响。这就带来了一系列的问题,第一个便是试验单位的行波管太小,不能满足试验要求的问题。因此,设计人员一边设计试验件图纸,一边与试验单位协调,设计全新的行波管,而为了与行波管相连,又专门设计增加了一个过渡段夹具与试验件相连。最终试验件图纸在 2010 年完成最终设计,并获得适航代表批准。

从 2010 年到 2011 年,在非常紧张的试飞周期之下,完成了声载荷地面测试和 6 个架次的空中测试工作,获取了声疲劳适航验证工作最重要的输入条件。

声疲劳验证试验,总时间长达数年。而且声疲劳试验成本高昂,受到国外的技术封锁影响,试验设备也是国内仅有的,一旦损坏,将导致我们的试验无法继续完成。为了降低风险,节约成本,必须对试验进行加速。经过与局方反复沟通,最终确定,专门开展一个试验,来验证加速方案的可行性,并确定加速中的一些参数。

从 2013 年年初到下半年,两件钛合金壁板声疲劳试验在局方的目击下顺利完成。

8.4.4 疲劳分析与验证工作

8.4.4.1 疲劳与损伤容限分析工作

试飞取证阶段,疲劳载荷更新为三轮半,强度专业对所有的结构进行了疲劳分析,共发出疲劳分析报告 129 份,2014 年 10 月,所有的疲劳分析报告都得到局方的批准。

2012 年,强度专业完成了全机所有 PSE 结构的损伤容限分析,共 114 份,在具体的损伤容限分析过程中,总结出了 ARJ21-700 飞机金属结构的损伤容限分析实施方法,包括损伤容限分析对象、分析的部位、典型结构的开裂模式、初始裂纹的假设、可检裂纹尺寸的确定、损伤容限分析的步骤分散系数的确定及分析结果等,详见《ARJ21-700 飞机结构损伤容限分析实施方法》。

2012 年 8 月份开始,局方开始对损伤容限分析方法进行适航审查,强度专业先向局方介绍了 NASGRO 软件的情况、分析的思路、分析结果的研发试验验证及可靠性程度、具体的算例等,紧接着,局方对申请人编制的损伤容限分析方法进行了具体的审查,给出了相应的审查意见,内容包括剩余强度分析的具体实施、框剪切角片在损伤容限分析中的考虑、材料数据库中材料性能的替代、分散系数的取值、检查中漏检的考虑、最小缺陷的考虑等,强度专业在进行了具体的分析、向国外专家咨询、查阅了具体的资料后,给予了回答和解释。经过近一年的多次审查,2013 年 7 月份,局方同意正式开始损伤容限报告的审查,2014 年 8 月,完成所有 114 份损伤容限分析报告的适航批准。

8.4.4.2 全机及部件疲劳试验

1）全机疲劳试验

2010 年 6 月底,静力试验全部完成,疲劳试验机 02 架机正式交付,疲劳试验开试迫在眉睫,也受到了公司和院级领导的高度关注。强度专业梳理了试验前需要进行的工作,逐项进行清理和攻关。

（1）试验机制造偏离的评估及适航符合性。

疲劳试验机产生的 1 444 份代料单和 1 013 份超差单在适航审批之初遇到了很大的困难。局方对试验机出现如此多的超差和代料,开始明确表示不认可、不接受。强度专业在专业副总师领导下,多次与局方进行沟通和交流,充分表达自己的观点,接受局方审查代表的意见,局方的适航代表就超差和代料的评估要求和思路先后发生了多次改变,强度专业就局方的要求和意见进行了反复多次的超差和代料的分类和分析工作。最终,和局方就如何表明 02 架机的制造偏离符合构型要求达成一致,即一方面分析评估,另一方面规划相关补充试验。完成这些工作后,试验机的构型于 2010 年 8 月中旬得到了局方的批准,这项工作总共历时一年多。

（2）试验前工作的梳理和统计。

为了按照计划顺利开试,攻关组梳理出试验前需编制和提交适航审批的文件和报告,共 76 份。严格按照符合性报告要求编制,在 DER 的建议下更改完善后提交局方批准,并设专人及时汇总文件的适航批准情况和督促需修改文件的重新提交,对于审查代表提出的合理要求逐一落实,并做到举一反三,减少适航审批次数。

开试前机上的准备工作繁多,每项工作都会影响试验的正常进行,因此,必须对机上的准备工作进行梳理,做到无一遗漏。攻关组对开试前需要在飞机上实施的工作进行了逐一清理,汇总出 23 项需实施的工作,并协同 623 所逐项落实。

（3）试验加载方案。

为了使试验加载更为合理,减少加载点,便于全机加载点的协调加载和杜绝加载设备在试验周期内发生故障,在进行充分的分析后,在机身地板横梁加载和机翼、尾翼的加载方案上提出了独特的方法。

疲劳试验机的不同部位由于载荷情况的差异,采用了不同的加载方式。其中机身地板横梁的加载情况特殊,如果采用国际上通用的做法,直接在地板横梁上施加客载,需要在机身下部开口来实现,大量开口将会影响到壁板本身以及周围连接结构的传载和应力分布。为此,强度专业通过多方调研和咨询专家,最终决定采取直接加载和间接加载相结合的方法来实施。

在试验机加载装置已经搭建好的状态下,机身 SD313～SD446 共 8 个框站位的客载通过机身下部开口直接施加到地板横梁上;其余部位的客载与气动载荷、惯性载荷合并后使用胶布带-杠杆系统间接施加,并且通过分析和试验表明这些部位的加载满足整体设计要求。最终通过了 CAAC 的适航审查。

对于机翼和尾翼的加载,全机静力试验采用胶布带加载,疲劳试验考虑到周期长,胶布带的疲劳性能可能承受不了反复的加载,同时,胶布带加载时,不能正反两个方向加载,导致加载点偏多,协调加载的难度会增大,通过反复研究和讨论,最终决定机翼和尾翼采用卡板和拉压垫加载的方式,同时分析加载的位置,协调卡板加载需要打孔的空间,确保确定的控制剖面的弯矩、剪力和扭矩,最终保证机翼和尾翼的加载问题得以解决。

（4）符合性文件的适航审查。

在众多的符合性文件中,疲劳试验载荷谱方面文件的审批最为困难。

ARJ21-700 飞机全机疲劳试验为适航符合性验证试验,试验载荷谱对整个试验至关重要。试验前,局方对试验载荷谱提出了种种质疑,包括动态放大因子、离散突风问题的考虑、最小气密压差的考虑、谱中各级载荷下平衡机翼重量的考虑、发动机推力的考虑等。

强度专业一方面搜集国内外相关疲劳试验的资料,一方面咨询受 FAA 信任的专家,在国外专家的帮助下,给予了相应的解释和回答,试验载荷谱顺利通过了适航的审查。

（5）CAAC 和 FAA 的现场审查。

102 架机试验前的准备工作于 2010 年 10 月份集中展开。强度专业副总师及设计人员深入阎良试验现场,积极准备材料,现场集中办公,迎接适航审查。除了准备和编制试验文件外,还考虑 CAAC 和 FAA 在审查中可能要问到的问题,提前准备资料和报告。

中、英文版试验大纲的适航审查中,根据局方的修改意见,前后共修改了 7 版,最终提交的为 G 版。

2010 年 11 月 10 日,CAAC 进行现场集中审查,2010 年 12 月 5 日,疲劳试验机进入可以开试状态。该准备的、该想到的都一一到位。

2010 年 12 月 6 日,FAA 专家到达阎良,影子审查 CAAC 与 ACAC,623 所、上飞院提供技术支持。FAA 专家审查了全机疲劳试验大纲、参观了疲劳试验机,并提出相关问题,强度专业根据先前准备的材料及时做出了回答。通过观察 CAAC 的审查过程,FAA 对疲劳试验的准备和审查给予了很高的评价,表示 CAAC 和 ACAC 沟通越来越顺畅。

（6）试验中的数据处理。

试验开试后,现场需分析和处理来自试验过程中产生的大量数据,包括位移测量数据、静态测量应变片数据、动态测量应变片数据、试验支反力、试验载荷反馈值等。

这些数据的分析结果是试验能否继续进行的判据,分析速度直接影响试验的进度。根据现场数据的生成方式,编制了相应的处理程序,大大减少了数据比较的工作量,间接提高了试验的速度。

（7）试验故障处理。

全机疲劳试验能够暴露机体结构的薄弱部位、设计问题和制造问题等。ARJ21－700 飞机作为全新设计的飞机，这些问题不可避免地在试验中出现。

经过多次故障的处理，现场故障问题的处理总结出了一套处理的流程和办法。根据故障的类型、特点以及重要程度进行分类，重点关注关键结构的问题，尤其是影响较大的问题。

截至 2014 年 12 月 31 日，全机疲劳试验共完成 2 万次起落，根据与局方沟通，对外场飞机限制飞行次数为 6 000 飞行起落/飞行小时。

（8）全机疲劳试验载荷谱优化。

ARJ21－700 飞机 02 架全机疲劳试验在 2010 年 12 月 20 日正式开试，截至 2014 年 12 月 31 日，已经 4 年，累计完成 20 000 次起落，试验进度较慢，试验进度过慢会造成以下问题：

　　a. 延迟设计缺陷暴露时间，对飞行安全造成隐患。

　　b. 增加后期结构更改成本及航空公司运营成本。

　　c. 增加全机疲劳试验成本。

　　d. 影响型号及公司的声誉，甚至影响型号的市场份额等。

造成试验进度过慢的原因主要有两条：

　　a. 试验故障处理造成的停机时间过长，4 年里，有效的试验时间只占到 35%。

　　b. 疲劳载荷谱过于复杂，公开的资料显示，波音 B767 全机疲劳试验谱中载荷循环数平均为 52 个/飞行起落，而 ARJ21－700 飞机平均为 284 个/飞行起落。

为加快 ARJ21－700 飞机全机疲劳试验进度，COMAC 对影响试验进度的两条主要原因进行了仔细分析，制定以下方案：

　　a. 公司成立专门的 IPT 团队，团队成员包括设计人员、分析人员、工艺人员和试验人员，每一部段有专人负责，一旦出现试验故障，将 100% 的投入力量立即进行分析和处理，确保以相对短的时间完成试验故障的处理。

　　b. 对试验载荷谱进行简化，通过删除谱中对试验机各结构细节的疲劳累积损伤贡献可忽略不计的载荷循环来减少谱中载荷循环数，以此达到加速试验的目的。

关于试验载荷谱简化，强度专业在飞机取证前已开展相应的工作，包括载荷谱简化原则确定、载荷谱简化分析、研发试验方案确定、研发试验结果分析，最终形成了简化分析报告，并及时与局方代表进行了沟通和交流。

2015 年 9 月底，强度专业完成了载荷谱简化的全部工作，认为在 02 架全机疲劳试验中实施简化后的试验载荷谱时机已经成熟，特向审查组正式提出了申请，2015 年 11 月，审查组接受了该申请，并批准了修改后的试验载荷谱和试验大纲，2016 年 1 月，02 架机实施了优化后的载荷谱，相比优化前，试验速度提高了一倍。

　　2）部件疲劳试验

根据《ARJ21－700 飞机结构损伤容限和疲劳评定专项合格审定计划》的规定，

为关闭CCAR25.571条款,除全机疲劳试验外,还进行了相关的部件疲劳试验,详见表8.12。

表 8.12　部件验证试验项目清单

序号	试 验 项 目 名 称	负责单位	完成状态
1	襟缝翼及其悬挂系统疲劳试验	上飞院强度部	已完成
2	襟翼子翼疲劳与损伤容限试验	上飞院强度部	已完成
3	方向舵疲劳和损伤容限试验	上飞院强度部	正在进行
4	翼梢小翼疲劳和损伤容限试验	上飞院强度部	已完成
5	平尾操纵系统(HSTA)疲劳强度试验	PFC	已完成
6	副翼舵面操纵系统(PCU)疲劳强度试验	PFC	已完成
7	升降舵舵面操纵系统(PCU)疲劳强度试验	PFC	已完成
8	方向舵舵面操纵系统(PCU)疲劳强度试验	PFC	已完成
9	缝翼作动器疲劳试验	HSH	已完成
10	襟翼作动器疲劳试验	HSH	已完成
11	进气道A4对接法兰盘疲劳和损伤容限试验	GE	已完成
12	发动机安装节疲劳试验	GE	已完成
13	反推力格栅疲劳试验	GE	已完成
14	前起落架疲劳试验	LLI	正在进行
15	主起落架疲劳试验	LLI	正在进行
16	主起落架保险轴销疲劳试验	LLI	已完成

3) 损伤容限试验

CCAR25.571(a)、(b)条款对结构的损伤容限评定进行了要求,并指出"判明其破坏会导致飞机灾难性破坏的主要结构元件和细节设计点"对其做"进行有试验依据的分析"。AC25.571 - 1D以及《ARJ21飞机耐久性和损伤容限设计原则》和《ARJ21飞机结构损伤容限分析方法》中明确指出,损伤容限评定主要是分析性的,但必须做充分的试验,以验证分析方法,包括剩余强度分析方法和基本的裂纹扩展分析方法。

也就是说,损伤容限试验并非完全验证实际结构,而是为分析提供依据和支持,结构的损伤容限评定主要依赖分析。因此,损伤容限试验中采用经过简化的主结构元件或模拟件作为试件。

ARJ21 - 700飞机在进行疲劳和损伤容限试验规划时,全机疲劳和损伤容限试验拟进行以下两项试验:两倍设计服役目标的疲劳试验和0.5~1.0倍设计服役目标的裂纹扩展试验。其中,损伤容限试验中的剩余强度试验,规划了相应的部件试验。

2010 年 FAA 颁布了 FAR‐25‐132 修正案,需要追溯到已经取证的飞机和未取证的飞机,ARJ21‐700 飞机要取 FAA 证,就需要符合此条款,通过对条款内容的理解,结合 AC25.571‐1D 的指导意见,ARJ21‐700 飞机 02 架机拟进行三倍设计服役目标的疲劳试验,疲劳试验后,需要在全机上进行剩余强度试验或者拆毁检查以验证机体结构不发生广布疲劳损伤。由于进行过剩余强度试验或者拆毁的 02 架机已不能继续进行裂纹扩展试验,且 02 架机不再进行人工预制裂纹,因此,另外规划部件试验件进行裂纹扩展和剩余强度试验。根据和适航局方的多次交流,2012 年 12 月达成了一致意见,进行下列四项损伤容限试验:机身壁板、外翼壁板、框对接接头和前起收放作动筒接头。

适航审查过程中,局方提出对襟缝翼滑轨类似的接头要安排相应的损伤容限试验,强度专业考虑到滑轨试验的试验件设计难度较大,且后续如果需要,可以在襟缝翼疲劳试验完成后,在襟缝翼试验件上预制裂纹进行裂纹扩展试验,局方表示同意。

2014 年 7 月 7 日,四项损伤容限试验全部完成,通过试验结果和分析结果的对比,证明了分析结果是可靠的、保守的,满足适航的要求。

8.4.5　试飞工作

8.4.5.1　尾翼抖振载荷试飞监控

当 101 架机在进行失速试飞时,强度专业收到了来自 FAA 的邮件,询问是否在失速试飞的时候进行了抖振载荷的监控。因为在 2011 年 4 月,FAA 发出了 Issue Paper A‐06"Unsymmetrical Tail Loads Due to Stall Buffet"指出,失速抖振会在尾翼上产生严重的载荷,并建议对试飞进行载荷监控来确保试飞的安全。FAA 审查代表 Todd Martin 提出:"失速试飞需要进行抖振载荷的实时监控,因为对于平尾来说,抖振载荷很可能是严重的载荷。所有进行试飞的飞机,如果进行试飞的科目可能发生低速或者高速抖振都需要进行抖振载荷的监控,来确保试飞过程中发生的抖振载荷没有超过平尾设计承载能力。特别是,在失速试飞或者进行载荷试飞过程中进行拉起或收敛转弯试飞动作时,都有发生抖振的可能。"

随后,FAA 对我们提出了三个问题:

(1) 首先需要我们说明在失速试飞时,有没有在相应的试飞飞机的平尾上安装载荷测量设备。

(2) 说明在试飞过程中哪些尾翼的载荷数据会被进行监控。

(3) 要我们确认在载荷试飞过程中,我们是否会在驾驶舱内对平尾载荷数据进行监控,并说明哪些数据会被监控。

针对 FAA 的问题,强度专业进行了如下的回应:

(1) 目前申请人决定在完成失速验证试飞后,在 102 架机上增加失速抖振载荷监控测试内容。将在原有尾翼应变片布置基础上适当增加监控应变片进行载荷监控测量。

（2）申请人将根据更改后的大纲在 102 架上安排失速抖振测量，并将尾翼应变数据实时传输到地面进行遥测监控。在驾驶舱内不再进行应变数据监控。

（3）载荷试飞安排在 102 架机上进行。102 架机尾翼上已安装应变片进行载荷测试。同时，将增加应变片进行平尾滚转力矩测量。尾翼载荷测试数据不直接在驾驶舱进行监控，将传输到地面进行遥测监控。监控数据包括平尾剪力和平尾翼盒滚转力矩，将这些测试监控载荷与平尾剪力和滚转力矩限制载荷进行对比，在飞行测试数据接近限制载荷时告知驾驶员停止继续该动作飞行。

在收到 FAA 的 Issue Paper A‑06"Unsymmetrical Tail Loads Due to Stall Buffet"后，CAAC 也提出了进行抖振载荷测试监控的要求。强度专业接受了局方要求，并着手更改"振动与抖振试飞大纲"和"载荷试飞大纲"。

在最初的"振动与抖振试飞大纲"里没有测试或监控抖振载荷的内容，因为当时对 CCAR25.305(e)的理解中没有直接看出关于对抖振载荷测试监控的要求，而是认为可以通过加速度测量和航后检查来表明飞机结构设计是否满足条款要求。因此在试飞大纲《ARJ21‑700 飞机型号合格审定试飞大纲‑振动和抖振分册》里没有抖振载荷测试监控的内容。根据 FAA 的意见，我们发出了新的抖振试飞要求，主要做出了以下更改：

（1）确定 ARJ21‑700 飞机合格审定抖振载荷试飞分别在 102 架、104 架试验机上进行，其中 102 架结合结构载荷试飞并补充部分失速试飞科目，104 架结合抖振与抖振边界科目。

（2）在上述试飞科目中，需要对平尾根部剪力以及平尾中央盒段滚转力矩进行全程的实时监控，判断抖振发生时平尾载荷是否超出设计载荷包线。

根据平尾抖振载荷测量需要，确定左右平尾翼根为平尾弯矩、剪力测量剖面，并在平尾中央盒段对称轴处后梁腹板上及垂尾 9～10 肋后梁布置应变计用以监控平尾非对称载荷引起的中央翼滚转力矩。

试飞前对飞机构型进行了有效性评估，共发出评估报告 3 份。ARJ21‑700 飞机抖振载荷监控试飞结合"抖振与抖振边界"试飞，"结构载荷"试飞的飞行载荷试飞和补充的失速试飞进行，分别在 104 架机和 102 架机上完成。抖振载荷监控试飞依据振动与抖振试飞大纲《ARJ21‑700 飞机型号合格审定试飞大纲‑振动与抖振分册》817SY005‑A026 K 版在中国飞行试验研究院完成，共完成了 15 个架次的试飞。

102 架飞机于 2014 年 11 月 6 日到 2014 年 11 月 15 日在阎良机场结合载荷科目进行了 6 架次的抖振载荷表明符合性的飞行试验。

104 架飞机于 2013 年 4 月 8 日到 2013 年 5 月 3 日在阎良机场结合抖振和抖振边界科目表明符合性试飞进行了 7 架次的飞行试验，于 2014 年 11 月 28 日到 2014 年 12 月 5 日在阎良机场的结合补充失速试飞进行了两架次的失速抖振载荷监控。

　　监控的主要目的是保证试飞的安全，当在试飞过程中，平尾剪力或滚转力矩接近监控包线时，需要通知驾驶员确保试飞过程中不会超出监控包线。ARJ21-700飞机的试飞结果表明飞机的尾翼结构能够承受住抖振发生时的非对称载荷。

8.4.5.2　结构振动试飞

　　ARJ21-700飞机振动试飞是表明符合性验证试飞，该项目验证ARJ21-700飞机在任何可能的运行条件下，飞机结构满足振动要求。振动试飞的主要试飞科目包括起飞、爬升、平飞、平飞加减速、扰流板打开、转弯、常规拉起、下降、收放襟翼、着陆（含反推打开）等飞行状态。试飞内容如表8.13所示。

表8.13　振动表明符合性常规科目试飞内容

序号	高　度	空　速	备　　注
1	35 000 ft (10 668 m)	$Ma=0.76$、0.81	平飞、$\phi=30°$稳定盘旋、常规拉起$n_z=1.9$
2	33 000 ft (10 058 m)	$Ma=0.70$、0.76、0.82	平飞、平飞加减速、$\phi=30°$稳定盘旋、常规拉起（$n_z=1.9\sim2.0$、$2.2\sim2.3$）
3	27 400 ft (8 351 m)	$Ma=0.70\sim0.82$	平飞、平飞加减速、$\phi=30°$稳定盘旋、常规拉起（$n_z=2.0$、2.5）
4	26 247 ft (8 000 m)	$V_C=311$ kn、330 kn	平飞、$\phi=30°$稳定盘旋、常规拉起$n_z=2.3$
5	20 997 ft (6 400 m)	$V_C=317$ kn、330 kn	平飞
6	16 000 ft (4 877 m)	$V_C=330$ kn、360 kn	平飞、$n_z=2.5$收敛转弯
7	13 455 ft (4 100 m)	$V_C=150$ kn	襟翼0°、15°、25°，$\phi=30°$转弯
8	13 455 ft (4 100 m)	$V_C=270$ kn	$n_z=2.0$收敛转弯
9	11 483 ft (3 500 m)	$V_C=330$ kn	平飞
10	10 000 ft (3 048 m)	$V_C=150$ kn	起落架放下：襟翼15°、25°，平飞、阶跃升降舵（$n_z=1.3$）；襟翼25°，$\phi=30°$转弯
11	10 000 ft (3 048 m)	$V_C=270$ kn、300 kn、330 kn	平飞、平飞加减速、$\phi=30°$稳定盘旋、常规拉起（$n_z=2.0$、2.5）
12	——	——	滑跑、起飞、爬升、下降、着陆、收放起落架、收放襟翼

　　ARJ21-700飞机的振动试飞科目在101架机（飞机编号B-970L）上进行。飞机于2014年7月1日到2014年10月15日在阎良机场进行了14架次的振动表明

符合性的飞行试验。

ARJ21-700飞机振动表明符合性试飞按振动试飞大纲《ARJ21-700飞机型号合格审定试飞大纲-振动和抖振分册》要求完成全部试验,整个试飞过程受控,得到了垂尾、平尾、机翼、吊挂等4个区域的振动数据,试飞数据真实有效,满足试飞大纲可接受判据要求。试飞完成后试飞员评述如下:① 在试飞过程中无异常振动;② 在超过V_{MO}/Ma_{MO}速度后飞机振动有所增加,但不剧烈,减速板伸出后,振动无明显变化。同时,航后机务检查未发现任何振动引起的结构损伤。ARJ21-700飞机振动试飞表明飞机结构满足25.305(e)条款要求。

8.4.5.3　载荷试飞

1) 地面载荷试飞

ARJ21-700飞机载荷试飞是FAA的装配件制造(MOA)项之一,而且是国内开展的第一次载荷验证试飞项目,用以验证载荷分析方法的可靠性。在载荷试飞试验中,通过在机翼、尾翼、起落架选定部分站位布置应变片以及过载传感器,并在飞行前进行应变的标定,得到应变与外载荷的关系方程,试飞时通过完成一系列设计的机动动作,实测得到飞机载荷和飞行参数,再与此种状态的载荷计算结果进行对比,以此得到载荷计算的大小、计算程序正确的结论。

根据试飞大纲817SY005-004,ARJ21-700飞机地面载荷试飞开始于2014年8月13日,9月4日结束。期间完成了37 t和40.5 t两种重量、前后两种重心下的着陆和滑行载荷试飞科目,共计29架次试飞。通过分析与实测结果的对比,发现分析得到的起落架着陆载荷与实测载荷差异较大,且普遍偏小。经分析,主要原因是缺少准确的下沉速度,加上实际试飞并非是理想的对称着陆,导致分析载荷无法与实测载荷进行直接比较。将对比分析结果与原因分析向CAAC审查代表做了全面汇报,并表示地面载荷本身的验证工作已经充分且完整地表明了符合性,不需要再通过载荷试飞来进行验证。因此,提出了将地面载荷验证试飞调整为研发试飞的申请,2014年11月,CAAC同意将地面载荷验证试飞调整为研发试飞。

载荷试飞期间强度专业主要负责完成了飞控载荷标定及改装、发动机载荷试飞。按照原载荷试飞大纲的要求,对发动机及吊挂部位并无试飞要求,但2014年在FAA影子审查期间,FAA提出需要对发动机出气动载荷进行试飞验证,虽然多次表明该处载荷较小,但FAA坚持认为对于新申请人应该进行试飞验证。由于吊挂空间狭小,发动机内部已经无法布置传感器,短舱也是薄壁结构,无法进行载荷标定,即使测量出数据也无法给出载荷数值。强度专业面对这项任务,提出可以用经过静力试验验证的有限元模型进行载荷标定,这就对完成静力验证、保证偏保守的模型提出了更精确的要求。经过两周的攻关,将吊挂主传力路径上的前后梁误差调到了5%以内,方案获得了CAAC和FAA的同时认可,后续就需要紧张的传感器布置发图和改装,通过协调GE公司、试飞院、623所、上飞公司等各家单位,终于在7月底完成了所有传感器的改装和数据采集验证。强度专业事先编制试飞数据处理程序、飞行数据处理报告单、载荷试飞分析报告等，共完成了 18 架次的试飞，完成了 1TB 数据的分析，完成了试飞分析报告，并且一次获得了 CAAC 和 FAA 的批准，率先完成了载荷试飞的验证工作。结果证明在发动机处气动载荷计算较飞行保守，约为 10% 左右，而且载荷量级较小。在这一过程中对于小翼面结构的飞行载荷计算技术也进行了验证。

2) 摆振试飞

摆振试飞属于高风险试飞科目，国内没有进行过民机摆振试飞的经验，也没有可参考的资料，对于如何进行摆振试飞的要求和判据缺乏依据，中国民用适航条例中也没有针对摆振试飞的条款和标准，在前期起落架供应商和国外试飞工程师的咨询中，获得了一些国外进行摆振试飞试验的信息，但与局方提出的对于摆振试飞的要求还存在差异，因此为了进一步获取摆振试飞的信息和资料，在飞行试验中降低摆振试飞风险，顺利完成摆振试飞验证工作，需要对摆振试飞验证开展攻关。

在公司领导和总师系统的组织和协调下，与有经验的飞机制造商加拿大庞巴迪公司建立了摆振试飞技术合作。通过合作了解了庞巴迪的防摆设计和摆振验证思路及实施方法，CRJ 飞机的摆振试飞科目设置、试飞技术，为 ARJ21 摆振试飞大纲制定和试验计划安排提供了重要参考。

由于摆振试飞在国内首次进行，对试验方法、试验程序、试飞机构型控制、试验参数及试验结果没有可借鉴的试验经验，试飞院也没有进行过摆振试验，也是从零开始，需要广泛咨询和合作试飞技术，同时由于主起摆振分析有部分情况稳定裕度不够，需要有试飞数据来修正摆振分析模型。因此根据 ARJ21 - ZSJY - 12272 ARJ21 飞机总师例会的要求，进行摆振研发试飞。

根据试飞机的计划，摆振研发试飞安排在 2013 年 3 月，研发试飞试验有两个目的：① 为验证试飞摸底，摸索试验方法，摸索试验激励，摸索飞机构型控制程序，检查试验参数的完整性和试验数据处理等；② 为主起摆振分析模型的修正提供试飞试验数据。2013 年 3 月 5 日到 3 月 14 日，完成了摆振研发试验试飞改装，2013 年 3 月 15 日到 3 月 20 日，完成了摆振研发试飞试验。试飞过程中 LLI 工程师在现场进行技术支持，由于试验节点的控制，整个试验的时间和试验过程非常紧张，获得了大量的摆振板激励的试飞数据。为 LLI 的起落架摆振分析问题的解决提供了有效的试飞数据，也为起落架摆振验证试飞打下了良好的基础。

按照原先的试飞计划，摆振审定试飞将于飞行载荷试飞完成后在 102 架机上进行，分障碍物激励和单套刹车激励两大科目，共计 69 个滑行架次。加上测试改装以及试后的数据处理和试飞报告编写，局方审批，所耗时间将至少在一月以上，而留给起落架摆振审定试飞的天数不足半月。2014 年 11 月底，为了加快进程，强度专业通过深入研究摆振研发试飞报告，重新分析研发试飞加速度数据，发现 ARJ21 飞机起落架在障碍物激励下，从低速到高速都存在明显的振动响应，而"高速-大重量"则是其严酷试验状态。基于以上数据，提出了架次缩减方案，取消刹车激励和低速滑行,由原先的 69 个架次缩减为 8 个架次。2014 年 12 月 9 日顺利完成了起落架摆振合格审定试飞任务,12 月 20 日试飞报告获得局方批准。

3) 颤振相关工作

在设计分析方面,补充完成了故障失效状态下的全机颤振分析、控制律更新后的全机气动伺服弹性(ASE)分析、操纵面间隙影响的颤振分析,完成分析报告 4 份,所有报告均得到 CAAC 批准。

在风洞试验验证方面,完成了全机低速颤振风洞试验、尾翼高速颤振风洞试验和机翼高速颤振风洞试验,完成试验相关报告共计 24 份。CAAC 对模型设计、模型加工、模型地面试验、模型风洞试验的全过程均进行了符合性审查,对相关设计文件、设计图纸、试验大纲和试验报告均进行了严格的审查和批准。

在机上地面试验验证方面,完成了首飞前 101 架机全机地面共振试验、首飞前 101 架机全机结构模态耦合试验、首飞后 104 架机全机地面共振试验和首飞后 104 架机全机结构模态耦合试验,完成试验相关报告 16 份。CAAC 对试验构型评估报告、试验大纲、试验机制造符合性和试验报告均进行了严格的审查和批准,同时 FAA 也对 104 架机全机地面共振试验大纲及试验现场进行了严格的影子审查。

该阶段操纵面(副翼、方向舵和升降舵)作动器供应商还完成了作动器阻抗试验,颤振专业对试验结果进行了符合性分析和确认,完成 3 份试验分析报告,并得到 CAAC 批准。

在飞行试验验证方面,完成了 101 架机颤振飞行试验、101 架机 ASE 飞行试验和 101 架机补充气动伺服弹性(ASE)飞行试验,完成试飞相关报告 17 份,CAAC 对试飞进行了全程审查,并审查批准了试飞构型评估报告、试飞大纲和试验报告,FAA 对 101 架颤振试飞进行了严格的影子审查,针对颤振试飞大纲提出了 25 个问题,并两次来颤振试飞现场进行目击审查,最终对于 25 个问题答复、颤振试飞大纲和颤振试飞报告均表示认可,101 架机 ASE 飞行试验后,针对飞机俯仰回路 ASE 幅值裕度偏小的问题,协调航电专业和航电供应商完成了结构陷幅滤波器的设计加装,以优化改善俯仰回路 ASE 幅值裕度,并通过 101 架机补充 ASE 飞行试验验证了优化后的幅值裕度满足要求。

同时,颤振专业还完成了以下工作:

(1) 颤振试飞前完成了 101 架机的操纵面频率检查试验,该项试验为研发试验,目的是获得操纵面颤振试飞前的最新旋转频率,在此基础上进行颤振试飞安全分析评估,以确保颤振试飞安全。

(2) 针对方向舵转动惯量超标问题进行了攻关,完成了基于转动惯量和旋转频率变化影响的颤振评估、基于颤振分析和风洞试验结果的方向舵防颤振设计控制指标优化、基于颤振试飞结果的方向舵转动惯量控制指标优化、方向舵结构优化和制造工艺优化等,最终解决了方向舵转动惯量超标的问题。

(3) 完成了操纵面间隙检测方案,研发了相应的间隙检测设备,并检测获得了

101 架机操纵面的间隙情况,基于操纵面间隙检测结果补充完成了计及操纵面间隙影响的颤振分析,分析报告得到了 CAAC 批准。

（4）完成的验证试验、试飞如表 8.14 所示。

表 8.14　颤振相关试验

序　号	试　验　名　称	研制阶段
1	全机低速颤振风洞试验	试飞取证阶段
2	升降舵作动器阻抗试验	试飞取证阶段
3	方向舵作动器阻抗试验	试飞取证阶段
4	副翼作动器阻抗试验	试飞取证阶段
5	尾翼高速颤振风洞试验	试飞取证阶段
6	机翼高速颤振风洞试验	试飞取证阶段
7	101 架全机地面共振试验	试飞取证阶段
8	101 架全机结构模态耦合试验	试飞取证阶段
9	104 架全机地面共振试验	试飞取证阶段
10	104 架全机结构模态耦合试验	试飞取证阶段
11	101 架颤振试飞	试飞取证阶段
12	101 架气动伺服弹性试飞	试飞取证阶段
13	101 架补充气动伺服弹性试飞	试飞取证阶段
14	101 架颤振试飞前操纵面旋转频率检查试验(研发试验)	试飞取证阶段

4）强度专业相关条款关闭工作

条款关闭工作是取证工作中非常关键的一个环节。只有适用条款全部关闭,才表明型号适航取证工作全部完成,该型号飞机具备获得型号合格证的条件。根据专业内容和条款责任分工,强度专业主负责清理的条款有 50 个,专用条件有 3 个,另外还有配合其他专业相关条款的清理工作,是院里负责条款最多的部门之一。

条款关闭工作是一项庞大的系统工程,条款之间不是孤立的,而是相互联系环环相扣的,一个条款可能引出或者指向其他多个条款,如 25.391 操纵面载荷总则,由这个条款引出的条款就有 10 条之多。因此,要想把一个条款梳理清楚,除了需要理解本条款以外,还需要对相关联的条款有充分的理解,只有这样,才能把这个条款的验证工作梳理清楚,清理完整,确保验证工作没有遗漏。

有些条款涉及的内容非常多,如 25.305、25.571 等条款,涉及的内容有很多方面,相关的分析报告、试验报告有几百份,将报告清单清理完整尚且不容易,而且还要确认每份报告是否包含相关内容,工作量非常大。

强度专业负责的条款,尤其是和系统相关的条款,涉及的专业非常多,还涉及大量供应商的工作,协调工作量非常大。在条款清理过程中,还需和供应商进行相关工作协调。

首先在技术上,对每一个条款进行仔细研究,认真理解,吃透每个条款的验证内容和技术重点,确认条款中的哪些要求对 ARJ21－700 飞机是适用的,哪些是不适用的,在对某个条款的理解不确定、遇到技术难题时,马上组织技术讨论,集思广益,直到问题解决;其次,需要确认条款的符合性方法是否正确完整,并根据符合性方法的要求,分别清理出各类报告清单;查看每一份报告,确认报告中是否包含了条款要求的内容,根据确认的情况,确定后续需要开展的工作;最后,待验证工作完成后,和局方交流沟通,仔细讲解对条款的理解,对审查代表提出的问题进行耐心的解释,对分析报告、验证试验的相关材料进行分析说明,向局方表明所做的验证工作能够满足对条款的符合性,关闭条款。

(1) 有限元模型。

进行全机静力、疲劳试验载荷处理,静力试验状态、疲劳试验状态内力计算。根据试验结果修正全机有限元模型,进行有限元模型验证,完成全机有限元模型的适航审查工作。

(2) 试验验证。

a. 全机及部件静力试验验证。

首飞后,完成全机及部件极限载荷静力试验。在静力试验准备过程中,主要工作包括静力试验载荷工况筛选,试验用胶布带载荷分配,静力试验任务书编制,应变片布置及电测任务数,编制试验大纲;对全机静力试验贴片和胶布带安装现场进行跟产,处理现场出现的贴片问题、胶布带及杠杆安装问题;对全机静力试验极限载荷试验工况进行现场测量及数据监控,对试验数据进行处理,并编写每个工况的试验总结报告。

b. 全机及部件疲劳试验准备及开试。

全机疲劳试验完成取证前要求的 20 000 次起落。

损伤容限分析及疲劳试验采用的应力谱为飞-续-飞载荷谱,但该技术可借鉴的资料很少,通过研究探索,攻克了载荷谱的编制的核心技术,形成了飞-续-飞疲劳载荷谱编制的流程,详见图 8.1。

编制全机疲劳试验任务书、全机疲劳试验贴片任务书;对全机疲劳试验贴片和胶布带安装现场进行跟产,处理现场出现的贴片问题、胶布带及杠杆安装问题;对全机疲劳试验进行现场测量及数据追踪,对试验数据进行处理,处理试验过程中出现的问题。

(a) 开展机头、机翼前缘、尾翼前缘鸟撞研发及验证试验,完成试验报告编制及审批工作。

(b) 完成声疲劳研发试验和验证试验。

(c) 起落架静强度补充试验。

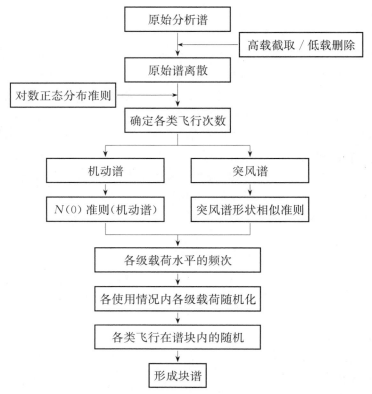

图 8.1　飞-续-飞疲劳载荷谱编制流程

（d）起落架疲劳试验。

（e）方向舵疲劳损伤容限试验。

（f）襟缝翼疲劳试验。

（g）小翼疲劳损伤容限试验。

（h）子翼疲劳损伤容限试验。

（i）部件损伤容限适航验证试验，并完成试验。

（j）落震试验大纲、静强度试验大纲和验证试验。

（k）主起落架保险轴销静强度和疲劳试验。

（l）主起落架保险轴销静静强度和疲劳试验。

（m）复合材料结构积木式试验验证。

（3）机体结构强度。

a. 完善所有静强度、疲劳强度、损伤容限分析报告。

b. 机头、尾翼鸟撞仿真分析。

c. 进行鸟撞分析方法研究和研发试验，并依据研发试验结果完成对鸟撞分析模型和分析方法的验证修正；开展鸟撞相关区域（机头、机翼、平尾、垂尾）的结构设计改进研究工作，并给出结构更改方案。

　　d. 中后机身侧壁板声疲劳分析报告,进行壁板细节声疲劳分析方法研究,进行研发及验证试验规划。

　　e. 起落架落震仿真分析、静强度分析、疲劳分析、摆振分析。

　　f. 进行主飞控系统故障后强迫振动载荷分析方法研究,完成副翼、扰流板、升降舵和方向舵振荡监控门限确定。

　　g. 系统强度方面,跟踪并管控设计更改;跟踪并管控供应商需要完成的系统强度试验,评估系统供应商提交的试验大纲,试验报告,并提交局方批准;评估系统供应商提交的适航符合性报告,并提交局方批准。

　　(4)气动弹性设计。

　　高速颤振模型风洞试验、相关超差偏离的颤振评估(如方向舵超差、老机头偏离等)、颤振试飞前飞机频率检查试验、颤振试飞、气动伺服弹性(ASE)试飞。

　　(5)试飞工作。

　　a. 完成颤振试飞。

　　b. 完成气动伺服弹性试飞。

　　c. 载荷试飞。

　　d. 完成载荷试飞要求的编制,编制完成试飞大纲,完成试飞改装。

　　e. 摆振试飞。

　　f. 振动试飞。

　　g. 抖振载荷监控试飞。

　　(6)适航审批工作。

　　a. 完成所有载荷报告的审批。

　　b. 完成所有机体静强度、疲劳强度、动强度、损伤容限等 MOC2 分析报告审批。

　　c. 完成所有试验报告 MOC4 报告审批。

　　d. 完成所有试飞报告审批。

　　(7)条款关闭工作。

　　完成强度专业负责的 53 个条款的关闭工作,支持 ARJ21 取得 TC 证。

8.4.5.4　关键输出

　　(1)地面载荷计算分析报告、动载荷计算分析报告。

　　(2)全机有限元模型修正报告、全机有限元模型验证报告。

　　(3)机体结构静强度分析报告。

　　(4)机体结构疲劳强度分析报告。

　　(5)机体结构损伤容限分析报告。

　　(6)起落架静力试验报告、疲劳试验报告。

　　(7)起落架摆振分析报告。

　　(8)全机极限载荷静力试验大纲。

（9）全机极限载荷静力试验报告，试验分析报告。

（10）机头、机翼前缘、尾翼前缘鸟撞分析报告。

（11）机头、机翼前缘、尾翼前缘鸟撞试验大纲、试验报告及试验分析报告。

（12）主起落架保险轴销静强度和疲劳试验大纲、试验报告。

（13）全机疲劳试验大纲。

（14）全机疲劳试验载荷谱报告。

（15）全机疲劳试验构型评估报告。

（16）全机疲劳试验阶段性试验报告。

（17）部件疲劳试验阶段性试验报告，包括方向舵疲劳损伤容限试验、襟翼子翼损伤容限试验、襟缝翼疲劳试验、小翼疲劳损伤容限试验等。

（18）损伤容限试验报告。

（19）声疲劳试验大纲、试验报告、试验分析报告。

（20）载荷试飞报告。

（21）振动试飞报告。

（22）颤振试飞报告。

（23）ASE 试飞报告。

（24）抖振载荷监控试飞报告。

（25）噪声载荷测试报告。

（26）声疲劳研发及验证试验报告。

（27）主飞控系统强迫振动故障载荷分析报告。

（28）机翼和尾翼的跨声速颤振压缩性特性。

（29）结合试飞结果的全机气动弹性特性及试飞满足条款要求的结论。

（30）飞机取证首次交付运营后飞行限制报告；结构适航限制项目报告。

8.4.6　电子电气

电子电气系统在此阶段以符合性验证工作为中心，全面开展了设计和符合性验证工作。

1）符合性说明（MOC1）

电子电气系统所有系统/分系统按照 CP 的要求完成了条款要求的符合性说明报告。

2）计算（MOC2）

通过分析计算，表明了电子电气系统所有系统/分系统对条款要求的符合性。

3）安全性分析（MOC3）

通过 FHA、PSSA、SSA、FMEA、FTA 等安全分析方法完成电子电气系统的安全性符合评估工作，另外还包括系统区域安全性和系统机头鸟撞安全性评估等多项安全性分析评估工作。

4）实验室试验（MOC4）

根据 SAE ARP5416A 中所述的闪电分区试验方法，采用 1∶20 的全金属缩比模型，进行了闪电分区试验的试验验证。根据《新型涡扇支线飞机整机级功能危害性评估》，以及供应商提供的初步系统安全性分析（PSSA），确定了 ARJ21‐700 飞机关键/重要系统安全性等级。对按 SAE ARP4754A 规定的 A 级系统，按照 DO‐160D 第 20 章的要求进行了系统级 HIRF 环境试验。试验结果表明，系统在指定的 HIRF 环境下，系统关键功能正常，满足 SC SE001 专用条件的要求。

5）机上地面试验（MOC5）

电子电气系统所有系统/分系统完成了机上地面试验 OATP，并按照符合性方法表进行了机上地面符合性试验验证，还包括 ARJ21‐700 飞机全机 HIRF 环境机上地面验证试验、ARJ21‐700 飞机电磁兼容性机上地面试验验证、ARJ21‐700 飞机全机闪电间接效应机上地面试验验证。

6）飞行验证（MOC6）

电子电气系统所有系统/分系统完成了研发飞行试验、申请人表明符合性试飞和审定试飞，还包括 ARJ21‐700 飞机电磁兼容性飞行试验验证。

7）机上检查（MOC7）

电子电气系统所有系统/分系统按符合性方法表完成机上检查验证。

8）模拟器试验（MOC8）

ARJ21‐700 飞机的风切变告警功能和风切变规避导引功能试验验证工作通过模拟器试验完成。

9）设备鉴定（MOC9）

电子电气系统所有设备均完成了设备鉴定试验工作，这些工作或通过设备的 TSOA 报告或设备鉴定报告的形式完成。

10）电子软硬件审查

航电专业对全机软硬件进行了综合管理和指导：

a. 进行机载软硬件验证过程评审。

b. 进行机载软硬件 SOI♯3 适航符合性审查。

c. 进行机载软件 TIA 成熟度评估。

d. 进行机载软硬件符合性评审 SCR。

e. 完成机载软硬件 SOI♯4 适航符合性审查。

f. 批准 SCI/HCI 和 SAS/HAS。

g. 完成全机机载软硬件最终批准。

11）机械电气和布线

机械电气和布线作为一个独立的专业主管全机布线的安装和设计。

a. 完成了各机械系统线路设计符合性说明以支持各机械系统完成符合性验证工作。实验室试验主要涉及后续更换的接地故障中断继电器的短路试验，同时还完成了 EICU 的 MOC5 试验和 MOC9 设备合格鉴定试验。

b. 用 ZSA、PRA 等安全分析方法进行了区域安全性分析和转子爆破、轮胎爆破等的特殊分析分析（MOC3）。

c. 进行了两次机上检查（MOC7）：第一次机上检查工作完成后，针对不符合项，通过设计更改后又在新构型状态下进行了补充检查，最终通过了局方的适航审查。

d. 进行了元器件材料阻燃和元器件防爆性能的鉴定说明（MOC9），并取得局方批准。

12) 技术攻关

试飞取证阶段，电子电气系统完成了一系列技术攻关项目。

(1) 失速保护计算机（SPC）构型到位。

(2) TAR FILE 适航取证。

(3) 风切变告警和规避导引系统适航验证。

(4) 自动飞行系统 CATII 进近飞行试验方法及适航验证。

(5) 音频控制板（ACP）故障快速诊断方法。

(6) 远距离高频通信失效分析方法。

(7) 甚高频数据链验证方法。

(8) 基于性能的导航（PBN）适航验证。

(9) 总温传感器加温逻辑适航验证。

(10) 空中交通告警与防撞系统适航验证。

(11) 地形提示和警告系统适航验证。

(12) 气象雷达系统适航验证。

(13) 飞行管理系统适航验证。

(14) 无线电导航系统试飞验证。

(15) 大气数据系统适航验证。

(16) 电磁兼容性适航验证试验。

(17) 高强度辐射频率（HIRF）防护试验验证。

(18) 全机闪电间接效应试验方法。

(19) 电磁环境效应防护适航验证方法。

(20) 适航验证试验及 TIA 前机载软件与电子硬件成熟度评估方案。

(21) 飞机机载软件符合性验证审核体系。

(22) 适航验证试验前机载软件构型评估及制造符合性检查方案。

(23) ARJ21 - 700 飞机蓄电池热失控影响分析及符合性验证。

(24) 电源系统验证。

(25) 应急供电系统验证。

(26) 民用飞机客舱暗环境技术在应急照明撤离试验中的应用。

（27）燃油泵接地故障适航符合性验证。

（28）基于鸟撞的 ARJ21 飞机驾驶舱顶部区域电气系统安全性分析方法。

8.4.7 环控氧气系统

1）主要工作

ARJ21-700 飞机首飞成功后，环控氧气专业所属系统的适航验证工作也依据各系统合格审定计划全面开展了设计和符合性验证工作：

（1）符合性说明（MOC1）。

环控氧气系统所有系统/分系统按照 CP 的要求完成了条款要求的符合性说明报告。

（2）计算（MOC2）。

通过分析计算，表明了环控氧气系统所有系统/分系统对条款要求的符合性。

（3）安全性分析（MOC3）。

环控氧气系统已完成了系统安全性分析报告，报告表明通过功能危险性分析、故障树分析、故障模式与影响分析、共模分析等认为环控氧气系统的安全性满足设计要求。通过故障树分析结果显示环控氧气系统的每个失效模式的失效概率满足 FHA 中定义的等级要求，导致灾难或者危险的单点故障不存在。

（4）实验室试验（MOC4）。

完成了压调系统、机翼防冰、氧气系统、气源系统及水/废水台架试验，机翼防冰系统冰风洞试验。

（5）机上地面试验（MOC5）。

环控氧气系统所有系统/分系统完成了机上地面试验 OATP，并按照符合性方法表进行了机上地面符合性试验验证。

（6）飞行验证（MOC6）。

环控氧气系统所有系统/分系统完成了研发飞行试验、申请人表明符合性试飞和审定试飞，并形成相应试飞/检查报告提交局方批准。

（7）机上检查（MOC7）。

环控氧气系统所有系统/分系统按符合性方法表完成机上检查验证。

在试飞取证过程中，环控氧气专业通过支持 T5 测试，从用户使用的角度开展了部分优化设计，完善飞机维修手册、故障隔离手册、飞行机组操作手册、飞行手册等运营用出版物，对发现的设计问题进行了系统优化和改进工作。

2）技术攻关

（1）驾驶舱冷却能力不足 & 空气分配再设计。

（2）机翼防冰系统性能校核计算。

（3）机翼防冰系统冰风洞试验。

（4）短舱防冰系统自然结冰条件机上地面试验。

（5）风挡除雨系统地面模拟降雨试验。

（6）防冰系统自然结冰条件试飞。

（7）预冷器的设计攻关。

8.4.8　飞控系统

验证试飞取证阶段飞控系统专业完成的工作如下：

（1）进行系统试验。

（2）解决处理各类试飞、试验故障。

（3）根据试飞、试验暴露的各类设计问题，优化系统设计。

（4）完成适航验证工作，按照系统适航符合性计划各条款的要求，完成相关符合性方法工作（MOC1～MOC9）。

（5）完成 AMM、FIM、FRM、FCOM、AFM 等手册类编制。

以下就飞控系统试验和适航验证工作进行详细说明。

8.4.8.1　系统试验

系统试验包含部件级试验和系统级试验等。系统级集成和试验工作由飞控系统专业负责，部分部件级试验工作由系统供应商负责。

飞控系统专业以系统要求为依据，通过系统分析和综合试验等方式验证系统需求。

1）成品接收试验

飞控系统每个成品件都必须进行可接收试验（acceptance test），可接收试验在成品件出厂时完成，并随件提交试验报告（ATR）。

飞控系统机械设备的可接收试验内容主要包括：外观检查、接口尺寸检查、止动块行程检查、间隙检查、操作测试、防逆转功能测试、力矩限制器功能测试、效率测试、载荷及速度等。飞控系统电子设备的可接收试验内容主要包括：外观检查、电特性、电搭接、精度等。

飞控系统专业评审并批准所有设备可接受试验程序，共 42 份。

2）系统综合试验

飞控系统综合试验是通过真实的系统和其他能真实反映机上工作环境，验证和确认系统的设计满足功能、性能和安全性要求。同时与液压、航电、电源等系统联试，包括 Mini Rig 试验、铁鸟联试，检查相关系统与飞控系统的交联设计满足功能、性能和安全性要求。

飞控系统历次软件版本都经过铁鸟测试。软硬件功能试验、系统故障试验，共编制发布试验大纲以及试验报告等 92 份。

3）机上功能试验

飞控系统在试验机上进行系统功能试验，用于检查系统设备装机后与飞机其他系统交联正常，系统自身功能正常，从而保证全机系统联试和飞行试验。

8.4.8.2 工程模拟器试验

飞控系统在工程模拟器上进行飞控系统故障试验，评估飞控系统故障对飞机的影响，确认飞控系统 FHA 中定义的故障等级。

适航验证工作根据《ARJ21 - 700 飞机主飞控系统专项合格审定计划》和《ARJ21 - 700 飞机高升力系统专项合格审定计划》，飞控专业通过 MOC1～MOC9 等符合性验证方法就主飞控系统和高升力系统对相关条款的符合性，分别进行设计说明、计算分析、安全性评估、实验室试验、机上地面试验、飞行试验、机上检查、模拟器试验以及设备鉴定等对应的验证工作。飞控系统专业与审查方以设计保证过程审查、图纸批准、目击检查、审查符合性文件等形式对飞控系统进行 MOC1～MOC9 的验证与审定工作。

1) 符合性说明（MOC1）

飞控系统从系统构架、系统功能、部件功能及安装、机械设计、电磁防护、系统配电、系统告警显示以及持续适航文件等方面，在系统适航符合性说明报告中详细、全面地叙述了飞控系统的设计，表明这些设计符合相关条款要求。

在机载软件与电子硬件开发过程中，完成相应的工程监控活动，并通过远程或现场审核对局方 SOI 评审工作进行支持。最终通过软硬件完成综述对软硬件整个生命周期过程、研制保证等级以及生命周期数据等的总结。

2) 计算（MOC2）

飞控系统采用计算分析（MOC2）对相关条款进行验证，这些条款涉及强度校核和电气负载计算。通过对作动器止动块和缝翼止动块载荷分析、操纵力和气动外载对飞控系统影响的分析计算、电源系统汇流条至飞控系统重要负载设备端的压降计算，表明飞控系统符合相关条款要求。

3) 安全性分析（MOC3）

飞控系统采用安全性分析（MOC3）对涉及系统安全性方面的条款进行符合性验证。飞控系统利用功能危害性分析（FHA）、故障树分析（FTA）、故障模式影响分析（FMEA）、共模分析（CMA）、区域安全性分析（ZSA）、特定风险分析（PRA）等方式，对系统功能开展安全性分析工作。通过安全性分析表明，飞控系统满足飞机级和系统级安全性要求，同时也符合相应条款的要求。

4) 实验室试验（MOC4）

实验室试验（MOC4）-系统综合试验是在真实的飞控系统和其他能真实反映机上工作的环境下，利用铁鸟试验台易于模拟系统故障和易于注入及测试各类信号等特点，通过系统故障试验、舵面频响特性试验、控制律验证试验、驾驶舱操纵器件试验、控制面加载试验等试验方法验证飞控系统的设计符合相应适航条款或适航专用条件的要求。

（1）高升力系统。

a. 襟缝翼控制操作试验（25.683）。

2009 年 11 月，ARJ21－700 飞机高升力系统在铁鸟台架上进行了第一阶段的 25.683 适航验证试验（MOC4）。审查方目击检查了整个试验过程。

b. 系统综合试验。

ARJ21－700 飞机高升力系统从 2009 年 4 月至 2014 年 10 月共进行了四次系统综合试验（MOC4）验证工作，其中后两次试验是由于增加试验项目和襟翼取消 1 卡位构型而进行的补充试验。

第一阶段 MOC4 验证试验。2009 年 4 月 2 日，ARJ21－700 飞机高升力系统在铁鸟台架上进行了 MOC4 适航验证试验。试验科目包括襟缝翼系统故障试验-襟缝翼非对称试验。审查方对整个试验过程进行了目击检查。

第二阶段 MOC4 验证试验。2010 年 10 月 18 日至 10 月 25 日，ARJ21－700 飞机高升力系统按大纲第 15 章、第 22 章、第 23.5 节和第 23.6 节在铁鸟台架上进行了 MOC4 适航验证试验。试验科目包括飞控系统所需电源故障模拟试验-高升力系统部分、VF＋9 节时缝翼收起试验、襟/缝翼收放程序试验和襟/缝翼超控开关试验。审查方挑选并目击检查了"VF＋9 节时缝翼收起试验"项目。

第三阶段 MOC4 验证试验。依据总体专业的要求，高升力系统取消了襟翼 1 卡位构型，其设计构型由 5 卡位构型更改为 4 卡位构型，相应功能在高升力系统 R9 版软件中实现。2012 年 11 月 30 日，ARJ21－700 飞机高升力系统按照大纲第 15 章、第 22 章、第 23.5 节和第 23.6 节在铁鸟台架上进行了 MOC4 补充适航验证试验。试验科目包括襟缝翼系统故障试验-襟缝翼非对称试验、襟缝翼收放程序试验和襟缝翼超控开关试验。审查方委托 DER 目击检查了所有补充试验项目。

开展机上补充操纵检查：FSECU 襟翼通道直流汇流条配置的更改会影响"飞控系统所需电源故障模拟试验"中高升力系统部分的试验结果。2014 年 10 月 20 日在阎良机场 101 架机上进行了补充的襟缝翼系统机上操纵检查来验证更改后的系统响应符合设计要求。该试验与主飞控系统机上地面补充试验同期进行，试验前通过了制造符合性检查，审查方委托工程委任代表（DER）目击检查了该试验项目。试验结果在铁鸟适航试验分析报告中进行了分析。

（2）主飞控系统。

a. 25.683 专项系统操作试验。

主飞控系统分别于 2009 年 11 月和 2010 年 10 月在铁鸟台架上进行了两次 25.683 专项系统操作试验（MOC4），其中系统舵面操作试验在第一阶段试验中完成，驾驶舱器件的操作试验在第二阶段试验中完成。审查方目击了部分试验项目。

b. 系统综合试验。

主飞控系统在 2008 年 9 月和 2010 年 10 月完成了系统综合试验（MOC4），并在 2013 年 9 月根据系统设计构型更改补充进行了受构型更改影响的试验项目。

第一阶段 MOC4 验证试验。2008 年 9 月在铁鸟台架上进行了主飞控系统 MOC4 适航验证试验。审查方目击了部分试验项目。此次试验的有效试验项目包括：副翼系统频率特性试验(直接模式)、方向舵系统频率特性试验(直接模式)、升降舵系统频率特性试验(直接模式)。试验结果符合试验大纲要求。

第二阶段 MOC4 验证试验。2010 年 10 月在铁鸟台架上进行了 MOC4 适航验证试验。审查方目击了部分试验项目。此次试验的有效试验项目包括：RAM - LVDT 断开试验、空速信号故障试验、飞控系统所需电源故障模拟试验、飞控系统所需液压源故障模拟试验-失压故障、舵面频率特性试验(正常模式) & 多功能扰流板系统频率特性试验、水平安定面系统故障试验、卡阻试验(单侧驾驶杆、脚蹬、单个扰流板舵面、副翼配平机构、方向舵配平机构)、副翼控制系统增益、驾驶舱操纵器件试验(主飞控部分)。

第三阶段 MOC4 验证试验。由于系统设计构型的更改(如控制律更改、告警优化等)，主飞控系统在第一二阶段试验的基础上采用更新的铁鸟台架构型于 2013 年 9 月进行了 MOC4 补充适航验证试验。审查方目击了部分试验项目。此次试验的有效试验项目包括：力纷争均衡及监控试验、振荡故障检测试验、瞬态故障检测试验、飞控系统所需液压源故障模拟试验-液压系统故障、卡阻试验-主舵面 & 水平安定面 & 单侧驾驶盘、增益试验-升降舵 & 方向舵 & 扰流板。

5) 机上地面试验(MOC5)

MOC5 机上地面试验主要是在真实的飞机环境下，通过以功能试验为主的试验方法验证飞控系统的设计符合相应适航条款和专用条件的要求。机上地面试验(MOC5)验证工作分两部分完成，系统功能机上地面试验和系统 Test & Rigging 功能机上地面试验，审查方目击检查了部分试验项目。

(1) 高升力系统。

a. 系统功能机上地面试验。

ARJ21 - 700 飞机高升力系统从 2009 年 7 月至 2012 年 12 月分别在 101 架机、103 架机和 104 架机共进行了三次机上地面试验(MOC5)验证工作，其中后两次试验是由于航电系统软件构型和襟翼取消 1 卡位构型而增加的，审查方目击检查了整个机上地面试验。

第一阶段 MOC5 验证试验。2009 年 7 月 3 日，ARJ21 - 700 飞机高升力系统按大纲第 15 章在 101 架机上完成了 MOC5 适航验证试验。试验项目包括襟缝翼偏转角度试验、操纵时间验证试验、襟缝翼操控开关操纵验证试验和襟缝翼控制连锁逻辑验证试验。试验结果表明，除"襟缝翼超控开关操纵验证试验"和"襟缝翼控制连锁逻辑验证试验"中的部分 CAS 信息显示不准确或不能显示外，其他项目的试验结果均符合试验大纲要求。审查方目击检查了整个试验过程。

第二阶段 MOC5 验证试验。2010 年 10 月 24 日，ARJ21 - 700 飞机高升力系统按大纲第 15.5 节在 103 架机上进行 MOC5 新增验证试验项目("襟缝翼系统超标牌速度抑制功能"试验)并按第 15.3 节和 15.4 节对第一阶段试验中遗留的开口项目进行关闭。试验项目包括襟缝翼操控开关操纵验证试验、襟缝翼控制连锁逻辑验证试验和襟缝翼系统超标牌速度抑制功能验证试验。审查方目击检查了整个试验过程。

第三阶段 MOC5 验证试验。依据总体专业的要求,高升力系统取消了襟翼 1 卡位构型,其设计构型由 5 卡位构型更改为 4 卡位构型,相应功能在高升力系统 R9 版软件中实现。2012 年 12 月 1 日,ARJ21－700 飞机高升力系统按大纲第 15 章在 104 架机上进行了 MOC5 补充验证试验。试验项目包括襟缝翼偏转角度试验、操纵时间验证试验、襟缝翼操控开关操纵验证试验、襟缝翼控制连锁逻辑验证试验和襟缝翼系统超标牌速度抑制功能验证试验。审查方目击检查了整个试验过程。

b. 系统 Test & Rigging 功能机上地面试验。

2013 年 10 月 31 日在陕西阎良中国飞行试验研究院 467 机库,按照局方批准的试验大纲的内容,在 104 架机上完成 ARJ21－700 飞机中央维护系统 Test & Rigging 功能(高升力部分)的 MOC5 适航验证试验,试验件、试验设备和软件构型符合试验大纲要求并得到局方的批准。局方在试验前完成了制造符合性检查,无不符合项。CAAC 审查方代表对本次试验进行了现场目击,目击结果表明试验完成情况良好。

(2) 主飞控系统。

a. 系统功能机上地面试验。

主飞控系统在 2010 年 10 月完成了机上地面试验(MOC5),由于系统设计构型更改分别在 2013 年 10 月和 2014 年 10 月补充进行了部分受构型更改影响的试验项目。

第一阶段 MOC5 验证试验。2010 年 10 月在 103 架机进行了主飞控系统 MOC5 适航验证试验。此次试验的有效试验项目包括副翼控制系统增益(正常模式)、增益(直接模式)、配平功能试验、正常模式和直接模式的转换;升降舵控制系统增益(直接模式);方向舵控制系统增益(直接模式)、配平功能试验;水平安定面开关逻辑功能试验、舵面行程、控制通道转换检查、舵面偏转速率。审查方目击了部分试验项目。

第二阶段 MOC5 验证试验。由于系统设计构型更改(如控制律更改、告警优化等),主飞控系统在第一阶段试验的基础上采用更新的构型于 2013 年 10 月在 101 架机进行了主飞控系统 MOC5 适航验证试验补充试验。此次试验的有效试验项目包括副翼舵面行程试验、单个作动器工作时的舵面偏转速率;升降舵舵面行程试验、增益(正常模式)、正常模式和直接模式的转、单个作动器工作时的舵面偏转速率;方向舵舵面行程、增益(正常模式)、正常模式和直接模式的转换试验、单个作动器工作时的舵面偏转速率;扰流板舵面行程、减速板手柄与多功能扰流板舵面的增益(正常模式)、多功能扰流板辅助横滚功能试验、正常模式和直接模式的转换、多功能扰流板舵面偏转速率;水平安定面构型配平。审查方目击了部分试验项目。

第三阶段 MOC5 验证试验。由于减速板功能和地面破升功能打开逻辑的更改,于 2014 年 10 月在 101 架机对相关试验项目进行了补充验证。此次试验的有效试验项目包括地面破升功能试验、减速板手柄与多功能扰流板舵面的增益(直接模式)、多功能扰流板辅助横滚与减速板联动。审查方目击了部分试验项目。

b. 系统 Test & Rigging 功能机上地面试验。

2013 年 11 月 17 日在陕西阎良中国飞行试验研究院 467 机库,按照局方批准的试验大纲的内容,在 101 架机上完成 ARJ21 - 700 飞机中央维护系统 Test & Rigging 功能(主飞控部分)的 MOC5 适航验证试验,试验件、试验设备和软件构型符合试验大纲要求并得到局方的批准。局方在试验前完成了制造符合性检查,无不符合项。CAAC 审查方代表对本次试验进行了现场目击,目击结果表明试验完成情况良好。

6) 飞行验证(MOC6)

飞控系统验证试飞包括对系统正常响应、系统功能丧失后的系统响应,以及双发失效后和舵面卡阻后飞机可操纵性的验证。

(1) 高升力系统。

ARJ21 - 700 飞机高升力系统飞行试验验证表明符合性飞行试验和审定飞行试验,从 2010 年 1 月至 2014 年 9 月共进行了三个阶段襟缝翼控制系统飞行试验(MOC6)验证工作。

a. 表明符合性试飞。

表明符合性试飞是由申请人进行的试飞,用于确认在飞行中系统的功能符合设计预期。ARJ21 - 700 飞机襟缝翼控制系统从 2013 年 12 月 27 日至 2014 年 9 月按照局方批准的试飞大纲完成了襟缝翼控制系统表明符合性飞行试验工作。试验按照适航规程进行,试验前对试验件都进行了制造符合性检查工作,局方批准了相关试验文件。

b. 合格审定试飞。

合格审定试飞是申请人通过飞行试验的方式向局方表明系统功能符合设计要求,是局方验证试验的一部分。ARJ21 - 700 飞机高升力系统从 2010 年 1 月至 2014 年 9 月共进行了三个阶段高升力系统飞行试验(MOC6)验证工作。局方试飞员和局方试飞工程师执行试验飞行。审定试飞报告由局方编写。

2010 年 1 月 13 日、16 日和 2014 年 1 月 12 日,分别在 102 架机和 103 架机上进行了两次低温条件襟缝翼伸出试验。

2013 年 11 月 21 日,在 104 架机上进行了缝翼作动器工作环境温度测量试验验证工作。

2014 年 7 月 17 日至 9 月 11 日,分别在 101 架机和 104 架机上进行了系统正常/故障功能试验。

(2) 主飞控系统。

主飞控系统所有试飞科目均进行了表明符合性试飞和合格审定试飞。审查方目击了部分试飞科目,其中,审定试飞由审查方飞行员或审查方试飞工程师执行。

2013 年 12 月至 2014 年 7 月陆续在 101 架机上完成了主飞控系统表明符合性试飞科目共 10 项试飞。其中,因 GLD 打开逻辑的更改,主飞控系统正常模式功能、主飞控系统直接模式功能试飞科目分别在 2014 年 9 月 2 日和 9 月 3 日就其中的着陆试飞点进行了补充试飞。

2014 年 7 月至 9 月在 101 架机上完成了主飞控系统合格审定试飞 10 项科目。

7) 机上检查(MOC7)

机上检查(MOC7)主要是对系统安装、可达性、细节设计、标记等进行检查。ARJ21-700 飞机飞控系统在 2011 年 2 月和 2014 年 9 月进行了两次机上检查(MOC7)。

(1) 第一阶段机上检查。

飞控系统于 2011 年 2 月 14 日和 15 日在 103 架机上完成了第一阶段的机上检查(MOC7)。2011 年 2 月 15 日,试验按照局方批准的机上检查(MOC7)大纲在103 架机上进行了 MOC7 机上检查,检查结果符合大纲要求。审查方委托 DER 目击了整个检查过程。

(2) 第二阶段机上检查。

在第一阶段 103 架机上进行机上检查后,中央操纵台上的飞控系统操纵器件布置及飞控系统驾驶舱操纵器件构型发生更改,飞控系统于 2014 年 9 月 11 日和12 日在 104 架机上完成了补充机上检查。审查方对整个检查进行了目击。检查结果符合大纲要求。

8) 模拟器试验(MOC8)

模拟器试验(MOC8)通过在飞行模拟机上进行飞控系统故障试验,评估飞控系统故障对飞机的影响,确认飞控系统 FHA 中定义的故障等级。按照局方批准的飞控系统故障模拟器试验大纲分别于 2014 年 6 月 5 日~28 日、7 月 21 日~27 日、8月 4 日在飞行模拟机上完成了 ARJ21-700 飞机飞控系统故障模拟器试验。

9) 设备鉴定(MOC9)

设备鉴定(MOC9)主要是为了表明设备对其预期功能的适合性,以及在临界环境中的性能等。飞控系统机载设备按照系统要求依据 DO-160D/E 的试验方法完成了设备合格鉴定试验,包括温度、高度、温度变化、湿热、飞行冲击和追撞安全、振动、防爆、防水、流体敏感性、沙尘、防霉、盐雾、磁影响、电源输入、电压尖峰、音频传导敏感性-电源输入、感应信号敏感性、射频敏感性、射频能量辐射、闪电感应瞬态敏感性、闪电直接效应、结冰和静电放电等试验。这其中也包括了基于飞机电缆构型的系统级 HIRF 试验和闪电间接效应试验。此外,对部分机电设备,如手柄、作动器、动力驱动装置、扭力管等进行了耐久性、疲劳、限制载荷和极限载荷等试验。

针对监控目击项,设备成品件供应商依据经飞控专业及审查方批准的试验程序完成试验并提交试验报告,飞控专业对试验报告进行评审并形成试验总结,审查方对试验报告及试验总结进行审批;针对非监控目击项,设备成品件供应商依据经飞控专业批准的试验程序完成试验并提交试验报告,飞控专业对试验报告进行评审并形成试验摘要说明报告,审查方对试验摘要说明进行审批。

飞控系统监控目击项包括系统电磁兼容/HIRF 试验、作动器疲劳试验、高升力系统台架故障试验、驾驶舱模块设备鉴定试验等。

8.4.9 液压系统

试飞取证阶段可分为调整试飞阶段、TIA 前试飞阶段、TIA 后试飞三个阶段。

(1) 调整试飞阶段指飞机下线后到飞机转场至阎良试飞院之间的试飞阶段。调整试飞检查了液压能源系统的设计、制造质量,暴露了液压能源系统和设备的故障缺陷,调整了液压能源系统各部件、系统、设备的功能,使之工作正常、稳定、可靠,确保转场飞行安全。

(2) TIA 前试飞阶段指飞机转场至阎良后到 ARJ21 - 700 飞机取得 TIA 证之间的试飞阶段。TIA 前试飞的主要目的是完成液压能源系统研发试飞内容,检查 ARJ21 - 700 飞机能源系统性能指标是否满足设计要求,检查 ARJ21 - 700 飞机能源系统、设备的工作是否满足设计要求,保证合格审定试飞顺利进行。完成液压逻辑控制盒控制逻辑的完善优化、机翼管路间隙优化等系统设备优化工作。并在此阶段液压能源系统多次进行了高、低温试飞的研发/表明符合性/审定试飞,但由于温度不符合条件未能成功。

(3) TIA 后试飞指飞机在 TC 前进行表明符合性或审定试飞的阶段。TIA 后试飞主要目的是完成表明符合性试飞和局方审定试飞,为 ARJ21 - 700 飞机取得型号合格证提供依据。在此阶段液压能源系统成功进行了高、低温试飞的研发/表明符合性/审定试飞;1♯系统故障、2♯系统故障的研发试飞;6 项故障,1 项 RAT 供电,1 项局部瞬态峰值压力,1 向正常功能,1 项系统振动特性,1 项负加速度共 22 (11 * 2)项表明符合性试飞和审定试飞。下面就液压能源系统采用的符合性验证方法(MOC1~MOC9)进行详细说明。

a. 符合性说明(MOC1)。

液压能源系统从系统架构、系统功能、部件功能及安装、机械设计、电磁防护、系统告警显示灯方面,在系统适航符合性说明报告中详细全面地叙述了液压能源的设计,表明这些设计符合相关条款的要求。

b. 计算(MOC2)。

液压能源系统完成了系统流量计算、压力计算、热分析计算、油箱容积计算等系统设计所需的校核计算分析工作,并对所有计算是否符合设计需求的分析,具体的分析报告详见《液压能源系统分析计算报告》。

c. 安全性分析(MOC3)。

液压能源系统已完成了系统安全性分析,表明通过功能危险性分析、故障树分析、故障模式与影响分析、共模分析等认为液压能源系统的安全性满足设计要求。

通过故障树分析结果显示液压能源系统的每个失效模式的失效概率满足FHA中定义的等级要求,导致灾难或者危险的单点故障不存在。

d. 实验室试验(MOC4)。

液压能源系统地面模拟(铁鸟)试验验证液压能源系统应符合系统设计要求;验证液压能源系统应符合飞机总体设计要求;验证液压能源系统与用户系统接口的正确性;验证液压能源系统应符合适航条例要求;考核液压能源系统的可靠性。

试验项目主要包括:油泵启动和停车试验、油泵失效和备用泵工作试验、静态泄漏试验、大流量需求试验、油泵压力脉动试验、压力瞬时峰值试验、耐久性试验、逻辑功能检查等。

试验件组成:铁鸟台架是供主飞控、高升力、液压能源、起落架控制系统进行系统综合地面模拟试验的全尺寸(1∶1)钢结构台架。液压能源为完整的三套液压能源系统(除 HCLE 个别成品件与装机成品有疲劳寿命差异外,其余试验件构型和取证构型一致;管路系统走向和飞机上一致,但具体细节有差异);液压用户系统(主飞控、起落架收放、刹车和发动机反推力系统);驾驶舱控制模拟试验件;电源系统(部分为电源的 MOC 试验系统,大部分为模拟电源)。

测试系统是采用以 PXI 测试总线为主,以 LAN、RS-485 测试总线为辅,建立的试验控制与采集分析的自动化、网络化的综合测试系统。

e. 机上地面试验(MOC5)。

液压能源系统地面模拟试验之后进行地面机上功能试验,目的在于验证地面模拟试验结果的正确性,同时为以后的合格审定飞行试验做好准备。

试验项目包括:液压系统外部密封性和耐压性能检查、控制逻辑功能检查、油泵启动与停车试验、油泵压力脉动试验、系统功能验证、油箱油位试验、液压系统卸荷试验、振动测试等。

f. 飞行验证(MOC6)。

根据研制规律和CCAR的规定,液压能源系统必须进行研发试飞和型号合格审定飞行试验,验证系统性能和功能并验证系统应符合相关条例的要求,以便通过型号合格审定。

试验项目:液压系统外部密封性和耐压性能检查、控制逻辑功能检查、飞行剖面试验、负加速度试验、油泵启动与停车试验、主泵失效备用泵工作与 RAT 工作试验、压力瞬时峰值试验、振动测定、系统高温试验、系统低温试验等。

g. 机上检查(MOC7)。

液压能源系统完成了机上地面试验 OATP,并按照符合性方法表进行了机上地面符合性试验验证,审查方对整个检查进行了目击,结果符合大纲要求。

h. 模拟器试验(MOC8)。

液压能源系统未采用 MOC8 符合性验证方法。

i. 设备鉴定(MOC9)。

液压能源系统机载设备按照系统要求,依据 DO-160 的试验方法完成了设备合格鉴定试验。

技术攻关:

液压逻辑控制盒(HCLE)故障攻关。

8.4.10 起落架系统

1) 主要工作

主要工作为对系统的性能、特性进行验证,优化设计、调整参数,规避或降低技术风险,对出现的问题严格按照质量管理办法进行整改,通过各种规定的方法向局方证明系统的符合性,得到局方认可。

2) 关键输出

(1) 符合性说明(MOC1)。

起落架系统需要采用 MOC1 对系统进行说明,关键输出如表 8.15 所示。

表 8.15 起落架控制系统 MOC1 关键输出

序号	符 合 性 文 件 名 称
1	《ARJ21-700 起落架收放系统符合性说明》
2	《ARJ21-700 飞机刹车系统符合性说明》
3	《ARJ21-700 起落架前轮转弯系统符合性说明》
4	《ARJ21-700 飞机起落架控制系统维护可达性说明》
5	《ARJ21-700 飞机起落架系统管路设备液压油的防火符合性说明》

(2) 计算(MOC2)。

起落架系统需要采用 MOC2 对系统进行说明,关键输出如表 8.16 所示。

表 8.16 起落架控制系统 MOC2 关键输出

序号	符 合 性 文 件 名 称
1	《ARJ21-700 飞机起落架着陆告警分析报告》
2	《ARJ21-700 飞机单套刹车系统失效刹车性能计算报告》
3	《ARJ21-700 飞机停机应急刹车手柄操纵力计算报告》
4	《ARJ21-700 飞机起落架应急放手柄操纵力计算报告》

(3) 安全性分析(MOC3)。

起落架系统需要采用 MOC3 对系统进行说明,关键输出如表 8.17 所示。

表 8.17　起落架控制系统 MOC3 关键输出

序号	符 合 性 文 件 名 称
1	《ARJ21-700 飞机轮胎爆破起落架控制系统安全性分析报告》
2	《ARJ21-700 飞机起落架系统功能危害性分析报告》
3	《ARJ21-700 飞机起落架收放系统 FMEA 分析报告》
4	《ARJ21-700 飞机机轮刹车系统 FMEA 分析报告》
5	《ARJ21-700 飞机起落架位置指示与告警系统 FMEA 分析报告》
6	《ARJ21-700 飞机前轮转弯系统 FMEA 分析报告》
7	《ARJ21-700 飞机起落架控制系统区域安全性分析报告》
8	《ARJ21-700 飞机前轮转弯系统 FTA》
9	《ARJ21-700 飞机起落架位置指示与作动系统 FTA 分析报告》
10	《ARJ21-700 飞机刹车系统 FTA》
11	《ARJ21-700 飞机起落架控制系统 SSA 分析报告》

（4）实验室试验（MOC4）。

起落架系统在供应商台架上总共完成了 8 轮 MOC4 验证，试验情况如表 8.18 所示。

表 8.18　起落架 MOC4 关键输出

序号	试 验 名 称	验 证 内 容	验证方法及文件	更改内容/状态	构型状态
1	Initial qualification of build standard 2500A0000-01	10AA Function (System)	试验，通过 2500QP0001 issue 02 （232JB2068(E)） 2500QR0003 （232JB2092(E)）	初始状态 2500A0000-01 （满足首飞和 1 000 次起降要求）	232JB2091 (E)B 版 appendix in chapter 11.1
		10AA Performance (System, Normal Function)	试验，通过 2500QP0002 issue 03 （232JB2069(E)） 2500QR0002 （232JB2077(E)）		
		10AA Performance (System,Failure Function)	试验，通过 2500QP0003 issue 01 （232JB2070(E)） 2500QR0005 （232JB2093(E)）		
		10AD Integration (System)	试验，通过 2500QP0001 issue 02 （232JB2068(E)） 2500QR0003 （232JB2092(E)）		

序号	试验名称	验证内容	验证方法及文件	更改内容/状态	构型状态
1	Initial qualification of build standard 2500A0000 - 01	10BA Endurance（Emergency）	试验，通过 2500QP0004 issue 02（232JB2071（E）） 2500QR0004（未归档）	初始状态 2500A0000 - 01 （满足首飞和1 000 次起降要求）	232JB2091（E）B 版 appendix in chapter 11.1
2	Re-qualification of build standard 2500T0000 - 01	All requirements of 10	分析，通过 L - 2500T - QP - 0001（未归档）	在基础构型上增加测试传感器 2500T0000 - 01 （满足首飞和1 000 次起降要求）	2500QD0004（232SY043（E））
3	Re-qualification of build standard 2500A0000 - 01 with BCU SW 90004183DV0.5	All requirements of 10（除 10AA）	分析，通过 EDD00735 L - 90004183 - DTR - 0001 2500QP0002 issue 03（232JB2069（E）），只有 issue 02）	2500A0000 - 01 BCU SW 90004183 DV0.5 （满足首飞和1 000 次起降内的试飞要求）	
		10AA	试验和分析，通过 在 2500QP0002 issue 03（232JB2069（E））的基础上依据 L - 90004183 - TRQ - 0001 issue.01 完成了必要的试验项目		
4	Re-qualification of build standard 2500A0000 - 02 according to modifications 2500MOD0001，L - 2529 - CMD - 0001 and L - 2530 - CMD - 0001	10.1AA Performance/Function（System）	试验和分析，通过 L - 2500 - QR - 0004 L - 2500 - QR - 0005 2500AB0020 revision 05（只有 04） 2500AB0005 revision 08（只有 07） 在 2500QP0002 issue 03 的基础上，依据 2500QP0009 issue 01 for	BCU SW was 90004183 DV0.5 is 90004183 DV0.6 PACU SW was 2530A0000 - 01 DVBF is 2530A0000 - 01 DVBJ	232JB2091（E）B 版 appendix in chapter 11.2

（续表）

序号	试 验 名 称	验 证 内 容	验证方法及文件	更改内容/状态	构型状态
4	Re-qualification of build standard 2500A0000 - 02 according to modifications 2500MOD0001, L - 2529 - CMD - 0001 and L - 2530 - CMD - 0001		BCU and PACU and in L - 2500 - QP - 0002 issue 01 for SCU 重新做了必要的试验,其他的采用分析方法	SCU SW was 2529A0000 - 01 DVAD is 2529A0000 - 01 DVAJ 2500A0000 - 02 取消系统限制满足 60 000 次起降要求	
		10. 1AD Integration	无影响		
		10. 1BA Endurance (Emergency)	无影响		
5	Re-qualification of build standard 2500A0000 - 02 according to modification L - 2549 - CMD - 0001	10. 1AA Performance/ Function(System)	试验和分析,通过 L - 2500 - QR - 0008 在 2500QP0002 issue 03 的基础上,依据 L - 2500 - QP - 0005 issue 01 重新做了必要的试验,其他的采用分析方法	BCU was 90004183 DV0. 6 is 90004183 - 1	232JB2091 (E)B 版 appendix in chapter 11. 3
		10. 1AD Integration	分析,通过		
		10. 1BA Endurance (Emergency)	分析,通过		
6	Re-qualification of build standard 2500A0000 - 02 according to modification L - 2529 - CMD - 0002 issue 03	10. 1AA Performance/ Function(System)	分析,通过 L - 2529 - QP - 0004 issue 01	Was 2529A0000 - 01 DVAJ is 2529A0000 - 03 with software 2529A0000S04	232JB2091 (E)B 版 appendix in chapter 11. 2
		10. 1AD Integration	分析,通过 L - 2529 - QP - 0004 issue 01		
		10. 1BA Endurance (Emergency)	分析,通过 2500QR0001		

（续表）

序号	试 验 名 称	验 证 内 容	验证方法及文件	更改内容/状态	构型状态
7	Re-qualification of build standard 2500A0000 - 03 according to modification L - 2533 - CMD - 0001 issue 02	10.2AA Performance/Function(System)	试验,通过 L - 2500 - QR - 0006 issue 04 L - 2500 - QP - 0003 issue 04	NLG door linkage assy 2537A0000 - 02 NLG shock strut assy 2540A0000 - 02 nose landing gear (shock strut equipped) 2534A0000 - 02 NLG drag brace assy 2535A0000 - 02 2500A0000 - 03	232JB2091 (E)B 版 appendix in chapter 11.4
		10.2AD Integration	试验,通过 L - 2500 - QR - 0006 issue 04		
		10.2BA Endurance (Emergency)	试验,通过 L - 2500 - QR - 0007 L - 2500 - QP - 0004 issue 01		
8	Re-qualification of build standard 2500A0000 - 04 according to modification L - 2500 - CMD - 0002 issue 01	10.2AA Performance/Function(System)	试验,通过 L - 2500 - QR - 0006 L - 2500 - QP - 0004 issue 04	取消应急放液压辅助系统 2500A0000 - 04	232JB2091 (E)B 版 Appendix in chapter 11.4
		10.2AD Integration	试验,通过 L - 2500 - QR - 0006 L - 2500 - QP - 0004 issue 04		
		10.2BA Endurance (Emergency)	试验,通过 L - 2500 - QR - 0007 L - 2500 - QP - 0004 issue 01		232JB2091 (E)B 版 appendix chapter 11.5

（5）机上地面试验（MOC5）。

起落架系统共进行了 6 次 MOC5 验证,前面两次因为软件没有批准,因此除与软件无关的 3 项试验内容（最大刹车脚蹬操纵力试验、最大应急放手柄操纵力、停机刹车试验）外,其他项目在第 3 次全部重做。BCU 软件从 0.6 版本升级到 0.7 版本时通过分析进行了第 4 次验证,应急放更改到位、SCU 软件升级为 DVAL 后,进行了补充的第 5 次试验,第 6 次验证试验为 TAR File 功能机上地面试验,第 7 次为BCU 软件升级到 DV0.8 时的补充验证。各次试验的关键输出如表 8.19 所示。

表 8.19　起落架 MOC5 试验情况

序号	试验名称	验证内容	验证方法/文件及批准情况	更改内容/状态	构型状态
1	机上地面试验	机上地面试验	部分试验,松刹车回油压力超标、松刹车时间超标和起落架收放时间超标,刹车系统与 EICAS 交联试验部分内容未完成,其他通过 报告：232JB679 A 大纲：816SY005 C1 (HSC - YS - 2008 - 001)	初始试验	232JB670 B (HSC - YS - 2008 - 001) 软件未批准
2	机上地面试验	机上地面试验	补充第一轮超标项目试验,合格,刹车系统与 EICAS 交联试验部分内容未完成 报告：232JB679 C (CSS - SC - 2011 - 064) 大纲：816SY005 C2 (HSC - YS - 2009 - 004) 843JB067 A	补充试验	232JB670 C1 (HSC - SC - 2009 - 002) 软件未批准
3	机上地面试验	机上地面试验	除与软件无关的 3 项内容外,重新完成其他试验项目。试验,通过 大纲：816SY005 G1 (CSS - SC - 2011 - 050) 报告：232JB679 C (CSS - SC - 2011 - 064)	软件相关项目重新试验	232JB2060　E1,R1 - E1 (CSS - SC - 2011 - 051) 232SH006 F 232JB680 J1 (E - WM - YS - JB - 049)
4	机上地面试验	机上地面试验	分析,通过 232JB2197 A	BCU 软件 0.6 版本到 0.7 版本升级	
5	机上地面试验	机上地面试验	补充试验,通过 在 816SY005 G1 的基础上,依据大纲 232SY2008 A1(CSS - SC - 2013 - 038)进行了补充试验 报告：232JB2348 B (HSC - SC - 2013 - 090)	应急放更改到位 SCU 软件升级为 DVAL	232JB2264 C (CSS - SC - 2013 - 033) 232SH006 F (E - WM - YS - JB - 049) 232JB2310 B 232JB2314 B (E - YF - YS - JB - 078)

（续表）

序号	试验名称	验证内容	验证方法/文件及批准情况	更改内容/状态	构型状态
6	机上地面试验	TAR File 功能机上地面试验	试验,通过 232JB2373 A（HSC-SC-2013-090）232SY2009 R1-D（CSS-SC-2013-045）	TAR File 功能初始试验	232JB2346 A（CSS-SC-2013-045）232JB2310 B 232JB2304 B（CSS-SC-2013-032）
7	机上地面试验	机上地面试验	分析,通过 232JB2424 A A1（SZT-SC-2014-511）	刹车控制软件从 DV0.7 升级为 DV0.8	

（6）飞行验证（MOC6）。

起落架系统包括申请人表明符合性试飞和局方审定试飞,试飞科目共有 13 项,试飞关键输出如表 8.20 所示。

表 8.20 试飞科目完成情况

序号	科目	内容	审定试飞报告
1	起落架正常收放功能	起落架正常收放	《起落架正常收放功能合格审定试飞报告》
2	起落架应急放功能	起落架应急放	《ARJ21-700 飞机起落架系统应急放功能合格审定试飞报告》
3	单发失效时收放起落架	单发失效时收起落架	《ARJ21-700 飞机单发失效时收放起落架局方审定试飞报告》
4	起落架告警验证	起落架告警验证	《ARJ21-700 飞机起落架告警验证局方审定试飞报告》
5	前轮转弯能力验证	前轮转弯能力验证	《前轮转弯能力验证功能合格审定试飞报告》
6	前轮转弯失效时的操纵	前轮转弯失效时的操纵	《ARJ21-700 飞机转弯失效时的操纵局方审定试飞报告》
7	正常刹车功能性试验	干跑道	《ARJ21-700 飞机正常刹车功能性试验（干跑道）局方审定试飞报告》
		湿跑道	《ARJ21-700 飞机正常刹车功能性试验（湿跑道）局方审定试飞报告》
8	自动刹车功能性试验	自动刹车功能性试验	《ARJ21-700 飞机自动刹车功能性试验局方审定试飞报告》

（续表）

序号	科　目	内　容	审定试飞报告
9	易熔塞完整性（快速过站）	易熔塞完整性（快速过站）	《易熔塞完整性功能合格审定试飞报告》
10	停机刹车	停机刹车	《停机刹车合格审定试飞报告》
11	应急刹车	应急刹车试验	《ARJ21-700飞机应急刹车试验局方审定试飞报告》
		刹车蓄压器刹车能力试验	《ARJ21-700飞机应急刹车蓄压器能力试验局方审定试飞报告》
12	单套刹车	单套刹车	《单套刹车合格审定试飞报告》
13	防滑失效	防滑失效	《单套防滑系统失效合格审定试飞报告》

（7）机上检查（MOC7）。

2006年12月29日，完成了第一轮的MOC7检查，2012年5月4日完成第二轮机上检查，形成报告《ARJ21-700飞机起落架控制系统机上检查符合性报告》（232SH2010），2012年4月1日完成补充的《ARJ21-700飞机起落架液压管路机上检查符合性报告》，2013年10月24日完成了应急放和SCU软件更改到位后的补充机上检查，形成报告《ARJ21-700飞机起落架系统补充机上地面检查符合性报告》。

（8）模拟器试验（MOC8）。

起落架系统未采用MOC8方法表明符合性。

（9）设备鉴定（MOC9）。

起落架系统鉴定试验在元件级、分系统级、系统级按相关标准规范要求进行。包括鉴定试验矩阵、鉴定程序计划、鉴定试验程序、试验报告等文件，审查方挑选关键设备进行目击，并将相关试验结果及报告提交局方批准。

（10）技术攻关。

a. 转弯控制组件（SCU）逻辑优化攻关。

b. 应急放设计更改攻关。

8.4.11　动力燃油

动力燃油专业各系统主要完成了试验机的制造和安装支持，机上测试改装技术支持，系统地面试验要求和飞行试验要求的发放，系统地面试验大纲和飞行试验大纲的技术支持，系统地面研发试验、机上检查、飞行试验的支持开展及相应试验分析报告的编制，适航验证地面试验和飞行试验的支持开展及相应试验分析报告的编制工作，并完成了系统相关适航符合性文件编制和局方审查汇报工作。期间，配合完成了各系统构型的TIA冻结支持工作。后期，配合完成了T5测试包括驾驶舱优化、EICAS 信息优化在内的技术支持和实施工作。

8.4.11.1 燃油系统

1) 符合性说明(MOC1)

燃油系统采用 MOC1 方法表明符合性,如表 8.21 所示。

表 8.21 燃油系统符合性说明(MOC1)

序　号	符 合 性 文 件 名 称
1	《燃油系统适航符合性设计说明》
2	《燃油系统电气线路设计符合性说明》
3	《燃油系统关于 CCAR25.1541 款及 25.1555(c)(1)、(c)(2)款的符合性设计说明》

2) 计算(MOC2)

燃油系统采用 MOC2 方法表明符合性,如表 8.22 所示。

表 8.22 燃油系统计算(MOC2)

序　号	符 合 性 文 件 名 称
1	ARJ21-700 飞机不可用燃油量计算
2	ARJ21-700 飞机燃油系统 MOC2 分析报告
3	ARJ21-700 飞机燃油系统闪电防护分析计算报告

3) 安全性分析(MOC3)

燃油系统采用 MOC3 方法表明符合性,如表 8.23 所示。

表 8.23 燃油系统安全性分析(MOC3)

序　号	符 合 性 文 件 名 称
1	ARJ21-700 飞机燃油系统可燃液体防火安全性分析报告
2	ARJ21-700 飞机液压能源系统热交换器失效影响分析报告
3	ARJ21-700 飞机燃油系统功能危险分析报告
4	ARJ21-700 飞机燃油箱安全性分析报告
5	ARJ21-700 飞机燃油系统 FMEA 分析报告
6	ARJ21-700 飞机燃油系统 FTA 分析报告
7	ARJ21-700 飞机燃油系统安全性评估报告
8	ARJ21-700 飞机转子爆破燃油系统安全性分析

4）实验室试验（MOC4）

燃油系统采用 MOC4 方法表明符合性，如表 8.24 所示。

表 8.24　燃油系统实验室试验（MOC4）

序　号	符 合 性 文 件 名 称
1	ARJ21－700 飞机燃油系统结冰试验大纲（MOC4）
2	ARJ21－700 飞机燃油系统结冰试验报告
3	ARJ21－700 飞机燃油系统结冰试验分析报告
4	ARJ21－700 飞机接地故障中断继电器短路试验大纲
5	ARJ21－700 飞机接地故障中断继电器短路试验 MOC4 试验报告
6	ARJ21－700 飞机接地故障中断继电器短路试验分析报告

5）机上地面试验（MOC5）

燃油系统采用 MOC5 方法表明符合性，如表 8.25 所示。

表 8.25　燃油系统机上地面试验（MOC5）

序　号	符 合 性 文 件 名 称
1	ARJ21 飞机首飞前燃油系统机上地面试验大纲
2	ARJ21 飞机首飞前燃油系统机上地面试验报告
3	ARJ21－700 飞机型号合格审定燃油系统机上地面试验大纲
4	ARJ21－700 飞机验证试验机上地面试验技术报告——燃油系统
5	ARJ21－700 飞机型号合格审定燃油系统机上地面试验分析报告
6	ARJ21－700 飞机全机电磁兼容性（EMC）机上地面试验大纲
7	ARJ21－700 飞机全机电磁兼容性机上地面试验报告
8	ARJ21－700 飞机全机电磁兼容性机上地面试验分析报告
9	ARJ21－700 飞机全机电磁兼容性机上地面补充试验大纲
10	ARJ21－700 飞机全机电磁兼容性（EMC）机上地面补充试验报告

6）飞行验证（MOC6）

燃油系统采用 MOC6 方法表明符合性，如表 8.26 所示。

表 8.26　燃油系统飞行验证（MOC6）

序　号	符 合 性 文 件 名 称
1	ARJ21－700 飞机型号合格审定试飞大纲——燃油系统分册
2	ARJ21－700 飞机表明符合性试飞报告——燃油系统
3	ARJ21－700 飞机型号合格审定燃油系统飞行试验分析报告
4	ARJ21－700 飞机型号合格审定验证试飞大纲——电磁兼容分册

（续表）

序　号	符 合 性 文 件 名 称
5	ARJ21-700 飞机申请人表明符合性试飞报告——电磁兼容性
6	ARJ21-700 飞机电磁兼容性（EMC）试飞分析报告

7）机上检查（MOC7）

燃油系统采用 MOC7 方法表明符合性，如表 8.27 所示。

表 8.27　燃油系统机上检查（MOC7）

序　号	符 合 性 文 件 名 称
1	ARJ21-700 飞机燃油系统机上检查大纲
2	ARJ21-700 飞机燃油系统补充机上检查大纲
3	ARJ21-700 飞机燃油系统机上检查适航符合性报告
4	ARJ21-700 飞机照明系统补充机上检查大纲
5	ARJ21-700 飞机控制板补充机上检查报告

8）模拟器试验（MOC8）

燃油系统未采用 MOC8 方法来表明符合性。

9）设备鉴定（MOC9）

燃油系统采用 MOC9 方法来表明符合性，如表 8.28 所示。

表 8.28　燃油系统设备鉴定（MOC9）

序　号	符 合 性 文 件 名 称
1	ARJ21-700 飞机燃油系统设备鉴定试验总结报告

10）技术攻关

（1）燃油系统结冰适航技术攻关。

（2）燃油箱防爆技术攻关。

（3）机身燃油导管攻关。

8.4.11.2　动力装置

1）主要工作

（1）ARJ21-700 飞机首飞。

2008 年 11 月 ARJ21-700 飞机 101 架机在上海首飞。动力装置系统在首飞前完成了三轮系统综合模拟试验和 OATP 试验；首飞装机状态完整，所有构型偏离状态均经过工程和适航的批准认可；经过 FHA、FMEA、FTA 和共因分析等安全性分析方法研究表明，ARJ21-700 飞机动力装置系统设计满足首飞要求。

（2）TIA。

2012 年 2 月 14 日，中国民用航空局向公司颁发 ARJ21 - 700 飞机型号检查批准（TIA），项目正式进入型号合格审定试飞阶段。动力装置系统在 TIA 前完成了TIA 构型评估、部分括计算分析报告（MOC2）、安全性分析工作（MOC3）、适航地面试验（MOC5）和适航飞行试验（MOC6）。主要有发动机滑油量分析报告、发动机可用推力分析报告、ARJ21 - 700 飞机动力装置系统功能危险分析报告、ARJ21 - 700飞机动力装置系统故障树报告、ARJ21 - 700 飞机动力装置系统故障模式影响分析报告、ARJ21 - 700 飞机动力装置系统安全性分析报告、发动机工作特性地面试验、发动机控制和操作地面试验、进气畸变地面验证试验、发动机操纵器件地面试验、发动机振动和发动机振动监控装置（EVMU）地面试验、滑油油量指示器测量试验、发动机排气地面试验、发动机接口控制单元（EICU）和开关地面试验、燃油切断地面试验、发动机短舱的排液地面试验、发动机工作特性飞行试验、发动机控制与操纵飞行试验、进气畸变（侧风条件的部分试验）飞行试验、发动机排气（侧风条件的部分试验）飞行试验。关闭了绝大部分试飞故障，其余评估对飞行安全和试验有效性无影响。

2）符合性方法

（1）符合性说明（MOC1）。

动力装置采用 MOC1 方法来表明符合性，如表 8.29 所示。

表 8.29　动力装置符合性说明（MOC1）

序　号	符　合　性　文　件　名　称
1	动力装置防火符合性说明报告
2	ARJ21 - 700 飞机动力装置系统设备、系统及安装设计符合性说明报告
3	ARJ21 - 700 飞机发动机可用推力符合性说明报告
4	ARJ21 - 700 飞机动力装置系统发动机安装节设计符合性说明报告
5	动力装置系统设计符合性说明报告
6	动力装置防火符合性说明报告
7	ARJ21 - 700 飞机动力装置系统发动机隔离符合性说明报告
8	ATTCS 系统设计符合性说明报告
9	ARJ21 - 700 型飞机燃油排泄符合性说明
10	ARJ21 - 700 飞机转子爆破动力装置系统安全性分析
11	ARJ21 - 700 型飞机燃油排泄符合性说明

（2）计算（MOC2）。

动力装置采用 MOC2 方法来表明符合性，如表 8.30 所示。

表 8.30 动力装置计算(MOC2)

序 号	符 合 性 文 件
1	ARJ21-700 飞机发动机可用推力分析报(MOC2)
2	发动机加速时间分析报告
3	发动机舱内可燃液体分析报告
4	安装节防火分析报告
5	发动机电气搭接阻值分析报告
6	ARJ21-700 飞机反推力系统地面控制适航符合性分析报告(MOC2)
7	发动机进气流畸变影响分析报告
8	ARJ21-700 飞机动力装置系统可用滑油量 MOC2 分析报告
9	发动机部件和液体温度分析报告
10	自然结冰发动机吞冰能力分析报告
11	短舱通风和压力释放分析报告
12	动力装置电气系统和设备的设计及安装临界环境条件分析报告
13	动力装置系统闪电防护分析报告

(3) 安全性分析(MOC3)。

动力装置控制系统采用 MOC3 方法来表明符合性,如表 8.31 所示。

表 8.31 动力装置安全性分析

序 号	符 合 性 文 件
1	400 英尺以下发动机不可控高推力故障概率分析
2	ARJ21-700 飞机动力装置系统安全性评估报告
3	ARJ21-700 飞机转子爆破动力装置系统安全性分析报告
4	ARJ21-700 飞机动力装置系统故障模式影响分析报告
5	ARJ21-700 动力装置系统功能危险分析报告
6	ARJ21-700 飞机动力装置系统故障树分析报告

(4) 实验室试验(MOC4)。

动力装置控制系统 Mini Rig:动力装置控制系统试验台 Mini Rig 包括两台 FADEC、一台 EICU 及一台 EVM(及相应电荷发生器)。动力装置控制系统试验台 Mini Rig 在与航电 Rig 的交联试验时,能够完成动力装置控制系统起动、点火、停车、反推等功能试验,能够完成相应动力装置控制系统的显示、告警、维护数据显示、飞行参数记录等接口试验。航电试验台 Rig:航电系统试验台 Rig 由简易飞行座舱(包括仪表板、遮光罩、中央操纵台、顶部板、两翼显示器)、仿真柜(含 NGS 和 ACS)、航电机载设备 LRU 试验件、设备柜、电源柜、接口柜、无线电柜、连接电缆和接插件组成。航电系统 Rig 通过带有 50 针插头的电缆与非航电系统 Mini Rig(包括动力装置 Mini Rig)相连,并向非航电系统 Mini Rig 提供电源。

(5) 机上地面试验(MOC5)。

动力装置系统先进行机上功能试验(DATP)表明系统功能正常,符合设计要求,之后进行机上地面试验,目的在于验证系统机上功能的正确性。动力装置系统的机上地面试验共 15 项,如表 8.32 所示。

表 8.32　动力装置系统机上地面试验统计

序号	名　　称
1	ARJ21-700 飞机发动机进气畸变地面试验
2	ARJ21-700 飞机 EICU 控制功能地面试验
3	ARJ21-700 飞机 EVMU 系统功能地面试验
4	ARJ21-700 飞机动力装置短舱冷却机上地面试验
5	ARJ21-700 飞机动力装置短舱通风机上地面试验
6	ARJ21-700 飞机动力装置机上地面滑油油量指示测量试验
7	ARJ21-700 飞机动力装置液体排放机上地面试验
8	ARJ21-700 飞机发动机操纵器件地面试验
9	ARJ21-700 飞机发动机地面起动试验
10	ARJ21-700 飞机发动机工作特性地面试验
11	ARJ21-700 飞机发动机接口控制单元(EICU)Test & Rigging 功能机上地面试验
12	ARJ21-700 飞机发动机控制与操纵地面试验
13	ARJ21-700 飞机发动机排气地面试验
14	ARJ21-700 飞机燃油切断装置地面试验
15	ARJ21-700 飞机发动机振动监控装置(EVMU)Test & Rigging 功能机上地面试验

(6) 合格审定验证试飞(MOC6)。

合格审定试飞是申请人通过飞行试验的方式向局方表明系统功能符合设计要求,是局方验证试验的一部分。动力装置系统进行的合格审定试飞情况统计如表 8.33 所示。

表 8.33　动力装置系统合格审定试飞情况统计

序号	名　　称
1	ARJ21-700 飞机 EICU 和控制开关飞行试验
2	ARJ21-700 飞机动力装置短舱冷却飞行试验
3	ARJ21-700 飞机动力装置短舱通风飞行试验
4	ARJ21-700 飞机动力装置液体排放试飞
5	ARJ21-700 飞机发动机操纵器件飞行试验

（续表）

序号	名　　　称
6	ARJ21-700 飞机发动机负加速度飞行试验
7	ARJ21-700 飞机发动机工作特性飞行试验
8	ARJ21-700 飞机发动机加速时间飞行试验
9	ARJ21-700 飞机发动机进气畸变飞行试验
10	ARJ21-700 飞机发动机空中起动试验
11	ARJ21-700 飞机发动机控制与操纵飞行试验
12	ARJ21-700 飞机发动机排气飞行试验
13	ARJ21-700 飞机发动机性能特性-飞行推力确定飞行试验分析报告
14	ARJ21-700 飞机发动机性能特性-高原起飞推力限制参数验证试飞
15	ARJ21-700 飞机发动机性能特性-功率提取对发动机性能的影响试验
16	ARJ21-700 飞机发动机振动检查及 EVMU 功能试验验证飞行试验
17	ARJ21-700 飞机发动机自动起飞推力控制系统验证飞行试验分析报告
18	ARJ21-700 飞机反推力装置工作检查试验
19	ARJ21-700 飞机燃油切断装置飞行试验
20	ARJ21-700 飞机燃油切断装置飞行试验
21	ARJ21-700 飞机雨天发动机对跑道适应性飞行试验
22	ARJ21-700 飞机自然结冰条件下的风扇冰积聚飞行试验

（7）机上检查（MOC7）。

机上检查是一种静态检查，用于验证系统是否符合相应的条款要求，是局方验证试验的一部分。动力装置系统共进行了 6 项机上检查，如表 8.34 所示。

表 8.34　动力装置系统机上检查统计

序号	名　　　称
1	ARJ21-700 飞机动力装置进气系统和排气系统部件机上检查
2	ARJ21-700 飞机动力装置可燃液体防火和火区通风机上检查
3	ARJ21-700 飞机动力装置操纵器件机上检查
4	ARJ21-700 飞机动力装置附件、标牌及安装和告警措施机上检查
5	ARJ21-700 飞机动力装置滑油系统部件机上检查
6	ARJ21-700 飞机动力装置安装部件机上检查

（8）模拟器试验（MOC8）。

动力装置系统在飞行模拟机上进行了发动机不可控高推力的符合性验证。

（9）设备鉴定（MOC9）。

动力装置专业承担的 MOC9 报告《动力装置鉴定总结报告》，并提交局方批准。

3）关键输出

动力装置在试飞阶段的关键输出如表 8.35 所示。

表 8.35　动力装置在试飞阶段的关键输出

编号	类　别	文　件　名　称
1		《ARJ21‑700 飞机型号合格审定动力装置机上地面试验大纲》
2		《ARJ21‑700 飞机验证试验机上地面试验技术报告——发动机排气》
3		《ARJ21‑700 飞机发动机排气地面试验适航符合性分析报告（MOC5）》
4		《ARJ21‑700 飞机验证试验机上地面试验技术报告——发动机操纵器件》
5		《ARJ21‑700 飞机发动机操纵器件地面试验适航符合性分析报告》
6		《ARJ21‑700 飞机验证试验机上地面试验技术报告——短舱内的通风》
7		《ARJ21‑700 飞机动力装置短舱通风机上地面试验适航符合性分析报告（MOC5）》
8		《ARJ21‑700 飞机验证试验机上地面试验技术报告——EICU 控制功能》
9		《ARJ21‑700 飞机 EICU 控制功能地面试验适航符合性分析报告》
10		《ARJ21‑700 飞机验证试验机上地面试验技术报告——燃油切断装置》
11	MOC5（试验验证）	《ARJ21‑700 飞机燃油切断装置地面试验航符合性分析报告》
12		《ARJ21‑700 飞机验证试验机上地面试验技术报告——EVMU 系统功能试验》
13		《ARJ21‑700 飞机 EVMU 系统功能地面试验适航符合性分析报告》
14		《ARJ21‑700 飞机研制试验机上地面试验技术报告——发动机起动》
15		《ARJ21‑700 飞机发动机地面起动试验适航符合性分析报告（MOC5）》
16		《ARJ21‑700 飞机验证试验机上地面试验技术报告——发动机控制与操纵》
17		《ARJ21‑700 飞机发动机控制与操纵地面试验适航符合性分析报告》
18		《ARJ21‑700 飞机验证试验机上地面试验技术报告——发动机工作特性》
19		《ARJ21‑700 飞机发动机工作特性地面试验适航符合性分析报告（MOC5）》
20		《ARJ21‑700 飞机验证试验机上地面试验技术报告——短舱内的冷却》
21		《ARJ21‑700 飞机动力装置短舱冷却机上地面试验适航符合性分析报告（MOC5）》
22		《ARJ21 飞机动力装置机上地面滑油油量指示试验大纲》

（续表）

编号	类 别	文 件 名 称
23	MOC5 （试验 验证）	《ARJ21-700 飞机动力装置机上地面滑油油量指示测量试验报告》
24		《ARJ21-700 飞机型号合格审定进气畸变机上地面试验大纲》
25		《ARJ21-700 飞机型号合格审定进气畸变机上地面试验大纲》
26		《ARJ21-700 飞机验证试验机上地面试验技术报告——进气畸变》
27		《ARJ21-700 飞机动力装置进气畸变地面试验适航符合性分析报告（MOC5）》
28		《ARJ21-700 动力装置液体排放地面试验大纲》
29		《ARJ21-700 飞机验证试验机上地面试验技术报告——动力装置液体排放》
30		《ARJ21-700 飞机动力装置液体排放机上地面试验分析报告（MOC5）》
31		《ARJ21-700 飞机发动机接口控制装置（EICU）Test & Rigging 功能机上地面试验大纲》
32		《ARJ21-700 飞机发动机接口控制装置（EICU）Test & Rigging 功能机上地面试验报告》
33		《ARJ21-700 飞机中央维护系统机上地面试验大纲——Test & Rigging 功能发动机振动监控系统分册》
34		《ARJ21-700 飞机中央维护系统机上地面试验报告——Test & Rigging 功能发动机振动监控系统分册》
1	MOC6 （试验 验证）	《ARJ21-700 飞机型号合格审定试飞大纲——动力装置分册》
2		《ARJ21-700 飞机表明符合性研发试飞报告——发动机性能特性》
3		《ARJ21-700 飞机发动机性能特性——飞行推力确定飞行试验分析报告（MOC6）》
4		《ARJ21-700 飞机发动机加速时间飞行试验适航符合性分析报告（MOC6）》
5		《ARJ21-700 飞机表明符合性研发试飞报告——功率提取对发动机性能的影响》
6		《ARJ21-700 飞机发动机性能特性-功率提取对发动机性能的影响飞行试验适航符合性分析报告》
7		《ARJ21-700 飞机申请人表明符合性试飞报告——高原起飞推力限制参数验证》
8		《ARJ21-700 飞机发动机性能特性-高原起飞推力限制参数验证试飞适航符合性分析报告》

（续表）

编号	类别	文　件　名　称
9		《ARJ21－700 飞机表明符合性试飞报告——动力装置液体排放》
10		《ARJ21－700 飞机动力装置液体排放试飞适航符合性分析报告》
11		《ARJ21－700 飞机表明符合性试飞——雨天发动机对跑道适应性飞行》
12		《ARJ21－700 飞机雨天发动机对跑道适应性适航符合性分析报告（MOC6）》
13		《ARJ21－700 飞机表明符合性试飞报告——风扇冰积聚》
14		《ARJ21－700 飞机自然结冰条件下的风扇冰积聚试验适航符合性分析报告（MOC6）》
15		《ARJ21－700 飞机表明符合性试飞报告——发动机排气》
16		《ARJ21－700 飞机发动机排气飞行试验适航符合性分析报告（MOC6）》
17		《ARJ21－700 飞机表明符合性研发试飞技术报告——发动机操纵器件（油门台）》
18		《ARJ21－700 飞机发动机操纵器件飞行试验适航符合性分析报告》
19		《ARJ21－700 飞机表明符合性研发试飞报告——短舱内的通风》
20	MOC6（试验验证）	《ARJ21－700 飞机动力装置短舱通风飞行试验适航符合性分析报告（MOC6）》
21		《ARJ21－700 飞机表明符合性试飞报告——燃油切断装置》
22		《ARJ21－700 飞机燃油切断装置飞行试验适航符合性分析报告》
23		《ARJ21－700 飞机表明符合性试飞报告——EICU 和控制开关试验》
24		《ARJ21－700 飞机 EICU 和控制开关飞行试验适航符合性分析报告》
25		《ARJ21－700 飞机表明符合性试飞报告——发动机振动及 EVMU 功能试验》
26		《ARJ21－700 飞机发动机振动检查及 EVMU 功能试验验证飞行试验适航符合性分析报告》
27		《ARJ21－700 飞机表明符合性研发试飞技术报告——发动机空中起动》
28		《ARJ21－700 飞机发动机空中起动试验适航符合性分析报告（MOC6）》
29		《ARJ21－700 飞机反推力装置工作检查试验适航符合性分析报告》
30		《ARJ21－700 飞机表明符合性试飞报告——反推力装置工作检查》
31		《ARJ21－700 飞机表明符合性研发试飞报告——发动机控制与操纵》
32		《ARJ21－700 飞机发动机控制与操纵飞行试验适航符合性分析报告》
33		《ARJ21－700 飞机表明符合性试飞报告——进气畸变试飞》

（续表）

编号	类 别	文 件 名 称
34	MOC6 （试验 验证）	《ARJ21-700飞机发动机进气畸变飞行试验适航符合性分析报告》
35		《ARJ21-700飞机表明符合性试飞报告——发动机工作特性》
36		《ARJ21-700飞机发动机工作特性飞行试验适航符合性分析报告》
37		《ARJ21-700飞机表明符合性研发试飞报告——发动机自动起飞推力控制系统验证》
38		《ARJ21-700飞机发动机自动起飞推力控制系统验证飞行试验分析报告》
39		《ARJ21-700飞机表明符合性研发试飞技术报告——负加速度》
40		《ARJ21-700飞机发动机负加速度飞行试验适航符合性分析报告（MOC6）》
41		《ARJ21-700飞机表明符合性试飞报告——短舱内的冷却》
42		《ARJ21-700飞机动力装置短舱冷却飞行试验适航符合性分析报告（MOC6）》
1	MOC7 （试验 验证）	《ARJ21-700飞机动力装置系统操纵器件机上符合性检查大纲（MOC7）》
2		《ARJ21-700飞机动力装置系统操纵器件机上检查符合性报告》
3		《ARJ21-700飞机动力装置进气系统及排气系统部件机上符合性检查大纲》
4		《ARJ21-700飞机排气系统补充机上检查大纲》
5		《ARJ21-700飞机动力装置进气系统及排气系统部件机上检查适航符合性报告（MOC7）》
6		《ARJ21-700飞机动力装置系统可燃液体防火、火区通风机上检查大纲（MOC7）》
7		《ARJ21-700飞机动力装置系统可燃液体防火、火区通风机上检查符合性分析报告（MOC7）》
8		《ARJ21-700飞机动力装置系统安装部件符合性检查大纲》
9		《ARJ21-700飞机动力装置系统安装部件符合性检查报告》
10		《ARJ21-700飞机动力装置系统附件、标牌及安装和告警措施机上符合性检查大纲》
11		《ARJ21-700飞机动力装置系统附件、标牌及安装和告警措施机上符合性检查大纲》
12		《ARJ21-700飞机动力装置系统附件、标牌及安装和告警措施机上符合性检查报告》

编号	类　别	文　件　名　称
13	MOC7 （试验 验证）	《ARJ21-700 飞机动力装置操纵器件机上符合性补充检查大纲（油门控制组件）》
14		《ARJ21-700 飞机动力装置操纵器件（油门控制组件）机上补充检查（MOC7）适航符合性说明报告》
15		《ARJ21-700 飞机动力装置操纵器件机上符合性补充检查大纲》
16		《ARJ21-700 飞机动力装置系统操纵器件机上补充检查符合性报告》
17		《ARJ21-700 飞机动力装置滑油系统部件机上检查大纲》
18		《ARJ21-700 飞机动力装置滑油系统部件机上检查适航符合性报告（MOC7）》
1	MOC8 （试验 验证）	《ARJ21-700 飞机发动机不可控高推力 MOC8 试验大纲》
2		《ARJ21-700 飞机发动机不可控高推力 MOC8 试验报告》
3		《ARJ21-700 飞机不可控高推力 MOC8 试验分析报告》

8.4.11.3　APU 系统

1）主要工作

（1）协助试飞、试验，处理各类故障。

（2）根据试飞、试验暴露的各类设计问题，优化设计。

APU 专业相关的试飞、试验技术攻关有 APU 舱排液试飞、APU 通风冷却试验、APU 系统空中起动试飞。

（3）完成适航验证工作。

机上地面试验、首飞状态确认、TIA 状态确认、MOC1、MOC2 和 MOC3 报告编写批准、实验室试验（MOC4）、机上地面试验（MOC5）、合格审定验证试飞（MOC6）、机上检查（MOC7）、合格审定验证试飞（MOC6）和设备鉴定（MOC9）。

2）关键输出

（1）机上功能试验（on aircraft test procedure，OATP）。

完成机上地面试验程序（OATP）。

（2）ARJ21-700 飞机首飞。

首飞即首次飞行，对系统专业来说首飞能够表明系统技术状态能够支持全机飞行的需要。试验机首飞前 APU 系统对技术状态的总结文件如表 8.36 所示。

表 8.36　APU 系统首飞技术状态统计

试验机	首飞时间	文　件　名　称
101 架机	2008 年 11 月 28 日	《ARJ21 飞机首飞 APU 系统技术总结报告》

首飞前应完成的工作如表 8.37 所示。

表 8.37　首飞前完成的工作

1	性能计算	《安装系统静强度计算报告》	
		《进排气和通风冷却系统性能计算报告》	
		《进气风门强度计算报告》	
		《APU 安装性能分析报告》	
		《APU 系统可靠性分析报告》	
		《APU 系统维修性分析报告》	
		《APU 系统功能危害性分析报告》	
2	完成了系统安装，FADEC 软件版本为 00.03.000		
3	研发试验	APU 系统地面台架综合试验	APU 本体性能试验
			飞机进气冲压门作动器和控制器的验证试验
			飞机进气道和进气风门设计验证试验及与发动机性能匹配试验
			排气消音器性能试验
		进气风门破冰试验	
		APU 与航电系统交联试验	
		静力试验	
4	APU 鉴定试验	温度/高度试验	
		耐久性试验	
5	机上功能试验	APU 电气系统通电检查 APU 进气风门工作检查 APU 起动前检查 手动旋转 APU APU 冷转 将 APU 加速到 45%～50% APU 地面起动功能检查（包括地面供电性能检查） APU 引气功能检查（包括给环控供气和起动主发动机）	

（3）TIA。

TIA 前 APU 系统对技术状态的总结文件如表 8.38 所示。

表 8.38　APU 系统 TIA 技术状态统计

进入 TIA 时间	文 件 名 称
2012 年 2 月 14 日	《ARJ21-700 飞机 APU 系统 TIA 前工作总结报告》

TIA 前应完成的工作如表 8.39 所示。

表 8.39　首飞前完成的工作

1	计算分析报告（MOC2）	《ARJ21-700 飞机 APU 系统可用滑油量 MOC2 分析报》
		《进排气和通风冷却系统性能计算报告》
2	安全性分析报告（MOC3）	《ARJ21-700 飞机 APU 系统功能危害性分析报告》
		《ARJ21-700 飞机 APU 系统 FMEA 报告》
		《ARJ21-700 飞机 APU 系统 FTA 分析报告》
		《ARJ21-700 飞机 APU 系统安全性评估》
3	机上地面试验（MOC5）	APU 再起动能力地面试验
		APU 地面工作特性检查
		APU 进气系统地面试验
		排气与引气污染地面试验
		辅助动力装置冷却系统地面试验
		辅助动力装置振动地面试验
		辅助动力装置液体排放地面试验
4	试飞工作（MOC6）	APU 排气与引气污染试飞
		APU 负加速度试飞

（4）实验室试验（MOC4）。

实验室试验是在实验室条件下进行试验以表明符合性，是局方验证试验的一部分。APU 系统仅有"APU 系统部件防火试验"。试验状态如表 8.40 所示。

表 8.40　APU 系统实验室试验统计

试验科目	试验时间	文　件　名　称
APU 系统部件防火试验	2014 年 8 月 15 日	《ARJ21-700 飞机 APU 系统部件防火试验分析报告》

（5）机上地面试验（MOC5）。

机上地面试验用于验证系统机上功能的正确性，是局方验证试验的一部分。APU 系统的机上地面试验如表 8.41 所示。

表 8.41 APU 系统机上地面试验统计

序号	试 验 科 目		试验时间	试验地点	试验机	文 件 名 称
1	辅助动力装置工作特性地面试验	常温	2011 年 6 月 22 日	阎良机场	102	《辅助动力装置工作特性地面试验分析报告》
		高温	2011 年 7 月 25 日	阎良机场	102	《ARJ21－700 飞机验证试验机上地面试验技术报告——辅助动力装置工作特性地面试验》
		高寒	2014 年 1 月 13 日 2014 年 1 月 16 日	海拉尔	102	
2	辅助动力装置再起动能力地面试验	常温 正常状态	2011 年 6 月 22 日	阎良机场	102	《辅助动力装置再起动能力地面试验分析报告》
		常温 风门故障状态	2011 年 6 月 23 日	阎良机场	102	
		高温 正常状态	2011 年 7 月 25 日	阎良机场	102	《ARJ21－700 飞机验证试验机上地面试验技术报告——辅助动力装置再起动能力地面试验》
		高原 正常状态	2013 年 6 月 22 日	格尔木	102	
		高原 风门故障状态	2013 年 6 月 22 日	格尔木	102	
		高寒 正常状态和风门故障状态	2010 年 1 月 12 日 2014 年 1 月 13 日 2014 年 1 月 16 日	呼伦贝尔机场	102	
3	辅助动力装置进气系统地面试验		2011 年 3 月 27 日 2011 年 4 月 6 日 2011 年 4 月 16 日	嘉峪关机场	102	《辅助动力装置进气系统地面试验分析报告》
						《ARJ21－700 飞机验证试验机上地面试验技术报告——辅助动力装置进气系统地面试验》
4	辅助动力装置冷却系统地面试验		2014 年 9 月 29 日	厦门高崎机场	102	《ARJ21－700 飞机 2014 年辅助动力装置冷却系统地面试验分析报告》
						《ARJ21－700 飞机验证试验机上地面试验技术报告——辅助动力装置冷却系统地面试验》
5	辅助动力装置振动地面试验		结合科目： a) 辅助动力装置工作特性地面试验 b) 辅助动力装置再起动能力地面试验 c) 辅助动力装置进气系统地面试验 d) 辅助动力装置冷却系统地面试验			《辅助动力装置振动地面试验分析报告》
						《ARJ21－700 飞机验证试验机上地面试验技术报告——辅助动力装置振动地面试验》

（续表）

序号	试验科目		试验时间	试验地点	试验机	文　件　名　称
6	辅助动力装置排气与引气污染地面试验	180°尾风	2011年3月27日	嘉峪关机场	102	《辅助动力装置排气与引气污染地面试验分析报告》
		90°侧风	2011年4月6日	嘉峪关机场	102	《ARJ21-700飞机验证试验机上地面试验技术报告——辅助动力装置排气与引气污染》
		270°侧风	2011年4月16日	嘉峪关机场	102	
7	辅助动力装置液体排放地面试验		2011年10月8日——2011年10月10日	阎良机场	103	《辅助动力装置液体排放地面试验分析报告》
						《ARJ21-700飞机验证试验机上地面试验技术报告——辅助动力装置液体排放地面试验》

（6）合格审定验证试飞（MOC6）。

合格审定试飞是申请人通过飞行试验的方式向局方表明系统功能符合设计要求，是局方验证试验的一部分。APU系统进行的合格审定试飞情况统计如表8.42所示。

表 8.42　APU系统合格审定试飞情况统计

序号	试飞科目		试飞时间	试飞地点	试飞机	试飞类型	文　件　名　称
1	辅助动力装置工作特性试飞	APU空中供气、供电	2013年1月25日	阎良	102	表明符合性	《辅助动力装置工作特性表明符合性试飞报告》
		APU空中引气起动主发	2013年1月29日	阎良	102		《辅助动力装置工作特性试飞分析报告》
		APU空中供气、供电	2013年5月22日	阎良	102	局方审定	《辅助动力装置工作特性审定试飞报告》
		APU空中引气起动主发	2013年5月23日	阎良	102		
2	辅助动力装置负加速度试飞		2011年8月23日	阎良	102	表明符合性	《辅助动力装置负加速度表明符合性试飞报告》
			2012年10月24日	阎良	102	局方审定	《辅助动力装置负加速度试飞分析报告》
							《辅助动力装置负加速度审定试飞报告》

（续表）

序号	试飞科目		试飞时间	试飞地点	试飞机	试飞类型	文 件 名 称
3	辅助动力装置再起动能力、风车特性试飞	APU 风门正常开启	2013 年 8 月 28 日	阎良	102	表明符合性	《辅助动力装置再起动能力、风车特性表明符合性试飞报告》
		APU 风门正常开启	2013 年 9 月 2 日	阎良	102		《辅助动力装置再起动能力、风车特性试飞分析报告》
		APU 风门销在全开位	2013 年 9 月 4 日	阎良	102		
		APU 风门正常开启	2013 年 9 月 5 日	阎良	102	局方审定	《辅助动力装置再起动能力、风车特性审定试飞报告》
		APU 风门销在全开位	2013 年 9 月 6 日	阎良	102		
4	辅助动力装置进气系统试飞	APU 空中供气、供电	2013 年 1 月 25 日	阎良	102	表明符合性	《辅助动力装置进气系统表明符合性试飞报告》
		APU 空中引气起动主发	2013 年 1 月 29 日	阎良	102		
		飞机侧滑、失速告警	2013 年 5 月 9 日	阎良	102		
		飞机收敛转弯、跃升	2013 年 5 月 10 日	阎良	102		《辅助动力装置进气系统试飞分析报告》
		APU 空中供气、供电	2013 年 5 月 22 日	阎良	102		
		APU 空中引气起动主发	2013 年 5 月 23 日	阎良	102	局方设定	
		飞机侧滑、失速告警	2013 年 5 月 16 日	阎良	102		《辅助动力装置进气系统审定试飞报告》
		飞机收敛转弯、跃升	2013 年 5 月 16 日	阎良	102		
5	辅助动力装置自然结冰条件下功能检查试飞	连续最大结冰条件下操稳试飞	2014 年 4 月 4 日 2014 年 4 月 8 日	加拿大温莎	104	并行	《辅助动力装置自然结冰条件下功能检查表明符合性试飞报告》
							《辅助动力装置自然结冰条件下功能检查试飞分析报告》
							《辅助动力装置自然结冰条件下功能检查审定试飞报告》

序号	试飞科目		试飞时间	试飞地点	试飞机	试飞类型	文 件 名 称
6	辅助动力装置溅水试验		2013 年 6 月 22 日 — 2013 年 6 月 28 日	阎良	102	并行	《辅助动力装置溅水试验表明符合性试飞报告》
							《辅助动力装置溅水试验试飞分析报告》
							《辅助动力装置溅水试验审定试飞报告》
7	辅助动力装置冷却系统试飞		2014 年 9 月 30 日	厦门高崎	102	并行	《辅助动力装置冷却系统表明符合性试飞报告》
							《ARJ21－700 飞机 2014 年辅助动力装置冷却系统试飞分析报告》
							《辅助动力装置冷却系统审定试飞报告》
8	辅助动力装置振动试飞		结合科目： APU 工作特性表明符合性试飞 APU 工作特性审定试飞 APU 再起动能力、风车特性表明符合性试飞 APU 再起动能力、风车特性审定试飞 APU 进气表明符合性试飞 APU 进气审定试飞				《辅助动力装置振动表明符合性试飞报告》
							《辅助动力装置振动试飞分析报告》
							《辅助动力装置振动审定试飞报告》
9	辅助动力装置排气与引气污染试验	180°尾风	2011 年 3 月 28 日	嘉峪关机场	102	表明符合性	《辅助动力装置排气与引气污染表明符合性试飞报告》
		90°侧风	2011 年 4 月 24 日	鼎新机场	102		
		90°尾风	2012 年 5 月 2 日	鼎新机场	102	局方审定	《辅助动力装置排气与引气污染试飞分析报告》
		180°尾风	2012 年 5 月 8 日	嘉峪关机场	102		
		270°尾风	2013 年 4 月 7 日	鼎新机场	102		《辅助动力装置排气与引气污染审定试飞报告》
		270°尾风	2013 年 4 月 27 日	鼎新机场	102		

（续表）

序号	试飞科目		试飞时间	试飞地点	试飞机	试飞类型	文件名称
10	辅助动力装置液体排放试飞	起飞、爬升、侧滑、盘旋、平飞、下滑、着陆	2014年6月10日	阎良机场	102	表明符合性	《辅助动力装置液体排放表明符合性试飞报告》
		着陆开反推	2014年6月11日	阎良机场	102		
		滑行	2014年6月11日	阎良机场	102	局方审定	《辅助动力装置液体排放试飞分析报告》
		滑行	2014年6月12日	阎良机场	102		
		着陆开反推	2014年6月12日	阎良机场	102		《辅助动力装置液体排放审定试飞报告》
		起飞、爬升、侧滑、盘旋、平飞、下滑、着陆	2014年6月16日	阎良机场	102		
11	辅助动力装置操纵器件试飞	结合科目： a) APU 工作特性表明符合性试飞 b) APU 工作特性审定试飞 c) APU 再起动能力、风车特性表明符合性试飞 d) APU 再起动能力、风车特性审定试飞 e) APU 负加速度表明符合性试飞 f) APU 负加速度审定试飞					《辅助动力装置操纵器件表明符合性试飞报告》 《辅助动力装置操纵器件试飞分析报告》 《辅助动力装置操纵器件审定试飞报告》

（7）机上检查（MOC7）。

机上检查是一种静态检查，用于验证系统是否符合相应的条款要求，是局方验证试验的一部分。APU 系统于 2011 年 5 月 24 日进行了机上检查，检查过程中发现 1 条不符合项，其余检查项合格。紧急停车按钮更改为红色，机上检查项全部合格。APU 系统机上检查情况如表 8.43 所示。

表 8.43　APU 系统机上检查统计

试 验 科 目	试 验 时 间	文 件 名 称
APU 系统机上检查试验	2011 年 5 月 24 日	《ARJ21 - 700 飞机辅助动力系统机上检查大纲》
		《ARJ21 - 700 飞机辅助动力系统机上检查符合性报告》

(8) 设备鉴定(MOC9)。

APU 专业完成了 APU 本体及 APU 进气消音器设备鉴定,并得到局方的批准。

技术攻关: 排液试飞、通风冷却试验、空中起动。

8.4.11.4　防火系统

(1) 符合性说明(MOC1)。

防火系统采用 MOC1 进行符合性说明,如表 8.44 所示。

表 8.44　防火系统符合性说明(MOC1)

序　号	符 合 性 文 件
1	ARJ21 飞机 APU 灭火系统设计分析说明报告
2	APU 舱防火系统防火封严设计说明报告
3	防火控制板灭火手柄布局问题分析报告
4	发动机防火手柄旋转角度问题分析报告

(2) 计算(MOC2)。

防火系统采用计算分析(MOC2)对相关条款进行验证,如表 8.45 所示。

表 8.45　防火系统计算(MOC2)

序　号	符 合 性 文 件
1	ARJ21 飞机防火系统重量计算报告
2	ARJ21 - 700 飞机防火系统质量特性计算分析报告

(3) 安全性分析(MOC3)。

防火系统采用安全性分析(MOC3)对涉及系统安全性方面的条款进行符合性验证,如表 8.46 所示。

(4) 实验室试验(MOC4)。

发动机火警探测器鉴定试验。验证条款 1203(b)(1),1203(g)和 1309(a)。试验承担方为 KA 公司,适航审查代表现场目击。

表 8.46　防火系统安全性分析

序　号	符 合 性 文 件
1	ARJ21－700 飞机防火 CCMR 分析报告
2	ARJ21－700 飞机防火系统 FMEA
3	ARJ21－700 飞机防火系统故障树分析
4	ARJ21 飞机试飞试验灭火剂剂量风险评估报告
5	防火系统发动机非包容性转子损坏安全性分析
6	ARJ21－700 飞机防火系统安全性评估
7	ARJ21－700 飞机防火系统 FHA 报告
8	ARJ21－700 飞机防火系统初步安全性评估
9	ARJ21－700 飞机起落架舱轮胎爆破防火系统安全性分析报告

（5）机上地面试验（MOC5）。

防火系统已完成的 MOC5，如表 8.47 所示。

表 8.47　防火系统地面试验（MOC5）

验 证 任 务	适 航 条 款	符合性验证文件
防火系统机上地面功能试验验证	854(a)，857(c)(1)，857(c)(2)，858(a)，1203(b)(2)，1203(b)(3)，1301(a)，1301(c)，1309(a)	ARJ21－700 飞机防火系统机上地面功能试验大纲
防火系统机上地面功能试验验证	854(a)，857(c)(1)，857(c)(2)，858(a)，1203(b)(2)，1203(b)(3)，1301(a)，1301(c)，1309(a)	ARJ21－700 飞机防火系统机上地面试验报告
防火系统试验验证（飞行试验验证地面状态）	857(c)(1)，(2)，858(a)，1199(b)，1199(d)(1)，(2)，1199(e)，1301(a)(c)，1309(a)	ARJ21－700 飞机型号合格审定试飞大纲——防火系统分册
防火系统试验验证（飞行试验验证地面状态）	857(c)(1)，(2)，858(a)，1199(b)，1199(d)(1)，(2)，1199(e)，1301(a)(c)，1309(a)	ARJ21－700 飞机防火系统试飞试验分析报告

（6）验证试飞（MOC6）。

防火系统按照《型号合格审定试飞大纲——防火系统分册》大纲要求进行试飞验证，试验结果表明对条款的符合性。

（7）机上检查（MOC7）。

防火系统按照《ARJ21－700 飞机防火系统机上检查大纲》进行条款符合性检查并得到局方批准。

（8）设备鉴定（MOC9）。

防火系统部件鉴定试验由供应商完成，部分试验审查代表参与目击，部分试采取相似性分析表明符合性。

8.4.12　安全性

开展试飞阶段的安全性验证工作,进一步开展 FHA、CCA、SSA 与整机级安全性评估工作,及时反馈与处理试飞期间出现的安全性问题,收集与分析试飞期间的安全性数据,对试飞阶段所进行的更改进行安全性分析与评估等工作。

主要工作包括以下方面:

(1) 确保与安全性相关的初始维修程序及时间间隔已交付维修人员(MSG 过程)。

(2) 确保安全性相关需求,尤其是对于试验大纲的需求,已交付试验人员。

(3) 确保整机级 FHA 获适航当局认可。

(4) 开展首飞安全性分析。

(5) 开展区域安全性机上检查。

(6) 向适航当局交付最终的 SSA 和必需的 CCA、FHA 和 FMES。

(7) 确定主最低设备清单和飞行机组操作手册的专用条件(基于安全性分析评估、结论)。

(8) 向适航当局递交整机级安全性评估。

8.4.13　维修性

1) 主要工作

(1) 完成飞机级维修性验证及评估。

(2) 进行先进维修性设计技术研究。

(3) 制订试飞阶段维修性验证计划。

(4) 制订试飞用维修检查大纲要求。

(5) 制订试飞用维修要求。

(6) 完成整机试飞阶段的维修性验证及评估。

(7) 完成试飞阶段的维修性验证及评估。

2) 关键输出

(1) 飞机级维修性验证及评估。

(2) 先进维修性设计技术研究。

(3) 试飞阶段维修性验证计划。

(4) 试飞用维修检查大纲要求。

(5) 试飞用维修要求。

(6) 整机试飞阶段的维修性验证及评估。

(7) 试飞阶段的维修性验证及评估。

8.4.14　技术出版物

8.4.14.1　主要工作

完成 25.1529 条款适航适航符合性相关工作,达到条款关闭状态;完成对应飞标司 FOEB 和运行文件的相关工作;完成交付用户技术出版物和其他支持文件的编写。

1) 25.1529 条款适航符合性相关工作

(1) 完成持续适航文件的批准。

(2) 完成 25.1529 条款规定的持续适航文件编写及验证工作。

(3) 配合审查组完成对各文件的审查。

2) 对应 FOEB 和运行文件相关工作。

(1) 完成 PMMEL 候选项目的分析和确定。

(2) 部分 PMMEL 候选项目进行飞行试验和机上地面试验。

(3) 配合 FOEB 对候选项目进行评审,并确定最终项目。

(4) 编写 PMMEL 报告。

(5) 编写 FCOM、QRH、CCOM 等运行类文件。

(6) 开展手册正常操作程序、非正常程序和应急程序的验证工作。

(7) 配合 AEG 评审运行类文件,并获得认可。

3) 交付用户技术出版物和其他支持文件的编写。

按协调完成与客户确定的定制技术出版物和其他支持文件的编写。

8.4.14.2 关键输出

1) 25.1529 条款适航符合性报告

25.1529 条款适航符合性报告包括 CP 及确定的持续适航文件。

(1)《ARJ21－700 飞机重量平衡手册》。

(2)《ARJ21－700 飞机适航限制部分》。

(3)《ARJ21－700 飞机结构修理手册》。

(4)《ARJ21－700 飞机 EWIS 持续适航文件主手册》。

(5)《ARJ21－700 飞机维修审查委员会报告》。

(6)《ARJ21－700 飞机维修计划文件》。

(7)《ARJ21－700 飞机维修手册》。

(8)《ARJ21－700 飞机图解零件目录》。

(9)《ARJ21－700 飞机线路手册》。

(10)《ARJ21－700 飞机系统原理图册》。

(11)《ARJ21－700 飞机无损检测手册》。

(12)《ARJ21－700 飞机故障隔离手册》。

(13)《ARJ21－700 飞机图解工具和设备手册》。

2) 对应 FOEB 和运行文件相关工作

(1)《ARJ21－700 飞机主最低设备清单建议书(PMMEL)》。

(2)《ARJ21－700 飞机飞行机组操作手册》。

(3)《ARJ21－700 飞机快速检查单》。

（4）《ARJ21－700 飞机放飞偏离指南》。

（5）《ARJ21－700 飞机客舱机组操作手册》。

3）定制技术出版物和其他支持文件

（1）《ARJ21－700 飞机区域和口盖手册》。

（2）《ARJ21－700 飞机维修工作卡》。

（3）《ARJ21－700 飞机工艺和材料规范》。

（4）《ARJ21－700 飞机标准件手册》。

（5）《ARJ21－700 飞机故障报告手册》。

（6）《ARJ21－700 飞机维修设施计划》。

（7）《ARJ21－700 飞机地面设备手册》。

（8）《ARJ21－700 飞机工具和设备图纸目录》。

（9）《ARJ21－700 飞机支援设备摘要》。

（10）《ARJ21－700 飞机消耗品手册》。

（11）《ARJ21－700 飞机主装机设备清单》。

（12）《ARJ21－700 飞机机载设备位置指南》。

（13）《ARJ21－700 飞机辐射性及有害元件清单》。

（14）《ARJ21－700 飞机机组检查单》。

（15）《ARJ21－700 飞机性能程序手册》。

（16）《ARJ21－700 飞机客舱应急设备位置图》。

（17）《ARJ21－700 飞机乘客安全须知》。

（18）《ARJ21－700 飞机应急处置图》。

（19）《ARJ21－700 飞机用于机场计划的飞机特性手册》。

（20）《飞机抢救手册》。

8.4.15　地面设备

1）主要工作

（1）完成飞机专用设备的设计、制造、试验与调试等工作。

（2）完成飞机专用设备的验证、鉴定等工作。

（3）完成飞机通用设备和专用设备试用阶段前的技术培训。

（4）完成飞机通用设备和专用设备试用阶段使用跟踪、技术支持和技术完善。

（5）完成与供应商地面支援设备相关的专业技术工作。

（6）完成飞机专用设备试用后的定型工作以及图纸和产品的构型管理。

（7）确定合格的通用设备供应商和专用设备授权制造商。

（8）完成地面支援设备供应商和制造商的质量管理、信息管理以及产品管理。

（9）申请飞机地面支援设备发明专利，总结科技创新成果。

2）关键输出

（1）飞机地面设备清单。

（2）工具与设备图纸目录。

（3）工具与设备图解手册。

（4）S 类地面设备设计要求/设计方案/图纸数模/产品说明书/试验报告等。

（5）C 类地面设备技术要求/选型报告。

（6）C 类地面设备/技术资料。

（7）P 类地面设备/技术资料。

（8）试飞地面设备培训资料。

（9）试飞地面设备培训记录等。

8.4.16 可靠性

1）主要工作

（1）完成飞机级可靠性验证及评估。

（2）制订试飞阶段可靠性验证计划。

（3）完成整机试飞阶段的可靠性验证及评估。

（4）完成试飞阶段的可靠性验证及评估。

（5）收集可靠性故障数据,开展故障报告、分析和纠正措施系统（FRACAS）。

2）关键输出

（1）飞机级可靠性验证及评估。

（2）试飞阶段可靠性验证计划。

（3）整机试飞阶段的可靠性验证及评估。

（4）试飞阶段的可靠性验证及评估。

（5）FRACAS 报告。

8.4.17 标准材料

1）主要工作

（1）试验试飞阶段优化设计,更改完善 ARJ21 飞机金属材料,非金属材料,型材和标准件选用目录。按需编制材料规范（ZMS）并进行材料合格鉴定试验。

（2）试飞现场标准件和材料问题现场处理。

（3）材料相关故障拒收报告 FRR,材料代料单处理,询问单处理。

2）关键输出

（1）材料、标准件适航符合性报告。

（2）材料和工艺手册,标准件手册,消耗品手册等。

8.4.18 适航管理

1）主要工作

（1）依据经批准的 CP,完成各 CP 规划的符合性验证工作,包括符合性说明、计算/分析、验证试验、机上检查、验证试飞、设备合格鉴定。

（2）编制各 CP 规划的符合性报告，并提交审查方审批。

（3）组织召开审定飞行试验前的 TCB 会议，向审查方汇报验证试飞前相关工作完成情况。

（4）协调审查方签发型号检查核准书。

（5）组织审定飞行试验前的制造符合性检查。

（6）开展审定飞行试验。

（7）运行及维护的评估。

（8）开展功能和可靠性飞行试验。

（9）编制持续适航文件并提交局方审批。

（10）编制《飞行手册》并提交局方审批。

（11）开展最终 TCB 会议前的准备，组织召开最终 TCB 会议。

（12）协调局方颁发型号合格证/型号设计批准书。

2）关键输出

适航取证管理：配合完成符合性验证试飞；召开审定飞行试验前的型号合格审定委员会（TCB）会议和最终型号合格审定委员会（TCB）会议；完成局方颁发型号检查批准（TIA）前的申请人验证工作，协调局方完成审定试飞和功能可靠性试飞，关闭审定基础上适用条款；建立飞机持续适航体系；开展航空器评审项目符合性验证及审查，提交航空器评审项目报批材料及符合性说明材料。适航专业计划实施阶段的关键输出：

（1）经批准的各类符合性报告。

a. 471 份 MOC1 报告。

b. 855 份 MOC2 报告。

c. 138 份 MOC3 报告。

d. 689 份 MOC4 报告。

e. 259 份 MOC5 报告。

f. 463 份 MOC6 报告。

g. 107 份 MOC7 报告。

h. 18 份 MOC8 报告。

i. 418 份 MOC9 报告。

（2）型号检查批准（TIA）。

（3）经批准的飞行手册等各类使用类手册和持续适航文件。

（4）型号合格证（TC）。

8.4.19　市场研究

8.4.19.1　市场营销

与首家用户签订交付合同；开展市场需求符合性评估。

8.4.19.2　市场研究

续跟踪全球、各地区和中国的政治经济环境、交通运输环境等,提出适合当前市场环境和未来发展态势的产品开发和市场营销战略。

关键输出:

(1)宏观市场长期预测年报。

(2)针对目标市场的分析和预测报告。

(3)航空市场专题研究报告。

8.4.19.3　客户选型

以首家客户选型为重点,全面落实产品客户化工程资料文件体系,形成完善的飞机型号选项指南,面向客户进行选项推介、技术咨询和选型。

持续开展市场飞机和客户需求分析,重点反馈选型过程中首家客户的意见和建议,按 971GD004 的规定,编制设计更改建议(DCR)。

制定产品客户化过程中的工作流程文件。

完成预投产的首批交付客户飞机的选型结果文件的发布,支持预投产工作的顺利进行。

落实支持客户选型的辅助手段的初步方案。

关键输出:

(1)航空公司技术调研报告和协调单。

(2)客户选项需求和偏好分析报告。

(3)竞争机型选项分析研究报告。

(4)选项功能效用评估分析研究报告。

(5)选项优化设置分析研究报告。

(6)飞机选项指南文件。

(7)设计更改建议。

(8)产品客户化工作中制定的流程。

主要包括《ARJ21-700 客户需求工程管理要求》《ARJ21-700POSR 与 SCN 工程管理要求》《ARJ21-700 客户构型工程管理要求》。

(1)客户选项选择清单。

(2)客户特殊更改要求。

(3)构型选项技术协调单。

(4)客户虚拟选型系统初步方案。

(5)客户选型样机研发需求。

8.4.19.4　销售支援

根据产品技术方案,完善产品方案竞争力评估,提出方案优化建议,完善产品各类宣传材料。

继续完善潜在目标客户及开拓策略,持续评估各阶段客户可行性、订单量和销售策略。重点完成首家用户确定所需销售工程支持,包括机场航线适应性、航线网络规划等内容。

关键输出:

(1)产品竞争力评估。

(2)产品机场航线适应性评估,包含飞行计划分析。

(3)产品市场适应性评估,包含机队和航线网络规划、运营利润等。

(4)产品各类宣传材料,包括产品推介 PPT、产品册、宣传单页、宣传折页、客户化销售材料等。

(5)各阶段客户分析。

(6)首家用户完整解决方案,包括运控、财务、市场、规划等全方位内容。

8.4.19.5　政策研究

对现行支线航空政策进行跟踪研究,调研了解客户支持政策需求,制订客户扶持方案,为市场推广及销售策略制订提供支持。

关键输出:

(1)支线航空政策研究报告:对支线航空市场现行政策进行跟踪研究,把握政策变化对产品需求的影响。

(2)客户政策需求收集与分析报告:对订单客户及潜在客户政策需求进行调研,完成客户政策需求评估与分析,并制订客户扶持方案,为市场推广和销售策略制订提供支持。

8.4.19.6　客服工程

(1)完成客户服务准备。

(2)完成首台飞模交付。

(3)完成飞行、机务、乘务、签派教员队伍培养,并获取相应资质。

(4)基于研制试飞期间的验证数据完成培训资料Ⅱ版,基于 TC 取证及 AEG 评审数据完成培训资料Ⅲ版;完成飞行运行支援系统开发与验证。

(5)完成初始推荐航材清单(RSPL)。

(6)首批航材入库并开始交付。

(7)基于研制试飞期间的验证数据完成维修工程分析Ⅱ版,基于 TC 取证及 AEG 评审数据完成维修工程分析Ⅲ版。

(8)完成客户用地面支援设备(GSE)设计、试制和验证,完成地面支援设备(GSE)客户推荐清单。

(9)完成实时监控与故障诊断地面系统开发与验证。

(10)基于研制试飞期间的验证数据完成手册Ⅱ版,基于型号合格证(TC)取证及航空器评审组(AEG)评审数据完成手册Ⅲ版。

(11)制定首家用户客户服务准备计划。

8.4.20　试验试飞取证子阶段的关键输出

（1）总体设计：适航条款符合性验证报告,机场适应性分析报告。

（2）气动、性能：数据分析报告。

（3）重量：全机地面称重符合性方法(MOC5)试验分析报告中,重量平衡手册,载重平衡适航符合性报告。

（4）载荷：试飞载荷分析报告。

（5）强度：机体结构静强度分析报告,机体结构疲劳强度和损伤容限分析报告,系统结构的静强度、动强度、疲劳强度和/或损伤容限分析报告,机体结构鸟撞、坠撞和声疲劳分析报告,颤振分析报告,载荷试飞报告和分析报告。

（6）机载系统：适航符合性报告,系统集成试验报告。

（7）四性：经评审通过的初步系统安全性分析(PSSA)、系统安全性分析(SSA)、共同故障分析(CCA)、功能危害性分析(FHA)和故障模式影响摘要(FMES),S类/P类/C类地面设备验证记录/验证报告,随机地面设备清单,首批随机地面设备;S类地面设备图纸/文件(交付客户稿),技术出版物验证记录。

（8）标准化：标准化审查报告。

（9）工艺制造：交付机材料、机载系统设备、标准件采购订单,生产计划。

（10）试飞工程：试飞报告。

（11）客服工程：CCAR-60部临时C级飞行模拟机,CCAR-60部五级飞行维护训练器,可投入训练的虚拟维护训练器、综合程序训练器和乘务培训设备,客户培训资料Ⅲ版,客户化初始推荐航材清单(RSPL),维修工程分析报告Ⅲ版,客户用地面支援设备(GSE)设计图纸,地面支援设备(GSE)客户推荐清单和库存清单,手册Ⅲ版,制订首家用户客户服务准备计划。

（12）计划管理：换版各级网络计划,年度和专项计划,控制记录。

（13）经费与成本管理：成本分解结构,经费控制计划和记录。

（14）市场营销：交付合同,市场需求符合性评估报告。

（15）质量管理：质量管理记录。

（16）供应商管理：产品实物,供应链评估报告。

（17）适航取证管理：经批准的符合性验证报告,符合性检查清单,经批准的设计保证手册,获得型号合格证(TC)、生产许可证(PC),航空器评审项目获局方批准或认可函。

（18）构型管理：产品基线清单,服务产品符合性评估报告,试飞构型文件,构型文件,在役构型管理要求和工作流程。

（19）风险管理：风险分析报告。

（20）资源管理：完成厂房、设备的配套。

9 新支线飞机批产与产业化阶段

9.1 新支线飞机批产与产业化阶段的主要工作

持续取得订单及改进产品和服务,扩大市场份额。根据市场订单,制订生产纲领,建立批生产管理模式和商务运行模式,完成批生产的能力建设,有效控制成本,确保准时交付,进而取得商业成功,实现企业良性循环的产业化发展。

交付及航线运营阶段的主要工作任务是持续取得订单,改进产品和服务,扩大市场份额,获得维修机构、培训机构许可证,协助航空公司获得运行合格证,完成首架机交付并投入运营。

(1)客户服务与运营支持工作。

建立飞机维修能力,获得 CCAR-145 部许可,针对首家用户制订低利用率维修方案、试飞机维修方案。向首家用户交付飞行类、维修类、构型类手册,并且根据发现的问题进行手册的改进和完善,简化复杂的维修程序、飞行操作程序,完善了检查、损伤标准。为解决首家用户消耗品采购困难,进行消耗品替代性评估,考虑到飞机在航线/机库维修中的标准施工与制造过程中的工艺规范的差异性,改进线路、结构和系统标准施工的维修工艺规范。通过 T5 测试、训练大纲、手册、培训体系以及程序通过局方审定,AEG 评审项目全部通过。完成首批成都航机长转机型训练课程。优化、改进航材清单,开展航材支援。建立了快速响应技术支援体系,处理来自客户的各类技术请求及咨询、AOG 事件处理、飞机运行信息处理、快响系统优化。

(2)设计改进工作。

由于首次 TC 中遗留的限制项目,以及 T5 测试提出的一些设计改进,ARJ21-700 飞机立即开展了证后设计优化,包括改善 TC 限制,满足基本运营的航线需求、驾驶舱优化、客舱及结构内设优化、降噪等 141 项等优化设计内容。

9.2 新支线飞机批产与产业化子阶段

9.2.1 总体气动

批产阶段中总体主要的工作内容为全机称重、水平测量工作以及生产中的超差处理,RVSM 验证工作、客户制订外观喷漆方案和内饰选装方案等。性能挖潜、减重减阻、系列化发展等优化设计。

组织开展以好运营、好制造、好维修,降成本,能竞争为目的的持续改进工作,使得飞机在同类飞机中,在特定市场上具有竞争力。

飞机的系列化发展,例如改进型和加长型飞机、公务机、货机、特种任务飞机等,最大程度的提高飞机在全寿命阶段的竞争力。

9.2.2 结构设计

1) 目标

本阶段,结构专业主要目标为支持疲劳试验、批产制造,处理交付飞机持续适航问题。

2) 主要工作

(1) 各批产架次构型管理。

(2) 交付飞机的持续适航工作。

(3) 配合特定用途改型研制,如公务机研制。

(4) FAA 取证影响论证。

9.2.3 强度设计

ARJ21-700 飞机全机疲劳试验在短期内不能全部完成,截至 2017 年 6 月 30 日,全机疲劳试验共完成 35 152 次飞行起落,根据 CCAR25.571 条款的要求,航线运营飞机的使用限制不得超过疲劳试验次数的一半,全机疲劳试验团队已投入人力及时对试验故障进行处理,保障试验的顺利进行,同时密切关注航空公司的实际运营情况,根据试验的累计次数及时放开飞行限制,确保航线飞机的运营不受影响。

在批产与产业化阶段,针对结构优化设计项目,进行强度补充分析和评估,确保设计优化后,机体结构强度满足要求,颤振特性满足条款要求。

全机及部件疲劳试验继续进行,并根据试验中暴露的问题对全机相关结构进行优化设计。

1) 主要工作

(1) 根据优化设计要求,进行全机有限元模型的更新并进行相应的内力计算。对局部结构进行细节有限元分析优化设计。并根据优化方案对机体结构强度进行计算分析,确保结构安全,并对优化方案进行符合性验证。

(2) 对该阶段可能引入的新供应商,发出强度专业需求、强度管控、强度文件评估等。

(3) 进行相关优化更改的颤振评估,如方向舵更改、平尾更改、商载优化、全机减重等。

(4) 根据全机疲劳试验暴露出的细节设计问题,对全机相应的结构进行优化设计或飞行限制,以保证交付飞机的运营安全。

(5) 对全机疲劳试验载荷谱进行优化。

2) 关键输出

(1) 结构设计优化后的全机有限元模型及内力计算结果。

(2) 结构设计优化后的强度分析报告。

(3) 优化更改后飞机的颤振特性评估结论。

(4) 全机疲劳试验优化载荷谱。

(5) 全机及部件阶段性疲劳试验报告。

9.2.4 飞控系统

1) 目标

(1) 完成各架次构型管理。

(2) 完成 FAA 取证影响论证。

(3) 完成营运问题处理及持续优化。

2) 主要工作

(1) 各架次构型管理。

(2) FAA 取证影响论证。

(3) 营运问题处理及持续优化。

9.2.5 起落架液压系统

截至首架机载客运营,液压能源系统进行了排液优化、3♯系统供配电优化、部分管路系统的布置安装优化、手册优化(飞行手册、维修手册),中央告警系统(CAS)信息优化(包括根信息标注)等系统优化工作。同时还支撑和保证了ARJ21-700飞机此时间段的生产、交付和运营保障工作。

9.2.6 环控氧气系统

在该阶段,为了满足 ARJ21 飞机生产、交付和运营保障目标,环控氧气专业主动配合生产制造解决制造现场出现的技术问题,努力减少图纸缺陷和安装布置不合理等问题,同时配合客服部门完成相关运营出版物的修订、飞行员培训等工作。

此外,ARJ21 飞机在本阶段正式开始商载运营。结合运营现场提出的设计优化需求,环控氧气专业陆续完成了以下设计优化项目:

(1) 舱内环控噪声优化(第一阶段)。

(2) 空调系统泄漏问题优化。

(3) 压力平衡阀优化及压调系统减重。

(4) 单引气防冰更改。

(5) 机翼防冰活门内漏优化。

(6) 风挡加温系统配电更改。

(7) IASC 软件优化。

9.2.7 航电电气

交付及航线运营阶段电子电气系统完成相关技术出版物编制的技术支持工作，如 FCOM、AFM 和 AMM 等，处置生产过程及航线运营中发现的相关技术问题。

交付及航线运营阶段的初期，为了提升驾驶舱工效，提升飞机的航线适应性，适应民航运营方面的新的规章和程序的要求，电子电气系统完成下列优化任务：

1) RNP APCH 的适航验证工作

依据中国民航局《基于性能的导航实施路线图》，ARJ21－700 飞机应该具有 RNP 进近的能力，为了满足该要求，对 ARJ21－700 飞机的 RNP 运营能力进行了适航验证。

使用中国民航局发布的 RNP APCH 运行程序，在中卫进场进行了试飞验证，主要验证了飞机的导航系统误差、飞行技术误差、系统告警等内容。

2) 起飞/复飞模式导引方式(FD)

ARJ21－700 飞机的起飞/复飞阶段飞行指引功能采用基于固定俯仰角指引的方式，在某些起飞构型和条件下，保持固定姿态俯仰角指引起飞/复飞存在安全隐患。

FAA 119 修正案发布的 AC－25－1329－1B《Approval of Flight Guidance System》65a (5)b2 要求，通过起飞模式提供的俯仰姿态导引指令应能使飞机捕获和跟踪 V2＋X 起飞爬升速度，以满足起飞性能的要求。当前主流机型也是采用基于空速控制的起飞复飞导引方式。

设计优化完成后可以彻底解决目前 ARJ21－700 飞机起飞复飞指引存在的问题。

3) EICAS 设计优化(第一阶段)

在 ARJ21－700 飞机的机组告警系统使用过程中，暴露出一些需要优化的问题，主要表现在以下几个方面：

(1) 部分 CAS 信息的文本定义不合理。

(2) 部分 CAS 信息的等级定义不合理。

(3) 部分 CAS 信息的逻辑定义不合理。

(4) 没有定义根故障并进行识别。

(5) 部分 CAS 信息与控制板指示灯关联不合理。

EICAS 设计优化(第一阶段)着重解决飞行员使用中关注的问题，解决设计要求与目标的偏离，提升飞机综合性能，改善机组告警系统的人机界面和使用性能，拓宽市场。主要从以下 5 个方面对机组告警系统进行了更改：

(1) CAS 信息的文本显示优化。

(2) CAS 信息告警等级和重复指示优化。

(3) CAS 信息逻辑优化。

（4）增加根故障 CAS 信息的定义和目视标识优化。

（5）CAS 信息与相关控制板指示灯的关联优化。

为了进一步提升驾驶舱的人机工效，保持飞机与窄体干线机在驾驶舱操纵方面的共通性（这也是 ARJ21 飞机设计初期的初衷），使得窄体机的飞行员可以比较容易地转入 ARJ21 的飞行员。在驾驶舱一阶段优化的机场上，又提出了二阶段化设计，使得 ARJ21 飞机的驾驶舱相对于同类型飞机，有了比较大的优势，在同类飞机中率先提出了全静暗驾驶舱设计理念和设计方案。为了降低飞行员在关键飞行阶段对故障的判断和处置能力，在同类飞机中率先提出了衍生故障抑制方案，使得飞行员可以更快更准确判断故障。为了提升飞行员的飞行操作的准确性和快捷性，在同类飞机中率先采用了带视窗和导光显示的飞行控制板。这些技术使得 ARJ21 飞机的驾驶舱设计水平居于同类飞机的国际领先水平。

4）音频控制板 ACP 换件优化

由于旧型号的音频控制板 ACP－4120 设备停产，且为了配合新增卫星通信系统，对音频控制板 ACP 须进行更改优化，ACP－4120 更换为 ACP－6000。

5）甚高频收发机换件

由于老件号的甚高频收发机（822－1468－102 和 822－1468－302）设备停产，为解决后续批产架次装机问题，更换新件号的甚高频收发机（822－1468－110 和 822－1468－310）。

6）加装音乐播放系统

ARJ21－700 飞机上无任何娱乐系统，在同类机型中，基本的音频广播都作为必装构型提供给客户。同时还提供了视频广播功能（通过吊装娱乐系统）和椅背式音视频点播功能（通过椅背式娱乐系统）作为选装。调研客户也希望能在 ARJ21 飞机上增加娱乐系统。

在 ARJ21－700 飞机上增加音乐播放系统，在等待起飞及飞机平飞时，可以播放音乐以增加乘客舒适度；在特定情况下，可以自动播放预录通知，以减轻乘务员的工作负担。

7）增加应急呼叫功能

ARJ21－700 飞机的呼叫系统没有紧急呼叫功能，不能直接满足 CCAR－121 部第 319 条的要求。

通过更改呼叫系统设计线路，使乘务员可以复位呼叫驾驶员信息，客舱机组操作手册中定义乘务员按压一次 Call Pilot 按钮，驾驶舱发出一声高低谐音为正常呼叫；乘务员重复按压 Call Pilot-Reset，使驾驶舱连续发出高低谐音提示代表紧急呼叫；驾驶员紧急呼叫乘务员原理不变，操作时连续按压 Call ATTD 按钮，客舱乘务员处扬声器连续发出高低谐音，代表驾驶员紧急呼叫乘务员。

8）实时监控设计优化（一阶段）

中国民航总局于 2008 年 2 月颁发了 AC－121－FS－2008－16R1《航空运营人

使用地空数据通信系统的标准与指南》，针对地空数据通信系统实施国内、国际定期载客运行的 CCAR‐121 部航空承运人提出了地空数据通信系统的使用标准和指导建议，明确了所需的"基本"类以及"建议"类报文。目前 ARJ21‐700 飞机无法满足"基本"类报文中自动位置报的下传要求，且无法完整满足"建议"类报文要求。此外，ARJ21‐700 飞机用户成都航空公司通过《成都国机部函[2013]17 号》提出了其运营所需的报文要求，还通过了 DCR_MC_00001《更改交付给成都航 ARJ21‐700 飞机的 QAR 为无线 QAR 的申请》。

通过实时监控第一阶段设计优化，使 ARJ21‐700 飞机满足 AC‐121‐FS‐2008‐16R1 中所列出的"基本"类报文要求，实现成都航运营期间部分急需报文的要求。同时，满足成都航对 QAR 数据的无线下传要求。

9）阅读灯系统优化

在 ARJ21‐700 飞机驾驶舱两侧的侧窗框上各增加一个阅读灯，以避免光线被飞行员自身头部遮挡。

10）着陆灯系统优化

在 ARJ21‐700 飞机前起落架增加一个着陆灯，以补充着陆阶段的照明。该优化改善了着陆灯系统照明效果，便于飞行员在着陆过程中观察跑道标示，降低着陆阶段的飞行压力。

9.2.8 EWIS 室

主要工作：

（1）新增适航条款修正案的优化更改。

（2）持续优化设计，减重、维修性、好制造等角度。

（3）新增设计构型和系列化发展的配套电气互联系统的设计更改。

9.2.9 动力燃油系统

主要工作：

（1）新增设计构型的配套更改，例如增大航程的需求，需要新增油箱以增大载油量。加长型飞机对发动机推力的需求。

（2）新增适航条款修正案的相关设计要求，例如燃油系统的可燃性要求对新增燃油清化系统的需求。

（3）竞争机型推出改型飞机，更加节油、对发动机系统升级的需求。

9.2.10 维修性

维修性设计在批生产与产业化阶段的主要工作：

以降低小时维修成本为核心的维修性优化设计，首先是不断提升飞机系统的可靠性，是降低维修费用的基础，其表现在，飞机的日利用率增加，使得小时维修费用降低。可靠性提高，使得飞机的定检维修间隔可以提高，停场时间减少，提高了飞机日利用率，降低了小时维修费用。可靠性提高，降低了飞机非计划维修和换件,也降低了小时维修费用。

在维修性方面,要持续改进维修可达性,特别是根据可靠性,优化各系统成品的维修性。

在维修成本方面还可以持续开展的优化包括,外场可更换单元(LRU)的分解和细化。维修材料和标准件的通用化,和主流机型保持共通性,以降低成本。维修手册和排故手册的优化,提高维修和排故效率。

9.2.11 技术出版物

1) 主要工作

根据设计更改等因素持续更改完善 TCT 相关持续适航文件,包括

(1)《ARJ21 - 700 飞机重量平衡手册》的更改完善。

(2)《ARJ21 - 700 飞机适航限制部分》的更改完善。

(3)《ARJ21 - 700 飞机结构修理手册》的更改完善。

(4)《ARJ21 - 700 飞机 EWIS 持续适航文件主手册》的更改完善。

2) 关键输出

TCT 相关持续适航文件:

(1)《ARJ21 - 700 飞机重量平衡手册》。

(2)《ARJ21 - 700 飞机适航限制部分》。

(3)《ARJ21 - 700 飞机结构修理手册》。

(4)《ARJ21 - 700 飞机 EWIS 持续适航文件主手册》。

9.2.12 安全性

1) 目标

系统安全性专业在批产与产业化阶段的目标是收集试飞安全性数据,监控持续适航过程中的安全性,分析与处理运营中出现的安全性问题,对 TC 证后系统/设备的设计更改进行安全性评估,完善产品安全性。

2) 主要工作

系统安全性专业在批产与产业化阶段的主要工作是配合飞机运营人开展持续适航方面的安全性评估工作,收集与分析飞机运营的安全性数据与信息,监控持续适航过程中的安全性,分析与处理运营中出现的安全性问题,进行系统/功能更改方面的安全性工作等。

主要工作包括以下方面:

(1) 收集试飞安全性数据。

(2) 分析与处理运营中出现的安全性问题。

(3) 对 TC 证后系统/设备的设计更改进行安全性评估,按需更新合格审定文件(如 SSA、CCA):

a. 与安全性相关的设计更改。

b. 环境和/或运营条件的更改。

c. 定性和/或定量假设的更改。

(4) 监控供应商并验证其提供并予以保证的安全性数据(如 MTBF 等)。

3) 关键输出

(1) TC 证后设计更改安全性评估报告。

(2) 运营中风险事件的安全性评估报告。

9.2.13　可靠性

1) 目标

收集运营阶段的可靠性数据,开展 FRACAS,进行可靠性指标验证。

2) 主要工作

(1) 收集运营阶段的可靠性数据,开展 FRACAS,进行可靠性指标验证。

(2) 开展可靠性设计优化和持续改进工作。

3) 关键输出

(1) FRACAS 报告。

(2) 可靠性指标符合性验证报告。

9.2.14　联络工程部

立足中国商飞公司发展战略规划,对标国际上联络工程专业发展趋势,联络工程部将按适航要求和型号进度发展需要,造就一支梯次合理、专业完整的人才队伍,形成一套适应中国商用飞机研制生产的高效、规范的包括现场管理支持和工程MRB 队伍在内的生产支持工程体系,以满足型号需求的、完整的联络工程体系,全面支持、保障型号顺利进入批生产和产业化。

9.2.14.1　主要工作

联络工程是飞机设计部门对生产支援的最重要环节,作为设计代表,负责协调解决制造领域中出现的与工程有关的问题,其主要工作包括以下三个方面的内容:

1) 生产制造现场管理

(1) 向机体制造单位现场派驻工程(总)代表及联络工程现场管理主管。

(2) 配合生产制造进度计划,根据现场工程支持需要,协调设计部门派驻设计主管。

(3) 参与组建联合工作团队或生产指挥协调中心,促进工程组织的有序管理。

(4) 督促主管设计部门在额定周期内完成工程问题主要载体跟产表单的解释解答。

(5) 及时发现与现场实际操作不适的程序文件,沟通联络主管设计部门开展协调,有效保证程序文件的贯彻执行。

（6）收集整理现场信息需求，与主管设计部门共同完善信息化建设。

2）不合格品控制

（1）参与器材评审委员会（MRB）工程部分的建设，获取不合格品处理资质，建立满足适航规章要求（PC 生产许可证）、符合中国民机产业特点的工程 MRB。

（2）与工厂质保工艺人员保持联系，辅助不合格品的故障描述与定位，确保无歧义性，便于主管设计人员恰当工程处理。

（3）评估偏离对强度、功能、适用性、质量和可靠性的影响，为使产品恢复到符合原设计要求进行返工、返修提供处理方案。

（4）为适航审查和报批提供技术支持。

（5）帮助调查和评估与工程要求有关的制造问题。

3）技术支持工作

（1）解释工程图纸、规范、标准和有关设计准则。

（2）为改进方法、改善工艺、降低成本、加快进度，向制造单位提供咨询和帮助。

（3）关注客户监造问题，当客户对最终产品的强度、功能或使用性提出疑问时，协助有关部门与客户协调解释。

（4）与主管设计组或设计员保持经常的联系，向他们提供有关产品生产进展、工位情况、研制状态、存在问题和设计建议等信息。

（5）就设计中涉及制造方法、制造工序、生产能力、限制条件、制造成本和进度等方面的问题，向主管设计部门提供咨询建议。

9.2.14.2　关键输出

（1）完成现场工程代表派驻，开展机体制造相关的工程支持工作，实现异地工作协同。

（2）建立和完善管理程序和工作流程，跟产计划管理，跟产表单管理（询问单、提问单、FRR 单、材料代用单、重量超差单），信息报送和工作总结。

（3）制订标准工作时，实现工程问题处理流程工作标准化，高效处理现场工程（FRR）问题。

（4）明确工作流程，制订诸如工程问题处理、大部件交付工程支持管理、全机对接支持、机上功能试验支持等工作流程，使联络工程现场技术支持工作制度化、规范化和流程化。

（5）收集来自制造现场、客户的意见，提出设计优化建议报告，为设计部门优化设计提供参考依据。

（6）编制《中国商飞联络工程手册》，为统一联络工程师处理问题的准则、保证产品质量、加快联络工程师的培训、提高工程问题处理的效率等方面起到重要作用。

（7）探索建立一支"以现场联合团队为主体，以联络工程体系为载体，以生产协调指挥中心为平台，以核心技术团队为依托"的工程支持团队，确保各机体制造单位现场工程问题得到快速响应、及时处理、有序管理、持续优化。

（8）提供客户监造工程支持工作，建立客户关注问题沟通渠道，对客户提出的工程问题进行确认、传递、答复和解释，并传递客户提出的设计优化建议。

（9）完成了公司文件《不合格品控制程序》中的"客户影响判定准则"修订，对制造偏离涉及的八项客户影响项目进行了明确，为判断偏离处置结果对客户的影响提供依据。

9.2.15 适航管理

适航取证管理：开展证后管理和持续适航工作，开展运行支持体系运行维护及持续改进。

1）目标

在颁发型号合格证或型号设计批准书之后，完成项目的型号合格审定收尾工作，并开展证后管理工作。

2）主要工作

（1）完成型号合格审定总结报告。

（2）完成型号检查报告。

（3）开展持续适航相关工作。

（4）对设计保证系统、手册及其更改的控制与管理。

（5）对持续适航文件的修订。

（6）证后评定。

（7）资料保存。

（8）编制航空器交付时的必要文件。

3）关键输出

（1）型号合格审定总结报告。

（2）型号检查报告（TIR）。

（3）《中国商飞公司设计保证手册》。

（4）《ARJ21项目设计保证手册》。

9.2.16 市场研究

市场营销：与用户签订合同；组织制订生产交付计划；市场需求符合性评估。

9.2.16.1 市场研究

1）目标

提出本公司飞机产品目标市场和产品改进建议；提出适合当前市场环境和未来发展态势的产品开发目标与市场营销战略。对外提供航空市场咨询服务。参与中国商飞组织的市场推广、航空论坛和航空展览策划。

2）主要工作

根据市场需求，完善产品发展战略。提供市场研究和信息服务。

3）关键输出

（1）宏观市场长期预测年报。

（2）针对目标市场的分析和预测报告。

（3）航空市场专题研究报告。

9.2.16.2　客户选型

1）目标

结合首家用户客户选型经验，完善现有的产品客户化工作流程、规范以及文件体系，以形成从需求到选型过程再到选型结果清晰管理的闭环。在飞机优化设计阶段，分析客户各类构型更改需求，准确定位更改的必要性和影响。全面开展批产后的飞机产品客户化工作，清晰和准确地管理好选型需求、选型文件、选型结果。完善各类选型辅助手段的建设工作。

2）主要工作

建立相对完备的客户化管理程序及制度，确保选型资料、客户需求、构型状态和客户飞机交付技术状态清晰准确；推动形成信息化的客户化管理系统；塑造产品客户化流程再造分析及咨询的核心能力。

收集整理完成选项分析研究所需的基础理论及数据；创建飞机选项价值评估理论及模型；开发若干重要的评估计算工具。

初步建立相对完整的咨询数据库；基本建立相对科学合理的信息化流程；形成一支相对稳定的调研咨询队伍及专家库。

对标国际一流企业，初步建立飞机选型框架流程；基本建成客户选型硬件平台及相应的管理制度；创建飞机产品客户化设计流程，并开发相关计算分析设计工具及数据库；完成相对完整的飞机产品客户化方案的典型案例。

3）关键输出

（1）航空公司技术调研报告和协调单。

（2）客户选项需求和偏好分析报告。

（3）竞争机型选项分析研究报告。

（4）选项功能效用评估分析研究报告。

（5）选项优化设置分析研究报告。

（6）飞机选项指南文件。

（7）设计更改建议。

（8）产品客户化工作流程完善稿。

（9）客户选项选择清单。

（10）客户特殊更改要求。

（11）构型选项技术协调单。

（12）客户虚拟选型系统方案。

（13）客户选型样机研发需求。

9.2.16.3　销售支援

1) 目标

基于卖点全面宣传 ARJ21 飞机,并持续根据客户需求提出后续改进改型意见或建议。协助不断新增订单,落实已有客户订单为购机合同,为客户提供一揽子解决方案。

2) 主要工作

根据市场需求,完善产品各类宣传材料。

继续完善潜在目标客户及开拓策略,持续评估潜在客户可行性、订单量和销售策略。

为目标客户提供一揽子解决方案。

3) 关键输出

(1) 产品竞争力评估。

(2) 产品机场航线适应性评估,包含飞行计划分析。

(3) 产品市场适应性评估,包含机队和航线网络规划、运营利润等。

(4) 产品各类宣传材料,包含产品推介 PPT、产品册、宣传单页、宣传折页、客户化销售材料等。

(5) 目标客户分析。

(6) 目标用户完整解决方案,包含运控、财务、市场、规划等全方位内容。

9.2.16.4　政策研究

1) 目标

准确把握支线航空市场政策,了解客户政策需求,为市场推广及销售策略提供相关政策建议。

对现行支线航空政策进行跟踪研究,调研了解客户支持政策需求,制订客户扶持方案,为市场推广及销售策略制订提供支持。

2) 关键输出

(1) 针对具体客户完成政策分析报告。

(2) 民航市场政策环境分析报告。

(3) 竞争机型扶持政策分析报告。

(4) 政策评估量化分析报告。

(5) 市场开拓政策需求分析报告。

(6) 飞机采购、融资适用政策分析报告。

(7) 飞机优惠租赁使用政策分析报告。

(8) 飞机运营适用扶持政策分析报告。

(9) 政策申请建议研究报告。

9.2.17　信息化

1）目标

批产与产业化阶段的信息化目标是为批产与产业化阶段的数据管理、生产管理、持续适航、销售和客服等活动提供信息化支持。

2）主要工作

（1）实现客户选配管理，满足客户选型、工程选配到制造落实的过程管理。

（2）建立满足批产与产业化要求的企业资源计划管理系统（ERP）。

（3）完善和健全销售与客户服务系统。

3）关键输出

（1）满足批产与产业化阶段需求的数据管理、企业资源计划管理、持续适航、客户服务等的信息化系统。

（2）制造工程：打通生产线，按计划开展交付飞机生产以及配套成品、材料等采购，开展交付飞机的交接工作。

（3）开展可制造性优化，降低成本，提高效率，提高批产速率。

9.3　新支线飞机批产与产业化阶段的关键输出

（1）总体设计：图样。

（2）工艺制造：按客服协议生产的飞机。

（3）试飞工程：交付试飞合格证书。

（4）客服工程：服务协议，服务项目，交付飞机，全寿命客户服务体系。

（5）计划管理、构型管理等：项目关闭检查单，项目关闭报告，项目经验教训总结。

（6）经费与成本管理：标准成本，单机成本控制记录。

（7）市场营销：合同，交付计划，市场需求符合性评估报告。

（8）质量管理：批生产质量控制体系文件，质量管理记录。

（9）适航取证管理：各类服务通告，单机适航证（AC）。

第 3 篇
ARJ21 技术关键和解决路线

10 市 场 专 业

伴随着 ARJ21 飞机项目的进展,整个市场团队也都在成长,在市场营销及市场发展战略的理论、市场开发的工具、运营经济性研究等方面的能力有了大幅的提升,并在航线优选方法模型、飞行计划、销售支持体系、虚拟选型、选型管理、运营经济性方法以及客户驱动型市场战略研究方面取得了一批技术创新和研究成果,共计完成技术创新项目 7 项,具体如表 10.1 所示。

表 10.1　ARJ21 飞机市场领域技术创新

序　号	技术创新项目
1	销售支援体系
2	基于收益评估的航线优选方法模型及软件
3	ARJ21 飞机飞行计划理论及软件
4	虚拟选型系统
5	选型管理系统
6	支线客机客户驱动型市场战略研究
7	支线客机运营经济性竞争分析方法

10.1　销售支援体系

基于客户价值理论的民机销售支援体系以客户需求为出发点,按照"发现客户价值—创造客户价值—传递客户价值—管理客户价值"的总体思路,通过价值流动的完整环节阐述销售支援体系的工作,满足客户需求。该理论体系是一种服务营销方式,民机制造商从航空公司使用飞机的角度出发,在协助航空公司预测航空运量、规划航线、安排航班的基础上,深入分析各种相关机型的技术性能和经济性能,并结合航空公司之间的竞争,评价其与航空公司航线航班的匹配程度,帮助航空公司制定机队规划、选择飞机,进而促进飞机销售。该体系创建了一整套能满足价值营销的数据、软件和工具集,建立了从客户角度思考问题的工作模式。该体系继承了客户价值理论,针对民机销售特点,创造性地扩充和强化了创造价值环节,并将管理客户价值环节有机地融合到发现、创造和传递客户价值环节中,完成了国产民机销售体系建设的第一步。

民用飞机销售支援客户价值理论与体系以客户价值理念为指导,从航空公司实际应用需求出发,运用了科学的数学理论和方法。主要的技术创新点如下:

(1)国际首创的完整民用飞机价值营销理论体系,结合中国商飞公司型号不同阶段的成功市场营销经验,将客户价值理念用于民用飞机销售支援,彻底建立了从客户角度思考问题的工作模式,在提升客户价值、实现营销的同时兼顾飞机设计。

(2)基于民用飞机销售支援客户价值理论,创建一整套价值营销所需的软件和工具集,重点体现在创造价值环节,包括机场和航线适应性系统、飞行计划软件、航线优选软件和运力配置软件等。

(3)形成了完整的工作流程、规范和标准,并借此可提供完整的客户化解决方案,指导飞机营销。

在飞机营销中,该理论及体系成为为用户提供完整解决方案的一个重要载体和量化辅助分析平台。成果在业内得到高度肯定和赞扬,并实际应用于成都航空等拟交付客户,与中小航空公司共同成长,创造价值。

10.2 基于收益评估的航线优选方法模型及软件

该项创新技术是国内首次完成基于收益评估的航线优选方法、模型及软件,指导航空公司实际运营。主要的技术创新点如下:

(1)提出了符合时刻资源紧缺、市场需求旺盛等国内特有运营环境的航线网络规划方法,构建了科学合理的基于收益评估的航线优选方法、模型及软件,解决了航空公司引入新机型后,以利润最大化为目标的航线网络布局和规划问题。同时,结合 ARJ21 - 700 后续交付,完成了航空公司运营 ARJ21 - 700 飞机的航线优化方案。

(2)以该技术建立的航线网络规划方法和模型为基础,构建了商用飞机运营航线优化和收益评估软件系统。该系统能够根据设定的条件自动分析评估机型在航线上的变动成本、固定成本和收益情况;能够在综合考虑各备选机型的运营经济性、航线适应性、各航线市场运营环境、航空公司的航线资源、机组资源约束的前提下,以航空公司预期运营利润最大化为目标,优化机队配置方案、航线规划方案以及相应的航线运力分配方案。

基于该项技术成功开发了适合国内市场环境的模型及软件系统,研究成果原创性突出,关键技术具有自主知识产权。该成果已用于指导航空公司进行新机引进的市场开发,研究成果总体处于国内领先水平。

10.3 ARJ21 飞机飞行计划理论及软件

ARJ21 飞机飞行计划软件是国内首款自主开发的、兼顾航空公司运行应用需求和飞机制造商销售支持工作需求的飞行计划软件,该软件瞄准国际先进的商用飞行软件系统,起点高且贴近中国民航运行的特点,适合国内运行环境,能完成各种特殊情况下的飞行计划计算,有效地帮助航空公司减少不必要的油量和减载,提高航班经济效益,增大运行安全余度。该软件也能够有效地用于中国商飞公司飞机产品的市场营销工作中,为飞机产品航线适应性分析和竞争机型比较分析提供有力的工具。主要的技术创新点如下:

(1) 解析全球高空气象数据库,对其内在的编码形式进行解码和读取,根据飞行计划软件的计算需求、等压面及全球 1.25°经纬度间隔,将数据拆分出各经纬网格的高空风、温度与对流层顶高度等信息,并处理成飞行计划软件可用格式,同时导入到软件系统数据库中。

(2) 解析导航数据库,将杰普逊公司提供的满足 ARINC424-18 格式的导航数据文件进行识别读取,将有关飞行计划计算的各类信息按照相关功能需求进行拆分处理,进一步处理成飞行计划软件使用的文件格式,并将信息导入到软件数据库中便于后期维护。

(3) 结合飞机性能数据优化处理模型中的起飞、爬升、巡航、下降、等待和进近着陆等计算,计算各种情况下的起飞油量及航路各点经纬度、速度、航向、剩余油量等状态参数。

(4) 根据实时的气象数据,在综合考虑航线适应性和航空公司的航线资源的前提下,优化配置飞行高度,降低燃油消耗,在提高航空公司航班安全余度的同时降低运营成本。

10.4　虚拟选型系统

客户虚拟选型系统首次在国内建立了面向客户和工程设计的虚拟仿真系统,使工程设计人员可以完成选项的验证、评估等工作,同时使得航空公司在进行选型的时候可以直观地比较不同选项的差别,确定适合自身的选型。主要的技术创新点如下:

(1) 客舱内饰选项的三维可视化虚拟选型。

航空公司在进行客舱选型的同时,可以根据需要,将已选定的选型内容在三维客舱选型工具内进行模拟、查看、修改,系统将客舱选型结果清单进行记录。其中主要包括颜色和材质的三维虚拟化展示和选型,同时可以输出选型展示效果图。

(2) 客舱布局和设备灵活调整后的三维可视化展示。

通过仿真软件工具和编程相结合,可以灵活调整客舱平面布局(含座椅排布和舱内设备选项增减),用于二维和三维的效果评估。

本系统也将是客户了解公司产品的一个标志性窗口,在飞机销售和交付工作中产生巨大的作用,可广泛地应用于市场开拓、销售支援和飞机交付工作。

10.5　选型管理系统

ARJ21 飞机的选型管理系统是首次在国内建立的完整的选型管理系统,实现了选项管理、选型过程及记录管理、选型文件管理、选型流程管理的功能,并首次为客户提供在线选型。该系统可以完成从选项创建到客户构型的选定,直至合同附件——选项选择结果文件的产生这一完整的选型过程,是国内唯一的民用飞机选型管理系统。主要的技术创新点如下:

（1）固化选型流程,构建完整选型管理系统。

选型管理系统固化了选项的管理、选型的过程管理、选型结果管理和数据分析等内容。

选型过程管理支撑客户从登陆、机型选择、选项确定等所有过程。选型过程管理是选型管理系统最主要的工作内容,同时也是之后进行选型结果管理和数据分析、系统集成的数据来源之一。整个选型过程管理主要包含如下内容:不同用户登录管理、用户选型编号生成、机型选择管理、具体选项选择、三维虚拟仿真、选型状态保存、最终结果的确认、选型结果生成等。

（2）对标国际一流航企,建立选型平台。

对标国际一流航企在选型和客户构型管理活动中常用的选型管理系统。更好、更顺畅地满足熟悉国际通行惯例和选型操作习惯的客户。客户选型文档体系在行业共通的基础上增加适应自身特点的内容,而流程体系则使客户能以最快的速度融入选型管理过程。

该系统能进一步规范选型管理活动,提升工作效率。同时,更好地完成与客户的选型对接活动,是“五个对接”中工具对接的重要一环。

10.6　支线客机客户驱动型市场战略研究

ARJ21 飞机的目标市场研究工作主要有五个方面的内容:市场基础、用户需求管理、市场竞争态势、目标市场评价、市场战略与目标。ARJ21 飞机市场进入战略是竞争策略和可行性评估之间不断协调和迭代的结果,在此期间市场环境和用户需求的变化都将对最终的评价结果产生扰动,只有持续关注市场才能准确把握目标市场发展的边界。

国内外运营环境差异导致不能简单地照搬国外支线客机的经验。支线客机市场战略是企业发展策略的重点要求,因此,在 ARJ21 飞机的研究基础上,依据支线客机市场运营模式和客户需求的特点,总结一套适用于中国支线运营环境的市场战略,并探索广泛满足全球支线航空运输市场环境的支线客机目标市场分析的分析方法。主要的技术创新点如下:

（1）建立中国支线航空市场环境的数理模型。

中国支线航空市场正处于发展期,其发展趋势存在诸多不确定因素。此外,国内外支线客机运营的环境存在很大差异,因此建立包括宏观经济数据、机队和航线网络数据的支线航空市场运营数据库,可以确保准确、科学地分析未来支线航空市场的发展现状和趋势。

（2）建立支线飞机客户需求研究模型。

ARJ21飞机的客户需求研究是在市场需求研究的基础上，通过综合行业客户的实际飞行任务、使用环境、运营性能和价值要求，了解客户在同类客机的运营过程中的经验和教训，最终整理和分析出ARJ21飞机潜在用户的具体要求。

（3）建立支线飞机的市场竞争模型。

在不同目标市场上基于SWOT分析来研究ARJ21飞机的竞争态势，同时借鉴竞争对手的发展经验，提出ARJ21飞机进入市场的竞争手段。

（4）建立科学的目标市场评价方法。

目标市场评价是针对ARJ21飞机的产品特点和性能指标，对潜在市场的进入性进行综合评价的过程。进行市场评价时，我们采用波士顿矩阵对潜在目标市场进行分类和评估，市场增长率反映产品在市场上的成长机会和发展前途；相对市场占有率则表明ARJ21面临的竞争强度。

10.7　支线客机运营经济性竞争方法分析

运营经济性竞争分析是工程设计阶段和产品销售阶段评估公司产品与竞争产品运营经济性的重要工作。因此需要建立合理的分析方法、确定公平的竞争环境。在综合国外经济性分析方法的基础上提出适用于中国环境的经济性竞争分析方法，用于支线客机方案评估以及销售支援工作。主要特点为：

（1）反映了国内外航空市场存在的较大差异。

（2）在运营经济性竞争分析时，能够进行多机型的对比分析。

（3）充分考虑了支线客机的运营特点，利用了国内民机型号数据、经验和行业数据库。

建立起符合国内环境的飞机运营经济性分析方法是本项目的主要工作内容。在此方面虽然国外存在不少经济性分析的方法文献，但大部分方法和公式都来源于国外的数据和经验公式，不一定完全满足国内的现状。针对这个现状开发了适用于中国国内民航市场环境的分析方法，并对国外大量研究成果进行了跟踪，修正了国外市场环境的分析方法。最终，开发出了与分析模型相配套的软件以支持型号工作。

根据Q/C MK 0165-2012《民用飞机直接运营成本分析评估模型技术要求》开发的《支线客机运营经济性竞争分析方法》能够分别进行中国、美国、欧洲三个航空市场的飞机运营经济性分析，覆盖了全球窄体机市场分享量最大的三个市场。采纳这些模型和公式计算得出的结果能够在方案设计阶段进行不同方案经济性的对比。随着方案的进一步细化和数据的不断积累，估算的精确度还会不断提高。与欧美国家公开的运营经济性分析方法相比较，主要的技术创新点如下：

（1）反映了国内外航空市场存在的较大差异。

a. 国内外飞机运营环境存在很大差异，诸如美国国内航线不征收导航费用；美国市场的飞机年利用率要明显高于中国和欧洲；美国市场运营的飞机的平均过站时间明显低于中国和欧洲。

b. 经济环境差异较大，诸如航空煤油油价在欧美随国际油价浮动较大，而国内一般受到发改委等机构的管制较多；人工成本构成存在较大区别，国内的航空公司在统计人员成本时，往往培训费用等项目计入间接开支项目。

c. 政策环境差异，通常来说国内航空公司受到的政府管制较多，例如存在空域管制问题从而改变了既定航线运营路线，国外航空公司也不曾遇到过民航建设基金等收费项目。

d. 财务制度差异，例如在飞机的折旧年限和残值率方面，中国取 20 年和 5%、美国取 15 年和 10%、欧洲取 14 年和 0%。

e. 税收制度方面，中国的飞机进口税率、增值税率、政府补贴等制度是国外没有的。

f. 售后服务方面，中国的机体备件和发动机备件分别是 6% 和 20%，而美国是 6% 和 23%，欧洲是 10% 和 30%。

（2）在运营经济性竞争分析时，能够进行多机型的对比分析。

大多数的运营经济性竞争分析方法，只能进行两个机型的竞争性分析，而研究发现，支线客机市场参与竞争的飞机制造厂商比较多，推出的机型也比较多，针对这种市场情形，中国商飞公司推出的 ARJ21 及其竞争机型的经济性竞争分析方法，能够应对多机型的竞争分析问题。

（3）充分考虑了支线客机的运营特点，利用了国内民机型号数据、经验和行业数据库。

国内外的高校等研究机构虽然也进行了相关研究，但是其一般侧重学术研究性质，缺乏型号实际应用经验和条件；中国商飞公司上海飞机设计研究院的研究成果基于中国民机型号的数据支持，参考了国内外著名行业数据库的数据信息，研究的数据基础最为扎实。可见，该支线客机经济性竞争分析方法符合国内民航市场环境，是具有型号应用价值的。其研究思路和应用价值也逐渐在国内得到了认同和传播，初步开拓了一个包括产、学、研多单位在内的专业领域，促进了中国民机产业与国际先进研制理念的接轨。

11　总体气动专业

在 ARJ21-700 飞机研制工作中,总体气动专业共解决了 10 项关键技术,清单详如表 11.1 所示,内容分述如下。

表 11.1　关键技术项目清单(总体气动专业)

序　号	名　　　　称
1	超临界机翼和机体的一体化设计
2	结冰符合性验证
3	转子爆破设计及其符合性验证
4	轮胎爆破设计及其符合性验证
5	民用飞机失速和失速特性试飞验证技术
6	静暗座舱设计技术
7	数字样机设计技术
8	水上迫降适航验证技术
9	民用飞机构型管理技术
10	空速校准及 RVSM 验证技术

11.1　超临界机翼和机体的一体化设计

ARJ21-700 飞机的超临界机翼由上海飞机设计研究所和乌克兰安东诺夫设计联合体联合设计。

11.1.1　理论方法

超临界机翼可有效提高临界马赫数,超临界翼型的前缘钝圆,气流绕流时速度增加较少,平坦的上表面又使局部流速变化不大。这样的设计使得只有在飞行马赫数较高时,上表面局部气流才达到声速,即其临界马赫数较高;在达到声速后,局部气流速度的增长较慢,形成的激波较弱,阻力增加也较缓慢。超临界机翼还可有效减轻机翼结构重量,如果维持后掠角不变而采用厚机翼,则可增加抗弯抗扭的能力,从而降低机翼结构重量,增加机翼容积,用来放置燃油或其他设备。

对于超临界机翼的设计,首先通过调整翼型上下表面的形状以匹配目标压力分布,从而获得典型翼型;在此基础上,根据机翼流动特性及展向环量分布要求,进行机翼翼型的展向配置,从而提高机翼巡航效率;同时,在机翼干净构型设计时,需要考虑相应的低速构型设计。

11.1.2 技术要点

根据全机气动设计指标要求,确定机翼设计指标如下:当 $H = 35\,000$ ft、$Ma = 0.78$ 时,$C_1 = 0.46$、巡航效率 $M(L/D) \geqslant 27$、零升力俯仰力矩 $\geqslant 0.035$。

针对机翼设计指标,给出具体的机翼压力分布形态设计要求如下:设计状态弱激波;非设计状态尽可能形成稳定激波;分离首先发生在后缘;翼型后加载设计必须考虑带来的低头力矩影响;兼顾高低速融合设计。

同时在设计时考虑结构、设计和生产要求:翼盒之前的翼型前部应为前缘缝翼的成形提供良好的外形;翼盒之后的翼型后部应有合适的形状并为后缘襟翼的布置提供足够的空间;翼型的中部应尽可能设计成具有最大的构造高度,使翼盒获得最大的容积以及小的结构重量。

11.1.3 技术途径

1) 机翼设计流程

第一步:选择机翼初始外形

以安-218 和安-148 飞机机翼翼型为基础翼型,利用几何形状直接控制的手段对其布局加以改变,达到所希望的压力分布特性。

第二步:反设计

利用从目标压力分布到翼型的反设计方法,生成在临界状态下波阻最小的翼型。

第三步:机翼翼型展向配置

以典型翼型为基准,基于翼型顺流向特性,开展机翼展向翼型的配置,并采用优化程序对各种参数的组合进行优化,最大限度地提高升阻比,同时考虑机翼容积、俯仰力矩、翼梁曲率等的约束。

第四步:机翼/机身一体化优化设计

首先以"机翼+机身"组合设计机翼布局;再按照"机翼+机身+发房"组合修改布局,充分考虑机翼与发房的有利干扰;最后在装有翼梢小翼的状态下做最终优化。

2) 设计工具开发

针对 ARJ21-700 飞机超临界机翼气动设计任务,开发一套基于全速势方程的快速三维机翼设计工具,该程序针对翼身组合体构型,开展跨声速绕流($Ma_\infty < 1$)的空气动力学特性快速预测,包括摩阻、形阻以及分离位置的有效预测。

该程序经过不断改进优化,在 C919 飞机机翼设计中得到了广泛的应用。

采用梯度优化算法进行机翼气动外形优化设计。

11.1.4 实施结果

针对超临界机翼气动设计技术要点,采用全速势法、直接法、反设计法以及梯度优化算法,结合数值计算程序,开展翼型/机翼气动优化设计;通过大量的迭代优化,综合考虑巡航效率、阻力发散、失速分离、高低速融合设计、机翼发房有利干扰以及结构工艺等因素,最终得到各方面性能比较均衡的机翼/机身气动设计方案,并通过风洞试验对设计结果进行验证,结果表明所设计机翼能满足机翼气动设计要求。

11.1.5 主要结论

根据全机气动设计指标,分解超临界机翼气动设计指标,提取设计技术要点,建立超临界机翼设计流程,开发超临界机翼气动设计方法,最终设计的超临界机翼满足机翼设计指标,并经过风洞试验验证。

突破超临界机翼设计思路、工具、方法等关键技术,开发一套机翼气动设计工具,提出基于顺流向翼型气动特性的三维翼型配置方法,并首次系统的应用至型号机翼设计任务中,为后续机型的超临界机翼设计提供支撑与参考。

11.2 防结冰设计和符合性验证

飞机结冰严重威胁着各类飞机的飞行安全,当飞机经过含有过冷水滴的云层时,在其不同部位上(如螺旋桨、发动机进气口、空速管、机翼及尾翼等)将会发生结冰现象。结冰将会导致升力下降,阻力上升,并且容易导致飞机过早失速,对飞机的操纵性和稳定性有很大的影响,严重时将会导致无法挽回的飞行事故。为了提高安全性,飞机采用机械、气热和电热等多种形式的防除冰方法来降低结冰危害,这些措施大大提升了飞机对结冰气象条件的适应能力。

为了确保民用飞机在结冰条件下的运行安全,民用航空适航规章对结冰条件下的飞行做了严格规定,民用客机为了取得适航证,必须满足适航规章中对结冰的严格要求,民用飞机结冰设计及适航取证成为国内外飞机制造商必须解决的关键技术。根据国内外民机研制经验,结冰设计及适航取证呈现以下特点:技术难度高、取证周期长、投入成本高、飞行风险高,结冰设计及适航取证成为民用飞机必须面对的严峻挑战。

11.2.1 理论方法

根据适航条款要求以及相应咨询通告建议,可通过理论分析、结冰数值模拟、地面冰风洞试验、干空气模拟冰条飞行试验及自然结冰条件飞行试验等多种方法来进行符合性验证。而在具体实施时,一方面无法通过单一方法完成符合性验证,另一方面各符合性方法之间存在一定的先后时序以及逻辑关系,因此,需要根据结冰适航条款要求以及各符合性方法的特征,制定相应的符合性验证思路,在此基础上开展符合性验证工作。

为此，我们提出一种基于"临界性"以及"多符合性方法内部逻辑性"的符合性验证思路，如图 11.1 所示。

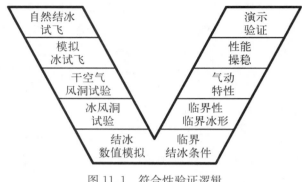

图 11.1　符合性验证逻辑

11.2.2　技术要点

1) 基于"临界性"以及"多符合性方法内部逻辑性"的符合性验证思路

适航条款对飞机在结冰条件下的运营要求是相当凝练的：能够安全飞行！因此对于申请方而言，首先需要制定合理的、可验证的符合性验证思路去表明对结冰条款的符合性，然后根据验证思路开发相应的验证方法、工具，制定相应的验证流程。

本项目根据结冰适航条款的要求以及通用符合性方法的特征，首次提出一种基于"临界性"以及"多符合性方法内部逻辑性"的符合性验证思路，这是本项目的第一个关键创新点，直接关系到适航取证工作的开展以及验证结果的有效性。

2) 基于参数敏感性分析、2.5D 结冰计算方法的临界结冰状态确定技术

"临界性"验证思路首先需要确定最为临界的结冰状态，本项目提出基于参数敏感性分析、2.5D 结冰计算方法的临界结冰状态确定方法。

通过参数敏感性分析，对影响冰形临界性的各个参数逐个进行分析，最终获取一组临界结冰条件组合；通过 2.5D 结冰计算方法，一方面解决了计算工具的问题，一方面提高了计算效率。2.5D 即采用二维剖面冰形的计算模拟全机三维结冰冰形，该方法的核心是二维结冰与三维结冰之间的匹配。图 11.2 是平均水滴直径（MVD）和冲压空气温度（RAT）敏感性分析结果，由图 11.2 可知，在机翼、平尾上得到了一致的参数敏感性分析结论：$MVD=20\ \mu m$、$RAT=0℃$ 时对应的冰形最为临界。

3) 基于结冰相似准则、混合翼设计方法的"临界性"冰风洞试验验证技术

由于结冰数值模拟所获得的冰形无法直接用于适航取证，因此必须通过结冰风洞试验对冰形的临界性进行验证。

本项目提出了一种基于结冰相似准则和混合翼设计方法的"临界性"冰风洞试验验证技术。充分利用参数敏感性分析结果，制定合理的试验状态矩阵，有效降低

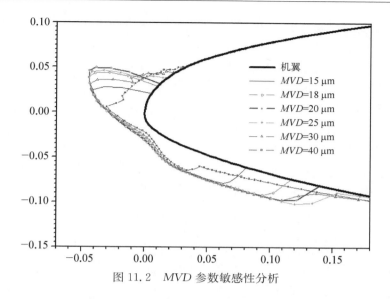

图 11.2 MVD 参数敏感性分析

试验成本;提出了一种改进的结冰相似准则,将动压相似作为约束引入相似准则,对 ONERA、AEDC 相似准则进行修正,最终确定合理的相似参数,在此基础上根据临界试验状态以及冰风洞试验能力,进行结冰试验参数相似转换,确保相似后的试验状态落在冰风洞试验能力范围内;提出了一种混合翼设计思路及方法,在保证模型前缘外形及结冰特性一致的前提下,对模型后缘进行重新设计,减小模型弦长,确保满足冰风洞堵塞度要求。

其中,改进的结冰相似准则以及混合翼设计方法属于冰风洞试验技术方面的重大创新,为本项目试验状态的转换以及试验模型的设计提供了理论依据。

图 11.3 为混合翼设计前后结冰特性对比图。

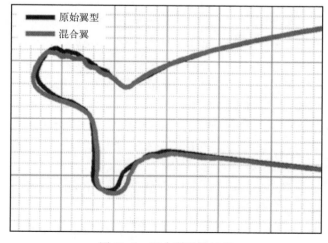

图 11.3 混合翼设计结果

4）基于复合材料夹层结构模拟冰条设计、分段分批冰条加装及试飞策略的模拟冰试飞技术以及结冰失速保护系统设计及验证技术

带模拟冰干空气试飞是结冰适航取证的重点，是判读结冰后飞机是否满足条款要求的最主要判据，同时还是带冰后飞机操纵的主要依据。

对于模拟冰试飞，其主要技术难点有如何安装模拟冰条、如何保证试飞过程的安全性、如何设计及验证结冰条件下的失速保护系统。针对以上难题，本项目解决了以下关键技术。

（1）复合材料夹层结构模拟冰条：夹芯用于精确模拟冰型外形，内外层复合材料面板一方面用于增强冰体表面刚度、冰体强度；另一方面增大冰体与飞机部件之间的接触面积从而增强连接强度。同时该种结构形式对应的安装工艺简便、冰条装拆快速，有效地保证了试飞安全以及试飞进度。机上安装情况如图 11.4 所示。

图 11.4　模拟冰试飞改装图

（2）分段、分批冰形加装及试飞策略：模拟冰型试飞属高风险试飞科目，从起飞到降落全过程都加装模拟冰型，为了试飞安全，本项目基于带模拟冰型的风洞试验结果，采用分段、分批次方式加装模拟冰型，让试飞员逐步熟悉模拟冰型对飞机性能、操稳特性的影响，对特定试飞科目，开展模拟器试验，便于试飞员在环熟悉特性，从而保证试飞安全。

（3）结冰条件下失速保护系统的设计与验证：根据不同飞机阶段对应的结冰特性以及相应的气动特性影响，结合 ARJ21‑700 飞机结冰探测系统与防冰系统的设计特点，制定不同保护模式之间的进入与退出逻辑关系以及相应的推抖杆点。通过结冰条件下失速保护系统的设计，最大限度地确保飞机结冰条件下的运营安全。

5）基于极端气象识别、气象及结冰情况实时测控、大机动冰形保留、空中脱冰及带冰着陆等技术的自然结冰试飞技术

2014 年 ARJ21‑700 飞机北美自然结冰试飞仅用 6 天时间便完成了所有试飞架次，当场得到 CAAC 以及 FAA 的认可。在此之前，临界冰形确定、冰风洞试验、模拟冰试飞试验等历经 6 年。

自然结冰试飞是型号结冰适航合格审查最后一关，因其要演示验证冰形的临界性、结冰后性能操稳特性满足条款要求。对于自然结冰，由于自然结冰气象瞬息多变、飞行环境恶劣，因此飞机结冰情况难以预计，被列为最高风险试飞科目之一。在开展自然结冰试飞之前，必须做好充足的准备，确保试飞安全，同时保证试飞数

据的有效性。

对于自然结冰试飞而言,主要存在以下难点:精准的结冰气象预报、全面周到的自然结冰试飞风险评估及应对措施、极端气象识别方法及改出原则、大机动条件下冰形保留方法以及脱冰及带冰返场着落原则。

针对以上难点,制定以下关键技术解决方案。

(1)多维度结冰气象预报以及极端气象识别及该处原则:结冰气象条件稍纵即逝,本项目与国家气象局、美国相关气象专家合作,学习气象知识、制定结冰气象预报方法,最后形成一套基于地面气象雷达、空中结冰气象探测仪以及日晕、特征部件观察法等的结冰气象预报方法;在此基础上,合理制定各判据临界值,评判是否进入极端结冰气象,如进入则按照向温度较高方向出云的原则改出,并执行脱冰程序,如图 11.5 所示。

图 11.5　自然结冰试飞过程中光晕示意图

(2)结冰气象及结冰情况实时测控技术:根据数值分析结果,针对可能结冰部件加装监控摄像头进行实时监控,并将监控画面实时传递到地面;加装气象组合探头(CCP),对结冰气象进行实时监控,一方面保存试飞数据,另一方面确保试飞安全。图 11.6~图 11.7 为监控示意图。

(3)大机动条件下冰形保留方法:对于自然结冰操稳试飞科目,首先在结冰云层内进行 45 min 的结冰飞行,然后出云开展科目试飞。在此过程中,只有飞机结冰部件表面的积冰不能脱落或非临界区域可局部脱落,试飞结果才有效。但受结冰气象条件、结冰粘接强度、云层内气流稳定性以及飞机机体稳定性影响,很难在机体表面保留足够的积冰,针对该问题,本项目提出以下保留冰形的方法:首先,结冰

图 11.6　平尾前缘监控画面

图 11.7　吊挂监控画面

温度要合适，根据对结冰机理的研究，一般情况下 $-10 \sim -8^{\circ}\text{C}$ 的结冰温度对应的结冰强度最高；其次，结冰过程中的操作要缓慢，一方面为了确保飞机的响应正常，需要开展一些机动动作，另一方面，为了最大限度地保留冰形，机动动作要尽可能小、缓慢；再次，结冰后向低温方向出云，一般从云顶出云，一方面云顶温度低，易于保留冰形，另一方面云顶视野好，安全高度高，利于开展试飞动作；最后，在试飞过程中，机动动作要尽可能缓和，满足试飞要求即可，这样通过一次结冰，可以开展多个试飞科目。

（4）脱冰程序以及带冰返场着落原则：完成一个科目之后或由于部分冰脱落导致不满足验证要求时，需要执行脱冰程序。脱冰程序主要通过速度换取温度和动压，将残留冰剥离。在某些情况下无法完全实现冰脱落，需要带冰着陆，此时，应根据事先制定的性能数据进行着陆，确保飞行安全。

11.2.3　技术途径

根据"临界性"以及"多符合性方法内部逻辑性"的符合性验证思路，明确项目实施途径如下。

（1）确定临界结冰条件：有机结合数值模拟和冰风洞试验，采用 2.5D 以及结冰参数敏感性分析方法,确定临界结冰条件。

(2)在临界结冰条件确定的基础上,通过冰风洞试验对数值模拟所确定的临界结冰条件进行验证,并获取相应的临界结冰冰形。

(3)针对临界冰形,开展带冰后全机气动特性和性能操稳影响评估,初步判断飞机带临界冰后是否满足条款要求,为模拟冰干空气试飞安全评估提供依据。

(4)开展带模拟冰干空气性能、操稳试飞,证明飞机在临界结冰条件下能够安全飞行,同时给出飞机结冰后对性能、操稳的影响量,为飞行员结冰条件下的操纵提供参考;模拟冰试飞结果是自然结冰试飞前提,为自然结冰试飞安全评估提供依据。

(5)基于临界性验证结论、模拟冰试飞结果,开展自然结冰条件下的演示试飞验证,最终表明飞机在适航条款所定义的结冰条件下能够安全飞行。

其中,临界结冰冰形的确定是前提及核心,是结冰适航取证最为重要的一步,是开展带冰后气动特性影响以及性能、操稳特性评估、试飞验证的前提;带模拟冰干空气试飞是重点,是判读结冰后飞机是否满足条款要求的最主要判据,同时还是带冰后飞机操纵的主要依据;自然结冰试飞是关键及难点,自然结冰试飞一方面建立在临界冰形确定、模拟冰试飞等工作的基础上,另一方面是结冰适航取证的收官项目,是结冰适航取证的最后一考。

11.2.4 实施结果

根据所制定的结冰符合性验证思路,开发相关数值模拟方法、冰风洞试验方法,建立模拟冰试飞技术以及自然结冰试飞技术,最终确定用于结冰适航取证的临界冰形,并按照条款要求,安全、高效地完成模拟冰飞机科目,最后通过自然结冰试飞进行真实结冰条件下的试飞演示验证,最终表明 ARJ21 - 700 飞机结冰设计以及结冰后性能、操稳满足适航条款要求。

11.2.5 主要结论

通过上述工作,掌握了民用飞机结冰的符合性验证思路和方法。同时也解决了 C919 和宽体客机研制难题。

11.3 转子爆破设计及其符合性验证

11.3.1 理论方法

基于 ARJ21 飞机数字样机,根据发动机和辅助动力装置(APU)供应商提供的转子爆破模型,以 AC20 - 128A 作为设计指导,对受影响的系统、结构采用降低风险的设计预防措施,经过安全性评估,不断迭代,将风险水平降至最低。

11.3.2 技术要点

1)自底向上与自顶向下相结合的关键系统设备及对应全机级 FHA 的确认方

法和流程

转子爆破分析时需确认转子爆破可能引发的灾难性事件,以及对应的设备失效。通常的做法是先列举所有全机级灾难性事件的 FHA,通过飞机级和系统级 FTA 分析得出可能引发各灾难级 FHA 的设备最小割集。再确认各个最小割集包含的设备是否位于转子爆破影响范围内,从而确认该事件是否会由转子爆破引发,进而确认对应的关键设备。

2)基于数字样机的转子碎片碰撞角度范围检测方法

提出以 CATIA 运动模拟作为工具,在数字样机环境下对设计结果进行角度范围测算。该方法过程直观,结果准确,获得了 CAAC 认可。同时,在设计阶段使用该方法可以快速发现问题,指导设计,提高安全性,易于通过适航审查。此外,该方法简单,可操作性强,自动化程度较高,可以有效提高工作效率,避免人为差错。

3)管线路失效与设备失效的综合分析方法,该方法得到了 CAAC 认可,并应用于鸟撞等其他特定风险分析和验证中

(1)提出了一套完整可行的分析方法。

(2)逐管/线路确认两端连接设备。

(3)建立管/线路连接设备矩阵。

(4)将管/线路受损纳入两端设备 FTA 分析中一并考虑。

(5)剩余风险计算时将管/线路受损角度与两端设备受损角度一并计算。

4)机体结构破损的分析假设和有限元计算方法

本项目通过灵活运用咨询通告的假设:转子碎片具有无限能量,可摧毁其扫掠路径上的所有管路、电缆、钢索和未加保护的结构,并且不会从其原始轨迹变向,除非碰到折转挡板。创造性地提出在 ARJ21-700 飞机全机有限元模型中删除被碎片路径扫掠过的所有单元,剩余单元形成该情形下的强度计算有限元模型。规避了转子碎片对结构的损伤模式不明的问题。该分析假设偏安全,得到了 CAAC 认可;并且可以有效减少分析计算的工作量,避免了进行试验的巨大成本和风险。

5)完整可行的发动机转子爆破安全性分析和剩余风险计算方法和流程

提出了按飞行阶段分析各事件的危害程度,结合转子爆破在不同飞行阶段的发生概率,计算灾难性事件发生概率的方法。采用该方法分析得出的结果更符合真实情况,便于发现问题,有助于提高飞机安全性。在 ARJ21-700 飞机发动机转子爆破适航符合性验证工作中,该方法和采用该方法分析计算得出的结果均得到CAAC 批准。

11.3.3　技术途径

由发动机和 APU 供应商提供转子爆破模型,与 ARJ21 数字样机进行结合,通过转子爆破模型识别出受影响的系统和结构,为这些受影响部件设计预防措施,之后进行系统级和飞机级的安全性风险水平计算,如风险可接受,则向审查方表明符

合性;如不可接受,则进一步设计预防措施,直至风险水平被审查方接受。基于上述描述,形成了一套完整可行的发动机转子爆破适航验证技术,验证流程如图 11.8 所示。

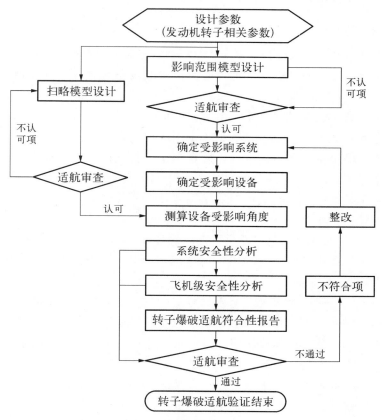

图 11.8　转子爆破验证流程

11.3.4　实施结果

经安全性分析和剩余风险计算可知,ARJ21 - 700 飞机发动机发生非包容性转子爆破后,由 1/3 轮盘碎片 5°飞散角导致飞机发生灾难性失效状态的平均概率为 0.049,略低于 AC20 - 128A 中规定的定量要求(不大于 0.05),满足要求;其中单个 1/3 轮盘碎片 5°飞散角导致灾难性事件的发生概率的最大值为 0.062 3,也低于 AC20 - 128A 中规定的定量要求(不大于对应平均风险值要求的 2 倍,即 0.1),满足要求。有限元计算的结果显示受影响结构的安全裕度值均大于 0,满足强度要求。评估计算结果表明,转子爆破的风险水平满足 AC20 - 128A 的指标。

11.3.5　主要结论

ARJ21 飞机转子爆破设计及其符合性验证,通过基于数字样机的设计和验证方法,能够将 ARJ21 飞机转子爆破的风险降至最低,满足 CCAR25.903(d)(1)条款的要求。

11.4 轮胎爆破设计及其符合性验证

11.4.1 理论方法

轮胎爆破所涉及的适航条款是§25.729(f),轮舱内设备的保护要求如下所示。

位于轮舱内且对于飞机安全运行必不可少的设备必须加以保护,使之不会因下列情况而损伤:

(1) 轮胎爆破(除非表明轮胎不会因过热而爆破)。

(2) 轮胎胎面松弛(除非表明由此不会引起损伤)。

在机轮上使用易熔塞不是防护轮胎爆破引起损伤的完善措施,因为有时还未达到易熔塞熔化的温度,但该温度却可使轮胎爆破。

如果刹车装置过热可能损伤轮舱结构或轮舱内设备,应该提供刹车温度的指示以警告驾驶员。

起落架收起后,未刹车的机轮仍可能以比较高的速度旋转,对磨损后的轮胎有可能出现甩胎掉块或膨胀后间隙不足的情况,打到或碰到舱内的有关系统管路附件或设备上,使其损坏。

轮胎可能受高温影响在易熔塞未熔化之前而爆破,残骸也可能打到舱内的有关系统管路附件或设备上使其破损,因此本款要求对位于舱内的且对于飞行安全运行必不可少的设备必须加以保护,使其不受损伤,除非能表明轮胎不会爆破或胎面松弛不足以引起设备损伤。

装有易熔塞的轮胎不一定能符合§25.729(f)(1)的要求,因为引起轮胎爆破的原因很多,例如外来物体的损坏、轮胎压力不足、过分膨胀、超载、不正常的机轮附件如有缺陷的易熔塞等,加之§25.1309(b)关于持续安全飞行和着陆的符合性要求,因此不管轮胎爆破的发生概率如何,都必须考虑对其防护。

FAA 的修正案 25‑78 描述,§25.729(f)定义的轮胎爆破是突然的,有时是猛烈的,压力来自轮胎内部,通常与胎内裂缝、外来物体损坏或轮胎过热/过载有关。FAA 认为,轮胎爆破是在飞机轮胎处于恶劣运行环境下偶然发生的,而实际上某些轮胎损伤可能在轮胎破坏前一直未被发现,有鉴于此,安装在轮舱内的设备在合格审定时应评定其承受轮胎爆破影响的能力。要通过分析和实验室试验来确定关键区域,而且经常要进行设计更改以保证单个轮胎爆破不会使关键功能丧失。

11.4.2 技术要点

飞机轮胎爆破的适航验证在国内是首次,制定轮胎爆破验证思路和方法是关键。

另外在 FAA 的修正案 25‑78 中提到,安装在轮舱内的设备在合格审定时应评定其承受轮胎爆破影响的能力。要通过分析和实验室试验来确定关键区域,而且经常要进行设计更改以保证单个轮胎爆破不会使关键功能丧失。以国内的能力和技术,无法通过分析满足适航要求,所以 CAAC 适航审查方要求进行 MOC4 试验。主起落架舱轮胎爆破试验在国内是空白,需要突破的关键技术是试验方法。

11.4.3　技术途径

在查阅和研究大量轮胎爆破相关适航文件及指导材料的基础上,与 CAAC 审查代表保持经常性的沟通和讨论,同时尽可能地与国外轮胎爆破专家进行咨询和交流。起草轮胎爆破适航审定计划后,开展多轮适航审查活动,最终使得轮胎爆破适航验证思路和方法得到轮胎爆破审查组的认可。

研究轮胎爆破试验方法,立足国内,最终形成一套轮胎爆破审查组认可的主起落架舱轮胎爆破试验方法。

具体技术途径和验证思路如下:

(1) 确定轮胎爆破模式。

(2) 根据轮胎爆破能量研发试验的结果,修正轮胎爆破能量计算数据。

(3) 建立轮胎爆破模型及其影响范围。

(4) 各专业按照轮胎爆破模型及其影响范围进行系统级轮胎爆破安全性分析。

(5) 安全性专业综合系统级的风险,完成飞机级的轮胎爆破安全性分析报告和轮胎爆破关键系统设备报告。

(6) 关键系统专业按照分析报告进行轮胎爆破防护罩设计。

(7) 强度专业根据轮胎爆破能量进行轮胎爆破防护罩强度校核。

(8) 最终通过主起落架舱轮胎爆破验证试验完成轮胎爆破适航验证工作。

主起落架舱轮胎爆破适航验证试验的方法是:主起落架舱内所有的系统设备作为试验件安装在真实的主起落架舱内,采用起落架收上状态的轮胎爆破模式引爆轮胎,评定主起落架舱内关键系统设备抗轮胎爆破的能力。主起落架舱轮胎爆破适航验证试验总装图如图 11.9 所示。

11.4.4　实施结果

《ARJ21-700 飞机起落架舱轮胎爆破专项合格审定计划》C 版得到审查方的批准,批准号为 HSL-SC-2011-051。

完成了 ARJ21-700 飞机轮胎爆破防护罩的设计和实施。

2014 年 2 月,按照真实轮胎 X 形破口爆破模式进行研发试验取得成功。

2014 年 5 月 6 日,《ARJ21-700 飞机主起落架舱 X 形轮胎爆破试验大纲》C 版和《ARJ21-700 飞机主起落架舱 X 形轮胎爆破试验构型评估报告》C 版得到了审查方的批准,批准号为 HSL-SC-2014-075。

2014 年 5 月 20 日,在审查方的目击下,ARJ21-700 飞机主起落架舱 X 形轮胎爆破试验取得了圆满成功。

图 11.9　主起落架舱轮胎爆破适航验证试验总装图

2014 年 12 月完成《ARJ21‐700 飞机起落架舱轮胎爆破适航符合性报告》,条款关闭。

11.4.5　主要结论

实践表明 ARJ21‐700 飞机轮胎爆破防护设计和验证方法正确,圆满完成了适航取证工作。

通过 ARJ21‐700 飞机轮胎爆破适航验证工作,自主创新轮胎爆破试验技术、防护技术和验证技术,填补了国内空白。

11.5　民用飞机失速和失速特性试飞验证技术

11.5.1　理论方法

飞机失速问题是民机型号研制的热点、焦点和难点问题,更是型号飞机不可回避的技术焦点和关键难题。

"T 尾"布局的飞机在失速问题上存在"天生"的缺陷。失速发生、发展、深失速特性、失速改出能力都是需要澄清并解决的问题。

失速保护的细节设计、试飞适航验证技术可使 ARJ21‐700 飞机的失速满足飞机运营和适航取证的要求。

本项目主要以 ARJ21‐700 飞机型号为依托,对失速气动设计、试验验证、试飞验证技术进行了研究和突破。

采用的理论研究方法如下:

（1）利用先进的风洞试验手段摸清并改善 ARJ21‑700 飞机失速特性。

（2）采用先进的失速保护设计来挖掘 ARJ21‑700 飞机失速特性能力。

（3）采用先进的失速试飞适航验证技术，达到适航规章要求，取得适航证。

11.5.2　技术要点

主要技术研究要点如下：

（1）ARJ21‑700 飞机失速、深失速气动特性研究。

（2）失速、深失速气动特性气动改善方案研究。

（3）失速保护逻辑设计方法研究。

（4）失速自动推杆器性能研究。

（5）迎角传感器安装位置研究。

（6）迎角差异修正研究。

（7）负过载改善方法研究。

（8）失速试飞数据分析处理软件开发。

（9）失速试飞数据有效性分析方法和修正方法研究。

（10）带推杆器飞机的失速速度确定方法研究。

（11）失速特性改善方法研究。

（12）失速试飞程序研究。

（13）失速适航验证思路以及方法研究。

11.5.3　技术途径

实施的主要技术途径如下：

（1）运用大迎角、半模增压高 Re 风洞试验以及缩比模型自由飞试验，对 ARJ21‑700 飞机失速以及深失速特性进行研究与预测，并提出了改善方法，如图 11.10 所示。

（2）失速保护设计以及自动推杆器设计。

首先对 ARJ21‑700 飞机失速特性进行了研究，由于"T 尾"布局的飞机在失速时尾翼处于机翼、机身以及发动机吊挂及短舱的尾涡区内，在失速问题上存在"天生"的缺陷，需对飞机的失速特性、深失速特性进行保护，因此需要采用了自动推杆器的失速保护系统，同时对自动推杆器的推杆速率、推杆行程、推杆力等性能参数提出了设计要求。

自动推杆器是否满足飞机失速改出的要求，也就是说，失速保护系统是否与飞机匹配，还需要通过试飞验证。通过初期的试飞验证，失速保护系统还不能有效地保护失速，需要对失速保护逻辑进行修改完善。主要出现的问题有：左右迎角差异过大，造成左右推杆信号不一致，推杆滞后，造成飞机失速后，自动推杆器还未发挥作用；在巡航构型下，推杆行程以及推杆速率过大，造成飞机失速改出过程中，法向过载出现负值的情况。解决此类问题主要采用的方法如下。

a. 对迎角传感器位置进行敏感性分析。着重研究飞机在侧滑飞行时，左右迎

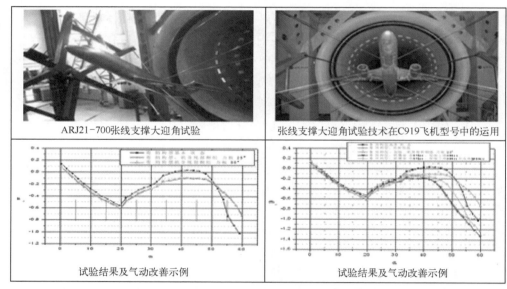

图 11.10 张线支撑大迎角风洞试验资料图①

角的差异；以及飞机在大迎角飞行时，迎角传感器是否处于气流分离区。事实表明，在 ARJ21-700 飞机迎角传感器的位置，迎角对侧滑角敏感性过高，1°侧滑角大致可以引起左右迎角差异达到 1.2°，此时迎角信号不能作为直接输入信号进入失速保护系统来进行失速保护。重新对迎角传感器位置进行调整分析后，检查得出：

（a）左右风标迎角对侧滑角的敏感性大大降低，在极限侧滑时，左右风标迎角最大相差 4°左右。

（b）左右风标迎角与机身迎角之间的关系从机身迎角 15°左右开始呈非线性，风标迎角出现突然减小然后再增大的现象，如图 11.11 所示，因此此迎角仍无法直接用于失速保护系统。

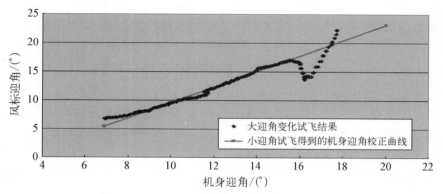

图 11.11 迎角传感器位置调整后的迎角校线图

---

① 仅为示意图，为数据保密，不提供高清图。

　　b. 采用侧向过载（n_y）对迎角差异进行修正分析。主要通过飞机稳定协调侧滑时左右迎角差异对侧滑角的敏感性分析，采用侧向过载对迎角差异进行修正。

　　侧向过载修正理论为如下所示。

　　飞机做稳定协调侧滑飞行时，飞机的侧向过载如式（11-1）所示。

$$n_Y = (C_{Y\beta}\beta + C_{Y\delta r}\delta r) \times qs/G \tag{11-1}$$

　　飞机的偏航力矩平衡方程如式（11-2）所示。

$$C_{n\beta}\beta + C_{n\delta r}\delta r = 0 \tag{11-2}$$

　　根据式（11-1）、式（11-2），可得式（11-3）。

$$n_Y = \left[\left(C_{Y\beta} - \frac{C_{n\beta}C_{Y\delta r}}{C_{n\delta r}}\right)qs/G\right]\beta \tag{11-3}$$

　　将左、右风标迎角修正量 $\Delta\alpha_{\text{Local}}$ 与侧滑角的关系表示为式（11-4）。

$$k = \frac{\Delta\alpha_{\text{LOCAL}}}{\beta} \tag{11-4}$$

　　式中：k 为每 1°侧滑角引起的左右风标迎角修正量，从前期试飞数据来看，k 近似为常值，将式（11-4）代入式（11-3），可得式（11-5）。

$$\Delta\alpha_{\text{LOCAL}} = \frac{kN_Y}{\left[\left(C_{Y\beta} - \dfrac{C_{n\beta}C_{Y\delta r}}{C_{n\delta r}}\right)qs/G\right]} \tag{11-5}$$

　　式中：q 为速压；s 为机翼参考面积；G 为飞机重量；N_Y 为侧向过载；$C_{Y\beta}$、$C_{Y\delta r}$、$C_{n\beta}$、$C_{n\delta r}$ 为飞机的静导数和操纵导数。因此修正系数 C_{Y1} 的绝对值与速压、重量、气动导数相关。

　　因此，采用侧向过载修正可以有效地减小迎角差异，并作为失速保护系统的输入信号使用。但是需要关注的是，该修正系数需要综合考虑飞机构型、飞行速度、重量等因素。

　　（3）减小推杆行程限制和减缓推杆速率。

　　失速保护系统采用经过侧向过载修正后的迎角信号。经过时间常数为 0.25 s 的滤波，该迎角信号与飞机真实的迎角信号之间存在着一定的时间滞后。失速改出时，由于迎角变化率快，因此推杆解除时迎角信号要明显晚于设计值，同时也使得推杆行程过大，造成了失速改出法向过载出现负值的情况。

　　因此，对自动推杆行程和推杆速率进行了限制设计分析和更改。通过更改设计后，试飞结果表明，失速改出负过载问题得到了解决。

　　（4）失速试飞数据处理软件开发技术。

　　失速试飞数据处理时，鉴于试飞数据量庞大，因此自行开发研制出一套失速试飞数据分析软件,并在此基础上开发了失速速度分析模块,采用可视化的图形界面,方便快捷地完成失速速度数据的处理工作,并直接导出所需的数据结果,示意图如图 11.12 所示。失速试飞数据处理软件的开发和应用,为失速试飞攻关提供了一个基础性的分析工具,为整个失速试飞的数据分析工作打下了坚实的基础。

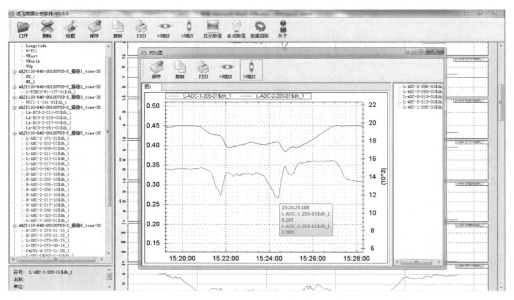

图 11.12   失速试飞数据分析处理软件(试飞数据分析界面)

失速试飞数据的有效性研判,是失速试飞攻关中一项极其重要的攻坚技术。数据的有效性必须同时满足两个原则,一是要符合适航条款以及相关文件的要求;二是试飞数据没有受到天气、环境、飞行员操作的影响,能真实可靠地反映飞机固有的特性和性能。

经过大量的分析、设计、研究以及咨询工作,建立了一套失速试飞数据有效性研判技术。同时研究出一套数据分析和修正方法技术,首创性地使用完整的时间历程曲线来重建飞机进入失速的过程,清楚、准确地对飞行结果进行研判,如图 11.13 所示。这一套试飞数据有效性研判技术,确保了试飞结果处理可靠、有效、符合适航原则。

(5)失速试飞以及适航验证技术。

国内首次完全结合 FAR/JAR/CCAR - 25 部运输类飞机适航标准对新研飞机进行失速试飞以及适航验证,试飞以及适航验证遵循 AC25 - 7A/B/C 试飞指南。

鉴于 ARJ21 飞机是前置推杆器飞机,因此其失速速度和失速警告裕度的确定方式和其他类型的飞机是不同的。失速速度的确定方式是否能被局方接受,直接决定着该科目是否能顺利通过适航审定。该套方法在国内民机领域是首次使用,具体包括试飞方法和失速速度确定方法两部分内容。

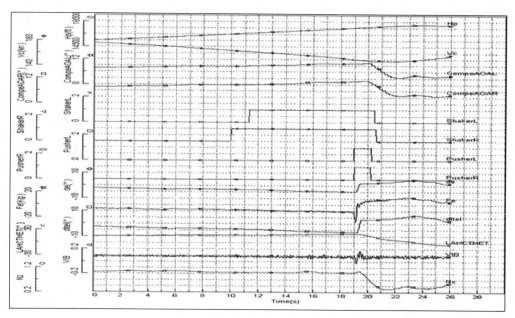

图 11.13 使用完整的时间历程曲线重建飞机进入失速的过程①

a. 试飞方法

试验时推杆器接通；带功率失速速度试验之前，确定最大着陆重量、起落架收上和进场襟翼条件的 1.5 失速速度（V_{SR}）对应的发动机平飞功率；失速速度试飞过程中放拖锥；在速度为 $1.23V_{SR}$ 时配平飞机，按照要求的高度、速度、飞机构型和功率状态配平飞机作稳定直线飞行 10 s，操纵飞机以某一稳定的进入率减速，直至推杆器工作。推杆器工作解除后，试飞员操纵飞机恢复到正常飞行状态；在飞机完成每次失速动作后，再保持飞机平飞 10～20 s，确保拖锥数据稳定；对于每个试验点，应完成至少 6 次失速试验，目标进入率为 -1.0 kn②，选取进入率保持在 -1.5～-0.5 kn 之间的试验点。

b. 失速速度和失速警告裕度的确定方法

ARJ21-700 飞机采用杆位移开始增加的点作为失速判断点，所以采用推杆器工作时的升力系数（$C_{L\text{phuser}}$）作为 1 g 失速升力系数，其值与适航规章定义的 1 g 失速升力系数（C_{LS1g}）相等。

ARJ21-700 飞机失速速度确定方法如下所示。

记录失速动作前的拖锥静压、GPS 高度、静温，并以此为基准。基准点的选取原则为选取失速告警前，拖锥静压与飞机高度变化较小且法向过载在 1.0 g 左右的点。使用飞越塔法得到的拖锥误差对拖锥静压进行修正。拖锥静压修正使用压力

---

① 仅为示意图，为数据保密，不提供高清图。

② kn 为节，是非法定速度单位，一般指航速，1 kn=1.852 km/h。

系数,压力系数为基准静压与拖锥静压之差和动压(即飞机总压减去拖锥静压)的比值。使用修正后的拖锥静压计算拖锥气压高度。

失速过程中的气压高度如式(11-6)所示。

$$H_P = H_{PT0} + \Delta H_{GPS} \frac{T_{std}}{T_{amb}} \qquad (11-6)$$

静压如式(11-7)所示。

$$P_S = 101.325 \left(1 - \frac{0.304\ 8H_P}{44\ 330.769}\right)^{5.255\ 88} \qquad (11-7)$$

失速过程中的真马赫数 Ma 如式(11-8)所示。

$$Ma = \sqrt{5\left[\left(\frac{q}{P_S}+1\right)^{\frac{1}{3.5}} - 1\right]} \qquad (11-8)$$

失速过程中的当量空速如式(11-9)所示。

$$V_e = 65.707Ma\sqrt{P_S} \qquad (11-9)$$

重心处风轴过载如式(11-10)所示。

$$n_{zW} = n_z\cos(\alpha) + n_x\sin(\alpha) \qquad (11-10)$$

推杆器工作点(失速点)的升力系数如式(11-11)所示。

$$C_{L\text{pusher}} = \frac{n_{zw}W}{q_{\text{pusher}}S} \qquad (11-11)$$

进入率如式(11-12)所示。

$$\dot{V} = \frac{1.1V_{\text{esp}} - V_{\text{esp}}}{t_{1.1V_{\text{esp}}} - t_{V_{\text{esp}}}} \qquad (11-12)$$

对应重心前限位置的升力系数(所有状态全部换算到重心 3%MAC)如式(11-13)所示。

$$C_L = C_{L\text{test}}\left[1 + \frac{MAC}{L_t}(X_{CGSTD} - X_{CGTEST})\right] \qquad (11-13)$$

根据零推力状态升力系数,给定重量下的推杆的当量速度如式(11-14)所示。

$$V_{e\text{pusher}} = \frac{3.6}{1.852}\sqrt{\frac{2W}{\rho_0 sC_{L\text{pusher}}}} \qquad (11-14)$$

对应构型、重量的参考失速速度为 V_{SR}(单位为 kn),如式(11-15)所示。

$$V_{SR} = \max(1.02V_{SP},\ V_{SP} + 2) \tag{11-15}$$

得到各个构型下失速速度随重量变化的曲线图。

ARJ21 - 700 飞机失速警告裕度确定方法与上述推杆器工作点（失速点）处理方式一样，处理出抖杆时对应的校准空速 V_{SW}。

警告裕度 η 如式(11 - 16)所示。

$$\eta = \frac{V_{SW} - V_{SR}}{V_{SR}} \times 100\% \tag{11-16}$$

c. 失速速度数据处理与扩展

对于 F0 卡位，申请人将按照最大升力系数与 Ma 的关系曲线，给出不同高度的失速速度。计算不同 Ma 条件对应的最大升力系数，计算对应的高度与速度。

对于 F2、F3 和 F4 卡位，根据试飞结果对最大升力系数进行适当外插，外插的升力系数（下图中的 ΔC_{Lex}）一般应≤0.01。如果 $\Delta C_{Lex} > 0.01$，则需在试飞数据扩展中保守考虑，将 ΔC_{Lex} 乘以 2，并综合考虑到试飞数据扩展中。具体方法如图 11.14 所示。

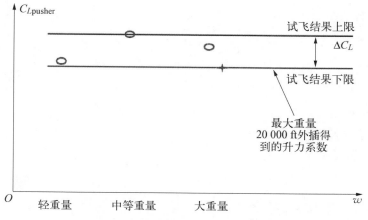

图 11.14 带襟翼卡位升力系数扩展

根据图 11.14，如果 ΔC_L 大于 2%的试飞结果下限值，则申请人将使用结果下限值加上 0.02 作为名义值，对所有重量条件下失速速度进行扩展计算。

如果 ΔC_L 小于 2%的试飞结果下限值，则申请人将所有结果的平均值作为名义值，对所有重量条件下失速速度进行扩展计算。

将按照上述 a、b 步骤确定的 C_L 代入公式(11 - 17)中进行推杆速度 $V_{Spusher}$ 的计算。

$$V_{Spusher} = \sqrt{\frac{2W}{C_{Lpusher} S_W \rho_0}} \tag{11-17}$$

则飞机参考失速速度 V_{SR} 见公式(11-18)。

$$V_{SR} = 1.02 V_{Spusher}$$
$$或\ V_{SR} = V_{Spusher} + 2KCAS(两者取大者) \tag{11-18}$$

11.5.4　实施结果

1) 确定失速保护系统的系统参数

从 2010 年 12 月至 2013 年 11 月,ARJ21-700 飞机 101、102 架机和 104 架机进行了大量的失速试飞,包括研发试飞以及表明符合性的试飞,期间统计过程控制(SPC)也进行了多次调整和设计,形成 SPC 现行有效的设计输入。

a) 正常模式下(未结冰)失速抖杆和失速推杆机身迎角。

迎角变化率对抖杆机身迎角和推杆机身迎角的修正关系如下所示。

2、3、4 卡抖杆机身迎角变化量 $\Delta\alpha_1$ 关系如下:

$$\Delta\alpha/\Delta t \leqslant 0.5, \qquad \Delta\alpha_1 = 0;$$
$$0.5 < \Delta\alpha/\Delta t < 2.25, \qquad \Delta\alpha_1 = -(\Delta\alpha/\Delta t - 0.5) \times 1.36;$$
$$\Delta\alpha/\Delta t \geqslant 2.25, \qquad \Delta\alpha_1 = -2.38。$$

4 卡推杆机身迎角变化量 $\Delta\alpha_2$ 关系如下:

$$\Delta\alpha/\Delta t \leqslant 0.3, \qquad \Delta\alpha_2 = 0;$$
$$0.3 < \Delta\alpha/\Delta t < 1.3, \qquad \Delta\alpha_2 = -(\Delta\alpha/\Delta t - 0.3) \times 2;$$
$$\Delta\alpha/\Delta t \geqslant 1.3, \qquad \Delta\alpha_2 = -2。$$

b) 迎角校线关系要求。

c) n_y 修正局部迎角的逻辑。

n_y 修正公式如下:

$$\Delta\alpha_{LOCAL} = (C_{Y2} n_{y2}) + (C_{Y1} n_y) + C_{Y0}$$

其中,C_{Y2},C_{Y1},C_{Y0} 表示修正系数,n_y 表示侧向过载。

表 11.2　飞机 n_y 修正系数表

构　型	C_{Y2}	C_{Y1}	C_{Y0}
F0	0	$-45/45$	0
F2	0	$-90/90$	0
F3	0	$-90/90$	0
F4	0	$-100/100$	0

d) 结冰情况下对 SPC 的设计输入要求。

结冰情况的抖杆器与推杆器工作迎角。

2) 确定失速速度

2012年8月21日至9月14日以及2012年11月12日至12月6日,ARJ21-700飞机进行了失速速度申请人表明符合性试飞和局方审定试飞。按照《ARJ21-700飞机型号合格审定试飞大纲——性能分册》8.2节进行了试飞,试飞结果表明了 §25.103、§25.207(d)、§25.121(d)的符合性。

11.5.5 主要结论

本设计技术综合应用了各项试验技术上的新成果,成功预测了ARJ21-700飞机失速以及深失速的气动特性,提出了多种气动改善方案以及ARJ21-700飞机进入深失速后可行的改出方案,并在试飞中得到验证。

在气动设计的基础上,综合应用了失速保护逻辑设计方案、迎角传感器位置调整、迎角差异修正和负过载的改善方案,运用了适航试飞验证技术,完成了ARJ21-700飞机失速适航取证工作,获取了一整套完整的失速试飞数据。现失速适航试飞科目已完成,相关条款已关闭,适航报告已取得了国内适航代表的签字批准和国外FAA专家的认可。

应用失速试飞获取的失速速度数据,已作为飞机性能相关的基准性数据,用于整个ARJ21-700型号的试飞适航工作中,并据此完善了飞机的飞行手册、飞行计划软件、客户化性能软件等性能数据。

失速设计以及验证技术已应用于大型客机C919和宽体客机C929的设计研制过程中。

11.6 静暗座舱设计技术

11.6.1 理论方法

ARJ21-700飞机基于静暗座舱设计技术,充分考虑为飞行员提供安全简洁的驾驶舱操纵环境,从人为因素入手,基于驾驶舱设计理念,结合人机工程学和视觉工程学,提出了6个一致性原则:逻辑一致性、操作一致性、显示一致性、光色一致性、指示状态定义一致性、操纵保护一致性。

11.6.2 技术要点

驾驶舱控制板组件是人机交互中最重要的部分,是飞行员对系统执行控制的输入终端。控制板组件的设计水平体现人机工效的效能,在一定程度上决定了飞机操纵的安全性和高效性。控制板组件设计不够合理也是引起人为操作错误的主要因素,为了有效防止人为错误的发生,通常在民机驾驶舱的顶部板上会有很多的按钮灯,飞机在一切正常的情况下不会出现灯光和语音告警,整个驾驶舱是一个安静的状态。"明舱"的驾驶舱在安静的状态下顶部板的按钮灯全是亮的,"暗舱"的驾驶舱在这一情况下则全是暗的,而ARJ21-700飞机取证前是部分亮部分暗。这就是因为各系统在定义需求时没有统一的规范说明,集成起来的控制板就没有做到统一、一致。

ARJ21飞机"静暗"驾驶舱控制板一致性设计就是从人为因素应用入手，基于静暗驾驶舱设计理念，结合人机工程学和视觉工效学，全面地梳理全机人机交互的领域，并予以统一的执行或者更改，为飞行员创造和谐、一致的"静暗"驾驶舱。

11.6.3　技术途径

1）逻辑一致性

基于人机工程学，考虑飞行员固有的逻辑判断习惯，若不同的系统采用各自的逻辑去设计，则飞行员的工作负担将极大地增加，并且在出现紧急情况时更难以判断。从飞行员的视角出发，不管系统的工作原理如何，也不管内部的逻辑多么复杂及与其他系统的交联如何，飞行员所关心的都是飞机的各个系统具备的功能此时是否正常工作。在此基础上提出了逻辑一致性的要求，即全机执行各系统间采用统一的逻辑判断，确保飞行员能以一致的逻辑来判断所有系统是否正常工作。

2）操作一致性

在民用飞机操纵控制领域，机组人员与系统的接口中最普遍的莫过于各式开关，其中以按压开关的操作显得尤为重要，因为其直接影响"静暗"座舱理念的实施，是体现"静暗"理念的重要载体。结合人体感知系统的作用和人体操作习惯，提出了操作一致性的要求，在全机统一执行了一致的"V"形理念，一致的按压理念及旋转控制理念。

为此，针对扳动开关，定义并使用"V"形理念，即：顶部板区域的所有扳动开关向飞机飞行方向扳动为"接通"，向逆航向扳动则为"断开"；仪表板及遮光罩区域的所有扳动开关向上扳动为"接通"，向下扳动则为"断开"；中央操纵台区域的所有扳动开关向前扳动为"接通"，向后扳动则为"断开"；若有三种位置，则中间位置定义为"AUTO"。

3）显示一致性

结合静暗驾驶舱不操作不指示的原则，提出了显示一致性的要求，全机达到了非故障信息操作前指示的一致，杜绝了操作前显示、操作后显示的不一致从而导致飞行员不清楚系统的工作状态的情况。

在系统初始化时，所有应该工作的系统均会处于工作状态，不指示"ON"，也不指示"OFF"，当系统出现故障或不正常状态时，使用"FAULT"提示飞行员。如飞行员对按压式指示器（PBA）执行操作（弹出），则系统将切断，PBA点亮指示"OFF"。ARJ21飞机全机执行统一的显示，正常构型下正常工作的系统无指示，当特殊构型的系统工作时，或者飞行员对故障系统采取措施时，则PBA点亮呈现对应的信息。

4）光色一致性

基于视觉工效学研究与数据置信度分析，提出了光色一致性要求，并定义了控制板上导光板和指示灯的发光颜色、亮度、对比度光色指标和特定的指数型调光曲线。

ARJ21 飞机指示灯定义了五种颜色(白色、青色、绿色、琥珀色、红色),并采用 CIE1931 色度坐标规定了五种颜色的色度坐标范围。

ARJ21 飞机控制板上所有指示灯的发光颜色和亮度均在定义的指标范围内,实现了各指示灯光色的一致性。

5) 指示状态定义一致性

ARJ21 - 700 飞机所有系统对定义的五种颜色均进行了正确的使用并相互一致。

白色:开关处于不正常位置或者测试维护信息;比如应该工作的系统的开关没有按下则白色点亮;青色:临时使用的系统,可以理解为非正常构型下的正常工作状态,比如防冰系统的工作;绿色:系统正常工作;琥珀色:表示有故障,无须马上处理,但需注意;红色:表示有故障,需要立即采取行动。

6) 操纵保护一致性

基于人为因素考虑,为防止人为错误的发生,驾驶舱内的一些功能及特殊器件应加装保护罩。各型控制器件的保护罩应尽量通用,减少种类,有特殊要求的除外。

当控制器件响应后导致系统的功能不可逆时或会引发严重安全隐患时,应采用红色保护罩。

当因误操作控制器件可能会导致危险情况(包括对飞机与人员)出现时,应采用黑色保护罩。

对 PBA 使用黑十字镂空保护罩,不再使用透明型的保护罩。

对适航要求、特殊要求及行业使用惯例的做特殊处理。

11.6.4　实施结果

ARJ21 全机以正常系统工作则不指示为逻辑实施全机的"静暗"理念,以正常工作则熄灭的逻辑来呈现飞机的状态,并在各系统间达成了统一。在正常飞行时,PBA 均不点亮,点亮则意味着系统故障或异常,图 11.15(a)为电源系统控制板在全亮时候的状态,系统正常工作的时候,所有的 PBA 按钮都不点亮,如图 11.15(b)所示。

(a)　　　　　　　　　　　　　(b)

图 11.15　ARJ21 - 700 飞机电源控制板示例

11.6.5　主要结论

静暗驾驶舱的设计提高了机组的驾驶舱操作效率,降低了误操作风险,极大地降低了飞行员认知飞机的难度,为飞行员提供了简单、易控的人机界面,并提升了驾驶舱光环境的视觉效果,从人机工效角度提升了飞行操纵的安全性和舒适性。

11.7　数字样机设计技术

11.7.1　理论方法

民用飞机是国家科技实力的体现,发展民机产业有利于带动相关产业共同进步,提升国家科技和经济竞争力。世界上仅美国、欧洲、加拿大、巴西等国拥有较为成熟的民机产业。

目前国际民用飞机行业纷纷采用数字样机代替传统的工程样机,作为民用飞机设计的手段。而我国由于自运-10后,民用喷气式客机研制基本处于停滞状态,因此在相关的先进设计手段方面积累很少。同时,民用飞机协同设计、全球采购、异地制造的特点又有别于以往航空工业主机厂所和辅机厂所的关系,对设计数据正确、及时、有效、安全地共享提出了挑战。ARJ21-700飞机数字样机的研制成功一举攻克了这些难关。

在ARJ21-700飞机研制中,为了加快飞机推向市场的步伐,降低研制成本,全面采用了CATIA进行三维数字化设计与协调,采用VPM软件进行产品数据管理,采用Windchill进行国内外供应商间的协调,利用各种软件分析工具进行工程仿真,建立了全三维的数字样机。

11.7.2　技术要点

在ARJ21飞机研制过程中,制订了相应的数字样机设计要求。从最初的外形建立,到零部件设计和布置协调,以至最终的生产发图,完全以CATIA V5R11为手段,进行三维数字化设计。

在此基础上,使用VPM对设计数据进行管理,使用Windchill进行设计协调,并且全面采用数字样机作为全机布置协调的手段,以三维数模作为有效设计数据,如图11.16所示。

图11.16　ARJ21-700飞机数字样机原理框图

11.7.3　技术途径

1）基于 CATIA 进行三维设计

CATIA 是达索系统公司出品的一款三维设计软件，在航空、汽车、船舶等领域有着广泛的应用。CATIA 具有外形设计、零件设计、装配设计、钣金设计、管路设计、线束设计、人机工效、空间检查、装配模拟、运动仿真等多种功能。ARJ21-700 飞机使用 CATIA 软件完成了从外形定义到零件设计、部件装配的设计过程和包括人机工效、空间检查、拆装模拟、运动仿真在内的各种检查协调。

（1）干涉、间隙检查

利用 CATIA 的 DMU Space Analysis 功能，对部件之间的干涉和间隙进行检查，如图 11.17 所示。

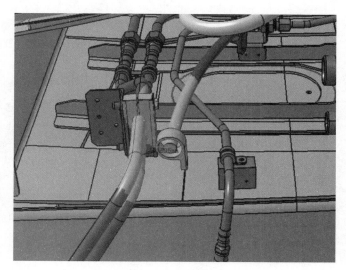

图 11.17　间　隙　检　查

（2）人机工效检查。

利用 CATIA 的 Human Builder 建立人体模型；使用 Human Posture Analysis 进行人体姿态分析；使用 Human Active Analysis 进行人体行动分析。使用这些功能对驾驶舱等区域进行人机工效检查，主要涉及可达性、可视性、姿态舒适度等方面，如图 11.18 所示。

（3）拆装工艺性检查。

利用 CATIA 的 DMU Fitting 功能，对主要部件进行拆装工艺性的检查，如图 11.19 所示。

（4）运动协调性检查。

利用 CAITA 的 DMU Kinematics 功能，对各运动部件，如起落架、登机门等进行运动模拟，并在运动过程中完成干涉、间隙等空间检查，避免出现运动不协调现

图 11.18　飞行员可达性检查

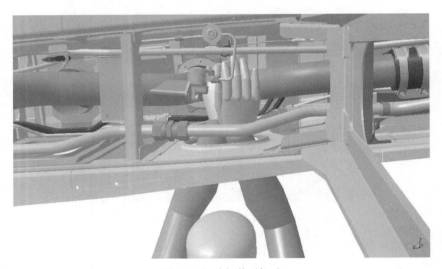

图 11.19　拆 装 检 查

象,如图 11.20 所示。

2) 基于 VPM 进行设计数据管理

VPM 是达索公司开发的产品数据设计管理软件,它可以对整个产品生命周期及企业信息传递进行管理,以提高产品质量,缩短研制周期,节省研制经费。该解决方案主要通过管理 3D 产品、流程和资源(PPR)知识以及优化品质、可制造性和盈利能力的关联,从电子样机和设计直至制造和维护进行管理。

它的特色有与 CATIA 紧密集成,提供嵌入式工作桌面;支持上下文设计;关联设计;干涉管理;支持协同设计环境,方便与供应商的数据交换等。

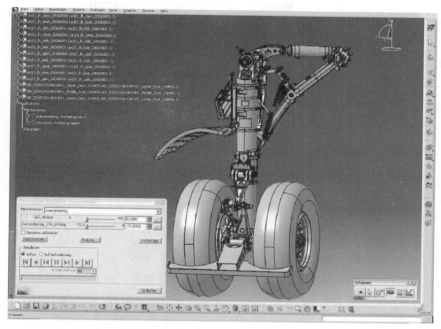

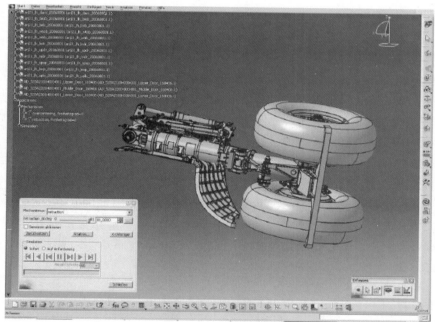

图 11.20　主起落架收放运动

3）基于 Windchill 的设计协调以及供应商协同

Windchill 是 PTC 公司推出的一套集成应用软件,用来管理产品和工序的整个生命周期。它充分利用了互联网和相关的信息技术,为系统提供了一种应用软件基础,从而保证能快速、高效地部署产品信息应用软件。Windchill 建立了一个跨企业的合作环境,用于重要产品和过程信息的共享和可视化,不管这些信息由什么样的源系统创建而成,对于并不熟悉 CAD 系统的采购人员,可以使用浏览器来访问、查看和标记模型,向工程师提供更准确和及时的咨询响应。

11.7.4　实施结果

ARJ21 - 700 飞机数字样机实现了从外形建立到生产发图的全程三维数字化设计,已经全面实现了空间定位样机功能,并且进行了部分仿真分析,例如运动仿真、拆装模拟以及人机工效检验等。同时,基于 VPM 进行数据管理,基于 Windchill 进行国内外供应商的异地协同设计。

11.7.5　主要结论

ARJ21 - 700 飞机的成功首飞证明了 ARJ21 - 700 飞机数字样机的研制是成功的,切实有效地起到了缩短研制周期、降低研制成本、提高研制效率的作用,综合利用 CATIA、VPM、Windchill 进行协同设计和数据管理的方式是合理可行的。其所获得的经验,采用的技术、方法和管理流程,以及相关设计规范在今后的民用飞机研制中可以推广应用。

11.8　水上迫降适航验证技术

11.8.1　理论方法

根据 CCAR25.801(c)的规定,必须通过模型试验或与已知其水上迫降特性的构形相似的飞机进行比较,来检查飞机在水上降落时极可能出现的运动和状态。各种进气口、襟翼、突出部分以及任何其他很可能影响飞机流体力学特性的因素,都必须予以考虑。

根据 CCAR25.801(d)的规定,必须表明在合理可能的水上条件下,飞机的漂浮时间和配平能使所有乘员离开飞机并乘上 §25.1415 所要求的救生船。如果用浮力和配平计算来表明符合此规定,则必须适当考虑可能的结构损伤和渗漏。如果飞机具有可应急放油的燃油箱,而且有理由预期该油箱能经受水上迫降而不渗漏,则能应急放出的燃油体积可作为产生浮力的体积。因此,开展了下列工作。

(1) 通过运动姿态稳定性模型验证试验,确定最佳的水上迫降初始着水构型,以保证飞机在水上迫降过程中的稳定性和可操纵性。

(2) 进行飞机水上迫降漂浮特性模型试验、飞机水线计算、漂浮特性时间计算和乘员撤离时间计算,可以得出在合理可能的水上条件下,考虑到飞机可能的结构损伤和渗漏后,飞机水上迫降漂浮时间大于乘员撤离时间,即能够保证全部机上乘员离开飞机并登上救生船。

11.8.2 技术要点

1）水上迫降运动姿态稳定性适航验证

通过实验室模型缩比验证试验,来获取 ARJ21-700 飞机在不同状态下水上降落时可能的运动和状态,并选取有利的迫降参数,供飞行手册使用,从而为表明 CCAR25.801(b)及 25.801(c)条款符合性验证提供依据。

2）水上迫降漂浮特性适航验证

飞机的水上漂浮特性包括漂浮时间和平衡特性(漂浮姿态与吃水深度)。飞机水上迫降后没有足够的漂浮时间,就不能保证全部机上乘员离开飞机并登上救生船。只有漂浮时间大于乘员撤离时间,才能达到全部乘员安全登上救生船的目的。飞机水上迫降后的漂浮姿态与吃水深度直接影响机上乘员从水上迫降应急出口的撤离。

验证过程分为水上迫降漂浮特性计算分析工作和水上迫降漂浮特性模型验证试验两方面,两者相结合为满足 CCAR25.801(d)条款符合性验证提供了依据,见图 11.21。

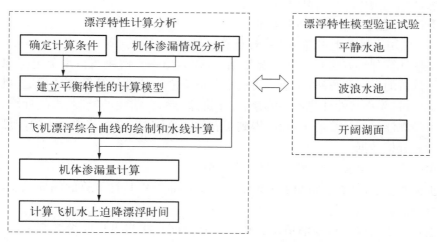

图 11.21 水上迫降漂浮特性适航验证的研究思路

11.8.3 技术途径

1）水上迫降运动姿态稳定性适航验证

通过实验室验证试验(MOC4),为表明 CCAR25.801(b)及 25.801(c)条款符合性验证提供依据。实验室试验包括水上迫降运动姿态稳定性适航验证试验(静水试验和波浪试验)以及水上迫降运动姿态稳定性机身尾部开口适航验证试验。

（1）水上迫降运动姿态稳定性适航验证试验(静水试验)。

通过静水试验,获取了在静水试验条件下,飞机可能的运动和状态,同时获取了以下不同参数对水上迫降运动姿态稳定性的影响。

  a. 飞机姿态角对飞机迫降运动姿态稳定性的影响。

  b. 飞机不同襟翼构型对飞机迫降运动姿态稳定性的影响。

  c. 飞机下沉速度对飞机迫降运动姿态稳定性的影响。

  d. 飞机重心位置对飞机迫降运动姿态稳定性的影响。

  e. 侧滑角对飞机迫降运动姿态稳定性的影响。

  （2）水上迫降运动姿态稳定性适航验证试验（波浪试验）。

  通过波浪试验，获取了在4级海浪条件下，飞机可能的运动和状态，同时获取了波浪对飞机迫降运动姿态稳定性的影响。

  （3）水上迫降运动姿态稳定性机身尾部开口适航验证试验。

  上述水上迫降运动姿态稳定性适航验证试验（静水和波浪试验）的结果是基于全封闭的模型验证试验获得的，并未模拟机身底部及发房开口情况，因此补充开口对运动姿态稳定性影响适航试验，来验证其影响。

  （4）适航验证试验结果分析。

  通过对上述试验结果进行分析，获得飞机可能的运动和姿态，并选取有利的迫降状态，供水上迫降应急程序使用。

  2）水上迫降漂浮特性适航验证

  （1）民用飞机水上迫降漂浮特性计算分析。

  采用计算分析方法和实际情况相结合，探索出一套解决飞机水上迫降漂浮特性计算分析的思路和方法，走通了飞机水上迫降漂浮特性计算条件的确定、机体渗漏情况分析、平衡特性计算模型的建立、飞机漂浮综合曲线的绘制、水线计算、飞机水上迫降漂浮时间计算的全过程，得到了有效的 ARJ21-700 飞机水上迫降漂浮特性的计算分析数据。

  第一步：建立水上平衡特性的计算模型

  根据水上迫降时的飞机构型和入水姿态，确定漂浮特性计算的临界状态，包括飞机重量、重心、构型等。

  进行水上迫降飞机渗漏情况分析。漂浮时间直接与飞机的渗漏有关，许多因素影响渗漏，主要分为下面两大类：入水载荷引起的结构破损和机体结构引起的流通空间。

  根据着水载荷的分析和模型试验结果，进行水上迫降载荷测量模型着水面压力分布及载荷的计算，确定结构着水破损危险区域，以检验机身结构和外部舱门能否承受可能的最大局部压力、有无结构破损、在撞击中是否会丧失发动机和吊挂以及后缘襟翼。如果产生明显破损，则飞机入水时这些区域将丧失全部浮力；如果破损区较小，则根据计算分析确定进水速度。

  考虑到飞机在水上漂浮时机身下部、起落架、机翼等部位都可能浸入水中，因此按区域分别列出飞机水上迫降机体可能的渗漏源情况，对飞机各个部位的密封设计进行逐一分析来预估飞机各个区域的进水程度，包括可能的舱门及口盖密封情况、排水孔、通气口等。然后根据渗漏面积的大小,将渗漏的危险程度由大到小进行分级。

根据飞机水上迫降漂浮特性计算条件和机体渗漏情况分析结果,确定若干种平衡特性计算模型,模拟飞机在水上漂浮过程中的几个瞬间平衡状态。

第二步:计算水线

根据阿基米德原理,飞机排水重量等于飞机重量减去飞机水上迫降时的结构丧失重量,浮心即考虑渗漏和结构丧失之后的飞机重心。

通常有两种方法进行水线计算:传统的漂浮综合曲线的绘制方法和 Pro/Engineer(Pro/E)软件的行为建模方法。

方法一:漂浮综合曲线的绘制方法

建立以机身姿态角和参考水线位置为双参数的飞机排水重量随重心变化的曲线(飞机漂浮综合曲线),把使用的重心限制也绘在这张曲线上。飞机漂浮综合曲线建立后,一旦知道了飞机的水上迫降重量和重心,就可以确定飞机的参考水线,包括漂浮姿态角和吃水深度。结合机上各出口门槛的位置,可以判断各种情况下前后极限状态时各门槛距水线的距离。

方法二:Pro/E 的行为建模方法

使用 Pro/E 的行为建模模块可以使以上过程自动进行,基于飞机的外形,可以准确地计算出水线位置。

第三步:机体渗漏量计算

渗漏源确定后,根据流体力学原理即可由渗漏源的位置求出对应的压力头,及该渗漏源的渗漏量。根据流体力学原理,可以计算出各个区域主要渗漏源对应的渗漏量。

第四步:计算飞机水上迫降漂浮时间

飞机水上迫降漂浮时间就是从飞机在水面上停下来的时刻开始到水线达到应急出口为止所经历的时间,根据飞机各区域的渗漏量,确定其漂浮时间。

(2) 民用飞机水上迫降漂浮特性模型试验。

完成了 ARJ21‐700 飞机水池和开阔湖面的民用飞机水上迫降漂浮特性模型试验,获得了不同飞机构型、渗漏情况和水面情况下的一整套漂浮特性试验数据,并通过了适航审查。

水上迫降漂浮特性模型试验可以在高速水动力实验室进行,试验设备包括高速拖车、投放架、电磁投放器、垂直运动机构、运动控制系统、造波系统、浪高仪、摄像系统以及安装在飞机内部的陀螺、采集器和加速度传感器等。

对于由于水池拖车速度制约而无法完成的试验项目,如试验水平速度超过水池试验能力的试验,则可以在开阔湖面用自由发射投放装置进行试验。

多台摄像机全程录像,要求可以全面记录模型投放和漂浮过程;时间精度不大于 1 s;要求能全方位、清晰地记录试验的完整过程。

在模型中布置一些传感器以全面了解飞机的入水姿态变化及判断试验状态是否正常。

模型的缩放比例 λ 是根据试验场地的尺寸和拖车速度等制约条件综合考虑后制定的,即与 λ 值有关的模型试验速度应不大于水池拖车所能达到的最大稳定运行速度;模型的展向尺寸应不大于 0.6 倍的水池宽度以保证模型在池中有足够回旋余地;尽量把模型做大一些,减小比尺效应、模型制造加工、设备安装等。

为了在录像资料中可以清晰地读取水线位置,要求在模型机身上关键部位(应急出口附近或机身前部、中部、后部)画标尺。标尺必须醒目,可以在录像中明确辨识,标注方式建议采用标尺加马赛克。

为了模拟飞机的进水情况,漂浮特性模型设计中需要按照飞机的实际分舱情况设置分舱板,包括客舱、驾驶舱地板以及气密隔板,并在密封舱的上部设置通气孔与外界大气接通。

按区域分别列出飞机水上迫降机体可能的破损和渗漏源情况,对飞机各个部位的密封设计进行逐一分析,根据实际渗漏面积的大小和模型缩放比例得到模型上的渗漏面积大小。模型上渗漏点的位置应和飞机上的实际位置保持一致。

根据飞机的重心包线,模型的重心取飞机前后重心极限状态。按选定的模型重量和选定的前后重心范围,模型惯量矩取对应的飞机惯量矩的缩比值。

选择水上迫降着陆构型状态;不考虑副翼、方向舵的偏转;水平安定面和升降舵可动。

根据水上迫降运动姿态稳定性研究结果,取各个部位的加速度最小、迫降性能最好的入水姿态。要求下沉率尽可能低,着水速度尽可能小,但不得小于抖杆速度。

分三种情况进行试验:平静水面;波浪水面,考虑规则波模拟 4 级浪;开阔湖面,考虑波浪。

对于每个试验状态的试验步骤如下:安装试验支架—安装试验件—调整模型姿态—调整投放高度—调整并开启录像设备—开启采集系统处于待机状态—造波(静水面试验跳过此步骤)—启动拖车—投放—数据采集—打捞—数据传输—状态分析。

分析模型试验时的运动状态以及数据采集系统所采集到的数据,如果模型运动状态正常,即模型着水滑行时不出现跳跃、俯冲或海豚运动,模型滑行俯仰运动较稳定,试件的运动参数与测量参数俯仰角度、过载相协调,模型部件不出现意外破损和渗漏,并且录像中的水线位置和漂浮时间显示正常,则进行下一车次的试验,否则重复上述步骤。

11.8.4　实施结果

1) 水上迫降运动姿态稳定性适航验证

通过水上迫降运动姿态稳定性适航验证试验,获得以下试验结果。

（1）飞机入水后的运动和姿态。

ARJ21-700飞机入水后会产生一个抬头力矩，使得飞机会比较明显地抬头，从而产生一个较大的姿态角，该姿态角在28°～35°之间。

（2）飞机初始入水姿态角对水上迫降运动姿态稳定性的影响。

本次适航验证试验共选择了7°、9°和12°三种姿态角进行，总的来看，姿态角为12°时飞机入水后各个部位的最大加速度最小，水上迫降运动姿态稳定性最好。

（3）飞机襟翼构型对水上迫降运动姿态稳定性的影响。

本次试验对三种起降构型均进行了试验验证，从试验结果来看，无论是姿态角的变化还是最大加速度，襟翼构型对飞机入水后的运动姿态稳定性影响很小。

（4）飞机下沉速度对水上迫降运动姿态稳定性的影响。

验证试验总共按三种下沉速度进行试验，分别是0.3 m/s、0.6 m/s和0.95 m/s（对应真实飞机分别为0.95 m/s、1.9 m/s和3 m/s）。试验结果显示，下沉速度越大，飞机入水后各个部位的加速度越大，不利于迫降。

（5）飞机重心对水上迫降运动姿态稳定性的影响。

验证试验共验证了包括前重心、后重心在内的五个重心范围，结果显示，不同重心对飞机入水后的运动姿态稳定性影响规律不明显。

（6）侧滑角对水上迫降运动姿态稳定性的影响。

验证试验按照3°侧滑角进行，试验结果显示，带3°侧滑角迫降后，飞机的姿态角较无侧滑角略小，但各加速度值均明显大于无侧滑角迫降。

（7）带波浪水上迫降运动姿态稳定性试验结果。

带波浪水上迫降运动姿态稳定性验证试验分为迎着波浪和斜波两种情况，无论何种波浪，飞机入水后同样表现为抬头趋势，且过载要大于无波浪情况。

（8）开口对水上迫降运动姿态稳定性的影响。

对机身尾部及发房的开口进行了模拟，并在此基础上开展了验证试验，相比全封闭状态，全开口状态无论是入水后的俯仰姿态还是最大加速度都要更小，模型的运动姿态更平缓。

2）水上迫降漂浮特性适航验证

CCAR25.801(d)条款符合性验证流程如图11.22所示。

由水线计算结果可以看出，在最严酷的飞机重量重心状态（增大航程型最大起飞重量、后重心极限）时，ARJ21-700飞机水上迫降漂浮过程大致如下：

（1）飞机在水面停下时水线至机身后部应急门槛下方大约0.3 m左右。

（2）再至之后大约23 min，由于部分机身下部气密区域进水，水线上升至机身后部应急门槛附近。

根据漂浮时间计算分析得知，在最严酷的飞机重量重心状态（增大航程型最大起飞重量，后重心极限）时，飞机水上迫降漂浮时间为23 min。

根据ARJ21-700飞机水上迫降漂浮特性模型试验分析，ARJ21-700飞机在

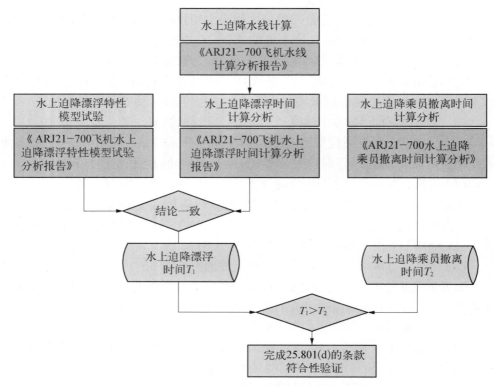

图 11.22 CCAR25.801(d)条款符合性验证流程

给定的各试验状态(包括有计划水上迫降和无计划水上迫降的最大重量及重心前后极限状态)下都能够漂浮 19 min 以上。所以 ARJ21 - 700 飞机水上迫降漂浮时间计算分析的结果和 ARJ21 - 700 飞机水上迫降漂浮特性模型试验的结论一致。

根据 ARJ21 - 700 飞机水上迫降乘员撤离时间计算分析,ARJ21 - 700 飞机水上迫降时乘员撤离时间最长总用时 271 s。

11.8.5 主要结论

1) 水上迫降运动姿态稳定性适航验证

(1) 适航验证试验结果。

根据 ARJ21 - 700 飞机水上迫降运动姿态稳定性适航试验,可以得到以下结论:

a. 飞机在入水后会产生一个明显的抬头。

b. 飞机以姿态角 12°入水,各个部位的加速度最小,迫降稳定性最好。

c. 襟翼构型在入水后对飞机的迫降稳定性几乎没有影响,襟翼构型的影响只体现在飞机迫降入水前,更大的襟翼偏角可以使飞机入水的速度更小,有利于迫降。

d. 下沉速度（垂直投放速度）越小，飞机入水后的各个部位的加速度越小，有利于迫降。

e. 飞机重心的位置对迫降的影响规律不明显。

f. 在同一状态下，波浪试验的结果相差较大，这主要取决于飞机模型着水时在波浪上的相对位置，但总的来说，飞机模型在波浪上迫降时头部垂向及中部纵向加速度都要显著大于在静水上迫降时的情况，不利于迫降的进行。

g. 在无风时，带侧滑角迫降时的各部位加速度都要大于不带侧滑角的情况。

h. 相比全封闭模型，开口模型水上迫降入水后的姿态和加速度都更小，运动姿态更平缓，采用全封闭模型表明适航符合性结果更保守。

（2）推荐的水上迫降程序。

根据运动姿态稳定性模型验证试验结果及相关资料，给出建议的水上迫降程序条目如下：

a. 起落架置于收起位置。

b. 放下襟/缝翼到最大可用位置。

c. 在风速不大的条件下，应尽量平行于浪涌（垂直于波浪的传播方向）接水。

d. 保持正常进场姿态直到接近水面，在着水时将机身姿态角拉平到约 $12°$，在保证不失速的前提下，应以尽量小的速度和下沉速度着水。

（3）适航符合性结论。

通过实验室模型缩比验证试验，获取了 ARJ21 - 700 飞机在不同状态下水上降落时可能的运动和状态，并选取有利的迫降参数，供飞行手册使用，以便尽量减小在水上应急降落时因飞机的运动和状态使乘员立即受伤或不能撤离的概率，满足 CCAR25.801（b）（c）的要求。

2）水上迫降漂浮特性适航验证

根据计算分析，飞机水上迫降漂浮时间为 23 min，而 ARJ21 - 700 飞机水上迫降时乘员撤离时间最长总用时间 271 s，远小于飞机水上迫降漂浮时间。因此，可以得出在合理可能的水上条件下，考虑到飞机可能的结构损伤和渗漏后，飞机水上迫降后有足够的漂浮时间，能够保证全部机上乘员离开飞机并登上救生船，即能够满足 CCAR25.801（d）的要求。

11.9　民用飞机构型管理技术

11.9.1　理论方法

ARJ21 飞机是需要满足适航 CCAR25 条款要求的民用商用飞机，研制周期长、过程复杂、涉及的专业面广、数据量大、多地协同合作数据共享，是该项目的特点。针对这些特点，需要提供一种有效的管理手段，用以在长周期的研制过程中能够对产品属性进行定义，确保从项目研制之初的顶层要求能够层层落实到最终产品底层;确保在更改过程中,有一个能够综合评估影响的机制;产品状态能够被如实地记录,设计的要求能够传递到制造,文文相符且文实相符等。构型管理即是能够提供这些保障的管理方法,用以自控,并且向适航当局证明最终的产品是受控的、保证飞机符合安全性、适航条例和客户要求以及成本和进度目标的要求。

11.9.2　技术要点

1) 从无到有地创立了职责明确的构型管理组织机构

为了确保构型管理活动能够顺利地运转,需先成立一套名正言顺的组织体系,由构型管理委员会(CMB)、构型控制委员会(CCB)、构型管理办公室(CMO)、构型控制办公室(CCO)、多个专业构型控制团队(CCT)组成,如图 11.23 所示。

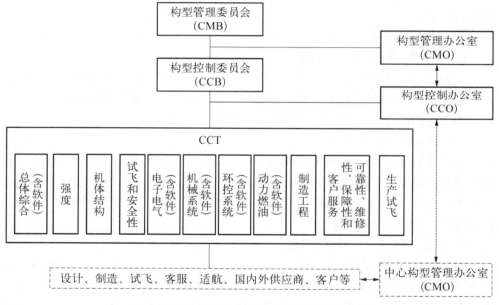

图 11.23　ARJ21 项目构型管理体系组织架构

根据民用飞机研制的特点,按多个专业成立各自的构型控制团队;根据职责分工,成立了构型控制委员会及构型管理委员会,用于根据构型管理事项的严重程度,实现问题逐级上报的过程。CCT/CCB/CMB 三个级别的人员组成类似,均包括技术、项目管理、财务、质量、市场、适航管理、制造、试飞、客服等多专业的人员。既能确保不论讨论的事项大小,均能获得全面的评估,又能保障小事项能快速有效地得到解决,少数大事项能得到多次详尽的讨论。

2) 首次提出了构型文件的概念,为后续更改提供统一的基础

构型管理的对象是构型文件,也就是基线文件。在飞机的研制过程中,会产生大量的各种文件,如何从数以十万计的文件中找出构型文件非常重要,如果构型文

件的范围过窄,则会造成部分构型信息不受控的状态,增高飞机不安全的风险,失去适航当局对项目的信任;如果构型文件的范围过多,则会增加管理难度、提高研制成本、导致过度冗余管理。

ARJ21 项目从研究国内外的标准出发,给出了构型文件的基本定义,如图 11.24 所示。

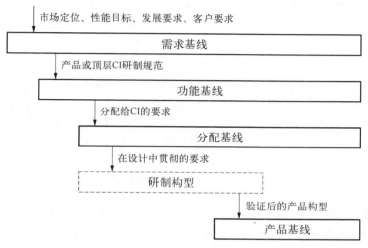

图 11.24　构型文件分类

基于图 11.24 所示的基本定义,经过与全部设计专业的多方协调磨合,最终结合项目文件的实际情况,形成了一套可操作性强、类别完整的各条基线对应的构型文件的对照表。

(1) 功能基线有 7 个类别的构型文件组成,分别是:飞机型号总设计目标与要求、功能需求/总体定义/功能定义、总体性能指标、重量指标要求、总体布局/各舱布置/飞机几何参数、飞机与地面服务设备接口的要求、全机环境条件/机载设备环境要求/供电特性/机体结构/电磁防护要求/电磁兼容要求/静电防护/闪电效应防护/环境工程/材料要求。

(2) 分配基线有 15 个类别的构型文件组成,分别是:分系统/部段/分部段的设计要求、设计准则、安装设计要求、技术规范、产品规范、布置/分舱等指导设计的图纸、系统/分系统原理图、系统/分系统控制图、接口文件、系统/专业级的可靠性/维修性/安全性要求、系统布局定义、系统/分系统设计技术规范、系统/分系统需求/要求、电搭接图、载荷报告。

(3) 产品基线是取得 TC 证后的研制构型,也是定义型号设计的资料,最终写入了型号合格数据单 TCDS 中,作为定义飞机最终设计状态的文件,获得了适航当局的认可,一共有八类,分别是:生产图样、材料规范、工艺工程文件、技术要求文件、机载软件、生产试飞大纲、TCT 批准的五本技术出版物、机载设备。

3）实现了对构型文件的强制更改控制

在确定了构型文件的范围之后，为实现构型管理的目标，需要对构型文件进行更改控制。ARJ21 项目的构型控制程序，能够使更改决定是在了解整个更改影响的基础上做出的；将更改限制在那些必要的或能带来重大效益的方面；加强了对成本经费的权衡评估；考虑了客户的利益；提供了有序的更改信息交流；维护产品与文件之间的一致性；加强了更改后对产品的持续支援。更改控制的顶层模型如图 11.25 所示。

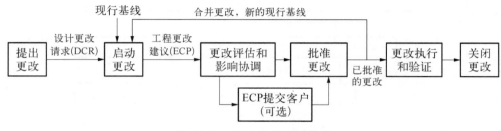

图 11.25　更改控制顶层模型

从更改的提出、更改启动，到综合影响评估、更改批准和执行，提供了设计状态的闭环管理，均有详尽的操作程序；更重要的是，通过在数据平台增加限制，可以标识构型文件的范围，对构型文件的更改必须通过更改控制流程启动，避免人为干预流程和人为失误造成失控的可能性。

4）建立了电子化的构型纪实管理平台理念

CPC2.0 平台是 ARJ21 飞机的唯一数据源，也是提供构型纪实的电子化平台。

在项目之初，采用的是基于图纸的管理方式，关键的管理信息记录在图纸上，难以提取使用；在 2010 年左右，项目决定与时俱进采用基于零件的管理方式。通过两次全机性、大规模的数据清理，终于将记录在纸面的管理信息提取至电子平台中作为属性进行管理，实现了数据的电子化管理。通过电子化管理的数据，能够快速准确地提供型号与单机的状态，用于描述型号设计与单机设计构型、制造符合性检查等。数据及更改控制过程均在同一个平台进行管理，能够持续维持数据准确，避免了重复的清理。

唯一的数据源还能够实现数据共享，设计与制造在同一个平台上使用数据，防止了无效数据的使用和发放；实现异地数据共享、协同设计。电子化的管理平台，实现了构型管理从被动管理到主动管理的转变，是项目发展的必然。

11.9.3　技术途径

在 ARJ21 飞机提出构型管理技术之初，国外的实用构型管理属于封锁的技术，不能给 ARJ21 飞机提供借鉴参考；国内尚无适用于 CCAR - 25 部适航取证的民用飞机的构型管理理念，仅有军用飞机的技术状态的概念及其他技术相对简单行业的片面概念。能够参考的资料是国外的通用标准,而这些标准常常较顶层且可操作性不强。面对种种困难,ARJ21飞机的构型管理专业立足于项目需求、摸着石头过河、积极创新、勇于担当与研究,终于摸索出一套适应中国国情与项目特殊要求、满足国际通用标准理念的实战型民用飞机构型管理技术。

11.9.4　实施结果

ARJ21项目的构型管理体系从2004年开始创建,在十二年的时间中,逐步壮大并在使用中磨合、完善。

ARJ21项目的构型管理体系经历了从项目研制之初到首件制造检查、研制试飞、验证试飞、预投产生产、适航取证、证后管理、交付使用、批生产等生命周期的各个阶段。按照各阶段的重点不同,管理规则稍有调整,但总体原则能满足各阶段的需求。在研制阶段、预投产阶段、进入TIA及取TC和PC证等重大阶段的评审过程中,获得评审方及适航当局的认可。

11.9.5　主要结论

ARJ21飞机的构型管理方法提供了一种从产品定义、设计、生产、交付、维护的整个生命周期内的管理程序,从而实现了对产品的标识、更改、审核和纪实等过程控制。

11.10　空速校准及最小垂直间隔(RVSM)验证技术

11.10.1　理论方法

由于飞机表面对气流的影响,通常布置于机头位置的全静压探头静压与无扰动环境压力存在差异。由位置引起的压力误差,称为位置误差,必须对位置误差进行校准,以满足适航规章要求以及飞机使用要求。在不同的飞机姿态、不同的速度、不同的外界大气环境条件下,位置误差也有差异,同时管路和航电系统也存在一定的延迟误差,需要进行修正。

RVSM要求与空速校准要求类似,但更多地考虑了航电设备要求(ADC、TCAS、高度保持与高度告警)和空速管在制造、安装以及持续使用中可能产生的误差;同时也考虑了蒙皮在生产以及后续维护中可能对高度测量系统的影响。关注的是保证所有满足制造容差以及维护要求的飞机,在整个寿命期内,都可以持续满足RVSM要求,满足比CCAR25.1325更高的精度要求。

11.10.2　技术要点

空速校准试验的主要任务是摸清全静压系统的误差分布规律,获取静压源误差修正(SSEC)数据,并对大气数据系统进行校准。根据适航规章的要求,通过适航验证技术,分析大气数据系统的空速残差和高度残差的适航符合性,需满足CCAR25.1323、25.1325以及AC25-7C中相关内容要求。RVSM的关键是误差分配与控制。

11.10.3　技术途径

ARJ21-700 飞机采用的是皮托管式总静压系统(见图 11.26),民用飞机机体相对于军机比较庞大,且数据精度要求高,造成民用飞机的全静压系统校准的难度和复杂性都大大增加。主要体现在利用已有的风洞试验数据,进行流场分析,提前预知全压和静压系统误差分布规律,选择重点影响参数并安排飞行试验;研究飞行试验过程中基准全压和基准静压获取技术,依据飞行试验数据分析全静压误差分布规律,研究全静压误差拟合曲线;研究全静压系统误差修正方式;研究全静压系统适航验证方法。

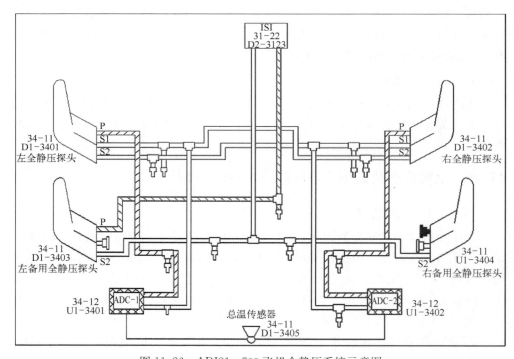

图 11.26　ARJ21-700 飞机全静压系统示意图

空速校准和 RVSM 适航取证通过以下 7 方面技术实施,包括全静压探头布置、SSEC 修正、空速校准与 RVSM 试飞、空速延迟误差数据获取、RVSM 误差分配与控制、计算流体动力学(CFD)方法在 RVSM 中应用以及 RVSM 试飞数据扩展分析。

(1) 全静压探头布置技术:ARJ21-700 飞机的总静压探头安装在飞机机头位置,由于机头的表面外形复杂,表面流场随飞机状态变化复杂,因此需要通过气动计算得到位置误差较低的位置,并筛选出对于飞机侧滑角、迎角相对不敏感的位置。

（2）SSEC修正技术：在确定了全静压探头安装位置后，需要通过SSEC对位置误差进行修正，需要研究分析误差的敏感参数，比如高度、姿态角、侧滑、重量、襟缝翼位置、起落架构型等。ARJ21飞机的SSEC数据，通过试飞获得，对于不同的速度范围（包括低速、高速）都可以良好地适应，并考虑不同高度和重量的影响，数据简练准确，满足航电系统存储计算要求，并满足规章条款要求。

（3）空速校准与RVSM试飞：民用适航规章对民用飞机的空速和高度误差要求很高，传统的军机采用的前支杆、伴飞飞机法已不能满足对民用飞机空速和高度校准的需求。ARJ21-700飞机空速校准采用改进的拖锥法来获取基准静压。在水平飞行时采用拖锥静压，在失速段和地面段飞行时创新地采用GPS＋拖锥修正方法获得静压，高速段采用拖锥静压加延迟误差修正获得。

（4）延迟地面试验技术。

地面段总压的延迟误差不可忽略，而静压误差很小。通过地面管路延迟误差试验获取总压管路的延迟误差；通过地面试验获得AFD显示器的显示延迟误差；通过地面滑跑试验，采用GPS方法获取由于静压误差带来的空速误差，三项误差相加，即得地面段空速指示系统的误差。试验结果表明地面段的空速指示系统和静压系统满足适航条款要求。对于高速段空校可以通过测量静压延迟或者更换管路较短的简易拖锥获得延迟数据。

（5）RVSM误差分配技术。

对于RVSM群组取证来说，必须保证不同的机头制造质量、不同的全静压探头以及在航线上必须的维护之后，飞机的测高系统才可以保证在RVSM空域运营的要求。因此，必须对可能引起测高系统误差的因素进行分析，并给出各种误差的分配指标。

（6）CFD方法在RVSM误差预测中的应用。

在RVSM适航取证中CFD方法得到了大量的应用，这是因为试飞中影响测高系统的各种影响因素是交织在一起的，无法准确地隔离。比如探头安装、蒙皮波纹度、传感器的老化效应以及试飞中的重量、重心、飞行高度等影响，都可能对试飞数据产生各种各样的影响。而CFD可以单独将影响RVSM符合性的飞机外形进行模拟，从而给出临界状态的影响。

通过CFD计算不同飞机实际外形时测高系统误差，并与实际试飞状态点进行对比，将CFD计算模型的误差修正到与试飞值一致，从而可以大大地提高CFD模型的可信度。这套方法也为国外机型进行RVSM取证所广泛采用。

（7）试飞数据扩展至RVSM包线的扩展方法。

如图11.27所示，进行RVSM非群组适航取证必须满足的规章要求是剩余静压源误差＋电子设备最差的情况应小于某个值。虽然试飞点已经覆盖了大部分的RVSM包线范围，但对于临界点需要研究试飞数据扩展至RVSM全包线的数据扩展方法，从而证明飞机对RVSM条款的符合性。

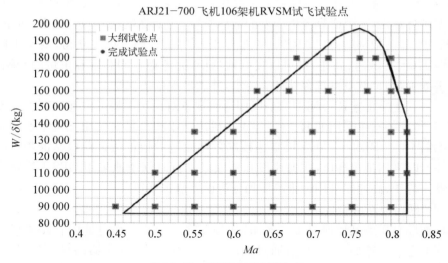

图 11.27　RVSM 试飞试验点

　　对于临界点的误差采用回归分析处理。回归分析是为了降低试飞数据的散度,并保证在基本和完全 RVSM 飞行包线内,性能参数及高度误差变化的连续性。通过回归分析,使得按照名义的 W/δ 值、马赫数可以更容易地求得高度误差。

11.10.4　实施结果

　　自 2009 年开始至 2013 年 4 月份为止,共持续了 3 年半时间,约 70 飞行架次,200 fh,空速校准试飞共进行了 5 轮,分别在 102 和 104 架机上进行了 SSEC 数据获取,并在 101、102、104 架机上进行了空速校准表明符合性研发试飞以及合格审定试飞。104 架机 SSEC 数据详见表 11.3,106 架机 RVSM 试飞结果详见图 11.28 和图 11.29。

表 11.3　ARJ21‑700 飞机 SSEC 数据(RVSM 空域)

$H_{P_i}=26\ 043$		$H_{P_i}=29\ 750$		$H_{P_i}\geqslant 34\ 700$	
Ma_i	$\mathrm{d}p/p_s$	Ma_i	$\mathrm{d}p/p_s$	Ma_i	$\mathrm{d}p/p_s$
0.000 0	0.000 000 0	0.000 0	0.000 000 0	0.000 0	0.000 000 0
0.420 0	0.004 995 2	0.455 0	0.006 520 9	0.520 0	0.009 032 1
0.430 0	0.005 003 2	0.470 0	0.006 532 6	0.530 0	0.009 002 4
0.450 0	0.005 139 3	0.490 0	0.006 747 7	0.555 0	0.009 272 6
0.470 0	0.005 391 4	0.510 0	0.007 121 3	0.560 0	0.009 373 3
0.490 0	0.005 718 1	0.520 0	0.007 348 8	0.565 0	0.009 486 5
0.500 0	0.005 900 0	0.530 0	0.007 596 0	0.575 0	0.009 746 6
0.510 0	0.006 090 9	0.540 0	0.007 858 7	0.580 0	0.009 891 8

（续表）

$H_{p_i}=26\ 043$		$H_{p_i}=29\ 750$		$H_{p_i}\geqslant34\ 700$	
Ma_i	$\mathrm{d}p/p_s$	Ma_i	$\mathrm{d}p/p_s$	Ma_i	$\mathrm{d}p/p_s$
0.520 0	0.006 289 3	0.550 0	0.008 134 1	0.585 0	0.010 046 3
0.530 0	0.006 494 5	0.560 0	0.008 420 7	0.590 0	0.010 209 4
0.540 0	0.006 706 5	0.570 0	0.008 718 0	0.595 0	0.010 380 9
0.550 0	0.006 926 3	0.580 0	0.009 027 0	0.600 0	0.010 560 5
0.560 0	0.007 155 6	0.590 0	0.009 349 7	0.605 0	0.010 747 9
0.570 0	0.007 396 9	0.600 0	0.009 689 6	0.610 0	0.010 943 3
0.580 0	0.007 653 6	0.610 0	0.010 051 2	0.620 0	0.011 358 3
0.590 0	0.007 929 8	0.620 0	0.010 440 3	0.625 0	0.011 578 5
0.600 0	0.008 230 6	0.630 0	0.010 864 0	0.630 0	0.011 807 8
0.610 0	0.008 561 6	0.635 0	0.011 091 4	0.635 0	0.012 046 8
0.620 0	0.008 929 5	0.640 0	0.011 330 7	0.640 0	0.012 296 2
0.630 0	0.009 341 8	0.645 0	0.011 583 1	0.645 0	0.012 557 0
0.640 0	0.009 806 6	0.650 0	0.011 849 9	0.650 0	0.012 830 1
0.650 0	0.010 332 9	0.655 0	0.012 132 5	0.655 0	0.013 116 6
0.660 0	0.010 930 7	0.660 0	0.012 432 4	0.660 0	0.013 417 7
0.665 0	0.011 259 6	0.665 0	0.012 751 0	0.665 0	0.013 734 9
0.670 0	0.011 610 5	0.670 0	0.013 090 2	0.670 0	0.014 069 6
0.675 0	0.011 984 7	0.675 0	0.013 451 4	0.675 0	0.014 423 5
0.680 0	0.012 383 9	0.680 0	0.013 836 5	0.680 0	0.014 798 2
0.685 0	0.012 809 4	0.685 0	0.014 247 4	0.685 0	0.015 195 7
0.690 0	0.013 263 0	0.690 0	0.014 686 0	0.690 0	0.015 618 0
0.695 0	0.013 746 4	0.695 0	0.015 154 3	0.695 0	0.016 067 1
0.700 0	0.014 261 2	0.700 0	0.015 654 4	0.700 0	0.016 545 4
0.705 0	0.014 809 1	0.705 0	0.016 188 3	0.705 0	0.017 055 2
0.710 0	0.015 392 1	0.710 0	0.016 758 5	0.710 0	0.017 598 9
0.715 0	0.016 012 0	0.715 0	0.017 367 2	0.715 0	0.018 179 3
0.720 0	0.016 670 6	0.720 0	0.018 016 8	0.720 0	0.018 799 1
0.725 0	0.017 370 0	0.725 0	0.018 709 7	0.725 0	0.019 461 2
0.730 0	0.018 112 2	0.730 0	0.019 448 6	0.730 0	0.020 168 5
0.735 0	0.018 899 2	0.735 0	0.020 235 9	0.735 0	0.020 924 2
0.740 0	0.019 733 2	0.740 0	0.021 074 6	0.740 0	0.021 731 6

(续表)

$H_{P_i}=26\ 043$		$H_{P_i}=29\ 750$		$H_{P_i}\geqslant 34\ 700$	
Ma_i	dp/p_s	Ma_i	dp/p_s	Ma_i	dp/p_s
0.745 0	0.020 616 3	0.745 0	0.021 967 2	0.745 0	0.022 593 9
0.750 0	0.021 550 8	0.750 0	0.022 916 8	0.750 0	0.023 514 8
0.755 0	0.022 538 9	0.755 0	0.023 926 2	0.755 0	0.024 497 9
0.765 0	0.024 685 3	0.765 0	0.026 136 5	0.765 0	0.026 665 7
0.770 0	0.025 848 4	0.770 0	0.027 343 8	0.770 0	0.027 858 3
0.775 0	0.027 074 8	0.775 0	0.028 623 4	0.775 0	0.029 128 9
0.780 0	0.028 366 9	0.780 0	0.029 978 6	0.780 0	0.030 481 7
0.785 0	0.029 727 3	0.785 0	0.031 413 0	0.785 0	0.031 921 0
0.790 0	0.031 158 6	0.790 0	0.032 929 9	0.790 0	0.033 451 5
0.800 0	0.034 245 0	0.800 0	0.036 225 6	0.800 0	0.036 804 5
1.000 0	0.083 000 0	1.000 0	0.106 000 0	1.000 0	0.098 300 0

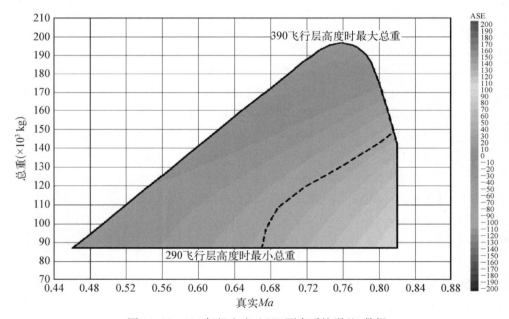

图 11.28　106 架机左座 ASE(测高系统误差)数据

11.10.5　主要结论

目前 ARJ21 - 700 飞机空速校准申请人表明符合性试飞与审定试飞都已经全部完成。在试飞之前，完成了制造符合性检查；审定代表以及适航委任代表目击了

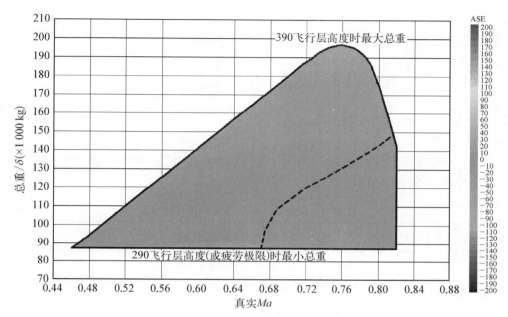

图 11.29　106 架机右座 ASE(测高系统误差)数据

试飞的整个过程;试飞报告已经编制完成,并得到 CAAC 的认可。

　　完成了 105 架机和 106 架机 RVSM 试飞,获得了 RVSM 批准,支持飞机交付运营。

12　结　构　设　计

在 ARJ21-700 飞机研制工作中,结构专业共解决了 5 项关键技术,清单如表 12.1 所示,内容分述如下。

表 12.1　关键技术项目清单(结构设计)

序　号	名　　　称
1	先进复合材料结构设计、分析与验证技术
2	大型锻件设计、分析与试验验证技术
3	整体油箱密封设计与试验技术
4	襟翼断离设计技术
5	外开式登机门结构设计

12.1　先进复合材料结构设计、分析与验证技术

ARJ21-700 飞机碳纤维复合材料主要应用部位有短舱、方向舵、翼梢小翼、襟翼子翼,其他如垂尾前缘、垂尾整流罩、平尾整流罩、翼身整流罩、襟翼整流罩、雷达罩等采用的是玻璃纤维复合材料。

12.1.1　先进碳纤维层板结构件设计及验证技术

12.1.1.1　技术要点

复合材料结构设计需全面考虑材料体系、结构形式、强度分析、工艺方法、制造能力、使用缺陷和损伤等各种因素,其中结构破坏模式的多样性、结构特性的分散性、湿热环境影响因子、冲击损伤准则、闪电防护措施、"积木式"验证试验体系等是关键技术难点。

1) 技术途径

(1) 根据 CCAR25.603 要求,按 MIL-HDBK-17 试验标准,通过试样试验测定:复材材料物理性能(挥发物含量、树脂含量、纤维面积重量、纤维体积含量、空隙体积含量、玻璃化转变温度等)和力学性能(拉伸强度、模量和泊松比,压缩强度与模量,面内剪切强度与模量,短梁剪切强度)。

(2) 通过工艺试验,验证复合材料结构成型工艺、制造工艺规范。

（3）通过雷击试验，验证其导电性能。

（4）开展典型层板设计许用值试验，包括开孔拉伸、开孔压缩、冲击后压缩、面内剪切等在常温、湿热环境下的试验。

（5）开展全尺寸部件试验，完成各部件静强度、疲劳与损伤容限等试验验证。

12.1.1.2 实施结果

在复合材料铺层结构研制中，ARJ21-700 飞机机体结构专业成功解决了方向舵壁板脱粘、重量惯量超差、孔隙率检测、同轴度超差和襟翼子翼胶接质量不合格等设计和制造问题，优化后的复合材料结构件满足工艺、性能、重量等要求，目前设计构型和制造方案已冻结。

12.1.1.3 主要结论

ARJ21-700 飞机是国内首次按 CCAR-25 部要求，完成复合材料飞机结构件设计、分析、制造及适航验证的民用飞机，其主要的成果如下。

（1）完成了民用飞机复合材料规范、工艺规范、结构设计准则、结构制造验收技术要求等规范文档编制及验证。

（2）掌握了复合材料分析技术和"金字塔"试验技术，突破了环境因子、金属-复材混合结构试验方法、损伤源定义准则等关键技术。

（3）形成了复合材料蜂窝夹层结构、全高度泡沫夹层结构制造、检测相关能力。

12.1.2 复杂曲度小翼结构设计与制造技术

12.1.2.1 技术要点

ARJ21-700 飞机翼梢小翼是一种低结构空间、高结构效率、高结构刚度的全高度泡沫夹芯复合材料结构，主要技术难点有优化空间布置、减轻结构重量、提升制造质量等。

12.1.2.2 技术途径

（1）选材：小翼本体采用了 T300/环氧复合材料和新型结构性闭孔泡沫材料，材料的选用兼顾成熟与先进性，在小翼本体结构中，大量采用先进碳纤维增强环氧树脂复合材料，以降低结构重量，发挥材料性能优势。

（2）结构形式：采用了一种低结构空间、高结构效率、高结构刚度的全高度泡沫夹芯复合材料结构，突破小翼外形以及空间约束，通过合理的结构布置保证结构效率。

（3）闪电防护：通过材料的合理布局与搭接设计，给出 1A 区结构闪电防护、静电传导、抗外来物撞击的金属前缘和整体结构形式，通过火焰喷涂铝特种工艺，给出了一种全面高效、方便修复、便于复材区域到金属区域完整电传导的复合材料结构防护措施。

（4）胶铆混合：针对二次胶接结构，采用了胶铆混合连接的结构连接方法，保证了结构安全,提高了结构的骨架连接区的损伤容限能力,在满足连接要求的前提下,重量面积比指标处于全球领先水平。

(5) 工艺性:针对小翼外形、结构、材料、工艺导致的高度制造复杂性,开展与供应商联合攻关,通过工艺试验模拟、故障树梳理等手段,提出全面的结构补偿措施,不断优化工艺方案,确保小翼生产质量。

12.1.2.3 实施结果

经"翼梢小翼最优构型选型试验""翼梢小翼典型连接选型试验""翼梢小翼与机翼对接形式选型试验""复合材料结构设计许用值试验""典型层压板的损伤特性试验""典型层压板疲劳门槛值试验""R 区典型结构静力试验""翼梢小翼典型连接静力试验""翼梢小翼疲劳及损伤容限试验"等各类研发和适航试验验证,翼梢小翼结构方案满足设计要求,制造工艺方法可行。

12.1.2.4 主要结论

ARJ21 - 700 飞机翼梢小翼研制突破了复杂外形复合材料结构的设计、制造和验证各项关键技术,掌握了高强度、高刚度重量比、重量面积比领先的全高度泡沫夹芯结构设计技术,通过二次胶接工艺、实现了高精度容差的外形控制技术,采用胶铆混合形式、确保了复合材料结构的损伤容限特性等。

12.2 大型锻件设计、分析与试验验证技术

12.2.1 技术要点

大型锻件设计、分析与试验验证技术的技术要点主要包括:
(1) 锻件选用原则。
(2) 供应商选择评估体系。
(3) 锻件毛坯规划材料性能验证试验及性能补充试验。
(4) 主起收放作动筒接头首件鉴定试验。

12.2.2 技术途径

主要技术途径如下:
(1) 开展锻件选用论证分析。
(2) 开展 300M 钢锻件力学性能试验。
(3) 开展 7050 铝合金锻件力学性能试验。
(4) 开展钛合金 Ti - 6Al - 4V 锻件性能验证试验。
(5) 开展主起收放作动筒接头首件鉴定试验。

12.2.3 实施结果

1) 300M 钢锻件力学性能试验

300M 钢锻件拉伸性能试验、压缩性能试验、裂纹扩展速率试验、疲劳裂纹扩展门槛值试验、平面应变断裂韧度性能试验、应力腐蚀开裂性能试验、细节疲劳额定

强度截止值 DFR cutoff 试验、室温冲击性能试验，获得的实验数据可靠有效。

2）7050 铝合金锻件力学性能试验

7050 铝合金锻件试验内容包括：拉伸性能试验、压缩性能试验、裂纹扩展速率试验、疲劳裂纹扩展门槛值试验、平面应变断裂韧度性能试验、应力腐蚀开裂性能试验、细节疲劳额定强度截止值 DFR cutoff 试验、晶间腐蚀性能试验、剥层腐蚀性能试验，获得的试验数据可靠有效。

3）钛合金 Ti‐6Al‐4V 锻件性能验证试验

试验内容包括：常规拉伸性能试验、压缩性能试验、裂纹扩展速率试验、疲劳裂纹扩展门槛值试验、平面应变断裂性能试验、应力腐蚀开裂性能试验、细节疲劳额定强度截止值试验，获得的试验数据可靠有效。

4）主起收放作动筒接头首件鉴定试验

试验内容包括：化学成分分析、高倍和低倍组织试验、拉伸力学性能试验、疲劳试验、断裂韧性试验、裂纹扩展试验。对鉴定试验的实验结果进行分析评估后得出结论为：主起收放作动筒接头首件锻件可满足 ARJ21‐700 飞机使用要求。

12.2.4 主要结论

通过 300M 钢、7050 铝合金及 Ti‐6Al‐4V 钛合金三种材料锻件的验证试验以及首件锻件鉴定试验，对 ARJ 大型锻件的设计、强度分析工作提供支持，完成了 ARJ 飞机锻件的设计、制造及交付工作。

通过技术攻关，获得了大型锻件材料性能数据，掌握了大型锻件结构设计技术和试验验证技术。

12.3 整体油箱密封设计与试验技术

12.3.1 技术要点

整体油箱密封设计是机翼设计的主要内容之一，高可靠性、长寿命的整体油箱密封设计是整体油箱设计的基本要求和最终目标，油箱密封性能涉及油箱结构、密封形式、密封材料和密封工艺等多方面因素。

整体油箱密封设计与试验技术的技术要点主要包括：

（1）紧固件密封设计技术。

（2）密封剂密封设计技术。

（3）油箱口盖密封技术。

（4）整体油箱密封适航验证试验技术。

12.3.2 技术途径

整体油箱密封是油箱结构、密封形式、密封材料和密封工艺等多项技术的综合技术，很难通过计算分析手段进行研究和验证。因此，整体油箱密封设计技术主要采用验证试验的途径进行研究，主要技术途径如下所示。

（1）机翼油箱密封试验（研发试验）：通过研发试验，对现有的和拟采用的密封设计技术进行研究和验证，为 ARJ21－700 飞机整体油箱密封设计提供参考建议。

（2）机翼整体油箱密封试验（适航验证试验）：通过适航验证试验验证 ARJ21－700 飞机整体油箱密封适航符合性。

12.3.3　实施结果

ARJ21－700 飞机机翼油箱密封研发试验的试验结果一致性和重复性较好，试验结论可信，试验环境和试验条件比机翼油箱实际工作环境苛刻，主要的试验结果及建议如下：

（1）NAS1321 AD 无头铆钉按 ZPS 03670－06100 机器安装的膨胀量满足油箱密封要求，外翼蒙皮与长桁的连接采用 NAS1321 AD 无头铆钉是可行的。

（2）NAS1436 环槽铆钉和 HST13AP 高锁螺栓紧公差干涉配合满足油箱密封要求，可应用于机翼油箱区域。

（3）高锁螺栓端部封包的主要目的是防腐蚀保护，虽能起辅助密封作用，但一般不能作为液体和压力密封。

（4）"双层口盖"方案和"压环式口盖"都能够满足密封设计要求，"双层口盖"方案协调关系简单，工艺性较好；"压环式口盖"需要设计补偿，控制密封橡胶型材的压缩量，"压环式口盖"应用广泛。

ARJ21－700 飞机机翼油箱密封适航验证试验的试验结论如下：

机翼整体油箱在 24.2 kPa 的气压下，未出现漏气、漏油现象，释放油箱压力、排空油箱后，对油箱检查未发现永久变形或损坏现象。所以，通过试验验证了 ARJ21－700 飞机机翼整体油箱满足 CCAR25.965(a)的要求。

12.3.4　主要结论

通过 ARJ21－700 飞机研制，形成了民用飞机机翼整体油箱密封设计技术和整体油箱适航验证技术，建立了整体油箱铆接密封性可靠性、口盖密封形式、密封型材压缩密封性能等数据库，掌握了 CCAR25.965(a)密封性适航验证方法。

12.4　襟翼断离设计技术

12.4.1　理论方法

襟翼应急断离设计主要是在飞机主起落架发生故障未能正常放下或只有一侧正常放下的情况下发生作用，防止在应急着陆过程中，襟翼触地后，触地载荷传递到机翼结构，导致机翼油箱的撕裂，引起火灾，造成人员伤亡，如图 12.1 所示。

12.4.2　技术要点

主要的技术要点有：

（1）应急断离理论分析技术。

（2）应急断离试验方法。

12.4.3　技术途径

（1）采用分析和试验相结合的方法，掌握飞机襟翼应急断离结构在应急着陆情况载荷的传力特性。

（2）设计三种构型民机应急断离方案，通过试验验证合理性。

（3）通过民机襟翼应急断离结构设计及适航验证试验，验证满足适航 CCAR-25 部条款要求，如图 12.2 所示。

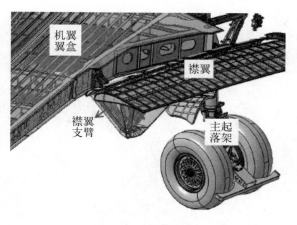

图 12.1　襟翼布置

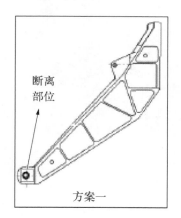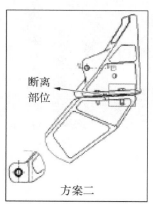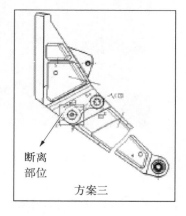

图 12.2　襟翼断离方案

12.4.4　实施结果

（1）适航验证试验满足适航条款要求。

（2）掌握应急断离结构设计三个设计指标之间互相约束的关系和工程分析方法。

（3）总结了民用飞机应急断离销材料剪切许用值及传力路线上最小静强度裕度差之间的关系式和最大断离载荷系数。

（4）确定了民用飞机应急断离销发生断离时的破坏准则，如图 12.3 所示。

12.4.5　主要结论

主要结构应急着陆断离设计技术是民机结构设计的重大难点之一，通过 ARJ21-700 飞机襟翼机构断离设计及相关试验研究，掌握了断离载荷设计要求、断离破坏模式、断离试验方法和许用值精选结构工艺控制方法，建立了许用值精选

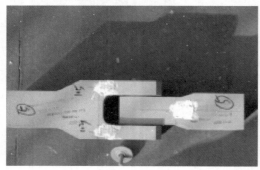

图 12.3　襟翼断离试验

结构强度性能数据库。

12.5　外开式登机门机构设计

12.5.1　技术要点

登机门机构包括凸轮手柄传动机构、锁闩导轨运动机构、上/下活动折页机构、锁钩开闭机构、铰链臂机构，主要技术要点有

（1）门运动机构仿真技术。

（2）舱门增压载荷路径设计。

（3）机构密封设计。

（4）舱门状态监控。

12.5.2　技术途径

登机门机构设计与制造技术的研究，主要通过以下研究途径开展：

（1）全三维数值化机构布置协调和设计技术。

（2）机构运动仿真技术。

（3）登机门耐久性试验。

12.5.3 实施结果

自 2010 年 6 月 11 日至 2013 年 9 月 11 日,按照适航要求进行了 ARJ21‐700 飞机登机门耐久性试验,在常规环境下,模拟登机门的开启与关闭,完成 24 万次开关动作,验证登机门对 CCAR25.601 条款的符合性。

12.5.4 主要结论

民机舱门具有机构复杂、功能安全余度高、适航验证难度大等特点,通过 ARJ21‐700 飞机舱门研制,国内首次完全具备了大型民机舱门研制能力,特别是:

(1)国内第一次针对民用客机登机舱门实施了涵盖产品全使用寿命周期的耐久性试验,验证了登机门产品的可靠性和耐久性,掌握了舱门耐久性试验平台的建设及试验开展的技术,获得了舱门全寿命使用周期内的机构耐久性数据。

(2)研究并掌握了包括舱门周边结构抗轻度坠损设计技术、飞机舱门应急开启及防卡滞设计技术、全尺寸试验极限载荷下舱门开启试验验证技术。

13 强度专业

在 ARJ21‐700 飞机研制工作中,强度专业共解决了 10 项关键技术,清单详见表 13.1,内容分述如下。

表 13.1 关键技术项目清单(强度专业)

序 号	名 称
1	ARJ21‐700 飞机气动弹性理论分析关键技术
2	ARJ21‐700 飞机气动弹性模型风洞试验关键技术
3	ARJ21‐700 飞机气动弹性机上地面试验关键技术
4	ARJ21‐700 飞机气动弹性飞行试验验证关键技术
5	ARJ21‐700 飞机专用条件 SC‐A002 条款符合性验证关键技术
6	ARJ21‐700 飞机风车载荷情况下结构强度评估关键技术
7	ARJ21‐700 飞机扛鸟撞适航验证技术
8	ARJ21‐700 飞机气动弹性设计及验证技术
9	ARJ21‐700 飞机全机静力试验验证技术
10	ARJ21‐700 飞机全机疲劳试验验证技术

13.1 ARJ21‐700 飞机气动弹性理论分析关键技术

13.1.1 理论方法

按照 CCAR25.629 条款和 SC‐A002 等专用条件要求,确定 ARJ21‐700 飞机气动弹性理论分析的主要内容,包括颤振分析、ASE 分析、操纵面防颤振设计分析和跨声速颤振分析,主要采用的理论方法为亚声速颤振分析理论和跨声速颤振分析理论,主要采用的技术工具为 MSC. NASTRAN 和 ZERO。气动弹性理论分析如图 13.1 所示。

13.1.2 技术要点

针对 ARJ21‐700 飞机超临界机翼带翼梢小翼、T 型尾翼和全电传操纵的构型特点,如何采用局方认可的分析方法和工具分析获得其气动弹性特性并表明对条款的符合性是本项关键技术需解决的问题。其技术要点主要包括超临界机翼的跨

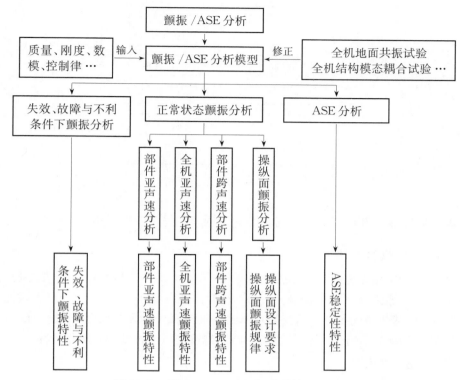

图 13.1　ARJ21-700 飞机气动弹性理论分析

声速颤振分析和验证、全机气动伺服弹性理论分析建模和基于试验结果的理论分析修正技术。

13.1.3　技术途径

1）跨声速颤振分析

采用基于 N-S 方程、能计及飞机机翼翼型形状、跨声速激波、飞行迎角、静变形的先进气动弹性数值模拟方法计算超临界机翼的非定常气动特性以及颤振特性；采用附加非定常气动力方法计及 T 型尾翼牵连运动和静气动力对颤振特性的影响；综合采用工程修正的方法确定 ARJ21-700 飞机超临界机翼的跨声速颤振特性和跨声速压缩性修正系数，该方法根据风洞试验和 CFD 计算的定常气动力和非定常气动力结果，对亚声速线性理论非定常力结果进行修正，以计算跨声速流动特征的影响。

2）气动伺服弹性（ASE）分析

基于经典的控制理论，运用奈奎斯特判据，实现 ARJ21-700 飞机气动伺服弹性理论计算，气动伺服弹性理论计算模型主要包括两部分，分别是弹性机体部分和控制系统部分。弹性飞机传递函数 G 由结构模型和气动力模型计算得出，控制系统传递函数 H 由控制系统得到，如图 13.2 所示。

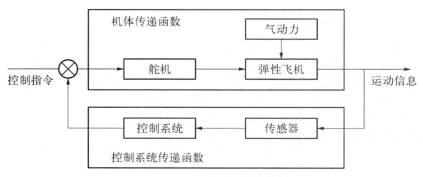

图 13.2   ASE 理论分析模型

13.2   ARJ21‑700 飞机气动弹性模型风洞试验关键技术

13.2.1   理论方法

根据动力学相似理论设计确定试验模型的比例尺,综合飞机外形尺寸、颤振速度和目标风洞参数等,确定试验模型的三个基本相似比例尺,即长度比、速度比和密度比,由这三个基本比例尺推导确定试验模型频率比、刚度比等其他相似比例尺,从而保证试验模型与飞机的动力学相似,保证风洞试验可用于验证表明飞机的气动弹性特性。

13.2.2   技术要点

技术要点包括:① 以满足颤振适航要求为目标,在低速颤振模型中实现对故障状态参数的设计和模拟;② 高速颤振模型的强度和刚度设计;③ 特殊结构的设计和实现;④ 模型风洞试验防护系统设计。

13.2.3   技术途径

技术途径包括:① 根据适航条款要求,通过机翼前缘加配重、大梁刚度变参设计、结构刚度折减等工程方法,实现对故障状态参数的设计和模拟;② 在强度分析计算的基础上,完成高速颤振模型大梁的静强度试验,保证模型强度满足试验要求;③ 通过设计复式悬挂支持系统以及基于振动过载门槛值的程序自动防护,保证低、高速颤振风洞试验安全。

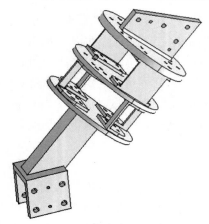

图 13.3   垂尾与机身连接刚度的解耦控制结构

13.2.4   实施结果

ARJ21‑700 飞机完成了机翼低速颤振模型风洞试验、尾翼低速颤振模型风洞试验、全机低速颤振模型风洞试验、机翼高速颤振模型风洞试验和尾翼高速颤振模型风洞试验,全面得到了 ARJ21‑700 飞机的颤振特性以及影响颤振特性的敏感参数及影响规律,表明了对颤振适航条款的符合性,见图 13.3 到图 13.6。

图 13.4 复式悬挂防护系统在全机低速颤振模型风洞试验中的应用

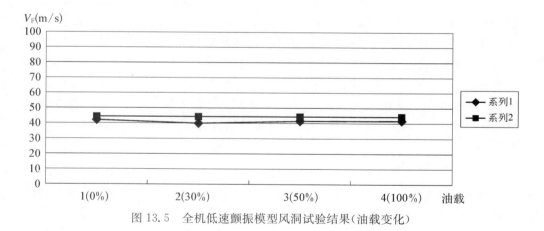

图 13.5 全机低速颤振模型风洞试验结果(油载变化)

13.2.5 主要结论

采用适航代表认可的颤振风洞试验方法,掌握了 ARJ21 - 700 飞机在不同的正常设计状态以及不同故障情况下的颤振规律,验证了理论分析,在国内首次建立和确认了一套完整的、先进的、局方认可的颤振风洞试验适航验证方案,并在低高速颤振模型设计、试验及适航验证方面积累了丰富的工程经验。

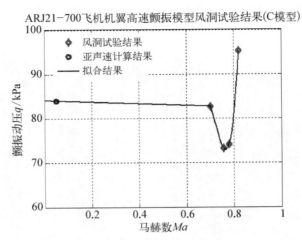

图 13.6　机翼高速颤振模型风洞试验结果

13.3　ARJ21‐700 飞机气动弹性机上地面试验关键技术

13.3.1　理论方法

ARJ21‐700 飞机机上地面试验包括全机地面共振试验和全机地面结构模态耦合试验。全机地面共振试验主要通过多点激振、调频、调力分离纯模态的方法，测试飞机各阶模态的频率和形态，用以修正理论计算模型，获取更准确的颤振分析结果。全机结构模态耦合试验的目的是获取飞机的伺服弹性稳定性特性，用于修正理论计算模型，获得更准确的气动伺服弹性稳定性分析结果。进行全机地面结构模态耦合试验时系统为闭环状态，在升降舵 PCU 之前注入激励信号，试验用闭环的方法测试回路总的开环传递函数频响特性，试验主要考虑自动驾驶仪(俯仰及滚转通道)、电子配重功能、偏航阻尼器等功能的不同控制律组合状态下的地面伺服弹性稳定性。全机地面结构模态耦合试验的原理如图 13.7 所示。

13.3.2　技术要点

技术要点包括：① 发展民机全机地面共振试验技术，例如消除起落架支持非线性和结构非线性对试验结果的影响、如何分离识别高度密集耦合的弹性模态；② 根据 ARJ21‐700 飞机控制系统设计特点，实现全机结构模态耦合试验用的信号注入取出。

13.3.3　技术途径

（1）通过对起落架缓冲支柱油腔注油至溢出的方法，消除起落架支持时非线性的影响，综合采用加力、仿真分析和附加质量的方法，消除飞机结构非线性的影响，并实现对高度密集耦合弹性模态的有效分离和识别。

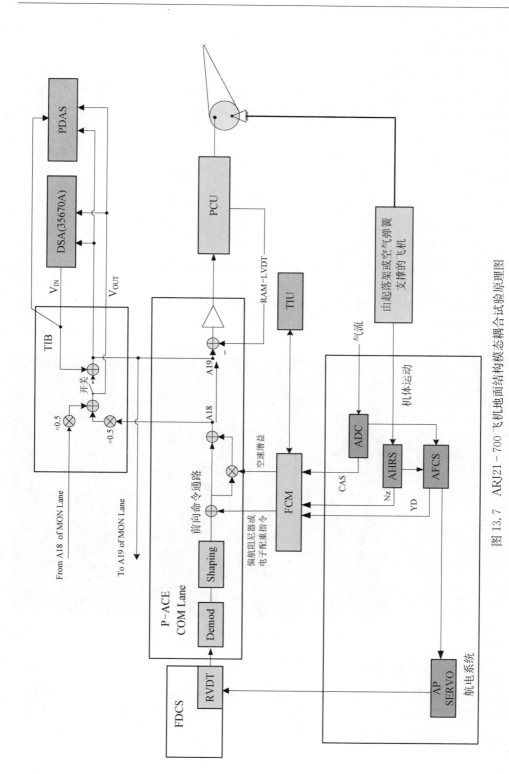

图 13.7 ARJ21-700 飞机地面结构模态耦合试验原理图

（2）通过深入研究 ARJ21 - 700 飞机控制系统设计特点,采用在飞控系统回路的 PCU 之前注入激励信号,并在同一位置取出控制信号获取气动伺服弹性系统开环传递函数的总体方案,针对这一总体方案研制出模态耦合试验用接口装置和试飞装置,从而解决了供应商在试验飞机上没有预先留下必要的信号注入取出接口的问题,最终完成 ARJ21 - 700 飞机的全机结构模态耦合试验。

（3）基于机上地面试验结果对数学模型进行修正,提高了分析的精确性和可靠性。

13.3.4　实施结果

ARJ21 - 700 飞机完成了首飞前 101 架机全机地面共振试验、首飞前 101 架机全机结构模态耦合试验、首飞后 104 架机全机地面共振试验、首飞后 104 架机全机结构模态耦合试验,试验大纲、试验报告等文件均提交局方审查批准,基于上述试验结果对数学模型进行了修正及分析,得到了修正后的全机气动弹性特性,表明了对颤振适航条款的符合性。典型的机上地面试验结果如图 13.8 至图 13.10 所示。

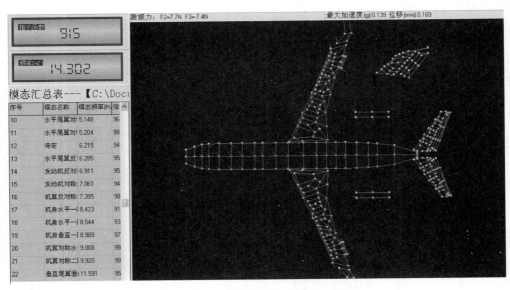

图 13.8　典型的全机地面共振试验结果

13.3.5　主要结论

采用适航代表认可的机上地面试验方法,掌握了 ARJ21 - 700 飞机的固有振动特性和伺服弹性特性,并获得了经试验结果修正的全机颤振特性和气动伺服弹性特性,在适航审查方面积累了丰富经验。

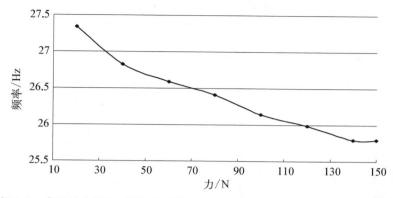

图 13.9 典型的全机地面共振试验结果（升降舵反对称旋转频率与激振力关系）

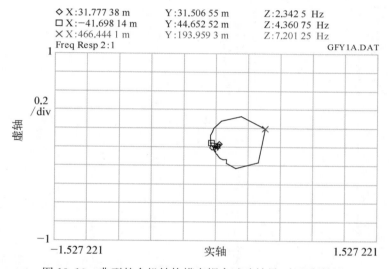

图 13.10 典型的全机结构模态耦合试验结果（奈奎斯特图）

13.4 ARJ21－700 飞机气动弹性飞行试验验证关键技术

13.4.1 理论方法

按照适航条款要求，通过飞行试验方法获得 ARJ21－700 飞机的颤振特性和气动伺服弹性特性，验证理论分析，表明对适航条款的符合性。颤振飞行试验按照从高高度到低高度、从小表速到大表速逐渐接近飞行包线边界的方法进行，通过平飞加速达到试飞要求速度，对于平飞加速不能达到的，则采用俯冲加速达到，颤振飞行试验主要采用操纵面扫频激励和大气湍流激励对飞机进行激励。气动伺服弹性飞行试验时系统为闭环状态，在每个试验点上，飞机受到试验所需的对称、反对称激励及其他激励，用闭环的方法测试回路总的开环传递函数的频响特性，给出试飞状态点气动伺服弹性稳定裕度。气动伺服弹性试验原理如图 13.11 所示。

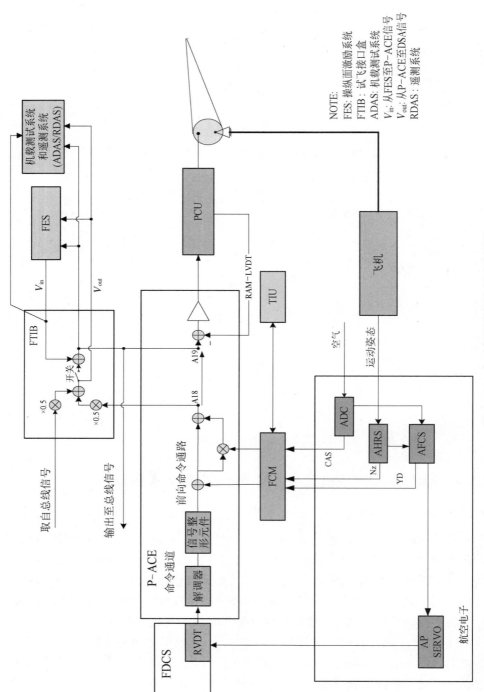

图 13.11　气动伺服弹性飞行试验原理

13.4.2　技术要点

技术要点包括：① 气动弹性飞行试验适航验证技术；② 试飞安全应急措施和保障；③ 基于气动伺服弹性飞行试验结果的理论模型修正技术。

13.4.3　技术途径

技术途径包括：① 基于理论分析和风洞试验结果，确定气动弹性飞行试验状态点（高度和速度）、传感器布置方案、试飞和激励方法；② 采用基于小波理论的试飞数据处理方法；③ 采用振动过载的安全门限和紧急情况应急预案，保证飞行试验安全；④ 根据 ASE 试飞结果修正 ASE 计算模型，通过加装结构陷幅滤波器改善飞机俯仰回路幅值裕度。

13.4.4　实施结果

完成了 101 架颤振飞行试验、101 架 ASE 飞行试验和 101 架补充 ASE 飞行试验，全面表明了 ARJ21－700 飞机的气动弹性特性满足条款要求。相关试飞结果见图 13.12 至图 13.16。

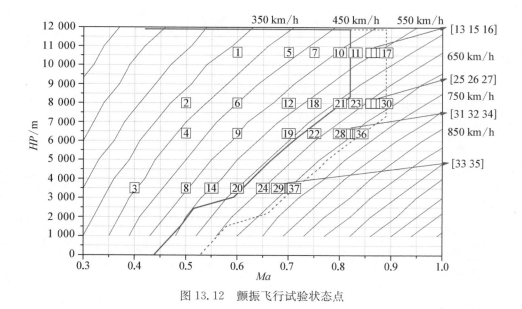

图 13.12　颤振飞行试验状态点

13.4.5　主要结论

试验大纲、试验报告以及试验过程均通过局方审查批准，飞行试验结果充分有效，表明飞机的气动弹性特性满足适航要求。

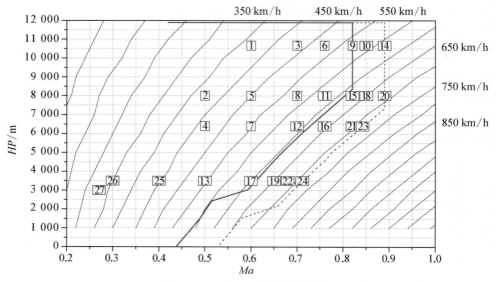

图 13.13 ASE 飞行试验状态点

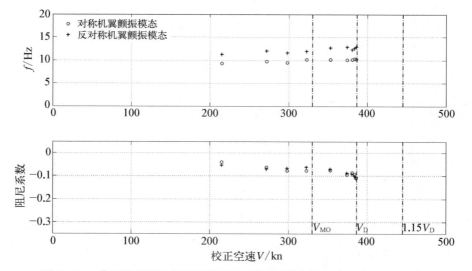

图 13.14 典型的颤振飞行试验结果(机翼颤振模态的 f-V 图和 g-V 图)

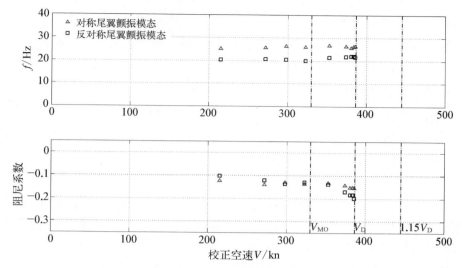

图 13.15　典型的颤振飞行试验结果(尾翼颤振模态的 f - V 图和 g - V 图)

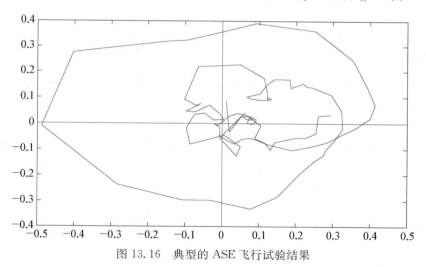

图 13.16　典型的 ASE 飞行试验结果

13.5　ARJ21‑700 飞机专用条件 SC‑A002 条款符合性验证关键技术

13.5.1　理论方法

(1) 系统故障筛选方法。

(2) 系统故障对载荷影响的分析方法。

(3) 飞行手册操纵程序制定方法。

(4) 载荷计算飞机参数定义方法。

(5) 系统故障对结构疲劳及损伤容限影响评估方法。

(6) 系统故障对结构气动弹性影响评估方法。

13.5.2 技术要点

按专用条件《系统对结构的影响》要求,强度分析中需要考虑飞控系统、自动飞行系统和燃油系统的系统故障对结构的影响。

13.5.3 技术途径

专用条件符合性验证涉及系统、操稳、载荷、强度及四性等多个专业,技术复杂、工作量大,属国内首次,存在较大的技术风险。成立专用条件符合性验证工作联合工作团队(IPT),重新梳理条款要求及工作。

13.5.4 实施结果

确定了可能影响结构载荷、疲劳和颤振速度边界的系统故障情况清单,确定了系统故障时飞机的特性和故障后的飞行限制,正在确定故障发生时刻和故障后的载荷计算条件/参数,进行故障载荷的计算。

13.5.5 主要结论

该专用条件符合性验证涉及飞控系统、航电系统、燃油系统、操稳、地面载荷、飞行载荷、动载荷、静强度、动强度、疲劳损伤容限强度、四性及性能等多个专业,技术复杂、协调面多、工作量大,在国内是首次进行适航验证工作。

13.6 ARJ21-700飞机风车载荷情况下结构强度评估关键技术

13.6.1 理论方法

发动机不平衡事件分为叶片缺失事件和轴支持失效事件。轴支持失效事件是由于风扇叶片或涡轮质心偏离转动系统形心,引起转子位移而导致的振动(发动机转子的位移量取决于轴支持系统间隙和轴的变形量之和)。需要说明的是,没有专门的轴支持失效情况,但是叶片失效事件可能会引起轴支持失效事件。在分析叶片缺失时,应考虑叶片缺失引起的振动叠加,其会引起轴变形而导致振动,因此不需要单独评估轴支持失效引起的振动。

发动机不平衡事件发生时分为两个阶段:第一阶段为高能阶段,此时事件发生但发动机尚未停车,可能持续几秒至几分钟(AC25-24建议时间为20 s),不进行疲劳与损伤容限评估;第二阶段为风车阶段,此时发动机已经停车,可能持续几个小时。第一阶段进行静强度评估,第二阶段还需要进行疲劳与损伤容限评估。

CCAR-25部中25.901(c)条款要求:"对于动力装置和辅助动力装置的安装,必须确认任何单个失效或故障或可能的失效组合都不会危及飞机的安全运行,但如果结构元件的破损概率极小,则这种破损不必考虑。"此外,25.903(c)条款要求当持续转动会威胁飞机安全性时,应有停止发动机转动的方法;25.903(d)条款要求:"必须采取设计预防措施,能在一旦发动机转子损坏或发动机内起火烧穿发动机机匣时,对飞机的危害减至最小。"即要求规定当风车情况可能会影响飞机安全时,应有停止风车转动的措施。但是,现在广泛采用的高涵道比发动机的风扇在飞行中是不可能停止的。

根据上述适航条款要求,需要对新设计的飞机进行强度评估,以表明 ARJ21-700 飞机符合条款要求,当发生风车情况时,飞机能够持续安全飞行和着陆,且对飞机主要结构无重大损伤。

航空规章制定咨询委员会(Aviation Rulemaking Advisory Committee,ARAC)提出了用于评估发动机不平衡事件的相关建议,并于 1997 年 7 月 1 日将这些建议以报告的形式提交给 FAA,FAA 依据这份报告制定了 AC25-24(2000 年 8 月 2 日发布)。AC25-24 中建议的准则基于(截至 1996 年)25 年来对高涵道比发动机,其风扇直径大于 60 in(1.52 m)或更大的发动机的服役历史的统计学分析。虽然 ARAC 的研究仅限于这些直径 60 in 以上的发动机,但是其准则和方法同样适用于 60 in 以下发动机。

13.6.2　技术要点

ARJ21-700 飞机风车载荷情况下结构强度评估工作的技术要点主要包括:转场飞行剖面制定、动力学模型建立、载荷谱编制技术和结构强度评估。

13.6.3　技术途径

1) 转场飞行剖面制定与评估要求的确定

由于是国内第一次开展此项工作,所有技术人员均未见过转场飞行剖面,因此并不知道如何制定转场飞行剖面。首先借鉴典型飞行任务剖面的制定经验,组织相关专业展开协调,并积极咨询国外供应商。经过反复论证,最终确定了转场飞行剖面。

根据 AC25-24 建议,需要对 1 h 转场飞行剖面、最大转场飞行剖面都进行分析,从工作量和时间进度要求的角度考虑,对评估工作进行了合理的调整。

根据 122XT093A《更新提供 ARJ21-700 飞机转场任务剖面》,ARJ21-700 飞机转场飞行剖面飞行时间为 75 min,剖面图如图 13.17 所示。

考虑到 ARJ21-700 飞机转场飞行剖面飞行时间为 75 min,略大于 60 min,根据 AC25-24 要求,60 min 转场飞行剖面和 75 min 转场飞行剖面都需要进行分析,评估要求如表 13.2 所示。

保守地按照 1 h 转场飞行剖面的评估要求,采用 75 min 转场飞行剖面的风车载荷进行分析。

2) 动力学模型建立

ARJ21-700 飞机设计中动力学分析使用的模型是梁式模型,即机身、机翼、尾翼、吊挂均采用梁单元建模,对于梁式模型强度专业有比较丰富的动力学建模及分析经验。但由于风车情况激励来自发动机,所以吊挂等结构再简化为梁单元,必然过于粗糙,不能比较真实地反映动力学响应,不能满足评估要求。基于以上考虑,强度专业组织攻关,并组织技术咨询,借鉴国外经验,在梁式模型与全机有限元模型的基础上建立了风车载荷动力学分析模型。

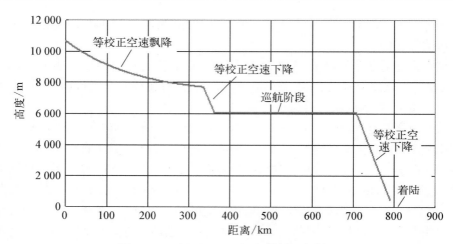

图 13.17   ARJ21 - 700 飞机转场飞行剖面

表 13.2   疲劳和损伤容限分析要求

	条件	60 min 转场飞行剖面	最大转场飞行剖面(不大于 3 h)⑥
	不平衡设计比（IDF）	1.0	1.0
	转场飞行时间	60 min 转场飞行	最大预测的转场飞行⑥
疲劳分析①②（平均材料特性）	完好阶段	1DSG 的损伤	1DSG 损伤
	风车阶段	由于 60 min 转场飞行 1.0IDF 不平衡条件下的损伤	由于最大预期转场飞行时间⑥ 1.0IDF 不平衡条件下的损伤
	准则	证明在完好阶段损伤和风车阶段损伤之和的两倍条件下没有失效⑥	证明在完好阶段和风车阶段的总体损伤(无安全系数)条件下没有失效⑥
损伤容限①②（平均材料特性）	完好阶段	1DSG 的制造质量裂纹⑤(MQF)增长	1/2DSG 的制造质量裂纹⑤(MQF)增长
	风车阶段③④	IDF＝1.0 条件下 60 min 转场飞行的额外裂纹增长	IDF＝1.0 条件下最大转场飞行⑥的额外裂纹增长
	准则	5c(3)(a)条规定的剩余强度载荷对于最终裂纹长度的正安全边界	5c(3)(a)条规定的剩余强度载荷对于最终裂纹长度的正安全边界

① 使用的分析方法见本 AC 第 5 段(评估风车不平衡条件)。
② 用于分析的载荷谱与表明 25.571 条符合性的载荷谱相同,适用时,扩展风车载荷。
③ 使用完好阶段载荷谱证明风车阶段。
④ 风车状态损伤容限分析的初始裂纹不必大于作为可探测裂纹尺寸加上在完好阶段载荷谱下一个检查间隔中裂纹增长的尺寸。
⑤ MQF 是与 95/95 存在概率相关的制造质量缺陷。
⑥ 最大转场飞行时间是给飞机制定的最大转场飞行剖面的飞行时间,不超过 180 min,如果飞机制定的转场飞行时间超过 60 min 则必须审查该条件。

3）载荷谱编制技术

众所周知，振动载荷很难直接用于强度分析。通过攻关确定评估采用载荷系数谱，即振动载荷以载荷系数的形式来使用，方法如下：

（1）计算出平衡机动载荷（1g、2g）全机内力解，获得 $\Delta g = (2g - 1g)$ 引起的应力增量 $\sigma_{\Delta g}$。

（2）参考全机疲劳分析中动态放大系数方法，提取某站位振动载荷的累积载荷与 1g 累积载荷的比值，作为该站位载荷系数 n。考虑到机体各部件累积载荷的特点，以 1g 累积载荷（弯、剪、扭三种形式）中对结构内力产生主要影响的一种形式为基准，并将对应形式的振动累积载荷与之比较。

（3）参考疲劳当量分析方法，振动载荷引起的应力增量 $\Delta\sigma = n \times \sigma_{\Delta g}$，$1g - \Delta\sigma$ 和 $1g + \Delta\sigma$ 构成一对应力峰谷值。

（4）根据各飞行段持续时间和振动载荷的频率计算出应力循环次数。

（5）编制载荷系数谱。

4）强度分析评估

（1）静强度分析评估。

根据有限元分析结果及空中 1g 载荷、2g 载荷、着陆滑跑载荷、风车振动载荷计算结果，选择严重部位进行静强度评估。

因为已经对完好情况下机体结构进行了静强度分析，所以将风车情况极限载荷与静强度包线载荷进行比较，如果风车情况极限载荷小于包线载荷，则可以不进行静强度分析；反之，必须进行风车情况下的结构静强度分析。

根据 AC25 - 24 建议，风车情况极限载荷如下所示。

a. 下降阶段：（1g＋峰值振动载荷）×1.375。

b. 巡航阶段：1g＋峰值振动载荷＋70％飞行机动载荷（最大的可能操作速度），1g＋峰值振动载荷＋40％突风载荷。

c. 进场与着陆阶段：（进场与着陆载荷＋峰值振动载荷＋对称平衡机动载荷）×1.375＝极限载荷。

对称平衡机动载荷＝（进场与着陆载荷＋峰值振动载荷）×0.15。

因此，极限载荷＝（进场与着陆载荷＋峰值振动载荷）×1.15×1.375。

（2）疲劳强度分析评估。

可靠性设计（DFR）方法是 ARJ21 - 700 飞机疲劳分析中规定的分析方法，也是获得局方认可的方法，因此决定采用 DFR 方法进行风车载荷下机体结构疲劳强度分析。利用载荷系数谱，进行损伤累积计算。结构是否失效的判据为：总累积损伤（完好阶段损伤与风车阶段损伤之和的 2 倍）是否大于 1，大于 1 则失效；小于 1 等于 1 的情况未失效。发图后疲劳强度分析工作已经完成，即完好阶段损伤累积损伤计算的数据准备工作已经完成。

根据 DFR 分析方法将载荷系数谱编制成 Excel 文件，用于疲劳强度分析，可以与发图后疲劳强度分析工作无缝衔接。

（3）损伤容限分析。

利用 NASGRO 进行风车阶段损伤容限分析。NASGRO 软件是 ARJ21‐700 飞机损伤容限分析中规定的分析软件。

损伤容限分析时,初始裂纹尺寸为完好阶段从可检裂纹起再扩展一个检查间隔的裂纹长度。目前,发图后损伤容限分析工作已经完成,因此完好阶段裂纹扩展数据已经具备,技术人员可以很容易地确定风车阶段分析的初始裂纹尺寸。各飞行段载荷谱为等幅谱。

根据 AC25‐24 建议,剩余强度载荷如下所示。

a. 下降阶段：$1g$＋峰值振动载荷。

b. 巡航阶段：$1g$＋峰值振动载荷＋70％飞行机动载荷,$1g$＋峰值振动载荷＋40％突风载荷。

c. 进场与着陆阶段：进场与着陆载荷＋峰值振动载荷＋对称平衡机动载荷。

根据剩余强度载荷的有限元内力解设置限制应力。

（4）分析部位选择标准。

针对疲劳和损伤容限评估,根据发图后疲劳分析报告和发图后损伤容限分析报告分部段挑选,在机头、前机身、中机身、中后机身、后机身、机翼、垂直尾翼和水平尾翼分别挑选分析部位,选择标准如下：

a. 疲劳强度分析选择疲劳裕度小于 0.1 的部位,损伤容限分析选择检查间隔最小的部位和疲劳裕度最小的部位。

b. 各部段载荷系数最大的站位,选择应力水平最严重的部位。

13.6.4　实施结果

通过本次关键技术的攻关,研发了一套 ARJ21‐700 飞机风车载荷下的结构强度评估技术。该套技术以 CCAR25.571 为基础,以 AC25‐24 建议为指导,对风车载荷下结构强度评估中的关键技术进行了深入研究,通过反复论证及试算,最终研发出转场飞行剖面确定、风车载荷计算、载荷使用、疲劳强度评估、损伤容限评估及剩余强度评估等关键技术,形成了一套可行的、完整的 ARJ21‐700 飞机风车载荷下的结构强度评估技术。

13.6.5　主要结论

ARJ21‐700 飞机风车载荷下的结构强度评估技术使我国在风车载荷下的民机结构强度评估技术领域取得突破并接近世界先进水平,该套技术已得到适航当局的认可,可直接应用于我国后续民机机型风车载荷下结构强度评估。

13.7　ARJ21‐700 飞机抗鸟撞适航验证技术

13.7.1　理论方法

ARJ21‐700 飞机鸟撞适航验证采用分析和试验相结合的验证方法。分析采用鸟撞动力学有限元法进行仿真,鸟体模型采用光滑粒子流体动力学(SPH)方法进行。ARJ21 - 700 飞机抗鸟撞动力学仿真分析采用 PAM - CRASH 软件 VPS2014 求解器进行。由于结构复杂,为避免有限元模型太大导致无法计算,根据鸟撞建模的特点针对不同的区域制定不同的网格特征尺寸。鸟体撞击区网格特征尺寸相对较小,远离撞击区的网格特征尺寸比较大。建模时板结构采用 shell 单元模拟,紧固件采用 plink 单元模拟,鸟体采用 sph 单元模拟。

13.7.2 技术要点

第一,CCAR - 25 部对民用飞机的抗鸟撞设计仅仅给出了原则性的要求:飞机在遭遇鸟体撞击后能够继续安全飞行和着陆。如何将这样一个原则性要求转化落实成具体的设计要求就成了民用飞机抗鸟撞适航取证的首要技术难点,且整体飞机缺乏一套系统的鸟撞适航验证体系和流程,没有系统化的工作思路和方法。

第二,试验结果与初期鸟撞计算结果相差甚远,甚至存在质的差异,说明在初期进行的鸟撞仿真分析中存在着参数不合理、建模有缺陷等问题,还不能作为适航验证的有力工具。也充分说明了当时国内鸟撞动力学仿真分析方法尚不能保证大型复杂结构系统鸟撞分析结果的合理性和可靠性,急需一套可以准确预计鸟撞结果的有效方法。

第三,几次部件级研发试验均以失败告终,说明原设计构型状态下机头、平尾、垂尾几大部件均不能满足鸟撞适航要求,必须开展结构抗鸟撞适应性更改设计和完善。

13.7.3 技术途径

1)建立鸟撞验证流程问题

验证流程的建立更多的是侧重于"借鉴"和"创新"的过程。也就是说要首先了解其他同行的相关信息,再结合 ARJ 飞机自身特点才能制定出合理的验证流程,如图 13.18 所示。因此,建立流程的工作重点在于信息获取。为此,我们采取了多种方式尽可能多地获取有效信息,主要有:

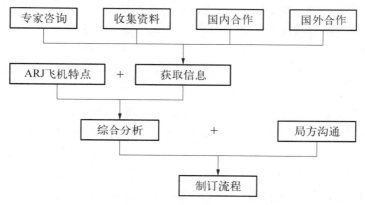

图 13.18　建立鸟撞验证流程工作办法

（1）搜集查找相关资料，利用一切可以利用的信息资源，深入学习研究鸟撞分析与适航验证知识，期间共查找到鸟撞相关资料上百篇，包括国内外学术期刊、成熟机型的鸟撞验证工作内容介绍等。

（2）与国内、外相关公司进行深度合作和技术咨询，期间我们与美国 DTA 公司、意大利 ALENIA 公司、美国 ALPHASTAR 公司等进行了多轮、多人次的技术交流，交流方式包括书面往来、面对面交流等，交流人员包括曾经或正在为 FAA 工作的资深适航工程师、专家以及具体技术人员，他们提供了很多详细的有价值的信息，为我们制定鸟撞验证总体流程和确定工作内容奠定了基础。

（3）结合并行开展的、不断深入的鸟撞工作，逐步积累经验，不断修正和完善，最终建立了适用于 ARJ21－700 飞机自身特点的鸟撞适航验证流程。

经过多方咨询和信息获取，借鉴国内外公司的成熟经验，并结合 ARJ21－700 飞机的实际情况和研制要求，最终制定出了 ARJ21－700 飞机鸟撞适航验证的"三结合"原则，即"结构安全与系统安全相结合、理论分析与研发试验相结合、总体布置与评判标准相结合"。

2）鸟撞动力学仿真分析方法问题

飞机鸟撞问题属于典型的大变形问题，由于国内对这方面的仿真分析起步较晚，前期已有的计算分析大多局限于简单板结构，对于复杂结构系统还没有成熟经验可以借鉴。总的来讲，复杂结构鸟撞动力学仿真分析有以下几个技术难点：

（1）影响鸟撞大变形动力学仿真分析结果的关键因素不明确。在复杂结构鸟撞动力学分析过程中影响计算结果的因素非常之多，包括不同的结构形式、不同材料、不同连接形式、接触参数、摩擦系数等。这些因素又相互作用，互相影响，哪些是关键因素当时并不十分清楚。

（2）国内鸟撞动力学分析参数积累十分薄弱。目前国内关于材料本构参数大多集中在静力学范围内，与动力学分析相关的参数积累很少，而鸟撞分析过程本身所需要的参数，前期储备更少得可怜。这就造成了在整个分析过程中很多输入参数的量值本身就存在问题，因此势必会造成计算结果的偏差。

（3）复杂结构鸟撞动力学建模技术不成熟。动力学建模过程中的结构简化方式、网格尺度大小、连接单元选取、失效模式定义等都将直接影响鸟撞动力学计算分析的最终结果。这些问题在建模过程中如何处理，怎样选取才能确保分析结果的合理性当时尚不十分明确。

针对计算分析所面临的几方面难题，我们采取了边分析、边试验、边修正的方法。建立不同网格形式和尺寸的鸟撞分析模型、对每一个可能影响结果的参数反复调整，细致研究，考察参数的灵敏度。另外，并行同步开展研发试验，获取试验参数并结合理论分析结果反复进行调整和修正。期间，共完成研发试验 20 多次，建立了含机头、机翼前缘（包括内、中、外三段）、平尾前缘、垂尾前缘几大部位在内的 6 大复杂结构鸟撞动力学模型，具体流程如图 13.19 所示。

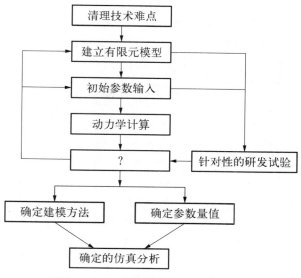

图 13.19 正确仿真分析方法建立途径

3）抗鸟撞适应性结构更改设计问题

通常来讲，要想解决飞机设计过程中的鸟撞问题，提高结构抗鸟撞能力，核心是解决"吸能"和"散能"的问题。工程上实现上述目的需要遵守以下原则。

（1）分离原则：结构设计过程中采用一定的形状使鸟体撞击后直接分离，将大部分鸟体能量散去。

（2）疏导原则：如果鸟体不能分离，则采取一定方式对鸟体进行疏导，逐渐降低其能量。

（3）软阻拦原则：结构设计过程中尽量选取吸能效果较好的材料，将鸟体能量吸收掉。

（4）硬拦截原则：提高结构强度和刚度，将鸟体挡住。

但是，上述几个原则如何运用到结构设计中又如何使设计出来的结构能够满足适航要求是 ARJ21 鸟撞工作的难点。ARJ21 飞机几大部位结构抗鸟撞更改设计主要依托于鸟撞仿真分析进行。即依靠有效的鸟撞仿真分析方法逐步、反复修改设计方案，在最终方案确定之前不进行任何实质性的实物生产或物理试验。这样一方面可以避免设计—加工—试验—再重新设计过程的盲目性带来的周期延误；另一方面也可以大大减少试验件生产加工等带来的不必要的物质浪费。在整个设计更改过程中，针对每个部位结构形式的实际特点和可更改的空间，单独或结合使用了上述四大原则，实际效果是十分明显的，具体工作流程如图 13.20 所示。

13.7.4 实施结果

（1）提出了 ARJ21 - 700 飞机抗鸟撞适航符合性验证思路和工作流程，建立了

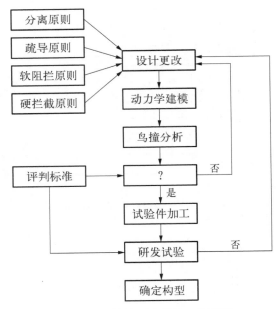

图 13.20 结构更改设计工作流程

一套完整的、经局方认可的民机抗鸟撞适航验证技术体系，应用该体系完成了
ARJ21 - 700 飞机的适航取证工作，填补了国内在该领域的空白，是飞行器结构动
力学理论在国内航空实际工程应用的一次突破。

（2）开展了大量的鸟撞研发试验，并利用其结果修正仿真分析方法（包括建模
方法、分析参数等），最终建立了一套经试验验证的、能够较好模拟真实鸟体撞击过
程的鸟撞动力学仿真分析方法。应用该方法完成了 ARJ21 - 700 飞机机头、机翼、
平尾、垂尾的鸟撞选点分析工作。

该方法得到了适航当局的认可，并直接应用于 ARJ21 - 700 飞机的抗鸟撞适航
验证工作，发现了 ARJ21 - 700 飞机不能满足设计要求的薄弱部位，并依托仿真结
果制定出了合理的结构更改方案；确定了有限几个典型位置作为飞机最终适航验
证地面试验的位置，大大减少了试验件数量和试验次数，从而大幅度节约了设计成
本，缩短了型号研制周期，具有很大的经济效益和社会效益。

（3）针对不同的部位和结构形式特点，总结整理出了 ARJ21 - 700 飞机抗鸟撞
设计原则，应用该原则完成了 ARJ21 - 700 飞机机头、平尾、垂尾的结构更改方案，
并且能够直接指导 C919 飞机及后续机型的抗鸟撞设计工作。

a. 针对典型的壁板加筋结构设计，提出了支持结构筋条设计刚度匹配的设计
方法。

b. 针对典型 D - nose 结构形式设计，提出了根据曲率半径的大小确定切割鸟
体的设计方法和增加吸能材料的设计方法。

c. 针对对接区的结构设计,对此种相对薄弱的形式结构提出了刚度缓和过渡和紧固件强度选取适中的方法。

d. 针对影响飞机安全的一级关键设备,提出了将其放置在远离鸟撞影响区域,将备份设备分散布置避免遭鸟体同时撞击的方法;在必须放置一级关键设备的鸟撞影响区域增加吸能材料,提高抗鸟撞能力的方法。

e. 针对撞击角度的大小对结构抗鸟撞性能的影响,提出了将鸟撞能量进行"疏导"和"堵"的方法。当撞击角度较小时宜采用"疏导"的方法,让鸟体擦着结构划掉;当撞击角度较大时宜采用"堵"的方法,在不允许破坏的关键结构前面增加吸能材料或者隔板来吸收能量而使其满足抗鸟撞设计的要求。

13.7.5 主要结论

(1) 通过国内外专家咨询、资料搜集和消化吸收,摸索出了 ARJ21-700 飞机抗鸟撞适航符合性验证思路和工作流程,建立了一套完整的、经局方认可的民机抗鸟撞适航验证技术体系。应用该体系完成了 ARJ21-700 飞机的适航取证工作,填补了国内在该领域的空白。

(2) 通过对适航条款要求的消化理解和局方沟通交流,综合考虑结构安全性、系统安全性和人员安全性,在国内首次制定了一套完整的 ARJ21-700 飞机鸟撞适航试验评判原则和体系,并得到了局方的高度认可。

(3) 开展了大量的鸟撞研发试验,并利用其结果修正仿真分析方法,最终建立了一套经试验验证的、能够较好模拟真实鸟体撞击过程的鸟撞动力学仿真分析方法。应用该方法完成了 ARJ21-700 飞机结构的鸟撞选点计算分析工作。

(4) 根据 ARJ21-700 飞机各个鸟撞部位的特点,比较相似机型的抗鸟撞设计特征,研究研发试验结果,依托较为准确的仿真分析方法和计算结果,制定了各种典型结构的抗鸟撞设计方案,形成了民用飞机典型结构抗鸟撞设计原则。应用该原则结合仿真计算,完成了 ARJ21-700 飞机机头、平尾、垂尾的结构更改,并且得到了适航试验的验证和 CAAC 的批准。

13.8 ARJ21-700 飞机全机静力试验验证技术

13.8.1 技术要点

(1) 创建了一套大型飞机全机静力适航验证试验组织管理程序。

(2) 国内首次采用机翼垂直弦平面加载技术完成民用飞机适航验证试验。

(3) 国内首次完成了采用反配重扣重方法的民用飞机适航验证试验。

(4) 首次采用对比试验结合应变分析的方法完成高载修理后试验机结构符合性说明。

(5) 首次将"采用经试验验证的分析进行适航验证"的理念应用于国内民机适航取证。

（6）成功创建通过快速补充研发试验保证全机静力极限试验一次通过的方法流程。

13.8.2　技术途径

大型飞机全机静力试验涉及设计、制造和试验多专业协同工作，且试验周期长。通过 2.5g 试验研制，创建了一套大型飞机全机静力适航验证试验的组织管理程序，贯穿于全机静力试验全过程，包括试验规划、试验准备、适航制造符合性和现场目击、试验意外中止调查、故障复现及设计更改、试验恢复、试验完成后适航审查等工作。特别需要指出的是，由于 2.5g 试验第一次极限载荷试验在进行到 87% 时由于结构设计问题中止，因此在整个适航验证过程中还探索和成功实践了从试验发生结构破坏、中止试验、分析原因、验证原因、更改设计、验证更改、修复试验机、验证试验机的构型代表性直到恢复试验、试验成功全过程的适航审查程序，获得 CAAC 和 FAA 的认可，最终通过适航审查。

国内以往不管是军机还是民机，机翼加载均采用垂直于地面的加载方式。机翼主要的载荷是气动升力，升力始终垂直于机翼弦平面。对于大展弦比的飞机，机翼受载后变形很大，如果采用垂直于地面的加载方式，则会造成最终的机翼载荷施加不能模拟机翼的真实受载情况，对机翼结构的考核不充分。就 ARJ21-700 飞机而言，采用垂直于地面的加载方式，由于机翼变形减轻了机翼上壁板受压的情况，因此会造成机翼根部弯矩降低 4%。在 FAA 的影子审查过程中，多次对此问题提出质疑。通过广泛的国外咨询和资料收集发现，国外空客和波音全机静力试验均采用垂直于机翼弦平面加载的方式，只有采用垂直于机翼弦平面加载才可能得到 FAA 的认可，通过 FAA 的影子审查。

从理解条款出发，通过各种渠道开展国外技术咨询，通过团队的努力，从载荷处理到载荷施加，解决了机翼变形确定、加载方向改变后全机平衡问题、气动载荷和惯性载荷组合等关键技术难点，首次提出了采用载荷分区的方法解决加载点加载方向大量不一致的问题，最终完成了机翼垂直弦平面加载技术。

国内以往全机静力试验扣重均采用调整加载载荷的方法进行，这种扣重方法扣重和加载同时进行，会导致试验测量存在一个扣重阶段，这个扣重阶段中的应变和位移测量结果无法用于试验数据分析，均需要通过线性化处理消除扣重阶段的影响。对于民用飞机，大量采用薄壁结构设计，有些结构局部在 30% 左右开始失稳，而一些静力试验扣重工况在 40% 才完成扣重，无法通过应变测量监测失稳过程。

就此问题，在 FAA 的影子审查过程中，FAA 的审查代表对团队的扣重方法提出异议。经过仔细的分析，充分对比了两种扣重方法的优劣，认为对于民机全机静力试验，将加载和扣重过程分开，测量数据更有利于后续分析。ARJ21-700 飞机采用了反配重扣重方法，在加载前，采用配重使飞机处于零重状态，然后开始施加载荷。试验完成后测量数据线性度明显好于原扣重方案的试验测量结果，试验测量数据不需要做线性化处理，可直接用于试验分析。

2009 年 12 月 1 日进行了第一次稳定俯仰 $2.5g$ 全机极限载荷静力试验。由于 ARJ21－700 飞机龙骨梁后延伸段结构设计不合理，试验进行到 87% 极限载荷时，龙骨梁后延伸段结构失稳，试验中止。

在经过工程技术人员的努力后，确定了故障产生的原因，更改了结构方案，并且经过修理和修理后对试验机外形的测量，都表明试验机状态恢复可以重新进行试验验证。但是，适航当局要求申请人要证明飞机结构经受过高载后，飞机结构仍然能够代表飞机的取证构型进行验证试验。问题集中在飞机高载后可能产生的永久变形是否影响结构传力路线。不能表明修复后的 101 架试验机仍然能够代表飞机取证构型进行试验，有可能需要再制造一架静力试验机进行后续的适航验证试验。

$2.5g$ 试验首次采用对比试验结合应变分析的方法完成了高载修理后试验机结构符合性说明，证明了 101 架静力试验机在高载修理后，结构传力仍然符合飞机取证构型，可用于静力试验验证。

由于早期试验手段和分析手段的不完善，导致分析结果与试验结果误差较大，通常采用比较保守的分析方法保证飞机结构强度，然后通过极限载荷试验保证飞机结构满足设计要求。原来的结构强度验证思路，由于结构不能反复承受极限载荷，因此极限载荷试验仅能考虑少数典型载荷情况，对结构的验证是不完全的。

随着试验手段和分析手段的进步，国外逐渐转变为重视限制载荷试验和分析的对比，通过试验和分析的对比，证明分析方法可靠性，然后再通过分析的方法对结构进行全面的验证，表明结构符合强度设计要求。ARJ21－700 飞机全机静力试验，在国内首次探索和实践了将"采用经试验验证的分析进行适航验证"的理念应用于民机结构强度适航验证工作中，完成了 ARJ21－700 飞机全机有限元模型验证，得到了 CAAC 和 FAA 的认可。

飞机结构复杂，特别对于一些传力关系复杂的部位，应变变化梯度很大，在全机静力试验过程中，对于这些部位可能会发现局部应力非常高的部位，甚至可能超出分析的预期造成结构提前破坏。在全机静力试验过程中遇到这种情况，摆在工程人员面前无法回避的问题是需要回答试验是往下做还是停下来加强结构。

在 ARJ21－700 飞机 $2.5g$ 试验过程中，通过探索和实践，成功创建了通过快速补充研发试验，根据试验结果确认全机静力极限载荷试验一次通过的方法流程。

13.8.3　实施结果

$2.5g$ 试验是我国首次按 CAAC 和 FAA 的要求完成的全机静力适航验证试验，试验的成功完成，建立了大型飞机全机静力适航验证试验组织管理程序，国内首次采用机翼垂直弦平面加载技术、反配重扣重方法完成民用飞机全机静力试验，首次采用对比试验结合应变分析的方法完成高载修理后试验机结构符合性说明，首次将"采用经试验验证的分析进行适航验证"的理念应用于国内民机适航取证，成功创建通过快速补充研发试验保证全机静力极限试验一次通过的方法流程。

13.8.4　主要结论

按照适航条款要求，完成了 ARJ21‑700 飞机全机静力试验验证工作，表明 ARJ21‑700 飞机结构强度承受静载荷能力的适航符合性，为 ARJ21‑700 飞机 TC 取证提供依据。

13.9　ARJ21‑700 飞机全机疲劳试验验证技术

13.9.1　理论方法

根据 CCAR25.571 条款的要求，航空公司运营飞机的飞行次数（或小时数）不得超过全机疲劳试验次数的一半，全机疲劳试验的结果及进展在飞机结构的研制过程中显得至关重要。

全机疲劳试验机是一架不包括机头雷达罩、翼梢小翼和方向舵等部件的强度意义上的完整机体结构，试验主要考核机身、机翼（不含翼梢小翼）、副翼、尾翼（不含方向舵）及其相互之间的连接、发动机吊挂及其连接和起落架与机身、机翼连接结构的疲劳性能。为实施有效加载，规定了试验机的内力控制剖面，机翼结构的内力控制剖面有机翼前梁、机翼后梁、1 肋、6 肋、9 肋、14 肋、17 肋；机身结构内力控制剖面有 SD229 站位、SD560.722 站位、SD648.851 站位、714 站位、SD897.926 站位和 SD990 站位；平尾结构的内力控制剖面为中央盒段左右侧肋及其平尾后梁；垂尾结构的内力控制剖面为后梁、端斜肋、1 肋和 6 肋。

试验载荷谱是按照发图后 1 h 典型飞行使用任务剖面的飞行数据进行编制的，该剖面每次飞行时间为 1 h，飞行距离为 652 km，设计服役目标为 50 000 起落（50 000 fh）；全机疲劳试验载荷谱谱块是按照 1/10 设计服役目标寿命进行确定的，即选用 5 000 次飞行形成一个循环谱块，整个寿命期由该谱块重复 10 次进行模拟，按照 CCAR25.571 条款的要求，需进行 2 倍设计服役目标寿命的试验。

13.9.2　技术要点

系统化的民机全尺寸疲劳试验适航符合性验证方法和思路如下。
（1）试验加载技术。
（2）基于 TWIST 编谱原理的试验载荷谱编制技术。
（3）满足广布疲劳损伤（WFD）条款要求的适航符合性验证思路。
（4）试验故障处理技术。
（5）试验载荷谱优化技术。

13.9.3　技术途径

（1）针对试验加载点太多且协调加载难度大的状况，对商载的加载方案进行了优化,将原本在地板梁上的载荷累积到站位框上,降低了商载施加的难度,减少了加载作动筒的数量,且通过对比分析,表明这种加载方式对主传力结构的考核是充分的。

(2) 基于有限的 TWIST 载荷谱资料,经过 3 年多的努力,攻克了其核心技术,编制出了 5×5 随机载荷谱,确保了全机疲劳试验结果能够反映飞机真实飞行的情况。

(3) 针对新颁布的 FAR 25-132 修正案,通过对咨询通报以及相关资料的研究,确定了 LOV、ISP、SMP 的建立方法,并针对试验中某些广布疲劳损伤敏感结构一旦提前发生广布损伤的情况制定了措施,形成一套可行的广布疲劳损伤验证流程。

(4) 针对试验故障的处理,综合考虑试验周期、维修成本、新构型验证、修理方案验证以及对交付飞机的影响等问题,制定相应的故障处理方法,实现了将"经试验验证的分析方法进行适航验证"的理念应用于故障处理,该理念的确立不仅大大提高了故障处理效率,更为那些不经济或无法通过试验来表明符合性的新设计构型提供了解决途径,节省了可观的试验费用。

(5) 针对试验加载过慢的问题,对试验载荷谱进行了优化,通过删除谱中对试验机各结构细节的疲劳累积损伤贡献可忽略不计的载荷循环来减少谱中载荷循环数,以此达到加速试验的目的,相应的工作包括载荷谱优化原则确定、载荷谱优化分析、研发试验方案确定、研发试验结果分析,最终形成优化分析报告。2016 年 1 月,实施了优化后的载荷谱,相比优化前,试验速度提高一倍,每天可完成 90~100 次飞行起落的试验。

13.9.4 实施结果(设计计算和试验结果)

在试验方案制定、试验任务剖面确定、试验载荷谱编制、试验机加载、适航审查、试验故障处理以及试验载荷谱优化等方面,攻克了大量技术难题,在此过程中形成了多项创新点和关键技术,总结出了一套完整的按照 CCAR25.571 条款要求进行的民机全尺寸疲劳试验适航验证体系,截至 2017 年 6 月 30 日,全机疲劳试验共完成 35 152 次飞行起落的试验,为交付飞机的安全运营提供了强有力的保障。

13.9.5 主要结论

本试验技术在 ARJ21-700 飞机适航取证过程中得到了中国民航适航当局的认可。试验任务书、疲劳载荷谱编制报告、疲劳载荷谱优化报告、疲劳载荷处理报告、试验大纲和阶段性试验报告及分析报告都得到了中国民航适航当局批准。

ARJ21-700 飞机全机疲劳试验在技术上处于国内领先地位,达到了同类飞机国际先进水平,其积累的经验可直接应用到大型客机以及国内其他民机型号全尺寸疲劳试验中。ASE 理论分析流程如图 13.21 所示。

13.9.6 实施结果

针对 ARJ21-700 飞机完成了全面的气动弹性理论分析,包括亚、跨声速颤振

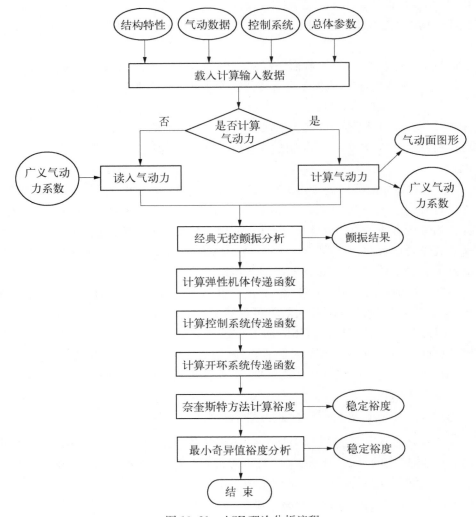

图 13.21 ASE 理论分析流程

分析、计及操纵面间隙影响的颤振分析、静气弹分析、ASE 分析、基于试验结果的颤振修正分析和 ASE 修正分析，得到了 ARJ21-700 飞机的全面气动弹性特性，表明了对颤振适航条款的符合性，并通过风洞试验和飞行试验进行了验证。

13.9.7 主要结论

该项关键技术已成功应用于 ARJ21-700 飞机和 C919 飞机型号设计，为国内喷气运输类飞机成功完成气动弹性理论分析适航符合性验证奠定了基础，并可指导后续型号飞机气动弹性设计的理论分析、模型试验、机上地面试验和飞行试验等适航取证工作。

14 飞行控制系统

在 ARJ21 - 700 飞机研制工作中,飞行控制系统共解决了 5 项关键技术,清单如表 14.1 所示,内容分述如下。

表 14.1 关键技术项目清单(飞行控制系统)

序　号	名　　　称
1	电飞行控制系统设计与验证
2	飞控系统安全性设计技术
3	高升力系统传动机构关键设计技术
4	后缘襟翼作动机构运动同步性关键技术
5	前缘缝翼齿轮齿条作动机构关键技术

14.1　电飞行控制系统设计与验证

14.1.1　理论方法

ARJ21 - 700 飞机主飞行控制系统的工作模式包括直接模式和正常模式,两种模式下都主要采用以开环为主的控制律。直接模式在驾驶员指令与操纵舵面之间提供了一种模拟式连接。在此工作模式下,驾驶杆/盘/脚蹬/减速板控制手柄传感器及水平安定面配平开关将位置信号传送给作动器控制电子装置(ACE,包括 P - ACE、S - ACE 和 HS - ACE),ACE 再将模拟指令和控制信号发送给作动器,作动器则直接驱动各操纵面。当飞控系统在正常模式下工作时,会在直接模式的基础上根据特定的飞行状态调整方向舵、升降舵和副翼、扰流板等的指令-舵面的空速增益关系,提供增强指令,以改善飞机的操纵品质。这些增益经飞行控制盒(FCC)根据飞机传感器数据、飞机构型和驾驶员指令计算得出,叠加到 ACE 模拟通路中,形成对作动器的控制信号。

14.1.2　技术要点

无机械备份,模拟控制路径为主干通道、数字计算机为增强通道的系统架构,由数字计算机提供增强指令。ARJ21 - 700 飞机电传飞行控制系统没有机械备份,减少了飞机布置的困难,减轻了重量,减缓了机械传动机构摩擦、间隙、卡滞等问题。

适合于支线机的开环为主的控制律设计。仅作动器伺服控制采用闭环设计，未与飞机级传感器形成闭环，以飞行员的操纵和感受为主，减少了系统故障模式及对飞机级数据的依赖。正常模式控制路径由直接模式控制路径叠加有限权限的数字信号后组成，尽可能减小数字信号错误或干扰信号对系统造成的不利影响。

与系统故障相协调的降级模式设计。在正常模式下，可根据系统各个输入数据的可用性提供附加的增强功能来改善飞机的操纵品质，包括电子配重、偏航阻尼器、方向舵增益调节、力纷争补偿、构型/马赫/自动配平功能。当飞控系统因故障等原因而降级时，会失去部分或全部增强功能。在系统不能接收到有效空速或两台 FCC 都无效时，系统进入直接模式。直接模式下由模拟控制路径提供基于缝翼收放状态的固定的控制增益，保证飞机的最低飞行安全。

防止舵面颤振在正常和故障状态下的设计实现。根据飞机安全性要求，单块主舵面丧失颤振抑制能力都为灾难级故障。飞控系统在设计中，通过系统实现保证了单块舵面出现颤振的故障概率低于 $10^{-9}/\mathrm{fh}$。系统设计架构在进一步提高飞控系统防止舵面颤振能力方面，进行了如下设计：每个副翼/升降舵舵面上的两个作动器以主动/主动模式工作，任一作动器工作时利用作动器的动刚度及阻抗特性满足操纵面的防颤振要求；在两个作动器都失效情况下，任一副翼/升降舵通道阻尼满足操纵面的防颤振要求；方向舵上的三个作动器以主动/主动/主动模式工作，因此每个舵面均可实现二次故障下满足防颤振要求。

余度设计。ARJ21-700 飞机的主飞行控制系统为多余度的电传飞行控制系统，两台 FCC 中各有一个飞行控制模块（FCM），以主、备工作模式提供对舵面的控制；FCM 和作动器控制电子装置均有完整的指令和监控支路实现比较监控，指令和监控支路使用独立的驾驶舱传感器数据。

监控、自检测及告警。系统具备完整的故障监控和自检测功能，包括周期性自检测（P-BIT）、维护自检测（I-BIT）和连续自检测（C-BIT），实现了高覆盖率的故障监测，满足故障安全要求。故障状态下，系统按飞行阶段和故障影响及故障后的操作要求提供告警信息并通过中央维护系统维护信息。

14.1.3 技术途径

分析 FAA、EASA 和 CAAC 在飞控系统安全性，特别是电飞行控制系统方面的最新要求，跟踪国外厂商的型号适航实践，提出 ARJ21-700 飞机飞控系统的适航和安全性设计要求。

按照 SAE ARP4761 要求，在飞机 FHA 基础上，根据系统 FHA、FTA 和 CA 等，提出安全性设计需求，包括余度、监控、信号完整性以及相关的架构独立性要求；随着需求定义的完善和向下分配、系统架构和设计方案的确定，定义和细化研制保证等级（DAL）。并通过飞模和试飞对系统功能危害性分析（SFHA）进行了确认试验,保证了系统顶层安全性设计要求的正确性。

捕获飞机级和专业级设计需求、适航要求、安全性需求,定义飞控系统设计需求,并分阶段对系统设计需求进行确认,重点关注控制律、飞机性能、载荷、颤振抑制等方面的需求。

在国际上已实现的电传-机械混合操纵系统设计基础上,基于安全性和功能需求,提出了无机械备份,采用模拟电子为主干通道,数字计算机提供增强功能的系统架构。

以飞控系统实现的飞机及系统功能为主线,定义域相关系统接口,提出对能源系统和信号系统的要求,包括精度、信号延迟、失效率和完整性等要求;定义与显示告警、中央维护系统、自动飞行系统的接口,用于实现系统功能。

在飞控系统故障模式、精度、系统性能等分析的基础上,对飞机和专业级需求反复迭代,充分协调。

充分考虑区域安全、特殊风险,开展系统设备和相关管路、线束布置,综合考虑能源和信号系统的布置。

根据确定的 DAL,对研制过程进行控制,对机载软件和复杂电子硬件按 DO-178B 和 DO-254 的要求进行审核。

对软件、设备、子系统、系统逐级进行验证,保证各级设计实现满足设计需求;在多系统间进行综合试验,包括与襟缝翼、液压能源、电源、起落架和航电系统的综合试验;机上地面试验,验证系统设备装机后功能正常。

试飞验证系统在定义的飞行包线内功能正常,同时,结合性能、操稳、颤振、载荷和自动飞行系统等试飞验证飞控系统参与的飞机级功能正常,相关设计需求通过最终确认,并通过试飞验证试验模拟双发停车验证了飞机操纵性,证明了对适航条款的符合性。

14.1.4 实施结果

实现了无机械备份的电飞行控制系统。系统以模拟电路为主干通道,数字式增益调整和增强功能改善操纵品质。与传统机械操纵系统相比,系统根据空速和飞机构型调整驾驶器件到舵面的控制增益,使飞机在全包线有相近的操纵特性。同时提供电子配重 Bob-weight 功能,用于改善杆力特性;构型配平,用于减缓襟缝翼、减速板收放时俯仰力矩变化的影响;方向舵行程限制,用于限制方向舵对垂尾的载荷;推力不对称补偿,单发失效时增加方向舵权限。与航电自动飞行系统一起,实现偏航阻尼器、自动配平和马赫数配平功能。

系统有正常和直接两种工作模式,并根据系统的完好性和外部信号的可用性,在保证安全的前提下,在两种工作模式间提供尽可能多的功能。

该项成果已成功地应用于 ARJ21-700 型飞机的飞控系统研制中,并成功取得了型号合格证。

14.1.5　主要结论

ARJ21-700支线飞机飞控系统采用了不同于传统机械操纵系统和带机械备份电传飞控系统的设计,有效减轻了系统重量;使用余度设计等方法确保飞机安全性;通过数字计算机增强改善了飞机操纵性。该项成果可应用于其他机型的研制,尤其是中、大型支线飞机及同吨位的飞机。在民用飞机飞控系统高度复杂化,安全性和可靠性越来越受到重视的趋势下,电飞行控制技术的研究成果具有广泛的应用前景。

14.2　飞控系统安全性设计技术

14.2.1　理论方法

ARJ21-700飞机飞控系统安全性设计技术贯穿于飞控系统设计的全过程,从设计需求的提出、确认,到设计过程中的分析、实现,以至飞机级系统的综合和验证。

飞控系统安全性分析方法综合了ARP4754A提出的安全性评估过程模型以及ARP 4761提供的不同评估方法的详细指导,与系统其他研制过程相互作用,建立了系统安全性目标并确定了具体实施手段,按照系统安全性分析流程完成了飞控系统SFHA、PSSA、SSA和CCA。同时,该分析方法融入了适航要求,安全性评估过程提供了表明对适航要求符合性的分析依据。

14.2.2　技术要点

1) 系统级FHA

ARJ21-700飞机飞控系统在建立系统级FHA时,考虑了一下原则及要点:以预期功能清单作为原始输入,建立系统功能清单,系统功能清单中包含了系统的内部功能和交互功能;按照环境和应急构型,逐个分析功能清单对应急功能失效/错误的故障影响。合并FHA条款的可包含项目。

2) 系统级PSSA

飞控系统PSSA包含初步的共模故障分析、PSSA阶段故障树,并且对软、硬件研制确保等级提出了设计要求。

3) 系统级SSA

SSA为一个分析体系,有大量文件对SSA报告起支撑作用。对于Ⅰ类故障和Ⅱ类故障,飞控系统SSA做了定量安全性评估;对于Ⅲ类和Ⅳ类故障,飞控系统SSA没有建立定量故障树,因为大部分Ⅲ类和Ⅳ类故障已被Ⅰ类故障和Ⅱ类故障覆盖。

4) 系统级CCA

为了满足安全性要求,必须保证功能、系统或设备之间的独立性,因此必须保证该独立性是确实存在的或由于风险导致的一定程度的非独立性是可接受的。共因分析提供了一种验证这种独立性或确定特定的非独立性的分析工具。

共因分析识别那些会导致灾难性和危险性影响的故障模式或外部事件。这些共因事件将被杜绝产生灾难性的失效条件以及被限制在可接受的概率范围内导致危险性的失效条件。

在飞控系统安全性验证中,包括了区域安全性分析、特殊风险分析、共模故障分析。

14.2.3　技术途径

ARJ21-700飞机飞控系统安全性分析以系统级 FHA、系统级 PSSA 和系统级 SSA 作为分析主线,以 CCA(包括共模故障分析、区域安全性分析和特殊风险分析)作为分析系统共模故障的手段,对飞控系统安全性体系进行了完整分析。飞控系统安全性分析的构架体系见图 14.1。

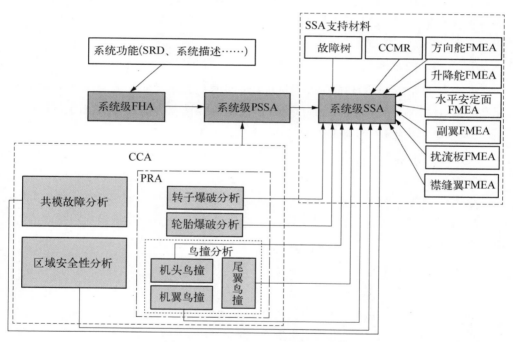

图 14.1　飞控系统安全性构架体系

14.2.4　实施结果(设计计算和试验结果)

本方法针对民用飞机机载系统的安全性分析和评估,在系统研制中贯彻安全性设计理念,结合安全性分析方法和过程,表明对适航条款的符合性。

14.2.5　主要结论

该方法已经应用在 ARJ21-700 飞机飞控系统安全性分析中,成功解决了型号设计的难点,为型号取证打下了坚实基础,并为其他同类型飞机的飞控系统安全性分析提供了有价值的参考。

14.3　高升力系统传动机构关键设计技术

14.3.1　理论方法

飞机在空中飞行过程中受外部的气动载荷作用,或在地面停留过程中受内部的自身重量与载油量作用,都会使飞机机体与机翼变形,表现为机身框及长桁的纵向伸长或缩短,机翼和水平安定面的上翘或下垂。通过计算沿翼展方向的机翼变形量和襟缝翼操纵面侧向变形量和计算,从长度和角度两个方面得到总的机翼变形量。

14.3.2　技术要点

提出了一种对主要传动零部件的沿翼展方向与侧向位移的补偿方法。计算了传动系统在机翼承受限制载荷条件下的理论最大变形量,使用花键、万向节与球轴承等多种联结方式,设计了高升力传动系统,解决了大展弦比机翼变形易导致传动机构卡滞与卡阻的难题。

14.3.3　技术途径

首先对机翼承受限制载荷条件下进行理论计算得到最大变形量,后期通过静力机试验数据对计算结果进行校核,通过铁鸟台架实施操作试验,验证计算方法的正确性。

14.3.4　实施结果(设计计算和试验结果)

(1)针对襟翼的侧向位移,襟翼作动器可以产生 3° 的摇摆角,位移补偿量为 35.5 mm。

(2)一侧襟翼系统的扭力管补偿总量为 85.9 mm,大于沿机翼翼展的实际变形量 43.7 mm;一侧缝翼系统的扭力管补偿总量为 114.3 mm,大于沿机翼翼展的实际变形量 63.8 mm。

(3)扭力管与相邻机构或系统间的间隙为 12.7 mm。

14.3.5　主要结论

高升力系统传动机构分析、设计和验证方法已经成功地应用到了 ARJ21 - 700 型飞机项目中,解决了传动机构受大展弦比机翼变形导致的运动卡阻、过度摩擦与过度变形问题。

14.4　后缘襟翼作动机构运动同步性关键技术

14.4.1　理论方法

利用映射、投影与相似比例等几何变换方法,建立作动器的运动学方程,精确计算襟翼作动器运动轨迹。

14.4.2　技术要点

提出了一个控制多块襟翼翼面运动同步性的方法。使用映射、投影与相似比例等几何变换,对同一襟翼的两个作动器关键参数进行迭代设计,推导出了不同襟翼在某一位置时的偏角差值,解决了多块襟翼在不同包络面内作同步运动,并符合飞机气动形位要求的难题;采用极限误差叠加的方法,分配与控制襟翼运动机构中作动器的制造和安装等误差影响因素,实现了单块襟翼操纵面运动到最大伸出角度时的气动形位要求。

14.4.3 技术途径

首先通过映射、投影与相似比例等几何变换方法,机翼坐标系(空间)与襟翼坐标系(平面)之间的平滑转换,推导出了作动器的运动行程与等运动参数;采用型架定位与双备份锁紧的作动器安装方法,提高了作动器与后梁支座和翼面铰链支座之间的定位精度,从而保证了襟翼驱动机构的运动精度。

14.4.4 实施结果(设计计算和试验结果)

经过计算,ARJ21 - 700 飞机襟翼内襟翼两个作动器偏差 0.000 93°,外襟翼两个作动器偏差 0.016°,内外襟翼偏角差 0.483 7°,以上偏转角度误差符合飞机相关要求规定的 $\Delta \alpha < 0.7°$,满足同步性设计要求。

14.4.5 主要结论

襟翼驱动机构的作动器布置及作动器参数的计算方法和装配技术,已经成功地应用到了 ARJ21 - 700 飞机项目中。解决了超临界翼型后缘空间狭小导致作动机构布置困难与多块操纵面在圆锥包络线内同步运动的两项难题。

14.5 前缘缝翼齿轮齿条作动机构关键技术

14.5.1 理论方法

结合故障载荷,采用无根切最小齿轮-齿条齿数、非标准模数设计方法。

14.5.2 技术要点

缝翼作动系统采用了大压力角齿轮和非标准模数齿轮的设计,实现了少齿数、无根切、大传动比、高强度收放控制机构的优化,以及基于钻孔模板定位与机翼前缘逆向装配相结合的安装方法,解决了超临界机翼构型结构空间狭小导致作动机构布置困难的难题。

14.5.3 技术途径

针对缝翼作动机构低速运转且承载情况复杂的特点,计算缝翼齿轮-齿条装置齿数、传动比和模数;采用逆向装配与钻孔模板定位相结合的方法,保证了缝翼翼面在机构收放过程中的位置精度。

14.5.4 实施结果(设计计算和试验结果)

计算齿轮齿数为 12 齿,齿条齿数为 226 齿;1 号齿轮为 13 齿,1 号齿轮为

245 齿。

14.5.5 主要结论

缝翼齿轮-齿条设计与安装技术,已经成功地应用到了 ARJ21 - 700 飞机项目中,解决了超临界翼型前缘空间狭小导致作动机构布置困难,多块操纵面在圆锥包络线内同步运动等多项难题。

15 电 子 电 气

在 ARJ21 - 700 飞机研制工作中,电子电气系统共解决了 5 项关键技术,清单如表 15.1 所示,内容分述如下。

表 15.1 关键技术项目清单(电子电气系统)

序 号	名 称
1	航空电子系统综合
2	面向飞行关键负载需求的电源系统综合设计和验证技术
3	驾驶舱脉宽调制(PWM)调光技术
4	测试调整数据库(TAR file)适航取证技术
5	机载软件和电子硬件技术

15.1 航空电子系统综合

15.1.1 理论方法

航电系统的设计与综合以需求为导向,以满足适航要求为根本,通过功能分配和研制保证等级等的分配,建立满足适航要求的研制过程保证体系,开展 ARJ21 - 700 飞机综合航电系统需求设计、确认和验证的研制工作。综合航电系统架构采用高度集成和模块化的设计理念,通过先进的驾驶舱布局、综合化的处理系统和集中式的数据传输单元三方面予以实现;采用"开放式"设计理念,主要体现在开放式通信标准、开放式处理平台以及开放式系统支持上。基于适航要求,综合航电系统各子系统研究确定满足适航要求的符合性方法,同时运用大系统集成技术与验证技术,确保全部的综合航电系统及其各子系统完成预定的系统功能,并保证装机后系统功能正常。在 ARJ21 - 700 飞机试飞中根据子系统试飞科目特点,采用研发试飞、表明符合性试飞和审定试飞三种试飞类型完成航电系统试飞科目。针对航电系统试飞试验过程中的技术难点,采取合理有效的措施,确保各项试飞科目的顺利完成。

15.1.2 技术要点

(1) 以系统需求为导向,以满足适航要求为根本,通过研制保证等级的分配,建立研制过程的保证体系,完成 ARJ21-700 飞机综合航电系统需求设计、确认和验证的研制工作。

（2）采用高度集成模块化设计理念,通过先进的驾驶舱布局、综合化的处理系统和集中式数据传输等多个方面予以实现;采用"开放式"设计理念,主要体现在开放式通信标准、开放式处理平台以及开放式系统,实现航电系统的先进性和高度综合性。

（3）综合航电系统由诸多子系统构成,为确保全部的航电子系统完成预定的系统功能以及保证装机后能确保系统的功能正常,在研究民机综合航电系统集成与验证技术的基础上,搭建综合航电系统地面试验台,并完成地面综合试验。航电系统地面集成验证平台及其在型号研制过程中的应用,对 ARJ21-700 飞机审定取证过程具有重要意义。

（4）基于对适航要求的研究和分析,制定了综合航电系统各子系统的适航符合性方法,并以此为依据,完成了 ARJ21-700 飞机综合航电系统研制过程中的各种适航符合性活动。

（5）根据航电系统各子系统的功能需求、需要满足的适航条款、试飞科目特点,采用研发试飞、表明符合性试飞和审定试飞三种试飞类型完成 ARJ21-700 飞机航电系统试飞科目。并针对航电系统试验/试飞过程中的技术难点,研究分析制定试验/试飞方法和试验程序,并采取合理有效的试验/试飞措施,确保各项试验/试飞科目的顺利完成。

15.1.3 技术途径

1）基于需求的航电系统设计、确认和验证

明确定义民机系统安全性目标,包含量化要求和定性要求。为保证飞机和航电系统的适航符合性,在考虑整个飞机操作环境和功能的情况下,梳理飞机研制过程中的主要计划和过程之间的关系;通过结合功能危害性分析（FHA）、初步安全性分析（PASA/PSSA）和安全性分析（ASA/SSA）等手段,确保安全性和系统开发之间的联系,保证飞机安全性需求的实现。

根据综合航电系统自上而下的功能需求,开展面向计划过程、系统正向开发技术过程、系统开发的完整性过程的研制过程。

2）基于综合模块化开放式的航电系统架构设计

瞄准国外先进机型的航电系统设计目标,开展了 ARJ21-700 飞机基于综合模块化开放式的航电系统设计技术研究,重点研究了 ARJ21-700 飞机航电系统的综合模块化设计、开放式设计的研究内容。

（1）综合模块化航电系统设计

ARJ21-700 飞机航电系统综合模块化主要体现在先进的驾驶舱布局、综合化的处理系统以及集中式数据传输单元三个方面。

（2）开放式的航电系统设计

ARJ21－700 飞机航电系统具有"开放式"的设计特色，其主要体现在开放式通信标准、开放式处理平台以及开放式系统支持三个方面。

（3）航电系统综合验证

航电系统的设计验证技术主要包括：航电系统试验台 Rig 技术、座舱采集与飞行仿真技术、动态无线通信导航仿真激励技术三个方面。

a. 航电系统试验台 Rig 技术

ARJ21－700 飞机航电系统设计验证是以航电系统综合试验台 Rig 为主要的试验系统平台。航电系统 Rig 是国内首套完整的航电系统集成平台，其主要由模拟驾驶舱、航电系统其他被测试验件、仿真激励设施（主要用于通信、导航设备的激励）、试验管理系统（ACS，包括主控平台和各试验系统管理模块，完成如构型管理、电源管理、配线管理以及试验系统自检维护等功能）、仿真系统（NGS，包括飞行仿真和各飞机系统的仿真）、测试系统（含试验数据监控和自动测试功能）等组成。

b. 动态无线通信导航仿真激励技术

采用动态无线通信导航仿真激励技术，将那些分布在地面、空中和高空的无线电台站"搬移"到实验室内，并能根据需要随意控制其参数和模式，以实现航电系统在实验室条件下的"飞行"验证。

（4）综合航电系统的适航符合性方法

从全机系统层面考虑，航电系统与 ARJ21－700 飞机其他系统如环控、电源、液压、燃油、动力装置等多个系统存在交联关系，受到全机各系统更改的影响，在适航验证试飞过程中航电软件更改较多，造成航电系统验证试飞受飞机各系统构型变化和构型冻结的影响，从而影响飞机项目的整体验证试飞进度。

针对上述航电系统适航试验和试飞试验难点，在 ARJ21 综合航电系统验证试飞过程中，以试验需求和大版本航电软件的阶段性软件构型控制的措施为基础，采取优化组合试飞科目和试验点的方法，统筹规划航电系统适航试验和试飞试验，以达到在部分功能/系统满足构型要求即开展部分功能/系统的验证试飞的目的。同时，采取了对航电系统中无须依赖航电大版本软件的独立系统/功能开展独立试飞，对依赖航电系统大版本软件的综合性功能开展综合性试飞，并对独立试飞和综合试飞的试飞科目/试飞试验点进行优化组合来减少试飞架次，降低试飞费用。

15.1.4　实施结果

ARJ21－700 飞机综合航电系统采用高度集成模块化设计理念，通过先进的驾驶舱布局、综合化的处理系统和集中式数据传输单元三方面予以实现。基于适航要求，综合航电系统各子系统按照条款要求、系统功能需求和系统特点，研究、分析并确定了相应的适航符合性方法，并以此为依据，航电系统各子系统开展适航验证试验/试飞等适航符合性活动,运用系统集成技术与系统综合验证技术,确保综合航电系统各子系统完成预定的系统功能,并保证系统装机后功能正常。在 ARJ21 - 700 飞机试飞中根据子系统特点,采用研发试飞、表明符合性试飞和审定试飞三种试飞类型完成航电系统所有验证活动。针对航电系统试飞/试验过程中的技术难点,通过研究制定试验方法和程序,采取合理有效的措施,确保各项试验/试飞科目的圆满完成。

在综合航电系统的研制过程和适航验证/试飞过程中,所突破的多项关键技术填补了国内相关技术的空白,这些关键技术已成功应用于 C919 飞机的设计研制,同时为国内军/民机研制提供宝贵的借鉴经验,也对提高国家高端制造业发展水平具有里程碑式的意义。

15.1.5　主要结论

航电系统的综合以系统需求为导向,以满足适航要求为根本,通过功能分配和研制保证等级等的分配,建立满足适航要求的研制过程保证体系,开展 ARJ21 - 700 飞机综合航电系统需求设计、确认和验证的研制工作。综合航电系统架构采用高度集成和模块化的设计理念,通过先进的驾驶舱布局、综合化的处理系统和集中式数据传输单元三方面予以实现;采用"开放式"设计理念,主要体现在开放式通信标准、开放式处理平台以及开放式系统支持,使得 ARJ21 - 700 飞机综合航电系统具有较高的综合性。

经过 ARJ21 - 700 飞机航电系统综合关键技术的攻关,中国商飞已经初步掌握航电系统的综合技术,形成了 4 项公司级、1 项院级设计规范,获得了 37 项科技成果,形成了 10 项发明专利和 1 项软件著作权。

15.2　面向飞行关键负载需求的电源系统综合设计和验证技术

15.2.1　理论方法

基于电操纵需求的多通道电源系统的设计,需满足用于维持飞机持续安全飞行和着陆所必需的关键系统对供电安全性、供电中断时间、供电容量以及供电性能的要求。其中,供电安全性要求是指结合考虑正常电源和应急电源,丧失对关键飞行系统的供电应是"极不可能"的;供电中断时间是指在转换过程中能满足关键用电设备尤其是飞行控制系统设备的供电中断时间的要求;供电容量是有限的电源容量状态下,通过合理的负载配置,能满足各个状态下的负载使用需求。

ARJ21 - 700 飞机电源系统向飞机用电设备提供 115/200 V、400 Hz 的三相交流电和 28 V 直流电。电源品质符合 MIL - STD - 704E 的要求,系统同时满足如下特殊要求:

(1) 关键汇流条组合满足小于 10^{-9}(极不可能)的安全性指标。

(2) 直流重要汇流条最小中断时间。

（3）在 APU 起动过程中，直流重要汇流条的电压品质。

（4）配置无时限的应急电源。

15.2.2　技术要点

（1）为了满足供电安全性要求，电源系统配置了两台主发电机、一台辅助发电机以及一台应急交流发电机，系统正常工作时由两台主发电机给全机负载供电，当一台主发电机失效时，可由 APU 发电机替代失效的发电机给相应的供电通道供电，在主电源和 APU 发电机均失效时，冲压空气涡轮（RAT）发电机作为应急交流发电机可给应急通道供电，满足关键用电设备的要求，为了实现关键用电设备失效是"极不可能"的要求，电源系统的设计应用了基于 SAE ARP4754a 的独立非相似架构设计策略，将主电源系统与应急电源系统设计成了相互独立且非相似的系统。

（2）为了满足飞行控制系统对应急直流供电转换中断时间小于 10 ms 的特殊要求，电源系统设置了两台主蓄电池系统和一台飞控系统专用蓄电池，用于在直流主电源无法给直流重要汇流条供电而转由主蓄电池供电时，蓄电池控制器可以尽可能缩短直流重要汇流条的供电转换时间，使其不超过 10 ms。当主蓄电池和 APU 蓄电池电量耗尽时，飞控专用蓄电池将直接给飞控系统供电，确保不出现供电中断的情况。据此可以满足飞控系统对供电中断时间的要求。

（3）为了满足供电容量和供电性能的要求，根据 CCAR25.1351（a）条款，选用的主发电机、辅助发电机、TRU 以及 RAT 发电机及其他应急电源（包括蓄电池和静止变流器）的容量均是根据电气负载分析确定，且供电特性均满足 ARJ21 - 700 飞机顶层文件的规定。

负载分析时考虑了两台发电机供电时可给全机用电设备供电；一台主发电机或 APU 发电机供电时，可卸载部分非重要负载，以确保重要负载供电；在应急供电状态下需满足关键用电设备的供电。同时，在 RAT 发电机的容量设计过程中，由于 RAT 发电机的重负载起动能力有限，并且 RAT 发电机在低空速状态下（如着陆过程中）的供电能力下降，为了降低对 RAT 发电机容量的要求，进而减小 RAT 发电机的体积和重量，提高飞机经济性，设计了应急供电状态下的负载管理逻辑，包括分时上电逻辑和低空速下的自动卸载策略。

15.2.3　技术途径

1）基于 SAE ARP4754A 的独立非相似架构设计

电源系统的设计要满足飞行关键系统（如飞控系统）对电源系统提出的安全性要求，即丧失所有电源（交流或直流）供电的发生概率应小于 10^{-9}/fh，为极不可能的。

在架构设计阶段要从定性角度进行考虑。为了满足该定性安全性要求，电源系统的设计保证等级应为 A。按照 SAE ARP4754A 的要求，A 级系统的多个冗余通道中应至少包括两个相似的设计保证等级为 A 的通道或两个独立非相似的设计保证等级至少为 B 的通道。考虑到上述两种设计选择中，采用后者的成本更低、取证风险更小、并且 RAT 发电机已经与主供电通道的发电机实现了独立非相似，故选择了基于后者的架构设计。在 ARJ21-700 飞机电源系统的架构设计中，采用了三供电通道设计，其中左、右供电通道为主供电通道并且两者设计相似，而应急供电通道的设计与主供电通道独立非相似。

2）为满足负载供电中断时间要求而设计的供电自动转换逻辑

（1）飞机位于地面时电源转换

飞机上电优先级从高到低为 IDG、APU 发电机、外电源。当优先级较高的电源可用时，将自动替换优先级较低的电源，通过短时并联运行实现外电源、辅助电源和 LIDG、RIDG 之间的不中断电源转换（NBPT）。

（2）飞机在空中时的电源转换

当飞机处于空中状态时，IDG 和辅助电源之间的转换为中断供电转换（BPT）。转换时间应小于 200 ms 以满足各用电系统供电转换完成时可自动恢复工作且设备性能不会下降。

（3）应急通道的电源转换

为了降低应急供电系统的使用带来的机组操作负担，并减小供电中断时间，应急供电状态下，RAT 发电机将自动释放且应急供电通道与主供电通道的转换将自动完成。

飞机在空中时，若发动机和辅助动力装置（APU）驱动的发电机均不可用，则进入应急供电状态，RAT 将自动释放。为了防止 RAT 自动释放功能失效而导致 RAT 发电机不可用，还在驾驶舱设置了手动释放钢索，使机组可以在需要时手动释放 RAT。

因为 RAT 发电机从释放后到接入飞机电网需要一定的时间，在主电源失效情况下可能会带来最长达 8.08 s 的供电中断，不能满足部分关键飞行负载对供电中断时间的要求，所以又设置了一台主蓄电池、一台 APU 蓄电池、一台飞控蓄电池和一台静止变流器。应急供电状态下，在 RAT 发电机可用前，由蓄电池向直流关键用电设备供电，并通过静止变流器向供电中断时间要求较高的单相交流用电设备供电。通过这一设计，可以将关键直流负载的供电中断时间控制在 10 ms 以内，并显著降低静止变流器供电的单相交流关键负载的供电中断时间。

在 RAT 发电机可用后，系统会自动转换到由 RAT 发电机供电，RAT 发电机向交流关键负载供电，并通过应急变压整流器（ETRU）转换向直流关键负载供电，此时蓄电池重新进入充电状态。

3）为降低 RAT 发电机容量需求而设计的应急供电状态自动负载管理逻辑

电源系统中设置的应急供电状态下的负载管理逻辑主要是为了在同样的负载需求下，降低对 RAT 发电机的容量需求，进而降低 RAT 发电机的体积和重量（RAT 发电机的容量与体积、重量直接相关），提高系统和飞机的经济性。负载管理逻辑包括以下两点。

（1）应急供电状态下的分时上电逻辑：考虑到 RAT 发电机的过载能力有限，为了防止应急供电状态下，RAT 发电机起动重负载过程（如电动液压泵）中因过载而失效，利用延时继电器实现了自动负载管理逻辑，在 RAT 发电机接入后，会首先用于起动冲击电流大的交流电动液压泵，在液压泵起动完成后，再延时接入其余关键负载（包括 ETRU）。

（2）考虑到 RAT 发电机的容量会受空速限制，为了防止低空速下（主要发生在着陆阶段）RAT 发电机因过载而失效，会在空速低于 160 kn 时自动断开 ETRU，RAT 发电机不再通过 ETRU 向关键直流负载供电，而是由蓄电池向关键直流负载供电。

4）电源系统的适航符合性方法

为了验证系统设计对需求的符合性，采用了安全性评估、实验室试验、机上地面试验和飞行试验等验证方法。

通过电气负载分析，表明了电源系统的容量可以满足关键用电负载需求。

通过电源系统安全性评估中的故障模式影响分析（FMEA），证明了电源系统中不存在可能导致灾难级失效的单点故障；通过电源系统区域安全性分析（ZSA）、共模分析（CMA）和特定风险分析（PRA），证明了应急供电系统与主供电系统独立非相似架构的真实存在；通过电源系统故障树分析（FTA），证明了应用本文所述的电源系统，电源系统的安全性水平可以满足定义的安全性要求。

在电源系统实验室试验中，搭建了电源系统试验平台，以充分验证电源系统的功能和性能。通过实验室试验，验证了电源系统的供电转换逻辑和供电性能。在应急供电状态下由蓄电池供电的左直流重要汇流条的供电中断时间约 4 ms；应急供电状态下由静止变流器供电的单相交流重要汇流条的供电中断时间约为 210 ms，由此可以看出通过采用蓄电池和静止变流器供电，显著缩短了部分关键负载的供电中断时间。

机上地面试验充分验证了供电转换时间能满足小于 200 ms 的要求。

飞行试验中，为了验证 RAT 发电机的释放功能、供电功能和性能，提出了模拟双发电机失效状态进行应急发电机空中释放的性能验证方法，手动释放 RAT 发电机，并断开主发电机，模拟双发电机失效进行飞行试验，飞行试验中三相交流重要汇流条从丧失供电到 RAT 发电机接入后电压恢复中断时间约 4 120 ms。

15.2.4　实施结果

（1）基于 SAE ARP4754A 的独立非相似架构设计使电源系统关键汇流条组合满足小于 10^{-9}（极不可能）的安全性指标。

（2）供电自动转换逻辑实现了直流重要汇流条最小中断 10 ms 的要求，并保证了在 APU 起动过程中，直流重要汇流条的电压品质。

（3）配置了冲压空气涡轮发电机，提供了无时限的应急电源，并采用了应急供电状态自动负载管理逻辑降低了 RAT 发电机容量需求。

针对 ARJ21－700 飞机电源系统开展的符合性验证活动,包括负载分析、安全性评估、实验室试验、机上地面试验以及飞行试验证明了设计的电源系统可以满足相关设计需求。上述描述的验证活动和结果均已经得到 ARJ21－700 飞机适航审查当局(CAAC)的认可或批准,其中安全性评估和实验室试验还得到 ARJ21－700 飞机影子审查方 FAA 的认可。

15.2.5 主要结论

面向飞行关键负载需求的电源系统综合设计和验证技术的应用,使 ARJ21 飞机满足了用于维持飞机持续安全飞行和着陆所必需的关键系统对供电安全性、供电中断时间、供电容量以及供电性能的要求。实现了关键汇流条组合满足小于 10^{-9}(极不可能)的安全性指标;直流重要汇流条最小中断时间小于 10 ms;在 APU 起动过程中,直流重要汇流条的电压品质;配置了无时限的应急电源。

该技术在型号上的应用已获得了"ARJ21－700 飞机电源系统蓄电池综合控制技术研究与应用""ARJ21－700 飞机应急供电系统的设计和验证"和"ARJ21－700 飞机电源系统设计及验证技术"等三项科技成果,该电源系统的设计和验证技术,支持了 ARJ21－700 飞机上部分关键系统的功能实现,保证了飞机的先进性水平,并支持整个项目的研制和适航取证。

ARJ21－700 飞机上采用的电源系统设计为 C919 飞机电源系统的研制积累了经验,C919 飞机电源系统同样采用了单通道飞机的电源系统架构,同样采用 RAT 发电机作为应急交流电源,并同样基于 RAT 发电机供电能力和负载需求设计了自动负载管理逻辑。

15.3 驾驶舱脉宽调制(PWM)调光技术

15.3.1 理论方法

国内一般民机控制板组件与调光控制系统设计采用白炽灯照明,控制器件、系统状态指示器以及导光板全部独立安装,这一传统的控制板组件与调光控制系统设计存在的问题是白炽灯照明热辐射高,亮度随电压线性变化的调节容易造成视觉疲劳,长期的亮度调节会造成其寿命缩短、颜色漂移;控制器件因其独立的安装方式维修较复杂,因此,项目研究组把工作重点放在设计一套高效率、低热辐射、寿命长且能有效缓解飞行员视觉疲劳的控制板组件与调光控制系统上。这样,一种基于 4 000 K LED 光源,采用 PWM 调节方式的控制板组件与调光控制系统应运而生。

15.3.2 技术要点

控制板组件与调光控制系统设计在 CCAR－25 部中的定义如下:"仪表灯必须提供足够的照明,使安全运行所必需的每个仪表、开关或其他装置易于判读。"需要将该定性的设计转换为定量的指标。本成果结合光学、视觉工效学、人机工程学,定义了控制板组件与调光控制系统亮度、颜色以及调节范围照明指标。

15.3.3 技术途径

控制板组件与调光控制系统依据人眼视觉对光线的敏感性，通过物理心理学试验和数据置信度分析，计算获得了 LED 的指数调光曲线，并通过驾驶舱总调光与区域调光相结合的形式获得舒适的驾驶舱导光板整体照明；同时考虑到控制板的易维修性，采用了集成式的控制板组件，控制器件、导光板、印制线路板作为独立的 LRU。这种设计模式具有可靠性高、维修性好的特点，大大减小了系统运营过程中的直接维修成本。

15.3.4 实施结果

本项目主要是围绕在设计 ARJ21-700 控制板组件与调光控制系统时，如何解决长期以来驾驶舱控制板发热高、效率低、寿命低的问题，以及如何缓解飞行员视觉疲劳问题开展工作。

ARJ21-700 飞机驾驶舱有白炽灯型和 LED 型两种不同类型的导光板。为使两种不同类型的导光板能实现同步调节，表现出舒适的光色性能，调光控制电源将产生非线性调光信号（如图 15.1 中三角所示），对导光板原有的调光特性曲线（如图 15.1 中圆形所示）发生作用，使其表现出线性调光特性（如图 15.1 中方块所示），线性特性的误差小于 10%。

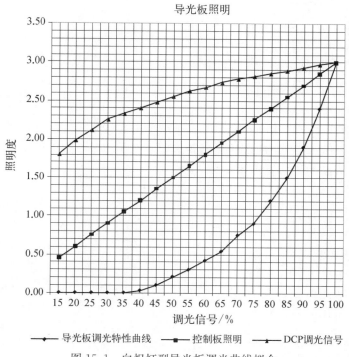

图 15.1　白炽灯型导光板调光曲线拟合

15.3.5　主要结论

ARJ21－700飞机的控制板组件于调光控制系统的设计中成功应用,ARJ21－700飞机驾驶舱照明系统机上地面试验与设备合格鉴定证明结果表明控制板组件与调光控制系统符合设计与适航25.1381条款要求,因此该设计是正确的,且是可行的。

15.4　测试调整数据库(TAR file)适航取证技术

15.4.1　理论方法

ARJ21－700飞机中央维护系统研制的过程中,中央维护系统TAR file适航取证技术涉及技术管理体系的建立、交联系统适航验证试验以及诸多系统供应商的技术协调等工作,此技术为中央维护系统在适航取证过程中的关键技术。

15.4.2　技术要点

中央维护系统TAR file适航取证关键技术的实施主要包括TAR file技术管理体系的建立与实施、TAR file软件研制流程的建立与实施、TAR file系统级、软件级需求捕获与分析、TAR file系统架构分析与确定、TAR file软件构型管理等方面。

15.4.3　技术途径

详细的技术途径如下。

1) TAR file技术管理体系的建立与实施

(1) TAR file软件研制流程的建立与实施。

(2) TAR file系统级、软件级需求捕获与分析。

(3) TAR file系统架构分析与确定。

(4) TAR file软件构型管理。

2) 机载系统LRU供应商的构型管理要求

3) 主制造商的构型管理体系

(1) 构型基线。

(2) 更改控制。

(3) 问题报告。

(4) 加载控制。

a. 加载申请流程。

b. 加载实施程序。

c. 加载后检查程序。

d. 加载过程记录。

e. 加载质量检查。

15.4.4　实施结果

基于 ARJ21‑700 飞机的实际系统需要和机载维护系统架构上,研制一套为民用飞机机载系统实现集中式地面维护功能的数据库,该数据库能够为民用飞机不同的机载系统提供集中的、统一的地面维护接口,包括对机载设备进行交互式测试、对机械系统进行调整校准以及为运行中的机载设备进行上电测试等。基于该数据库的功能,称该数据库为测试调整数据库(test and rigging file,TAR file)。

15.4.5　主要结论

TAR file 数据库软件已为 ARJ21‑700 飞机飞行控制系统、高升力系统、发动机振动系统、发动机接口系统、起落架系统等 5 个机载系统实现了集中式、交互式的地面测试与维护。TAR file 数据库的成功研制,能够极大地减小民用飞机地面维护设备的数量,极大地降低航空运营公司的运营成本。

15.5　机载软件和电子硬件技术

15.5.1　理论方法

ARJ21‑700 飞机项目机载系统和设备中大都含有机载软件与电子硬件,用来实现系统/设备的特定功能,是飞机系统研制的重要组成部分,也是 ARJ21‑700 飞机型号设计的一部分。机载软件与电子硬件均涉及飞机的安全性,根据系统功能失效影响,不同等级的软硬件对飞机的安全性有着不同的贡献,因此 ARJ21‑700 飞机立项时要求机载软件按照国际标准 RTCA DO‑178B 进行软件研制,机载电子硬件要符合 RTCA DO‑254。

15.5.2　技术要点

ARJ21‑700 飞机的机载软件、电子硬件均由国外供应商研发,中国商飞主要负责对供应商的软硬件研制过程进行工程监控,并与供应商一起接受局方的适航符合性审查。除此之外,在飞机研制过程中,供应商会交付中间构型的软件供中国商飞进行各种目的的试验,包括实验室试验、机上地面试验、研发试飞、适航验证试飞等。这些交付中国商飞的软件,中国商飞一方面要对其进行构型控制,将机载软件纳入中国商飞的构型受控库,同时要在适航验证试验前对其进行构型评估和成熟度评估,确保机载软件的构型状态能够在确保飞机安全性的前提下用于开展适航验证试验科目。

ARJ21‑700 飞机项目机载软件与电子硬件关键技术目标是确保机载软硬件构型受控,并最终获得局方批准。

15.5.3　技术途径

1) 满足适航要求的民用飞机机载软件研制阶段的工程评审策略及工作指南

FAA Order8110.49 和 FAA 的 Software Review Job Aid 对软件 SOI♯1、♯2、

♯3 和 ♯4 的审核进行了说明和指导,但在实际的应用过程中,这些文件仅在软件审查的基本流程方面给出了指导,但在细节和可操作性方面存在一定的缺陷,通过在 ARJ21-700 飞机研制过程中多年的摸索、研究和实践,在软件审核方面,攻克了软件审核的辅助方法这一关键技术,创造了针对不同等级的软件审核检查单、DO-178B 目标理解辅助材料(对 FAA Job Aid 中的问题进行了更新和修正)、审核通过的准则、软件审核报告的编制规范和模板。这些辅助材料是工业界现行公开的政策、指南中所不具备的、缺失的内容,主要组成如下。

(1)制定了 A、B、C、D 不同等级的机载软件审核检查单,在检查单中增加了 DO-178B 隐藏的目标,并包含了对其他适用规章、要求以及独立性的检查,该系列检查单的设计使得其使用时具有良好的追溯性。

(2)制定了 DO-178B 中 66 个目标的理解辅助材料,围绕每个目标的检查列出了相关的问题和解释,对 FAA Job Aid 的软件评审问题进行了修正和更新,该修订过程采纳了多位 FAA 资深咨询 DER 的专家意见。

(3)制定了机载软件审核通过的准则、审核报告的编制规范和模板。

2)机载软件构型控制的流程和方法

经过对机载软件构型相关业务的需求分析、风险评估、业务分解、流程制定和优化、实践反馈等多个环节,制定出了一套 ARJ21-700 飞机 TC 证前和证后完整的针对机载软件构型控制的流程和方法,其主要关键技术包含以下几个方面。

(1)机载软件加载控制的流程,用以规范软件交付后供应商的软件加载升级活动,包含加载人员资质要求、加载程序的批准、加载申请和记录、构型纪实、记录保存和发放、软件制造符合性检查和声明等。

(2)软件更改影响分析的方法和程序,用以指导系统专业在软件更改后完成对先前试验结论影响的评估,用以判断是否需要重做部分或全部试验。

(3)主制造商和供应商之间的软件问题报告机制流程,形成闭环管理,确保中国商飞对关键问题的可控性,对开口问题报告进行了分类,用于指导各专业评估对飞机安全性的影响。

(4)制定了证后批生产飞机机载软件管理方案,建立了飞机软件设计兼容性矩阵,为批生产飞机机载软件的加载提供设计输入,保证了机载软件的制造符合性。

3)IMA 架构下机载软件符合性验证的审核方法

基于 IMA 架构的系统设计提供健壮性分区的平台环境将多个不同等级的应用驻留在同一个航线可更换模块(line replaceable module,LRM)中。由于 IMA 架构下所含的机载软件除飞机功能软件外,还涉及通用的平台软件、各种 IMA 支持软件以及实时操作系统和数据表,因此软件审核该如何进行、软件成熟度评估如何开展,直接影响到 TC 取证以及飞机交付。通过研究如下方面攻克了 IMA 架构下机载软件工程审核的技术难题。

(1)飞机、系统需求到 IMA 软件过程的追溯性研究。

（2）IMA 架构下的软件组成研究。

（3）IMA 所驻留功能的组合失效考虑策略。

（4）基于 IMA 架构的机载软件审核策略。

（5）IMA 软件审核局方关注点研究。

（6）不同类型 IMA 软件的审核抽样策略和覆盖准则。

4）符合适航要求的民用飞机机载软件成熟度评估方案和准则

按照规章要求，在适航验证试验前需要对用于试验的产品进行构型评估，但没有任何指南用于指导如何对机载软件进行构型评估，从而确保用于验证试验、试飞的软件的成熟度。因此，制定符合我国民机研制特点的同时满足适航要求的机载软件构型评估方案和评估准则是一个必须攻克的难题。我们结合系统功能、试验科目以及软件研制过程对 DO-178B 的目标符合性情况制定了符合适航要求的机载软件构型评估方案和评估准则，用于指导适航验证试验前软件构型评估工作的开展。

5）主制造商基于机载软件更改影响分析（CIA）的软件更改分类判定准则

从 ARJ21-700 飞机证后供应商的反馈来看，供应商在设备级（含软件、电子硬件）进行的更改影响分析（CIA），主要目的是通过评估得出更改分类属于大改还是小改。这项工作是在更改的早期，通常在计划阶段完成进行的。供应商对软件进行的更改影响分析，大都参照 FAA Order8110.49Chg1 第 11 章进行，供应商制定各自的程序，按照公司程序编制更改影响分析报告。

在设备级进行的大改或小改分类可能与飞机、系统级不匹配，供应商在设备级得出小改的结论，有可能在飞机、系统级属于设计大改（Ⅰ类更改）。

鉴于 ARJ21-700 飞机的实际情况，设备级的大改、小改分类可能与安装层级（飞机、系统级）不匹配，需要研究制定主制造商的机载软件更改分类策略，而现有的指南、公开的文件并没有对这方面进行指导，因此属于一项关键技术。该关键技术的研究思路如图 15.2 所示。

15.5.4　实施结果

中国商飞已经建立了 ARJ21-700 飞机机载软件与电子硬件管理的规范、体系，并制定了每个阶段机载软硬件管理工作的程序、指南、模板和检查单，该领域的研究获得上飞院科技成果一等奖，中国商飞公司科技成果二等奖，经专家鉴定整体处于国内领先、国际先进水平。

15.5.5　主要结论

通过 ARJ21-700 飞机项目研究建立了机载软件与电子硬件管理规范体系，有效保障了 ARJ21-700 飞机的机载软硬件构型管理、质量控制、符合性验证、供应商工程监控、适航验证试验前机载软件成熟度评估等工作，并使得全机机载软硬件最终获得了适航批准，验证了对 CCAR-25-R3 25.1301 和 25.1309 条款的符合性，

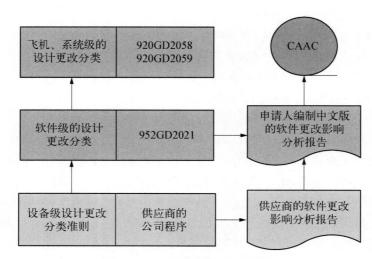

图 15.2　软件更改影响分析策略

完成了所有的研制内容,达到了研制要求。

16 环 控 系 统

在 ARJ21-700 飞机研制工作中，环控系统共解决了 9 项关键技术，清单如表 16.1 所示，内容分述如下。

表 16.1 关键技术项目清单(环控系统)

序 号	名 称
1	极端气候条件下的空调系统性能验证
2	座舱压力调节系统高高原设计
3	地面模拟降雨技术
4	地面结冰气象条件模拟技术
5	机翼防冰系统冰风洞试验技术
6	氧气系统设计与验证技术
7	气源系统预冷器设计和性能校核
8	水废水系统设计及验证技术
9	环控 TAR 功能验证技术

16.1 极端气候条件下的空调系统性能验证

16.1.1 理论方法

针对极端气候条件下空调系统性能验证，提出了完整的符合性验证技术路线，完成了 ARJ21 飞机空调系统测试改装、参数测试、符合性验证及说明等工作。

16.1.2 技术要点

流量适航符合性验证技术、舱室温度场及流场三维立体测试方法研究、极端条件下空调性能验证技术、空调系统性能一维仿真及舱室温度场三维仿真模型搭建。

16.1.3 技术途径

（1）针对我国现有试验条件，提出了极端气候条件下我国民用飞机空调系统性能验证技术路线及方法，建立了一套完整的、经局方认可的验证技术体系，完成了空调系统流量、座舱平均温度及客舱温度场的符合性验证。

（2）基于参数测试需求，建立了一套参数在线综合测试系统。对于系统流量测试,提出了分布式测试进行符合性验证的思路,首次将双文丘里管应用于民用飞机小流量测试并完成了流量适航符合性验证;对于舱室温度场及流场测试,提出了三维立体测试方法;采用热成像仪、三维超声波风速仪对舱室壁面及供气口风速进行了实时并行测量。在国内首次完成了民用飞机舱室温度场大规模数据测试,为舱室环境舒适性研究及座舱环境设计提供了有力的数据支持。

(3)针对极端气候难以捕获、不具备试验条件而无法通过试验直接进行性能验证的问题,创新性地提出了基于仿真和试验结合的方法进行符合性验证,建立了空调系统性能一维仿真计算模型以及舱室温度场三维仿真计算模型,形成了一套经试验验证、能较好模拟系统性能及舱室温度分布的分析方法,完成了空调系统性能计算,实现了客舱温度场重构,获得了局方的认可,成功完成了 ARJ21 飞机极端气候条件下的舱室平均温度及温度场符合性验证。

16.1.4　实施结果

ARJ21-700 飞机空调系统应用该技术进行的民用飞机空调系统性能验证技术路线及方法,已成功获得 CAAC 的审批和认可。

16.1.5　主要结论

本项技术应用的极端气候条件下民用飞机空调系统性能验证技术,在国家重点型号 ARJ21-700 飞机试验试飞、适航取证过程中逐步形成。针对空调系统性能验证提出的技术思路及验证方法,填补了国内在该领域的空白。所采用的测试改装方案,对后续型号的研制具有借鉴意义;形成的基于三维立体在线测量的复杂空间温度场仿真重构技术,丰富了流场及温度场研究手段及仿真技术的应用,所积累的经验为我国民机空调系统设计及验证奠定了坚实的基础。本项目的完成,标志着我国首次完整地完成了空调系统性能验证,在我国民用飞机研制史上具有里程碑式的意义。

16.2　座舱压力调节系统高高原设计

16.2.1　理论方法

高高原机场场压较低,在某些高高原机场海拔会达到座舱压力调节系统座舱高度告警的阀值,从而造成在正常运行条件下告警的情况。座舱压力调节系统针对高高原设计了专门的逻辑,在高高原机场起降过程中,控制座舱高度告警值跟随座舱高度控制值变化,使其始终高于座舱高度控制值,并且在避免误告警的同时监控座舱高度,从而满足功能要求。

16.2.2　技术要点

针对 ARJ21-700 飞机高高原运营的特殊条件,制定座舱压力调节系统高高原运行下的控制逻辑,包括不同的压调控制曲线、告警逻辑适应性调节等,保证飞机在高高原条件下顺畅运行。

16.2.3 技术途径

针对以上情况,座舱压力调节系统对控制逻辑进行了相应的更改,形成了高高原运行模式,在此模式下,座舱压力调节系统能够根据起飞和着陆机场数据自动判断飞机是否在高高原运行,并根据飞机飞行状态自动调节座舱高度和告警值,避免正常情况下的误告警,使飞机能够满足条款及运营要求。

16.2.4 实施结果

在 ARJ21 - 700 飞机试飞取证阶段,座舱压力调节系统开展了高高原验证试飞,提出了针对系统特点的试飞方法,完成了对适航条款符合性验证工作,并且通过数据分析表明系统达到了预期的功能和性能等设计目标。详见《ARJ21 - 700 飞机 102 架机压调系统高原试飞分析报告》。

16.2.5 主要结论

座舱压力调节系统能够很好地适应我国高高原机场的气候条件,在绝大多数机场运行条件下都能够保证系统各项功能的正常使用,且性能满足设计要求。

到目前为止 ARJ21 - 700 飞机已在格尔木和西宁两个高高原机场进行过验证试飞工作,座舱压力调节系统在整个验证过程中运行平稳正常,证明了系统座舱压力调节系统高高原模式设计合理完善。很好地体现了 ARJ21 - 700 飞机高高原运行的特点。

16.3 地面模拟降雨技术

16.3.1 理论方法

先通过"等效降雨强度"概念换算需模拟的"大雨"降雨量,再按照换算结果进行人工降雨,就可以较真实地模拟飞机从起飞滑行到速度达到 $1.5V_{SR1}$ 过程中遭遇"大雨"的情况。

16.3.2 技术要点

(1) 等效降雨强度分析:建立飞机飞行中风挡收集雨量与地面试验时收集雨量之间的数学方程。

(2) 地面模拟降雨系统:研制一种实时反馈、闭环控制的模拟降雨系统,以实现定量均匀的人工降雨。

16.3.3 技术途径

(1) 等效降雨强度分析:飞机雨天飞行时,由于雨滴相对飞机的速度很高,因此相同时间内风挡收集的雨量远大于飞机地面停放试验时风挡收集的雨量。假设飞机飞行速度大小为 V_1,雨滴垂直下落的速度为 V_2,某降雨量条件下空气中单位体积的含水量为 W,则 Δt 时间内风挡玻璃上收集的雨水总量为 $Q_1 = (V_{HOR}S_{VER} + V_{VER}S_{HOR}) \times W \times \Delta t$;同样条件下,飞机水平停放在地面上主风挡收集到的雨水总

量为 $Q_2 = V_2 S_2 W \Delta t$，则 $n = Q_1/Q_2 = (V_{HOR} S_{VER} + V_{VER} S_{HOR})/(V_2 S_2)$，即飞机空中飞行时玻璃收集的雨水量是水平停放时的 n 倍。

（2）地面模拟降雨系统：针对 ARJ21 - 700 飞机风挡除雨系统地面模拟降雨试验需求，研制了一种实时反馈、闭环控制的模拟降雨系统（专利号 ZL201320401459.3：模拟降雨装置），该系统可以定量提供较均匀的人工降雨；模拟降雨喷头模拟的降雨量中心位置最大，四周随着距离的增加降雨量逐步减少。为保证整个地面模拟降雨系统降雨的均匀度，系统采用了 8 个模拟降雨喷头，通过喷射空间叠加法来保证降雨的均匀性；地面模拟降雨系统主要由水泵、水箱、支架、管路、模拟降雨喷头、控制器、雨量筒和电源等部件组成。系统能模拟的降雨量变化范围为 10～600 mm/h，雨滴直径变化范围为 0.1～6 mm，系统的有效降雨面积达 4 m²。

16.3.4　实施结果

依据等效降雨强度方法换算结果，利用地面模拟降雨系统，ARJ21 - 700 飞机风挡除雨系统于 2012 年 4 月成功完成了地面模拟降雨试验。

16.3.5　主要结论

提出了等效降雨强度概念，建立了飞机飞行中风挡收集雨量与地面试验时收集雨量之间的数学方程，研制了一套地面模拟降雨系统，成功完成了 ARJ21 - 700 飞机风挡除雨系统地面模拟降雨试验。

16.4　地面结冰气象条件模拟技术

16.4.1　理论方法

地面结冰气象条件模拟技术采用了多子系统集成的方式实现了人工环境、自然环境与试验环境的有机结合与匹配，成功模拟出了条款所要求的结冰气象条件。通过调节匹配送风速度和喷雾系统参数，保证了产生的水雾环境均匀性良好，LWC 与 MVD 可单独调节和测量，变化范围宽，满足不同的试验参数要求；采用的 LWC 生成与水雾飘散过冷过程分离技术保证了液滴达到过冷状态也不发生冻结。

16.4.2　技术要点

（1）基于自然低温环境的结冰气象模拟方法：创造性地将人工环境、自然环境与飞机有机结合，实现了满足适航条款要求的结冰气象条件模拟，解决了发动机短舱全尺寸结冰适航取证的难题。

（2）综合调节送风参数和供水供气参数的方法：实现了液态水含量（LWC）、平均水滴直径（MVD）宽范围精确模拟，采用分段式供水供气和翼型喷雾靶设计，水雾均匀性误差控制在 20% 以内，系统模拟参数重复性好。

（3）采用水雾 LWC、MVD 生成与水雾飘散过冷过程分离技术以及气包水式供水供气管路设计方法，同步实现了水滴过冷与喷嘴的不冻结；采用可移动俯仰设计,实现了喷雾系统四自由度调节,满足了不同试验环境条件下的水雾模拟要求。

16.4.3 技术途径

基于自然低温环境的结冰气象模拟方法,创造性地实现了人工环境、自然环境与飞机的有机结合,通过集成风洞系统、供水系统、供气系统、车载支撑固定系统、高度调节系统和测控系统成功地模拟出满足 25 部适航规章要求的水雾,结果得到中国民航局认可与批准。同时,为了适应今后其他飞机型号的使用要求,本试验设备还进行了余量设计,LWC 和 MVD 具有扩展的空间,可以进行灵活的调节。

本技术中喷雾系统采用 121 个喷嘴,在平面内均匀布置,在控制喷嘴气液两相压力参数实现 LWC 和 MVD 调节时,将风洞风速和试验距离也作为变量进行综合考虑,保证了试验件位置处 LWC 和 MVD 满足要求。当试验件位于水雾环境中进行试验时,不同位置处如果接收到的水雾参数不同,则会直接影响试验结果准确度。本项目采用分段式供水供气技术与 LWC 和 MVD 综合控制方法,保证了水雾参数均匀,重复性良好。

水雾环境中 LWC 与 MVD 参数精确控制是一个极其复杂的过程,本项目采用气液两相喷嘴产生水雾,通过调节两相喷嘴的供水和供气压力实现 LWC 和 MVD 的控制。本项目采用 LWC、MVD 生成与水雾飘散过冷过程分离技术,一方面保证了喷嘴位置处不会发生冻结,另外一方面又保证了试验件位置处的水滴处于过冷状态。本项目采用供水和供气系统单独控制,供气系统具备气体压缩、过滤、干燥、稳压、压力测量、调节和加温能力,供水系统具备水净化、加压、流量测量和控制能力,经过处理和参数匹配后,到达喷嘴处的气液两相流体不会发生冻结,保证了在室外温度低于 0℃后喷嘴仍然能够连续顺畅地产生水雾,不会发生冻结,一方面保证了水雾的顺利产生,另一方面也避免了产生的冰块飞入发动机中,起到安全保护作用。本项目采用的变频风机和综合控制系统可以对风速进行调节,水雾在离开喷嘴后与流动的气体进行快速地对流换热,经过冷却之后,液滴达到过冷状态,风洞风速决定了液滴达到过冷状态的速度,但过快的风速会造成水雾发生不均匀现象。本项目进行了大量的标定试验,找到了合理的风速区间,同时找到了控制试验件位置处 LWC 与 MVD 的方式,保证了经过飘散混合后的水雾 LWC 和 MVD 到达试验件位置处,满足试验要求。

16.4.4 实施结果

基于该技术的"地面结冰气象条件模拟系统"于 2012 年 2 月份在哈尔滨支持 ARJ21 - 700 飞机进行短舱防冰系统结冰条件下机上地面适航取证试验,获得成功。该系统在国内首次实现了开放式结冰条件模拟,并通过中国民航局审查,完成了 ARJ21 - 700 飞机适航取证试验,试验方法和结果获得了民航局批准。本项目研制突破了国外在该技术领域的技术垄断和贸易壁垒,是我国首次在该领域的大胆尝试。

16.4.5　主要结论

本关键技术以 ARJ21 - 700 飞机 CCAR25. 1093(b)(2)条款适航取证地面试验为背景,目的是在合适的室外环境中,模拟 LWC 和 MVD 满足要求的水雾。该技术的研制填补了国内的空白,为国内同行业相关工程技术的研究开拓了新思路,将推动我国在该技术领域达到新的高度。

16.5　机翼防冰系统冰风洞试验技术

16.5.1　理论方法

在系统的符合性验证阶段,为满足 CCAR25. 1419 的要求,飞机必须能在附录 C 确定的连续和间断的最大结冰状态下安全运行。条款明确指出需要通过分析和自然结冰试飞进行验证,且在必要时还应采用诸如实验室模拟结冰试验等方法进行验证。条款里提到的实验室模拟结冰试验就是本技术领域的冰风洞试验。冰风洞试验是 AC20 - 73A 和 AC25. 1419 - 1A 中推荐的标准的防冰系统适航符合性验证方法,作为一种安全的地面试验手段,不仅可以对计算分析模型进行有效的验证,而且可以对飞机进入自然结冰飞行试验的安全性进行评估,保证飞机研发安全的可控性,是飞机防冰系统研发链条(计算分析—冰风洞试验—飞行试验)中关键的一环。

16.5.2　技术要点

(1) 冰风洞试验方法研究。

(2) 冰风洞试验件设计。

(3) 试验结果分析。

16.5.3　技术途径

(1) 冰风洞试验方法研究:针对民机机翼防冰系统的冰风洞试验,提出了完整的设计输入验证和系统性能验证思路,结合验证目的确定了冰风洞试验状态点的选取原则,并提出了试验准备、结冰云模拟系统及热气系统开启选择、参数测量系统关键数据读取等一套完整的试验方法。解决了冰风洞试验中试验程序优化、高效试验的问题,成功完成了 C919 飞机机翼防冰系统冰风洞研发试验和 ARJ21 飞机机翼防冰系统冰风洞验证试验。

(2) 冰风洞试验件设计:在外形设计上,针对机翼防冰系统不同的试验目的,首次结合混合翼设计理论提出了采用 2.5D 模型(选取机翼展向临界截面考虑后掠角拉伸形成)验证系统的性能,采用 2D 模型验证系统的设计输入。解决了设计输入验证过程中高效验证系统输入及性能验证中真实模拟机翼后掠时的外流场及换热问题;在防冰系统设计上,针对冰风洞试验件内部防冰部件的设计,为保持与真实防冰腔换热模型的一致性,提出了采用外形设计基准站位处的典型热气管路和防冰腔特征进行等截面拉伸形成试验件防冰腔及笛形管，以试验件笛形管出口位置与基准站位处笛形管管段出口流量参数一致作为设计依据，采用限流环技术模拟多工况下剩余段位的热气流量，解决了真实反应机翼相同站位下试验件笛形管及防冰腔内热气参数的问题；在测量系统设计上，为验证系统性能，获取表面温度、腔内温度、压力分布，归纳了试验测试改装设计方法，并在两大型号中完成实践；研究设计输入关键参数的验证方法，提出了基于恒热流法的电加热系统的设计，解决了翼型外表面对流换热系数的获取问题。

（3）试验结果分析：针对冰风洞试验的数据分析，首次提出基于模拟的低温环境下试验件截面的冰型来获取局部位置实际水收集率，结合最大水收集率的理论成功获取了二维翼型表面的局部水收集系数。同时基于恒热流法完成了蒙皮表面对流换热系数的处理，成功完成了机翼防冰系统冰风洞试验中的数据结果处理。

16.5.4　实施结果

该研究成果已成功应用于 ARJ21 - 700 飞机和 C919 飞机机翼防冰系统冰风洞试验，甚至可推广至其他飞机类型（如大型运输机）及其他防冰系统（如短舱防冰），具有广泛的应用前景。

16.5.5　主要结论

对于中国的民用飞机防冰系统设计、验证、适航来说，该技术的研究填补了国内的空白，是我国民用飞机防冰系统设计发展的基础。本项目中所积累的研发经验和试验经验，为国内同行业相关工程技术的研究开拓了新思路，将推动我国在该技术领域达到新的高度。

16.6　氧气系统设计与验证技术

16.6.1　理论方法

我国民用飞机的研制工作刚刚起步，ARJ21 飞机氧气系统依据《总体布局定义》《ARJ21 飞机设计技术要求》《ARJ21 飞机通用技术规范》、飞机功能危害性分析（FHA）等飞机顶层总体要求，并遵照 CCAR - 25/91/121 相关适航条款以及相关的行业标准等进行设计，参考了 FAR/EASA 的相应适航标准，以保证系统和飞机安全性为前提，强调高可靠性和良好的维护性。通过与供应商 B/E 联合定义，进行详细的系统性能分析与计算，确定了系统的构成与成品的选用，满足系统设计需求和系统方案设想。基于 AC25.1309 - 1A 和 ARP4761 对系统安全性的设计和分析要求，ARJ21 飞机氧气系统的设计可以保证单一失效不会导致灾难性的故障，同时发生多个故障而导致出现灾难性故障条件也是极不可能的。在工程设计的整个阶段采用了 3D 数字设计，经过了多轮电子样机协调和设计优化迭代，最终确定了系统部件及导管的安装布置，满足系统机上安装要求。

ARJ21 飞机氧气系统适航审定以 CCAR - 25 部为审定基础，在此基础上经与适航当局机械系统审查组及供应商多次协商,确定了符合性验证方法表,并得到适航当局的批准。方法表规定了为满足相关条款内容所采用的验证方法。按照此表,完成了符合性验证大纲、专项验证计划、符合性检查单等文件。从民用飞机安全性设计要求出发,氧气系统设计以系统设计技术规范、相关适航条款及其符合性方法以及指定性材料为设计要求,在工程设计阶段对系统方案采用了计算、类比、安全性分析等设计方法,同时也采用了民机设计中成熟、先进的设计技术,借鉴了现役民机的成熟经验,来保证系统的设计符合条款要求以及设计指标要求。试验验证是保证系统对条款符合性的重要方法,也是验证系统功能、性能指标是否满足系统设计要求的重要手段。氧气系统共分为实验室试验(MOC4)、机上地面试验(MOC5)、飞行试验(MOC6)以及设备鉴定试验(MOC9)。通过这些试验验证氧气系统工作的可靠性和安全性。对于系统级和飞机级试验项目的有关试验件及试验测试设备等均经适航当局批准和认可,重要试验项目邀请适航当局现场目击。为了确保装机设备和系统满足适航条款的要求,还完成了必要的符合性检查。所有的适航符合性说明报告、分析和计算报告、安全性评估报告及各种试验报告均经过适航当局批准。

16.6.2　技术要点

(1)高压氧气系统区域防护设计与验证技术。
(2)机组氧气系统低压关断释氧及低压告警功能设计方法。
(3)民用飞机氧气系统适航验证技术。

16.6.3　技术途径

在 ARJ21 飞机的适航验证中进行了实践,并圆满地完成了 ARJ21 飞机氧气系统的符合性验证。

16.6.4　实施结果

高压氧气系统区域防护设计及验证技术成功地解决了一项影响 ARJ21 飞机取证的飞机级区域安全性难题,支持完成了 ARJ21 - 700 飞机飞机级安全性评估工作,指导完成了氧气系统的安全性评估活动,支持氧气系统对适航条款 25.869(c)(3)、25.1301(a)(4)、25.1309(a)的符合性。

机组氧气系统低压关断释氧及低压告警功能设计方法,通过机组氧气瓶调节器的设计和低压端设置有低压开关的设计,解决了传统飞机氧气系统存在的"机组氧气系统的关断活门在维护过程中由于疏忽被关闭了,而这种情况却没有任何提示告警机组人员"的设计缺陷,具备使机组人员在飞行中能迅速确定每个供氧源可用氧量的能力,降低了航空公司维护要求,符合条款 25.1441(c)的要求。

民用飞机氧气系统适航验证技术围绕 ARJ21 - 700 飞机适航验证实践活动,在国内首次提出了一套适用民机研制的经审查方批准的适航符合性方法表,并在此基础上结合系统的特点对各项验证工作进行规划,形成了可以实施并能有效完成验证工作的验证方法体系—氧气系统供氧量计算分析方法、氧气系统安全性评估方法、氧气系统机上地面试验方法、氧气系统机上检查方法、氧气系统试飞方法等。

16.6.5　主要结论

ARJ21飞机氧气系统设计与验证技术是民机氧气系统研制验证实践中形成的方法、经验和成果,这些均可以应用到后续型号的研制和验证工作中,并可推广应用到运输机的研制中。

16.7　气源系统预冷器设计和性能校核

16.7.1　理论方法

综合考虑系统使用构型、引气流量、大气环境(温度、压力)、发动机状态确定预冷器的性能设计点和校核点;根据发动机引气温度和压力选择合适的预冷器材料;根据冷热边引气参数确定预冷器的换热面积和风扇流量需求;根据冷边可用压力压降和换热面积选择合适的翅片形式;最后根据工作压力确定肋板和翅片的尺寸和总体外形尺寸;最终确定预冷器的换热效率和阻力特征。在进行预冷器性能校核计算时,需基于预冷器冷边最大流量下的流阻计算,并结合预冷器的换热效率,判断预冷器的最大冷却能力并计算此时预冷器热边的出口温度。

16.7.2　技术要点

预冷器性能设计点和校核点选择需要考虑的因素较多,多因素间相互耦合,需要通过分析和比较选出最严酷的工况点。预冷器的设计也是一个需要综合考虑和反复迭代的过程,需要多轮次的大量计算才能最终冻结。在性能校核时,采用合适的计算方法能够有效地提高效率和计算准确度,为预冷器的最终定型提供依据。

16.7.3　技术途径

通过各因素多维度的工况条件组合,确定了初步的预冷器设计点和校核点,通过初步计算和分析比较,最终缩小和明确了预冷器设计点和校核点的选择范围。同时根据多次设计迭代和权衡,完成了预冷器的设计。并使用了一种基于冷边流阻特性的预冷器出口温度计算方法进行性能校核,通过机上试验完成了验证。

16.7.4　实施结果

根据发动机性能特性和下游用气用户需求,完成了气源系统预冷器的设计和性能校核。

16.7.5　主要结论

通过计算分析和试验,证明预冷器换热性能能够满足系统设计要求和下游用气用户的需求,包括单引气防冰的特殊工况。预冷器设计和性能校核技术有效支持了气源系统的研制工作。

16.8　水废水系统设计及验证技术

16.8.1　理论方法

通过 ARJ21 - 700 飞机水废水系统的设计及验证活动,形成了一整套适用于民用飞机水废水系统需求定义、方案设计、系统集成、试验、试飞及验证的理论方法。

16.8.2　技术要点

技术要点包括民用飞机水废水系统需求定义、方案设计、机上试验及试飞方法。

16.8.3　技术途径

ARJ21 - 700 飞机水废水系统通过与系统集成供应商 Monogram 的联合设计,实现水废水系统的需求定义及方案设计,通过系统的台架试验对系统预定功能进行试验验证,后续通过设备装机后的机上试验及试飞试验证明了系统设计满足设计指标要求,符合相关适航规章条款的要求。

16.8.4　实施结果

ARJ21 - 700 飞机水废水系统应用该技术进行水废水系统的设计及符合性验证,已成功获得 CAAC 的审批和认可。

16.8.5　主要结论

本关键技术形成了一整套民用飞机水废水系统需求定义、方案设计、系统集成、试验及试飞验证的理论体系,并且按照 CCAR - 25 部适航体系要求,在 ARJ21 - 700 飞机上完成水废水系统从设计到适航取证的整个过程。该技术填补了国内空白,可以为后续民用飞机水废水系统提供指导性意见和参考。

16.9　环控 TAR 功能验证技术

16.9.1　理论方法

ARJ21 - 700 飞机空气管理系统(air management system,AMS)测试与调整功能(test and rigging,TAR),简称为 AMS TAR 功能。该功能可以测试空气管理系统各参数和运行启动自检测 IBIT,以检查系统/部件的正确性及是否正常工作,帮助定位系统问题。该功能要求飞机主制造商必须自主负责将由 xml 语言开发的各成员系统 TAR file 集成后,统一由中央维护系统集成显示。环控系统 TAR 功能集成测试必须由飞机主制造商自己负责集成验证,以验证集成后该功能整个闭环路径的正确性及对条款的符合性。

由于 AMS TAR 功能测试的系统参数及状态非常多且许多参数需在系统非正常/模拟故障情况下才可验证以及运行的 IBIT 需综合空气系统控制器(integrated air management system controller,IAMSC)作动系统组件的特点。借鉴软件测试要求,通过"实验室模拟测试为主,少量机上试验为辅"的验证思路,以验证空气管理系统 TAR 共功能(含 TAR file 数据库)的正确性和表明对适航条款的符合性。

(1) 实验室模拟测试为主,即实验室通过模拟测试验证 TAR 功能所包含的绝大部分功能。验证中采用唯一原因法确定测试用例,通过模拟飞机输入以及通过 CAN 总线模拟空气管理系统不同状态/故障的方式,进行空气管理系统 TAR 功能正常范围和鲁棒性测试。

(2) 少量机上试验为辅,即针对空气管理系统 TAR 功能测试的 IBIT 特点和实验室条件补充进行系统无故障情况的 IBIT 正常测试。最终在飞机不供气,气源、机翼防冰系统和空调不工作的条件下,通过简化 MOC5 表明对条款 CCAR 25.1301(d)和 25.1309(a)符合性。

16.9.2 技术要点

(1) 唯一原因法确定布尔表达式(判定)的测试用例:条件是指不含布尔操作符(与、或、非等)的布尔表达式;判定是指由条件加上布尔操作符(零或多个)组成的布尔表达式。对于包含多个条件及布尔操作符的复杂判定,要通过选取每一个条件的不同数值确定测试用例以测试软件是不现实的,且测试用用例会非常多(2^N 个,N 为条件个数)。唯一原因法要求,对于每一个条件必须产生所有可能的输出结果至少一次,并且每个判定中每个条件必须能够独立地影响这个判定的输出,即在其他条件不变的前提下仅改变某一个条件的值,而使整个判定结果改变。

(2) 所有测试可分为正常范围测试和鲁棒性测试两种类型:正常范围测试用于测试软件响应正常输入和状态的能力的正常范围测试;鲁棒性测试用于测试软件响应异常输入和状态的能力,比如来自外部的无效总线数据等,但不是所有软件需求都需要进行鲁棒性测试,该类型测试也可以确保测试的充分性。基于实验室环控及整个航电系统 Mini-Rig 主要采用 CAN 总线模拟 AMS 系统或部件情况的方式进行测试验证。

16.9.3 技术途径

AMS TAR 功能验证方法采用实验室模拟测试为主、少量机上试验为辅的方式进行验证。

(1) AMS TAR 功能实验室试验:实验室测试按照是否需 AMS Mini-Rig 采用 CAN 总线模拟 AMS 系统或部件情况进行测试,分为不需 CAN 总线模拟激励试验和通过 CAN 总线模拟激励进行测试两种类型。

(2) AMS Mini-Rig CAN 总线模拟激励试验:当通过安装模拟激励程序的电脑采用 CAN 总线的方式可以模拟空气管理系统部件或系统的一些状态或故障情况时,比如活门的开关状态,传感器超出范围,防冰低温低压系统,风扇低速,高度限制和 IASC 等设备故障以及系统的引气故障、压调自动模式失效,客舱高度过高和压差过大等参数。通过 CAN 总线方式模拟激励给 IASC 时,其优先级高于 IASC SITS 软件内部设定的默认状态,这样实验室 IASC 按照输入的模拟激励条件进行运行。

（3）AMS TAR 功能机上地面试验：针对实验室无 IBIT 作动的组件以及无压调高度限制继电器等条件限制，进行 AMS TAR 功能机上研发试验的补充，以用于验证压调系统 ALT LIM FDBCK 参数测试和 IBIT 测试的正确性。试验只需飞机处于地面，正常供电以及舱门打开，无须供气、引气、空调和压调系统工作。

16.9.4　实施结果

通过上述 TAR 功能验证方法，申请人验证了 TAR 功能的正确性，并最终向局方表明了对条款 CCAR25.1301（d）和 25.1309（a）的符合性，解决了 AMS TAR file 集成验证问题。

16.9.5　主要结论

本验证技术，充分并成功地验证了 AMS TAR 功能的正确性，获得了局方的认可。通过该验证方法，大大地缩短了飞机研制周期，降低了项目成本。真正以我国自主研发为主，降低了对供应商的依赖，提升了主制造商的验证和设计能力，所积累的经验对其他型号研制有借鉴意义。该研究成果填补了国内相关技术领域的空白，为国内同行相关工程技术的研究拓宽了新思路。

17 安　全　性

17.1　系统安全性设计与验证技术

民机系统安全性设计一般受系统内外两方面因素影响，因此，不仅需要考虑系统内部由功能失效引发的系统安全性问题，还需要考虑由系统外部特定事件引发的影响系统乃至飞机的安全性问题。从满足适航条款的角度，前者需满足 CCAR25.1309 要求，后者不仅要满足 25.1309 条款，某些系统外部的特殊风险还需满足其他特殊条款要求（例如鸟撞风险需满足 25.571、25.631 及 25.775 条款；轮胎爆破风险需满足 25.729(f) 条款，转子爆破需满足 25.903(d) 条款）。在 ARJ21-700 飞机系统安全性设计过程中，为表明 CCAR25.1309 条款及某些专门针对特殊风险的条款的符合性，提出了安全性设计目标的制定与分解技术、安全性目标的设计与验证技术以及基于系统外部风险的特殊风险分析与评估技术，形成了系统安全性设计与验证技术体系。通过 ARJ21-700 飞机的适航审查工作，表明该技术体系的可行性和有效性。

17.1.1　理论方法

ARJ21-700 飞机以咨询通告 AC25.1309-1A 和 AC25.1309-1B(Arsenal) 为基础，结合 ARJ21-700 飞机的特点，进行了 1309 条款及 AC 在 ARJ21-700 飞机上的适用性研究，进一步参照工业标准 ARP4754 和 ARP4761，提出了 FHA-FTA-CCA-PSSA 为核心的民机安全性设计目标制定及分解的技术，提出了 FMEA-FTA-CCA-PMMEL-CCMR-FHA 为核心的民机安全性设计和验证技术。

17.1.2　技术要点

1）提出了基于失效安全的民机安全性设计目标制定及分解技术流程

初步系统安全性分析（preliminary system safety analysis，PSSA）将安全性设计的目标进行逐级分解，以故障树分析（fault tree analysis，FTA）分解到系统级和设备级（包括软件和硬件），制定各系统、各设备硬件、各设备软件的安全性设计目标。得到的安全性设计目标包括软硬件本身的设计目标，还包括因其他一些特殊风险（例如鸟撞击、轮胎爆破、发动机转子爆破等）引发的飞机的安全性风险。最终提出了以 FHA - FTA - CCA - PSSA 为核心的基于失效安全的民机安全性设计目标制定及分解的技术。

2）提出了基于失效安全的民机安全性验证流程

针对各系统设备（包括软件和硬件）的安全性设计目标，利用故障模式影响分析（failure mode effect analysis，FMEA）、故障树分析方法、共因分析（common cause analysis，CCA）等方法对其进行多方面的安全性评估（包括系统架构本身的失效状态以及一些特殊风险引发的安全风险），其中还考虑了在后续航线运营中带故障飞行的情形以及"隐蔽故障"强制归零的状况，最终确定了以 FMEA - FTA - CCA - PMMEL - CCMR - FHA 为核心的基于失效安全的民机安全性验证技术。

3）提出了基于系统外部风险的特殊风险分析和评估

特殊风险分析技术是考虑系统之外系统遭受破坏后对系统乃至飞机的安全性影响。依据 AC25.1309 及 ARP4671，ARJ21 - 700 飞机需要考虑鸟撞、转子爆破、轮胎爆破这三种风险。根据《ARJ21 - 700 飞机特殊风险分析工作程序》，对于适航审定基础中有相应条款规定的风险项目特殊风险分析按照如下原则进行：针对鸟撞和轮胎爆破两种风险，参照 ARP4761 的指导，提出了仿真技术与实物试验技术相结合的特殊风险分析与评估技术；针对转子爆破风险，参照 AC20 - 128A 提出了仿真技术与定量计算评估技术相结合的特殊风险分析与评估技术。

17.1.3　技术途径

根据适航条款（如 CCAR25.1309）、咨询通告（如 AC/AMC 25.1309）、相关的工业标准（SAE ARP4754/4761、DO - 178B 和 DO - 254 等）要求，并借鉴国外同行的技术思路，根据 ARJ21 - 700 型号设计特点，对民用飞机研制中安全性设计与验证体系以及其中的关键技术开展了研究，形成了适用于 ARJ21 - 700 飞机的系统安全性设计和验证技术。

1）建立 SE010

鉴于 ARJ21 - 700 飞机审定基础 CCAR - 25 - R3 的 1309 条款与美国航空规章制定咨询委员会（ARAC）建议的新版 FAR 25.1309 和欧洲航空安全局合格审定规范 CS 25.1309 中的要求存在差异，因此为在该审定基础条款基础上提高 ARJ21 - 700 飞机的安全水平，特别制定等效安全类问题纪要 SE010《关于 §25.1309 的等效安全判定》。该问题纪要为 CCAR25.1309 补充了以下内容：

（1）对 §25.1309（b）补充：除了按 §25.671（c）（3）定义的飞行操纵面或驾驶员操纵系统卡死、按 §25.735（b）定义的单故障、按 §25.810（a）（1）（V）和 §25.812 定义的故障影响等情况之外，ARJ21 - 700 飞机上的所有系统、设备及其安装，在单独考虑和与其他系统一起考虑时，任一单故障必须不会导致灾难性的故障条件，不论它们的概率大小。§25.1309（b）的要求适用于按 §25.901（c）定义的动力装置安装。

（2）对§25.1309(c)补充：必须向飞行机组提供与不安全的系统运行条件相关的信息，以使他们能够采取适当的纠正措施。如果要求飞行机组成员立即采取措施，则还要求一个警告指示。系统及其控制，包括指示和通告装置，必须被设计成使机组产生附加危害的错误减至最小。

（3）鉴于 Arsenal 版本 AC25.1309 提供了更为明确详细的 CCAR25.1309 的符合性方法指导，接受申请人使用该版本 AC 作为符合性验证方法。但不接受申请人采用该 AC 中 8.(d)描述的"替代方法"。

问题纪要 SE010 已于 2013 年 12 月 26 日完成了最终版本的签署与关闭。

2）建立 SE008

针对 ARJ21-700 飞机综合系统的复杂性，审查组并不认为仅用分析技术即能评估飞机中潜在的系统故障影响，需用严格且系统的方法对综合系统的正常和非正常行为进行描述和理解，并提供证明来清晰地演示关键飞机功能及其相关系统对§25.1301 和§25.1309 的符合性。为此，特别制定符合性方法类问题纪要 SE008《对级联和共因故障的分析和试验》。本问题纪要提供了一种可接受的验证方法，该方法可综合到 ARJ21-700 飞机试验大纲中，以支持§25.1301 和§25.1309 的符合性。本问题纪要为确定级联或共因故障和故障蔓延影响时提供了一种系统方法。

3）建立 ARJ21 飞机系统安全性评估深度

按照 AC25.1309、SE010 以及 SE008，根据系统的复杂程度、重要程度和评估深度确定了 ARJ21-700 飞机各系统在安全性评估过程中所选用的分析方法见图17.1，具体结果体现在 FHA 结果中。

4）建立 ARJ21 飞机系统安全性工作流程

ARJ21-700 飞机的系统安全性工作基本按照《ARJ21-700 飞机系统安全性合格审定计划》中的流程与计划开展，工作与审签过程有序严格。ARJ21-700 飞机系统安全性工作流程如图 17.2 所示。

5）开展功能危害性分析(FHA)工作

为了使 ARJ21-700 飞机满足适航规定的安全性水平，必须通过功能危险分析识别与飞机功能相关的失效状态，并按这些失效状态对飞机、机组和旅客的影响进行分类。通过功能危险分析提出各系统的安全性设计、分析和评估要求，采取设计和预防措施减少其发生概率，并达到适航标准的概率要求。

根据《AR J21-700 飞机系统安全性合格审定计划》，以 AC25.1309 中的指导材料为依据，按照 SAE ARP4761 提供的方法，并结合工程需要制定了《ARJ21-700 飞机功能危险分析要求》，指导 ARJ21-700 飞机的 FHA 工作，其核心工作是分析功能危险的形式及其对飞机和人员的影响，通过影响确定影响等级并由此得出适航符合性的验证方法。

安全性专业负责整机级 FHA 文件，并发放给各个系统专业，作为其设计依据。

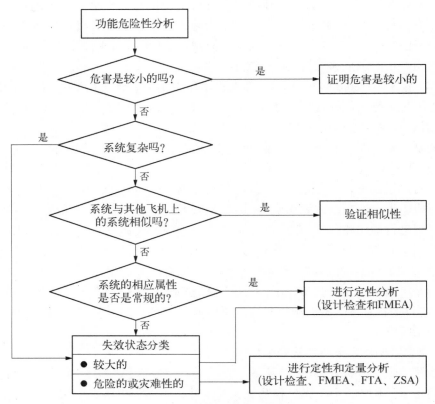

图 17.1　系统安全性评估过程

系统级 FHA 是将整机级 FHA 进行进一步的细分,以便系统安全性工作的继续展开,确定各个系统的功能失效状态和影响等级,并对系统提出安全性设计要求,由各系统专业室负责编制。

6) 开展初步安全性分析(PSSA)工作

随着设计的进行,为了保证设计中的系统构架和安全性需求分配能够满足SFHA 中提出的安全性要求,通过初步系统安全性分析(PSSA)来完善故障状态列表,并确定相应的安全性要求,同时证明系统如何满足 SFHA 中识别的功能危险的定性或定量要求。PSSA 过程中,主要考虑以下内容:

(1) 确定保护措施。

(2) 考虑失效安全概念。

(3) 考虑需要满足安全性目标的系统架构。

(4) 识别并获得所有相关系统、子系统、设备或部件的安全性需求(设计保证等级和危害性严重类别)。

各系统专业已按照 AC25.1309 - 1A 和 SAE ARP4761 作为指导材料,以系统级 FHAs 和系统需求文件(SRD)作为输入,制定系统级别 PSSAs 文件。

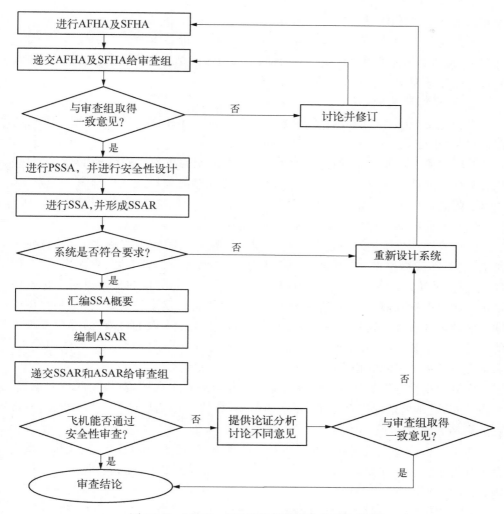

图 17.2 ARJ21-700 飞机系统安全性工作流程

7) 开展故障模式影响分析(FMEA)工作

为了在初步设计与详细设计阶段进行安全性设计,应识别系统内单一故障并评估其影响,要求对所有系统/设备开展故障模式及影响分析,用于支持系统级安全性设计和适航合格审定工作。

各系统专业按照《ARJ21-700飞机故障模式、影响分析要求》编写要求,以系统需求文件(SRD)作为输入,制定系统级 FMEAs 文件。

8) 开展故障树分析(FTA)工作

故障树分析(FTA)是自上而下的分析方法,表明系统和整机能够根据 SFHA和 AFHA 中识别的故障状态,是证明系统满足 FHA 中识别的安全性要求的主要方法。ARJ21-700 飞机在故障树安全性分析中使用 Isograph Reliability

Workbench 10.2 版本软件。

各系统专业按照《新型涡扇支线飞机故障树分析要求》编写要求，以系统级 SFHAs 的结果作为顶事件的输入，系统级 FEMAs 的结果作为底事件的输入，来验证系统设计是否满足系统安全性设计标准要求。

9）开展共因分析（CCA）工作

为满足安全性对系统或设备的独立性要求，必须保证预期的系统独立性真实存在。共因分析提供了一种验证这种独立性的工具。

共因分析识别那些会导致灾难性和危险性影响的故障模式或外部事件，即寻找会破坏系统独立性的因素，并更改设计以排除这些故障模式或外部事件的发生，或将其限制在可接受的概率范围内。

10）区域安全性分析（ZSA）工作

区域安全性分析是对飞机各系统之间相容性评估的基本方法之一，是对在飞机上（实样图或样机上）人为划定的区域内，考虑系统或设备安装、维修失误、外部环境变化、系统运行等情况而进行的安全性分析。ZSA 的目的是通过对飞机各区域进行相容性检查，判定各系统或设备的安装是否符合安全性设计要求，判定位于同一区域内各系统之间相互影响的程度，分析产生维修失误的可能性，尽早发现可能发生的不安全因素，提出改进意见，使新设计能防止或限制不正常事件的发生，保证飞机各系统之间的相容性和完整性。

区域安全性分析的基本方法是将分析对象分成若干区域，对每个区域内系统/设备的安装、布局是否符合规定、相互的影响、维修失误的可能性、环境对系统/设备的影响等进行分析。

《ARJ21-700 飞机区域安全性分析工作要求》规定了 ARJ21-700 飞机区域安全性分析工作的具体要求、对危险源的确定、系统及全机区域安全性分析工作等内容。

《ARJ21-700 飞机区域安全性分析工作规划》确定了 ARJ21-700 飞机区域安全性分析的工作程序，给出了 ARJ21-700 飞机的区域划分，不同区域内系统及设备清单和危险源等，为系统与系统之间、设备与设备之间的兼容性分析提供了依据。

系统专业以上述两份文件的要求进行危险源影响分析，给出区域安全性分析报告，确定区域危险情况及采取的防护措施。

整机根据各系统专业的区域安全性分析结果，进行全机各区域安全性综合分析，给出全机区域安全性分析结果。

同时，2008 年 6 月规划了 ARJ21-700 飞机 101 架机的重点区域机上安全性检查工作，对各重点区域开展机上安全性检查，详细见《ARJ21-700 飞机重点区域机上安全性检查实施计划》。对 ARJ21-700 飞机重点区域机上安全性检查实施情况进行了总结，编制了检查总结，详细见《ARJ21-700 飞机重点区域机上安全性检查总结报告》。

安全性专业在结合各系统专业的区域安全性分析结果和机上检查的结果后，编制了《ARJ21-700 飞机区域安全性综合分析报告》，对 ARJ21-700 飞机初步区域安全性分析和机上检查工作进行总结，对区域内系统/设备的安装、布局是否符合规定、相互的影响、维修失误的可能性、环境对系统/设备的影响等情况进行了分析。

在 2010 年 6 月 17~18 日，2013 年 10 月 28 日、11 月 1 日及 11 月 6 日，在上飞公司总装厂房对 ARJ21-700 飞机 105 架机开展了区域安全性机上检查。

通过对 ARJ21-700 飞机区域安全性分析和机上检查工作进行总结并进一步分析确认，确认全机在系统/设备的安装、相互之间的影响、维修失误及外部环境变化等方面满足了安全性要求。

11）开展特定风险分析（PRA）工作

特殊风险分析是考虑系统之外可能破坏原来对故障的独立性认定的事件或影响作用。

在 ARJ21-700 飞机的研制过程中，从总体布置、结构安全性、系统安全性等方面考虑，建立了特殊风险分析和评估技术，完成了 ARJ21-700 飞机特殊风险适航验证工作。具体如下。

（1）鸟撞风险：结合 ARP4761 中建议的特殊风险分析的一般流程，利用有限元分析技术先期排查风险点，后续通过对风险点进行实物实验验证，通过仿真结合实物实验的方式提出了 ARJ21-700 飞机鸟撞安全性分析和评估技术。

（2）轮胎爆破风险：结合 JAA 发布的临时指导材料 TGM/25/8 的轮胎爆破失效模型，通过 CATIA 数模仿真结合实物试验的方式提出了民用飞机轮胎爆破风险安全性分析和评估技术。

（3）转子爆破风险：依据 FAA 发布的咨询通告 AC20-128A 的要求，通过对民用飞机非包容转子爆破风险安全性分析方法和剩余风险计算方法的深入研究，提出了民用飞机非包容转子爆破风险安全性分析和评估技术。

12）开展共模分析（CMA）

共模分析用于验证系统或设备是否会由于设计实现、制造或维护错误导致其冗余设计失效，确认所有 FHA 中识别出的灾难性和危险性失效的事件下的"与门"事件应通过该分析保证独立性声明是有效的。

13）系统安全性分析（SSA）工作

对于 ARJ21-700 飞机，每个系统都必须进行独立的 SSA，最终将形成独立于其他报告的系统安全性评估报告。根据文件《ARJ21-700 飞机系统安全性合格审定计划》安排，以 AC25.1309-1A 和 SAE ARP4761 为指导，制定了《ARJ21-700 飞机系统安全性评估要求》，要求以系统级别 SFHA、PSSA 等安全性文件及系统需求文件（SRD）作为输入，为 SFHAs、FMEAs、FTA 和 CCA 的总结报告，制定系统

SSAs 文件。

14）候选审定维修要求（CCMR）工作

CMR 项目用来探查和发现潜在的、存在显著安全性隐患的危险或致命的失效状况，这种潜在失效与一个或多个其他的失效或事件结合起来，会造成飞机危险的或灾难的失效状态的发生。

部分 CMR 项目产生于系统安全性评估，目的就是限制飞机面临某个给定的重要潜在失效或隐蔽故障的暴露时间。通过此工作的开展找出对飞机有重大影响的潜在失效，以便采取适当的措施消除或减轻这些故障影响，从而提高 ARJ21 - 700 飞机安全性水平，满足适航要求。

为了制定合理的 CMR 项目，必须根据零部件失效或故障后产生的危害等级，确定可供讨论的 CMR 候选项目（CCMR）。对 CCMR 的每一项都应进行多方面的分析和评估，确定其是否能够成为正式的 CMR 项目，从而保证不产生一个可避免的 CMR 项目。然而，推荐的 CMR 候选项目（CCMR）能否成为最终的 CMR 项目以及相应的维修任务是否充分正确或完整，并不能影响安全性分析结论，即安全性分析作为独立的用于表明对 25.1309 条款的符合性验证工作，其是否满足符合性并不受 CMR 结论影响。

ARJ21 - 700 飞机的 CMR 的项目严格按照 AC25 - 19 和 AC25.1529 - 1 中的指导方法产生。

在 ARJ21 - 700 飞机研制过程中，安全性专业根据 CCAR25.1529、CCAR25.1309 以及 AC25.1529 - 1 的要求，编制了《ARJ21 - 700 飞机审定维修要求合格审定计划》，对 ARJ21 - 700 飞机审定维修要求的工作进行了全面的规划。

后续安全性专业编制《ARJ21 - 700 飞机审定维修要求编写规范》文件描述了审定维修要求（CMR）的概念、方法和程序，规定了在 ARJ21 - 700 飞机研制过程中确定 CMR 候选项目的过程和方法、报告编写的基本要求、编写方法和编写格式等，以系统性地指导 ARJ21 - 700 飞机设计人员确定所有可能的 CMR 候选项目以及对每个 CMR 候选项目进行详尽的分析。

各个系统按照 942GD606 的要求通过运用 FHA、FTA、FMEA 等验证方法，得到相关系统的候选 CMR 项目报告。安全性专业在各系统/专业完成的 CCMR 报告的基础上，完成了整机级候选审定维修要求任务的汇总。

17.1.4　实施结果

在 ARJ21 - 700 飞机的完整构型下，采用以上技术体系完成的安全性报告有：

（1）完成了 1 份整机级功能危险性评估报告，16 份系统级功能危险性评估报告。

（2）完成了 23 份系统级初步系统安全性评估报告。

（3）完成系统级 FMEA 文件共 40 份。

（4）完成系统级 FTA 文件共 25 份。

（5）完成鸟撞特殊风险分析与评估报告 25 份。

（6）完成轮胎爆破特殊风险分析与评估报告 10 份。

（7）完成转子爆破特殊风险分析与评估报告（包含剩余风险定量技术报告）12 份。

（8）完成系统级 ZSAs 文件共 21 份。

（9）完成系统 SSA 文件共 28 份。

（10）共完成候选审定维修文件共 20 份。

通过采用以上技术的安全性分析和验证工作，表明 ARJ21 - 700 飞机的系统安全性设计满足 CCAR25.1309 条款要求。

17.1.5　主要结论

ARJ21 - 700 飞机采用以系统安全性目标制定和分解技术、安全性设计与验证技术以及特殊风险分析与评估技术为核心的技术体系，从系统内、外两个方面考虑了系统安全性设计的影响因素，不仅顺利地完成了飞机的安全性设计工作，而且顺利地通过了适航审查。表明通过系统安全性设计与验证技术体系获取的安全性设计目标、通过该技术进行的安全性目标的分解、分解后的安全性目标的设计与验证、特殊风险的分析与评估等环节都符合 CCAR25.1309 条款及特殊风险相应条款的要求。表明了该技术在表明适航符合性方面的可行性和有效性。

17.2　特殊风险分析技术

大型民机系统安全性设计过程中，不仅要考虑系统内部由功能失效引发的安全性问题，还需要考虑由系统外部引发的影响系统乃至飞机的安全性问题。前者需满足 CCAR25.1309 要求，后者不仅要满足 25.1309 条款，某些系统外部的特殊风险还需满足其他特殊的条款要求［例如鸟撞风险需满足 25.571、25.631 及 25.775 条款；轮胎爆破风险需满足 25.729(f)条款，转子爆破需满足 25.903(d)条款］。在 ARJ21 - 700 飞机系统安全性设计过程中，提出了基于系统外部风险的特殊风险分析与评估技术。通过运用该技术，ARJ21 - 700 飞机顺利通过了适航审查工作，表明了该技术的可行性和有效性。

17.2.1　理论方法

12 种基本风险类型，如表 17.1 所示。

对于审定基础上有相应条款规定的风险项目，以专用条款的符合性验证工作为主进行特殊风险分析与评估，该类风险包括：鸟撞、发动机转子爆裂、轮胎爆裂等；对于没有其他相应条款规定的风险项目，则结合 ARJ21 - 700 飞机区域安全性分析的流程和方法，利用工程经验进行定性分析和评估。

表 17.1　特殊风险类型

编号	风 险 类 型	危 险 因 素	备 注
1	火灾	损坏系统设备、部件	
2	雷击	损坏结构、起火、损坏电子电气系统与设备	
3	高强度电磁辐射	影响电子设备	
4	鸟撞	损坏多个区域的系统设备与管线	
5	发动机与 APU 的转子爆破	损坏较大范围内的系统设备与管线	
6	轮胎爆裂与胎面脱落	损坏较大范围内的系统设备与管线，可能被发动机吸入	
7	轮缘松脱		
8	高能量旋转机械损坏	损坏系统设备与管线	
9	高压容器或管路破坏	损坏周围的系统设备与管线	
10	高温气体泄露	影响周围的系统设备与管线、点火	
11	液体泄漏	起火、腐蚀、结冰等	
12	运动部件的摆动	损坏周围的系统设备、管线、部件等	

17.2.2　技术要点

对于 ARJ21 - 700 飞机，根据《ARJ21 - 700 飞机特殊风险分析工作程序》，对于审定基础上有相应条款规定的风险项目特定风险分析按照如下原则进行：

（1）针对鸟撞和轮胎爆破两种风险，参照 ARP4761 的指导，提出了仿真技术与实物试验技术相结合的特殊风险分析与评估技术。

（2）针对转子爆破风险，参照 AC20 - 128A，提出了仿真技术与定量计算评估技术相结合的特殊风险分析与评估技术。

17.2.3　技术途径

17.2.3.1　转子爆破

非包容性转子损坏是指导致涡轮发动机的转子碎片被甩出而可能对飞机造成危害的任何损坏。可能引起非包容性转子损坏的原因包括环境因素（鸟撞、腐蚀、外来物破坏）、制造和材料缺陷、机械原因、人为因素（维修、检查、运行程序不当）等。

ARJ21 - 700 飞机发动机非包容性转子爆破安全性分析以 AC20 - 128A 为依据，假设 CF34 - 10A 会发生非包容性转子爆破，并对 ARJ21 - 700 飞机发生非包容性发动机转子损坏（发动机转子爆破）情况下的安全风险进行分析。

1）建立防护措施

安全性专业根据《ARJ21 飞机发动机转子碎片对操纵面的影响范围》和

《ARJ21-700飞机转子爆破碎片碰撞角度计算方法说明》中提供的方法及流程确定了受风险影响的系统和设备,各相关专业针对发动机转子碎片的威胁,在设计和布置方面采取的预防碎片破坏或消除和控制破坏后不利的安全性影响的防护措施包括以下几个方面。

(1) 液压系统。

ARJ21-700飞机3套液压能源系统中的某一个供压与回油管路均需通过发动机转子飞散区域。液压系统布置设计遵循了避让和隔离的原则,使液压系统功能全部丧失的可能性为极不可能。为此,设计上采取了诸如管路成组集中(降低被广范围碎片击中的可能性)和按子系统隔离(保证独立性)等措施。

(2) 燃油系统。

燃油系统可能受到转子碎片损伤的部分包括布置在机身内 SD776 站位～SD998 之间的 3 根供油套管和 3 根套管排漏管。该系统的防护措施为供油套管受到机身蒙皮和地板等结构的遮蔽。每条供油管都有一个燃油切断阀,布置在转子爆破区域外,可在发生转子爆破后有效切断燃油。

(3) 防火系统。

防火系统受发动机非包容性转子损坏影响的主要有发动机灭火系统、左右发动机引气导管渗漏过热探测系统、防冰导管渗漏过热探测系统和客舱配平区引气导管渗漏过热探测系统。防火系统在布置时保证一侧发动机发生转子爆破时尽量不会使另一侧发动机的火警探测功能和灭火功能失效。转子爆破时会将同侧的发动机火警探测器击毁,但是异侧的发动机火警探测器受到发动机短舱保护,所以不受影响。发动机灭火瓶的布置保证了同一转子碎片不会同时打到两个灭火瓶。

(4) 空气管理系统。

整个压力调节系统在发动机转子爆破区域安装有两个安全活门和一个地面活门。由于三个活门的通经完全相同,因此即使任何单个活门出现泄漏,也不会对飞机安全产生影响。

2) 定量安全性评估

根据《ARJ21-700飞机整机级功能危险分析报告》和《ARJ21-700飞机整机故障树分析》,结合各系统专业转子爆破安全性分析结果,给出因转子爆破导致的整机级 FHA 中灾难性失效状态的条目:将各系统转子爆破分析文件中受影响的事件(系统级)进行整理和分析,查找整机级故障树分析和整机级功能危害性分析的相关文件,可以查出与系统级事件相关的所有受转子爆破影响的整机级事件及等级。从这些整机级事件中找出灾难性事件即为最终受转子爆破影响的整机级事件。分析详细过程如图 17.3 所示。

通过对潜在灾难性失效状态进行计算,由 5°碎片导致飞机发生灾难性失效状态的平均概率为 0.047 1,略低于 AC20-128A 中规定的定量要求(不大于 0.05),满足要求。

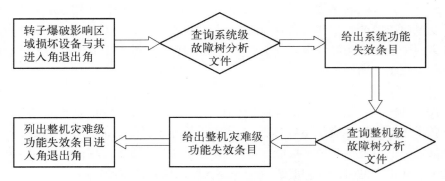

图 17.3　ARJ21-700 飞机转子爆破功能危险分析流程图

3）轮胎爆破安全性分析

根据《ARJ21-700 飞机起落架舱轮胎爆破专项合格审定计划》中的 6.2.1 节，前起轮胎爆破不会导致超过较大（Major）等级的风险，并且无须做防轮胎爆破防护。因此 ARJ21-700 飞机仅考虑主起机轮和轮胎失效的情况并且对发生主起轮胎爆破进行了安全性评估。

整机安全性专业编制了《ARJ21-700 飞机主起轮胎爆破系统安全性分析要求》，文件规定了受飞机起落架轮胎爆破影响的系统进行安全性分析的流程和要求，整机安全性专业在确定了飞机轮胎爆破模式及受影响的系统之后，受影响的各系统按照文件的要求，借助 FMEA 识别系统内受影响的设备的故障模式，并根据 SFHA、SFTA 等确定各个设备相关的系统级功能危险项目及该功能危险的相关设备，进而确定相关的整机级功能危险项目，最后将分析结果以报告的形式提交给安全性专业，作为安全性专业进行整机级轮胎爆破安全性综合分析的输入。图 17.4 给出了 ARJ21-700 飞机轮胎爆破系统/整机级安全性分析流程图。

系统轮胎爆破安全性分析是在确定了飞机轮胎爆破模式及受影响的系统之后，各系统借助 FMEA 识别系统内受影响的设备的故障模式，并根据 SFHA、SFTA 等确定各个设备相关的系统级功能危险项目及该功能危险的相关设备，并针对分析中发现的Ⅰ、Ⅱ级功能危险项目，确定相应的设计更改方案和防护措施，并将分析结果、防护方案、验证措施以报告的形式提交给安全性部门。

整机级根据系统安全性分析所得到的不同轮胎爆破模式及其爆破区域内受影响设备的失效情况、产生的系统功能危险项目和追溯到的整机级功能危险项目，通过归类整理，得到飞机主起舱内（外）轮胎爆破安全性评估表，进而得到不同爆破模式及其影响区域内，非系统关联组合影响下的整机级功能危险的情况，并确定追溯到 AFHA 事件发生的真实性和实际危害程度，并借助于整机级 FTA，评估受同一束气流冲击、碎片撞击或胎带抽打情况下会否发生Ⅰ、Ⅱ类系统关联组合功能危险，依据以上分析结果指导相应的安装防范和改进措施，详细分析内容见《ARJ21-700 飞机主起轮胎爆破安全性分析报告》，结论如下所示。

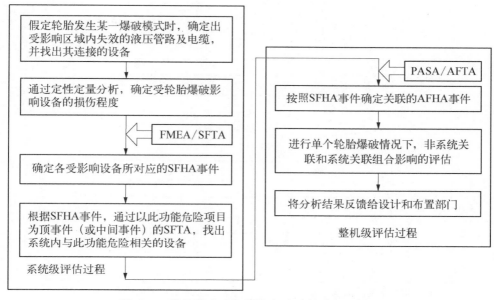

图 17.4　轮胎爆破系统/整机级安全性分析流程图

在以下防护措施能起到有效作用的前提下,在整机层次,单个主起轮胎爆破不会导致Ⅰ、Ⅱ类等级的功能影响,最严酷的影响等级为较大的(Ⅲ类):

(1) 燃油系统油泵压力信号器保护罩。

(2) 飞控扰流板作动器液压管路的保护措施。

(3) 起落架控制系统用以减缓或者消除Ⅰ、Ⅱ类功能危险的防护装置。

总体部已对 ARJ21 - 700 飞机主起落架舱实施了轮胎爆破试验,以测定安装在主起落架舱内的关键设备承受轮胎爆破影响的能力,详细试验结果见《ARJ21 - 700 飞机主起落架舱 X 形轮胎爆破试验报告》,试验结果表明以上防护措施有效,因此单个主起轮胎爆破不会导致Ⅰ、Ⅱ类等级的功能影响。

17.2.3.2　鸟撞分析

鸟撞的专项工作只局限于用试验验证对结构的影响,因此,为评估鸟撞对系统安全性的影响,特殊风险分析要求着重考虑鸟撞对系统与设备的潜在威胁及其安全后果。安全性专业就鸟撞风险的特点,结合 ARP4761 中建议的特殊风险分析的一般流程,确定了 ARJ21 - 700 飞机鸟撞安全性分析的工作内容和程序,见图17.5。

1) 尾翼鸟撞

安全性专业对协调单《提供 ARJ21 - 700 飞机尾翼鸟撞结构受损影响区》中提供的尾翼撞击结构受损区域设备影响情况进行了安全性评估。以《ARJ21 - 700 飞机垂尾维修性更改后鸟撞补充分析报告》和《ARJ21 - 700 飞机平尾维修性更改后

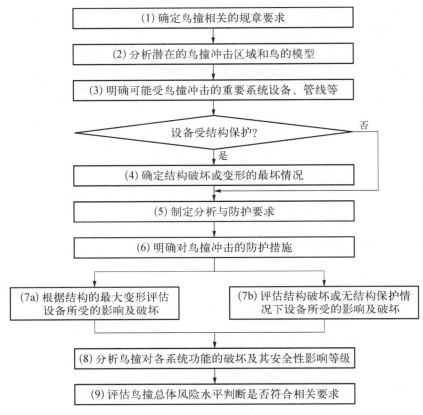

图 17.5　鸟撞风险分析流程

鸟撞补充分析报告》的分析结果为前提,依据通信、导航、飞控、液压系统进行评估,结果表明:鸟撞垂尾后前梁缘条没有任何变形和损伤,只有前梁腹板产生塑性变形,但没有穿透,最严重的情况下鸟体仅对前梁腹板有轻微损伤,鸟体没有进入盒段区域,鸟撞不会穿透平尾和垂尾前梁,因此,若垂尾发生鸟撞,且从系统安全性评估的结果显示没有Ⅰ、Ⅱ级失效状态发生,则鸟撞垂尾不会影响飞机安全。

2) 机头鸟撞

安全性专业对协调单《提供 ARJ21-700 飞机机头鸟撞结构受损影响区设备布置情况》中提供的机头撞击结构受损区域设备影响情况进行了安全性评估。以《ARJ21-700 飞机机头鸟撞对顶部板电气系统影响分析报告》和《ARJ21-700 飞机鸟撞试验总结报告》的分析结果为基础,安全性分析结果如下:

(1) 鸟撞击机头导致的结构变形不会损坏顶部板与结构之间的连接,顶部板箱体变形不会与箱体内部的控制板组件、电气元器件和线束组件直接碰撞、接触,因此不会导致控制板组件、电气元器件和线束组件的失效。

(2) 顶部板上安装的控制板组件、电气元器件和线束组件及其安装不会因为鸟撞冲击而失效。

（3）鸟撞后产生的冲击不会损坏顶部板内部控制板组件线束组件的电气连接。

（4）在鸟撞击点 13 处进行鸟撞击会导致雷达罩上部破坏，蜂窝夹层板出现永久变形，但不会被击穿。

（5）鸟撞机头不会影响飞机安全返航。

3）机翼鸟撞

安全性专业对协调单《提供 ARJ21 - 700 飞机机翼鸟撞受损影响区设备布置情况》中提供的机翼撞击结构受损区域设备影响情况进行了安全性评估，分析结果如下：通过对鸟撞机翼后的系统进行安全性评估，若机翼发生鸟撞，且从系统安全性评估的结果显示没有Ⅰ、Ⅱ类失效状态发生，则鸟撞机翼不会影响飞机安全返航。

在 ARJ21 - 700 飞机的研制过程中，从总体布置、结构安全性、系统安全性等方面考虑，建立了特殊风险分析和评估技术，完成了 ARJ21 - 700 飞机特殊风险适航验证工作。具体如下所示。

（1）鸟撞风险：结合 ARP4761 中建议的特殊风险分析的一般流程，利用有限元分析技术于前期排查风险点，后续通过对风险点进行实物实验验证，通过仿真结合实物实验的方式提出了 ARJ21 - 700 飞机鸟撞安全性分析和评估技术。

（2）轮胎爆破风险：结合 JAA 发布的临时指导材料 TGM/25/8 的轮胎爆破失效模型，通过 CATIA 数模仿真结合实物试验的方式提出了民用飞机轮胎爆破风险安全性分析和评估技术。

（3）转子爆破风险：依据 FAA 发布的咨询通告 AC20 - 128A 的要求，通过对民用飞机非包容转子爆破风险安全性分析方法和剩余风险计算方法的深入研究，提出了民用飞机非包容转子爆破风险安全性分析和评估技术。

在 ARJ21 - 700 安全性设计过程中，针对各风险的特点和对飞机的具体影响，建立了具体的风险分析流程和程序。利用该特殊风险分析与评估技术，特殊风险（鸟撞、转子爆破、轮胎爆破）对周围系统及其设备和部件的破坏不会对飞机产生灾难性的或危险的影响，即不会破坏关键或重要的冗余系统或设备的独立性。

（1）鸟撞安全性分析结果：若机翼、垂尾或机头发生鸟撞，且从系统安全性评估的结果显示没有Ⅰ、Ⅱ类失效状态发生，则不会影响飞机安全飞行，满足安全性设计目标要求，进而满足 CCAR25.1309 条款和 CCAR25.571、25.631、25.775 条款要求。

（2）轮胎爆破安全性分析结果：在各防护措施能起到有效作用的前提下，单个主起轮胎爆破不会导致Ⅰ、Ⅱ类等级的功能影响，最严酷的影响等级为较大的（Ⅲ类），满足安全性设计目标要求，进而满足 CCAR25.1309 条款和 CCAR25.729（f）条款要求。

（3）转子爆破安全性分析结果：通过对潜在灾难性失效状态进行计算，由 5°碎片导致飞机发生灾难性失效状态的平均概率为 0.047 1，满足要求 AC20 - 128A 中规定的定量要求（不大于 0.05），进而满足 CCAR25.1309 条款和 CCAR 25.903(d)(1)条款要求。

17.2.4 主要结论

特殊风险来自系统外部，不仅要满足 25.1309 条款，还需满足其他特殊的条款要求[例如鸟撞风险需满足 25.571、25.631 及 25.775 条款；轮胎爆破风险需满足 25.729(f)条款，转子爆破需满足 25.903(d)条款]。在 ARJ21 - 700 飞机系统安全性设计过程中，通过运用基于系统外部风险的特殊风险分析技术，ARJ21 - 700 飞机顺利通过了适航审查工作，表明通过该技术获得的结果满足相关适航条款的要求，表明该技术具有一定的可行性和有效性。

18 可靠性、维修性

18.1 民机虚拟仿真维修性设计验证技术

18.1.1 创新点内容

国内首次将虚拟维修技术应用于民用飞机维修性设计,总结出基于虚拟维修的 ARJ21 - 700 飞机维修性设计分析方案。

在民机维修性设计领域,首次总结出详细的基于虚拟维修仿真的维修性设计与分析指南,对可达性验证分析技术实现突破,摸索出基于虚拟维修技术的可达性和可操作性设计分析方法,在人机工效技术领域实现突破,总结摸索出基于人体动作采集技术的维修性人素评估方法。

虚拟维修技术利用虚拟样机和三维仿真的技术为飞机维修性设计提供必要的技术支持。研究在分析了常用可视性、可达性分析方法的基础上,给出了基于 DELMIA 软件的定性和定量的可视性、可达性、操作空间分析方法。该技术方案为飞机系统开展虚拟维修性设计和可视性、可达性、操作空间分析提供了一种技术途径。

虚拟维修中的人机工效分析是为了更好地减轻维修人员负担、保证维修人员安全,将动作采集技术运用在虚拟维修中,将动作采集系统采集的真实、实时数据用于人素分析系统中,对整个仿真过程中人体工效学问题进行处理,例如人体模型在完成行走、抓取、坐立、下蹲等仿真过程后人体模型部位关联属性的特点和运行机理,人体模型在作业空间进行相关操作时的可视可达以及作业环境的舒适度分析。这样,人的各类操作动作实时传入分析系统中对其进行定量化的分析处理,如姿态分析、携带分析、约束分析、生物力学分析、提升分析、能量消耗分析等,在产品的设计初期帮助设计者更好地优化产品的设计和工艺,减少设计的时间,加快产品开发周期,降低设计开发费用,避免在实际中的设计缺陷和操作问题。

基于 GJB 2873—97,最佳视锥定义如下。(双眼)最佳视野范围:当人的头部保持直立不动而只是眼球在转动时,视线中心线上下左右各 15°的圆形区;最大视野范围:视线中心线上 15°～40°,下 15°～20°,左右 15°～35°的椭圆形区,见图 18.1 和图 18.2。

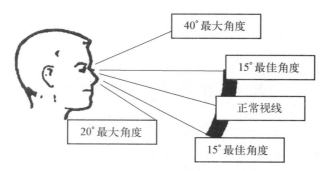

图 18.1   人的姿态保持不动时的垂直视野

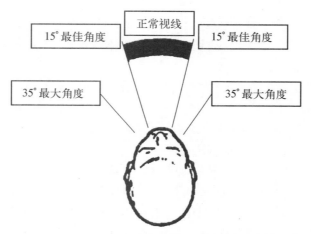

图 18.2   人的姿态保持不动时的水平视野

使用虚拟维修仿真软件 DELMIA 中的 Vision 工具,可以实时地观察到人体视野范围内的场景,随着人体的运动,视野窗内的图景连续地发生变化,如图 18.3 所

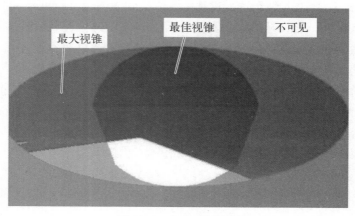

图 18.3   人 体 视 野 图

示为对应的视野图。其中，里层椭圆为最佳视野范围，外层为眼睛余光所能看到的部位。

实体可达性评价根据维修对象与维修人员之间的距离以及人员与设备之间是否有障碍物来打分，维修人员在自然的维修姿态时，维修对象在可达范围内，此时的可达性良好；维修人员在运行范围内经过姿态的调整，维修对象包含在了可达范围内，此时的可达性一般；维修人员在运行范围内调整姿态都不能使维修对象在可达范围内，此时的可达性较差。维修人员的实体可达性是指工具或手能够沿一定路径或方式，接近维修部位。在DELMIA环境下，通过包络球工具的覆盖范围判断维修人员在整个维修过程中手臂可以到达的边界，灰色部分的包络球为维修人员的同一个维修动作手臂可以到达的操作位置，如图18.4所示。

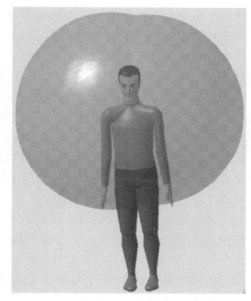

图 18.4　实体可达性包络球

维修人员在自然状态下手臂和维修工具有足够的操作空间，很方便完成维修操作，整个过程中手臂和周围设备基本无干涉，操作空间状况良好；维修人员在允许范围内经过一定的姿态调整等，可以使手臂和工具很少和周围设备发生碰撞，较方便地完成维修操作，手臂和周围设备很少发生干涉，此时的操作空间状况一般；维修人员在允许范围内调整身体姿态后，手臂和工具仍无法避免和周围设备发生碰撞，很难完成维修操作，手臂和周围设备干涉现象严重，操作空间状况很差，这说明飞机设计上存在操作空间狭小的问题，人体手很难通过，从而为操作空间设计提供建议。

动作采集技术地融入，可以在实际人员通过相应设备操作虚拟产品时，通过真实的感知，及时、准确地发现维修过程中的各类障碍，并对维修工作中的维修难度进行感知，同时可记录各类操作的实际维修时间。这样，在完成这一系列的操作之后，利用动作采集系统采集的能反映操作人员真实操作感受的相关数据，结合维修性分析评价系统对维修障碍的原因和影响进行分析，利用分析的结果对维修障碍的严重程度进行分类总结，同时，利用数据对维修难度进行分析，包括维修过程的可视性和可达性、拆卸和安装的难易程度，并对维修时间进行定量、准确的计算。在得出分析结果后，通过改进设计或提出补偿性的措施减轻甚至消除维修中的障碍，以避免这样的维修障碍在实际的操作中带来的不必要的损失。在虚拟维修环境下，虚拟维修过程分析评价模块主要由三个工具模块组成，根据动作采集系统提供的数据,建模仿真工具模块将数据进行相应转换,提供维修过程建模描述、模拟维修过程、控制虚拟维修仿真、记录仿真过程状态信息、开展维修时间估算等;维修过程分析评价工具模块读取维修过程仿真过程中的状态信息,提供分析评价的计算机辅助工具,并能生成分析评价结果输出报告;维修工具分析评价工具模块读取维修过程仿真过程中的状态信息,提供工具适用性方面分析评价的计算机辅助工具。同时,该系统可以作为完整的分析评价系统,提供分析评价人员信息编辑、分析评价准则信息的维护以及分析结果管理等功能。

本项目通过对 ARJ21 – 700 飞机数字样机进行结构分析,发现维修过程中可能对维修人员造成伤害的因素,并通过虚拟人体模型在虚拟维修场景中的全部维修过程的仿真,实现维修过程的模拟,对过程中的人素进行分析,得出维修人员在全部过程中的人机工程结论,从而得出对维修人员的维修安全工作更全面、更具有指导意义的建议,以保证维修人员的安全,避免维修差错。

通过维修过程仿真以及样机的静态核查和虚拟维修人员的相关操作,并结合视锥、包络球、测量、RULA 等仿真工具的应用,获取相应的评价信息,如视野可达性分析、实体可达性分析、操作空间分析、RULA 分析等;将获取的评价信息与建立的评价准则进行对应,得出每个评价准则下各准则的单因素评价结果;同时,对评价准则下各因素进行两两比较,得出每个评价准则的判断矩阵,通过计算其最大特征值和对应的特征向量,得出单因素权重向量和评价准则的权重向量;将单因素的

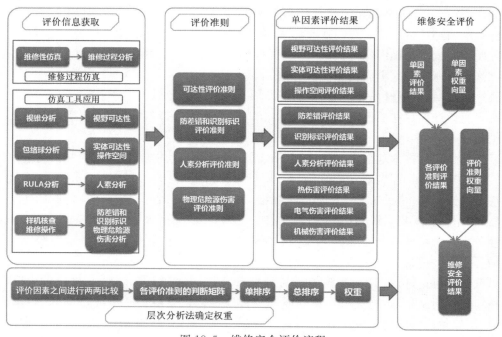

图 18.5　维修安全评价流程

评价结果和其对应的权重向量进行计算,得出各评价准则的评价结果,然后对应其权重向量,得出维修安全的评价结果。整个维修安全的评价流程如图 18.5 所示。

18.1.2 创新点应用情况

该技术主要在 ARJ21 - 700 飞机型号、C919 飞机型号设计中得到应用和开展。

18.2 民机可靠性故障纠正数据信息收集系统

18.2.1 创新点内容

在 ARJ21 - 700 飞机研制过程中,国内首次系统地形成了故障数据收集规定、故障分析等程序,初次实现了故障的收集、分析、纠正等闭环系统,并首次系统地建立民机导线管路等可靠性基础数据库系统。

形成故障数据收集规定,确定了民机型号研制中的飞机研制阶段和使用阶段的可靠性信息系统的机构和职责划分,建立了可靠性信息工作流程,包括信息收集与提交、信息分析与处理、信息储存、信息反馈与交换等。在 ARJ21 - 700 飞机的试飞过程中,进行实际的可靠性收集与分析工作,并发布了具体的型号文件和要求。

首次系统地建立了民机故障报告、分析与纠正措施系统,根据 ARJ21 - 700 飞机型号的全球供应商和最终将交付航空公司商业运营的具体研制特点,建立了民机故障报告、分析与纠正措施系统。确定了系统运行过程中具体的要求,包括故障报告范围和内容、故障分析程序和方法、纠正措施实施程序和方法、故障报告闭环归零要求等。

目前,大量收集了各类试飞可靠性数据,充分验证了该数据库管理系统对可靠性数据的收集、分析和管理等方面的有效性和实用性。

18.2.2 创新点应用情况

该技术主要在 ARJ21 - 700 飞机型号、C919 飞机型号设计中得到应用和开展。

18.3 结论

可靠性维修性专业按照可靠性维修性大纲开展可靠性维修性设计和分析工作,统筹协调各系统专业和供应商的可靠性维修性工作,根据设计目标与要求完成了型号各项工作任务、可靠性维修性各项设计指标满足型号设计目标与要求。

19 标准材料

19.1 民机国产标准件适航程序

为增强 ARJ21-700 国产标准件的自我保障能力,降低研制成本,带动国内民用飞机标准件行业整体水平的提升,中国商飞自 2009 年 3 月以来启动国产标准件研制工作。

1) 民机国产标准件适航程序

(1) 信息征询及初步资质评估。

(2) 启动合格鉴定程序。

(3) 工程批准,包括产品过程控制文件的审核、批准;统计过程控制(SPC);规范符合性验证试验(摸底试验);工艺适用性验证(按需)。

(4) 综合能力评估。

(5) 适航验证试验。

2) 主要技术创新点

(1) 在国内首次进行国产紧固件的研制及适航验证过程,打通了将国产紧固件应用在客机上的通道。

(2) 主导了 PCD 文件编制,实现了对钛合金紧固件的原材料及制造全程控制。

(3) 主导了 SPC 系统的建立,实现了对钛合金紧固件生产过程中的关键特性及关键过程参数进行实时监控。

19.2 飞机无损检测手册编制与试验验证

根据中国民用航空条例 25 部相关条款、MIL-STD-1530C《飞机结构完整性大纲》部分内容以及航空器适航司颁发的咨询通告 AC-121-52《航空器投入运行的申请和批准》的要求,飞机承制方必须向飞机用户提交飞机结构无损检测手册。目的是保障飞机在持续适航过程中,飞机结构的损伤和缺陷在其尚未扩展到有临界危险性之前,就必须按飞机维修大纲或维修计划的要求对飞机进行检测,以确保飞机结构的完整性。

飞机的无损检测手册是在飞机持续适航过程中指导用户实施无损检测的教科书,所提供的检测程序起到指导用户在飞机哪个部位检测、怎么检测的作用。因此,无损检测手册中所提供的检测程序须达到足够的可靠性、经济性及可行性,用于指导用户在飞机持续适航阶段开展无损检测工作。

19.2.1　创新内容

依据 ARJ21 - 700 飞机全机结构持续适航无损检测的顶层要求,并充分考虑结构特性、材料特性、损伤特点、受力情况等因素,无损检测手册中的检查项目涵盖 ARJ21 - 700 飞机所有疲劳关键、重要结构件,相关工作包括以下三个方面:

(1) 制定了 ARJ21 - 700 飞机全机在役无损检测验证程序和方法。

(2) 研制出具有自主知识产权的 ARJ21 - 700 飞机全机级的在役无损检测对比试块和系列专用检测探头。

(3) 编制了 ARJ21 - 700 全机级在役无损检测程序,并依据适航条款要求开展被检结构的离位和原位无损检测试验验证。

19.2.2　创新点应用情况

2016 年 11 月～2017 年 2 月在山东太古公司完成 ARJ21 - 700 飞机全球首次定检,在定检期间,山东太古公司按照本手册提供的检测仪器设备、ARJ21 - 700 飞机专用无损检测对比试块及试验验证后的无损检测程序,顺利完成对 ARJ21 - 700 飞机相关结构是否存在损伤进行检测的工作,并检测出部分结构存在意外微小损伤的情况,对保障机体结构安全起到关键作用,并获得广泛的社会效应和巨大的经济效益。

参 考 文 献

[1] 中国民用航空总局.CCAR‐91 一般运行和飞行规则[S].北京:中国民用航空总局,2007.

[2] 中国民用航空总局.CCAR‐135 小型航空器商业运输运营人运行合格审定规则[S].北京:中国民用航空总局,2005.

[3] 中国民用航空局.CCAR‐121‐R4 大型飞机公共航空运输承运人运行合格审定规则[S].北京:中国民用航空局,2010.

[4] 中国民用航空总局.CCAR‐69 航空安全员合格审定规则[S].北京:中国民用航空总局,2007.

[5] 交通运输部.CCAR‐21‐R4 民用航空产品和零部件合格审定规定[S].北京:交通运输部,2017.

[6] 中国民用航空局.CCAR‐25‐R4 运输类飞机适航标准[S].北京:中国民用航空局,2013.

[7] 中国民用航空局.CCAR‐33 航空发动机适航规定[S].北京:中国民用航空局,2013.

[8] 中国民用航空局.CCAR‐36 航空器型号和适航合格审定噪声规定[S].北京:中国民用航空局,2013.

[9] 中国民用航空局.CCAR‐34 涡轮发动机飞机燃油排泄和排气排出物规定[S].北京:中国民用航空局,2013.

[10] ICAO. Chicago Convention on International Civil Aviation [S]. Chicago,1944.

[11] RTCA. DO‐178B Software Considerations in Airborne Systems and Equipment Certification [S]. Washington,1992.

[12] RTCA. DO‐254 Design Assurance Guidance for Airborne Electronic Hardware [S]. Washington,2005.

[13] 中国民用航空总局.AC‐121‐51 维修工程管理手册编写指南[S].北京,2005.

[14] 中国民用航空总局.AC‐121‐53 民用航空器维修方案[S].北京,2005.

[15] 中国民用航空总局.AC‐121‐56 维修系统培训大纲[S].北京,2005.

[16] 中国民用航空总局.AC‐121‐66 维修计划和控制[S].北京,2005.

[17] 中国民用航空总局.AC‐121‐67 维修审查委员会和维修审查委员会报告[S].北京,2005.

[18] 中国民用航空总局.AC‐147‐05 民用航空器维修培训机构管理手册编写指南[S].北京,2005.

[19] SAE. ARP4754A Guidelines for Development of Civil Aircraft and Systems [S]. Washington, 2011.

[20] MIL‐STD‐471A Maintainability Verification/Demonstration/Evaluation [S]. Washington, 1973.

[21] MIL‐STD‐470B Maintainability Program Requirements (For Systems And

Equipments） — Revision B（Collection）［S］. Washington，1989.

［22］   MIL‐HDBK‐472   Maintainability Prediction［S］. Washington，1966.

［23］   国防科学技术工业委员会. 中华人名共和国国家军用标准 GJB 368A—1994 装备维修性通用大纲［S］. 北京：1994.

［24］   中国人民解放军总装备部. 中华人名共和国国家军用标准 GJB 451A—2005 可靠性维修性保障性术语［S］. 北京,2005.

［25］   国防科学技术工业委员会. 中华人名共和国国家军用标准 GJB/Z 91—97 维修性设计技术手册［S］. 北京,1997.

［26］   国防科学技术工业委员会. 中华人名共和国国家军用标准. GJB 2072—94 维修性试验与评定［S］. 北京,1994.

［27］   国防科学技术工业委员会. 中华人名共和国国家军用标准 GJB/Z 57—94 维修性分配与预计手册［S］. 北京,1994.

［28］   国防科学技术工业委员会. 中华人名共和国国家军用标准 GJB/Z 72—95 可靠性维修性评定指南［S］. 北京,1995.

索　引

大飞机出版工程
书　　目

一期书目（已出版）

《超声速飞机空气动力学和飞行力学》（译著）

《大型客机计算流体力学应用与发展》

《民用飞机总体设计》

《飞机飞行手册》（译著）

《运输类飞机的空气动力设计》（译著）

《雅克-42M 和雅克-242 飞机草图设计》（译著）

《飞机气动弹性力学和载荷导论》（译著）

《飞机推进》（译著）

《飞机燃油系统》（译著）

《全球航空业》（第2版）（译著）

《航空发展的历程与真相》（译著）

二期书目（已出版）

《大型客机设计制造与使用经济性研究》

《飞机电气和电子系统——原理、维护和使用》（译著）

《民用飞机航空电子系统》

《非线性有限元及其在飞机结构设计中的应用》

《民用飞机复合材料结构设计与验证》

《飞机复合材料结构设计与分析》（译著）

《飞机复合材料结构强度分析》

《复合材料飞机结构强度设计与验证概论》

《复合材料连接》

《飞机结构设计与强度计算》

三期书目（已出版）

《适航理念与原则》

《适航性：航空器合格审定导论》(译著)

《民用飞机系统安全性设计与评估技术概论》(第2版)

《民用航空器噪声合格审定概论》

《机载软件研制流程最佳实践》

《民用飞机金属结构耐久性与损伤容限设计》

《机载软件适航标准 DO‑178B/C 研究》

《运输类飞机合格审定飞行试验指南》(编译)

《民用飞机复合材料结构适航验证概论》

《民用运输类飞机驾驶舱人为因素设计原则》

四期书目(已出版)

《航空燃气涡轮发动机工作原理及性能》(第2版)

《航空发动机结构强度设计问题》

《航空燃气轮机涡轮气体动力学：流动机理及气动设计》

《先进燃气轮机燃烧室设计研发》

《航空燃气涡轮发动机控制》

《航空涡轮风扇发动机试验技术与方法》

《航空压气机气动热力学理论与应用》

《燃气涡轮发动机性能》(译著)

《航空发动机进排气系统气动热力学》

《燃气涡轮推进系统》(译著)

《燃气涡轮发动机的传热和空气系统》

五期书目(已出版)

《民机飞行控制系统设计的理论与方法》

《民机导航系统》

《民机液压系统》(英文版)

《民机供电系统》

《民机传感器系统》

《飞行仿真技术》

《民机飞控系统适航性设计与验证》

《大型运输机飞行控制系统试验技术》

《飞行控制系统设计和实现中的问题》(译著)

《现代飞机飞行控制系统工程》

六期书目（已出版）

《民用飞机构件先进成形技术》

《民用飞机热表特种工艺技术》

《航空发动机高温合金大型铸件精密成型技术》

《飞机材料与结构检测技术》

《民用飞机构件数控加工技术》

《民用飞机复合材料结构制造技术》

《民用飞机自动化装配系统与装备》

《复合材料连接技术》

《先进复合材料的制造工艺》（译著）

七期书目（已出版）

《支线飞机设计流程与关键技术管理》

《支线飞机验证试飞技术》

《支线飞机电传飞行控制系统研发及验证》

《支线飞机适航符合性设计与验证》

《支线飞机市场研究技术与方法》

《支线飞机设计技术实践与创新》

《支线飞机项目管理》

《支线飞机自动飞行与飞行管理设计与验证》

《支线飞机电磁环境效应设计与验证》

《支线飞机动力装置系统设计与验证》

《支线飞机强度设计与验证》

《支线飞机结构设计与验证》

《支线飞机环控系统研发与验证》

《支线飞机运行支持技术》

《ARJ21-700新支线飞机项目发展历程、探索与创新》

《飞机运行安全与事故调查技术》

《基于可靠性的飞机维修优化》

《民用飞机实时监控与健康管理》

《民用飞机工业设计的理论与实践》